文化伟人代表作图释书系

An Illustrated Series of Masterpieces of the Great Minds

非凡的阅读

从影响每一代学人的知识名著开始

知识分子阅读，不仅是指其特有的阅读姿态和思考方式，更重要的还包括读物的选择。在众多当代出版物中，哪些读物的知识价值最具引领性，许多人都很难确切判定。

“文化伟人代表作图释书系”所选择的，正是对人类知识体系的构建有着重大影响的伟大人物的代表著作，这些著述不仅从各自不同的角度深刻影响着人类文明的发展进程，而且自面世之日起，便不断改变着我们对世界和自身的认知，不仅给了我们思考的勇气和力量，更让我们实现了对自身的一次次突破。

这些著述大都篇幅宏大，难以适应当代阅读的特有习惯。为此，对其中的一部分著述，我们在凝练编译的基础上，以插图的方式对书中的知识精要进行了必要补述，既突出了原著的伟大之处，又消除了更多人可能存在的阅读障碍。

我们相信，一切尖端的知识都能轻松理解，一切深奥的思想都可以真切领悟。

■ 文化伟人代表作图释书系

De Revoluti-
onibus Orbium
Coelestium

天体运行论（全新插图版）

〔波兰〕尼古拉·哥白尼/著

姚守国/译

重庆出版集团 重庆出版社

图书在版编目（CIP）数据

天体运行论 /（波）尼古拉·哥白尼著；姚守国译. —重庆：重庆出版社，2018.12（2024.3重印）

ISBN 978-7-229-13772-4

Ⅰ.①天… Ⅱ.①尼… ②姚… Ⅲ.①日心地动说 Ⅳ.①P134

中国版本图书馆CIP数据核字（2018）第289340号

天体运行论

TIANTI YUNXING LUN

〔波兰〕尼古拉·哥白尼 / 著　姚守国　译

策 划 人：刘太亨

责任编辑：赵仲夏

责任校对：李春燕

封面设计：日日新

版式设计：曲　丹

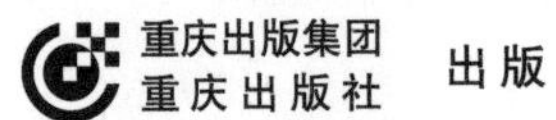

出版

重庆市南岸区南滨路162号1幢　邮编：400061　http://www.cqph.com

重庆市国丰印务有限责任公司印刷

重庆出版集团图书发行有限公司发行

全国新华书店经销

开本：720mm×1000mm　1/16　印张：25.5　字数：417千

2011年3月第1版　2019年2月第2版　2024年3月第8次印刷

ISBN 978-7-229-13772-4

定价：68.00元

如有印装质量问题，请向本集团图书发行有限公司调换：023-61520678

PREFACE | 前言

第一版《天体运行论》用的是古老的拉丁文撰写。虽然当时的“神圣罗马帝国”正如伏尔泰所说，既不“神圣”，也不“罗马”，更不“帝国”，但教皇依然掌握着生杀予夺的强大权力。迫于教皇的威慑，《天体运行论》从1506年开始写作到1536年成书到1543年5月出版，历经30多年。1543年5月24日，出版商终于将几经周折才得以出版的第一版《天体运行论》（拉丁文版）送到哥白尼手上，也正是这一天，这位16世纪最伟大的天文学家与世长辞。

在接下来的近五百年里，《天体运行论》陆续被翻译成英语、德语、法语、中文等各种版本，面向全球发行。在众多版本中，翻译已不再生硬刻板，灵活的处理反而更加贴合哥白尼的本意。比如：一些数学符号，如“=”“∠”“⊥”“∵”“∴”等在哥白尼的原著中并没有出现，而是在哥白尼辞世后才开始出现的。这样的翻译和转换在以前看来，是一个常识性的且不能被原谅的错误；但毫无疑问，这些数学符号显然更符合现代人的阅读习惯，是有益而无害的。因此，在本版《天体运行论》中，译者也毫不犹豫地采用了这种更为直观的表达方式，使这部原本略显晦涩的著作变得更方便阅读。

除了数学符号，本版《天体运行论》在语言表达上也更符合现代人的阅读习惯，但并没有像查尔斯·格伦·沃利斯的新英文译本那样，强行使哥白尼的原文“现代化”，以至大范围地曲解了原著的本意。在本版《天体运行论》的翻译过程中，译者从头至尾沿用了卡耳·卢多尔夫·门泽尔的德文译本，也特别注意到个别名词翻译的准确性。例如“*Orbium*”，门泽尔的翻译是“天体”，但事实上，根据哥白尼的原意，“*Orbium*”指的是假想的、能带动可见天体旋转的球体，即“天球”。该词汇源于古希腊，在哥白尼时代已被人们普遍接受。

在哥白尼时代以后的宇宙观中，天球的概念已经和哥白尼其他的诸多概念一起被抛弃了，现代的读者甚至都没有听过它们的名字。在这个问题的处理上，本版《天体运行论》不得不采取保留原意，同时添加注释的方法。这些注释均由谙熟哥白尼理论及其著作的专家共同编写。

这些专家以乔治·贾奇姆·列蒂加斯为首，他是哥白尼一生中仅有的门徒。约翰尼斯·开普勒和他才华卓越的老师迈克耳·梅斯特林（他向开普勒推荐和阐释哥白尼学说），也做出了非常有价值的贡献。英国的托马斯·狄格斯是把《天体运行论》部分地意译为近代语言的第一人。而强烈提倡新宇宙论并也曾在英国发表了雄辩演说的吉奥丹诺·布鲁诺，也是哥白尼观点的热烈拥护者。荷兰的尼古拉·米勒主编了《天体运行论》第三版（阿姆斯特丹，1617 年）。波兰的詹·巴兰诺夫斯基为《天体运行论》第四版（华沙，1854 年）的出版付出了极大的努力。促成《天体运行论》第五版（托尔恩，1873年）的马克西米良·库尔兹和门泽尔同样付出了巨大的心血。

近年来，恩斯特·齐纳、弗里茨·库巴赫、弗朗兹·泽勒和卡尔·泽勒兄弟、弗里茨·罗斯曼、汉斯·斯毛赫以及威利·哈特内尔都为哥白尼的这一著作投注了极大的热情，为之付出努力并卓有成效。在波兰，路德维科·安东尼·伯肯迈耶和亚力山大·伯肯迈耶这一对父子发表了极其宝贵的讨论，这些讨论由玛丽安·比斯柯普、吉尔兹·多布茹斯基、卡罗尔·高尔斯基和杰齐·札塞等人共同整理并延续。

正是基于以上学者的辛勤耕耘和探索，尤其是亚历山大·伯肯迈耶和吉尔兹·多布茹斯基同时编撰的《天体运行论》拉丁文版的面世，本版《天体运行论》的编译者才获得了这么多对读者有益的精华。此外，编译者还对哥白尼手稿和第一版《天体运行论》中被增删、修改的部分给予了必要的补充和说明，其中包括一些计算和更改，以使读者对哥白尼的每一个数据都清楚明了。

哥白尼不是一个随心所欲的人，《天体运行论》也并不是在一个没有干扰和烦忧的宁静和平的大环境中撰写的，哥白尼的艰辛不是那些在顺境中思考的哲学家可以比拟的，这个一直忧心工作、忧心生活，偶尔得以在大教堂牧师会任职的职员，利用为生活疲于奔命的空隙写了这本惊世之作。而这部作品的问世，显然使很多富有科学精神的天文学家感到兴奋。《天体运行论》第一版的标题页上写着：在这部刚刚面世的作品中，您将了解恒星和行星的运动。这些根据古代及新近的观测重新确立的运动，用新颖和巧妙的假说来修饰，同时提供了非常方便的表格，读者可以用它非常容易地对任何时刻的运动作出计算。因此，请购买、阅读和欣赏这部经典著作。但没有学过几何学的人，不在邀请之列。

安德里斯·奥西安德尔曾评论说："如果这些恼怒的人可以理智思考，就会发现这本书的作者并没有做什么值得批判的事情。"要知道天文学家的职责就是通过精细和成熟的研究，阐释天体运动的历史。他有职责想象和设计出这些运动的原因，探究相关的假设。正因为他不能及时探测到真正的原因，所以才需要假设，并运用准确的几何学知识，对天体运动的历史和将来的轨迹作出正确的计算和预测。

哥白尼正是这样做的。这些假设未必都是真的，甚至也不一定是可能的。但如果这种方法能够进行一种与观测符合的计算，那就有据可依了。

"对同一种运动，有时可以提出很多种不同的假设，而天文学家总是愿意选择最容易领悟的假设，就像哲学家宁愿追求真理的外表一样。除非收到神的旨意，否则他们也无法阐释任何可以肯定的东西。因此，我们完全可以将这些新的假设曝光。新假设简明扼要，并符合精确的观测。因为是假设，所以就不要希望能够从天文学中得到肯定的答案，天文学也提供不了肯定的答案。如果这一点不能明确，就会很容易把想法当作真理，直到这项研究结束后，才发现自己成了大傻瓜。"

卡普亚红衣主教尼古拉·舍恩贝格在致尼古拉·哥白尼的贺信中写道："早在几年前我就听到一些关于您的高妙的评论，每个人都对此赞赏有加，我那时就非常敬重您，还祝贺同时代的人们，因为他们看到了启明星。我早该了解到，您一直在研究古代天文学家的发现，并且非常巧妙地把握了其中的奥秘，还创造了新的宇宙论。在新的宇宙论中，您强调地球是在运动着的，而太阳居于宇宙最核心的位置；第八重天是永远固定的；同时，月亮及包含位于火星和金星之间的天球的其他成员，以一年为周期围绕太阳运转。我还知道，您为天文学的完整体系提供了详细的解说，并计算了行星运动……这一切都将载入史册，所有人都会因此赞赏您。因此，尽管有些冒昧，我还是以我最大的热忱恳求您，希望最博学的您，能把您的发现尽快告知学者们，把您论天体的著作、表册以及您研究的一切相关资料以最快的速度邮寄给我。我已经让列登的西奥多里克把您的一切开支悉数记录，由我来支付。如果您能满足我的心愿，您会知道我是多么渴望将您的研究成果公之于世，多么渴望人们能够公正地评价拥有如此杰出才华的人。”

舍恩贝格大主教的愿望在今天看来，已经成为了一个普遍的事实。《天体运行论》的各种版本已经风行全世界。译者力求将本版《天体运行论》做成最贴近原著和哥白尼本意，同时又最符合现代人阅读习惯的版本。在追求真理和科学的道路上，译者与作者一样，愿将毕生精力投注到对人类有益的事业中去。

同时，也欢迎广大天文学爱好者和同样抱有追求真理精神的同行们对本版《天体运行论》给予评议和指正！

译者

AUTHOR'S PREFACE | 自 序

致保罗三世教皇陛下

圣明的父，我常常在想，一旦我将这本关于宇宙中天体运动的书公之于世，有多少人会因我对地球运行轨迹的解释而气急败坏，进而扬言要将我和我的学说送回地狱。不过，值得庆幸的是，我对自己的学说还没有迷恋到疯狂的地步。我知道，哲学和真理不会被世俗成见所左右，它们是在上帝允许的人类智慧范围内，对万物真谛的召唤。它们不需要那样的疯狂。

我早已想到，对于那些多个世纪以来，承认地球静居于宇宙中心的人们来说，如果我坚持地球在运动的论断，他们也一定会以同样坚定的态度，将我关进疯人院。我踌躇很久，是否应当把我论证地球处于运动中的著作呈现到公众面前，或者效仿毕达哥拉斯以及其他一些人的惯例，把哲理奥秘仅仅口述给至亲好友，而不付诸文字。我相信他们这样做的原因，并不是像某些人设想的那样，担心自己的学说流传开后会产生某种妒忌和敌意。相反，这些满怀献身精神的伟大人物希望他们所取得的成就能够获得应有的认可，而不是遭致无知者的嘲笑。而我，害怕因为自己的论点新奇和难于理解而被人蔑视和嘲笑，这差点迫使我完全放弃已着手进行的工作。

就在我快要放手的时候，我的朋友们却使我坚定了下来。其中，对我帮助最大的是卡普亚的红衣主教尼古拉·舍恩贝格，他精通多门学科，是一位负有盛名的学者。还有挚爱我的台德曼·吉兹，他是捷耳蒙诺地区的主教，专心致力于神学和优秀文学作品的研究。在我把此书埋藏在我的论文之中长达36年后，他始终没有放弃，而是反复鼓励我，有时甚至夹带着责难，急切敦促我出版这部著作。另外几名杰出的学者也建议我这样做。他们启发我、鼓励我，要我放下那些困扰我很久的疑虑，勇敢地将著作拿出来与天文学的研究者和学者们共享。他们诚恳地对我说：或许地动学说在大多数人看来仍很荒谬，但总有一天，上帝会从迷雾中站出来，证明这部著作的伟大。我显然被这一信念鼓动，终于决定出版这本书。

是的，尊敬的教皇陛下，我已经获得了莫大的勇气，将自己花费了巨大心血研究出来的结果公之于世，并毫不犹豫地用书面形式陈述它。或许，您大概想听我谈谈，我怎么会完全否定那些天文学家的论点，甚至违背常识，而假设地球正在它预定的轨道上漫步呢？是的，您会感兴趣。

对此，我并没打算向陛下隐瞒。首先，他们对太阳和月球运动的认识并不是那么可靠，以致他们被“回归年”戏弄，却始终测不出它的长度。事实上，他们在对天体运动进行测定时，使用的并不是相同的原理、假设和对视旋转及视运动的解释。有的人只会用同心圆，而另外一些人却只会用偏心圆和本轮。然后，他们都找到了各自的答案。随后就出现了我们看到的现象：相信同心圆的人能够证明，用同心圆可以叠加出某些非均匀的运动，这是一项了不起的成就，唯一的缺点是他们用这个方法不能得到任何与观测现象完全相符的结果。而那些设想出偏心圆的人通过适当的计算，在很大程度上解决了视运动的问题，前提是他们引用了许多与均匀运动的基本原则显然抵触的概念。最重要的是，偏心圆不能得出任何关于宇宙的结构及其各部分对称性的结论。他们像一群画家，在不同的地方临摹人体的头、胳膊、大腿以及其他部位。尽管他们技艺超群，但也只能拼凑出一只漂亮的怪兽，而不是完整的人体。可以想见，采用偏心圆论证的过程，或者叫作“方法”，如果不是遗漏了某些重要的东西，就一定是塞进了一些舶来的、毫不相干的东西。如果他们遵循科学的原则，这种情况绝不会发生。

如果我现在所阐述的还不够清楚，那么将来，在适当的场合，它一定会变得跟耶稣的眼睛，或者庄园里熟透的果实一样清晰可辨。

传统天文学在关于天体运动的研究中存在的紊乱状态让我思绪万千。每想到天文学家们不能理解最美好和最灵巧的造物主为我们创造的世界，我就感到懊恼。然而，对于那些跟宇宙相比显得极为渺小的琐事，他们却考察得十分精专。因此，我开始孜孜不倦地重读那些我所能得到的有关天文学的著作，以期找到一些与天文学教师在学校里所讲授的那套理论不同的关于天体运动的资料。我首先在西塞罗的著作中发现：赫塞塔斯曾设想过地球在运动。然后又在普鲁塔尔赫的作品中发现了相同的观点。当然，还有来自于其他一些优秀天文学家的关于天体运动的资料。为了使读者信服，我决定把他们的言论摘引如下：

很多人认为地球静止不动。但毕达哥拉斯学派的费罗劳斯却相信地球跟太阳和月亮一样，都围绕着一颗火球作倾斜的圆周旋转。庞都斯的赫拉克利德和毕达哥拉斯学派的埃克范图斯也认为地球在运动，但不是朝前运动，而是像一只车轮，以自我为中心逆时针旋转。

我正是从这些富有真知灼见的资料中受到启发，开始考虑地球是否在运动，或者是以什么样的姿态在运动。这个想法听上去很荒谬，但我知道，为了能够解释天文现象，很多卓越的科学家已经设想出了各种各样的圆周。因此我想，我或许可以找到有关地球在做某种运动的证据，从而找到比我的先行者更具说服力的解释。

假定地球存在我在本书中阐述的那些运动——经过长期、认真的研究——我坚信：如果把其他行星的运动与地球的运行轨迹联系在一起，并以每颗行星的运转来计算，那么，从理论上来讲，我们将观测到所有的行星和天体。如果再进一步推测，所有天体的顺序和大小跟整个宇宙完全是一个有机体，我们移动任何一部分甚至某一个运行中的天体，都会影响整个宇宙的秩序，使其变得混乱和不可预见。因此，在我阐述我的学说时，我决定采用这样的顺序：

第一章，我将阐述天体在宇宙中的整体分布和我所认为的地球的运动。在其余的各章中，我会把宇宙中其他天体的运动与地球的运动联系起来，如果这些天体的运动都与地球的运转有关，那么，包括地球在内的各种球体在宇宙中运行并共同构成宇宙的观点将获得又一有力的证据。对于那些富有智慧和科学精神的天文学家，如果他们的思考足够认真和深刻，那么，我所引用的材料就会最大程度地支持我的观点。

为了更直接地面对所有人的批判和质疑，我愿意把我的著作呈献给陛下。您对一切文化（当然，更包括天文学）的热爱和您的教廷的崇高与英明，使您成为了至高无上的权威，您的威望和智慧可以轻而易举地辨别诽谤者的中伤，尽管他们伪装得十分完美。

尊敬的教皇陛下，您知道，总会有一些夸夸其谈的学问家，即便对天文学一窍不通，却充当起了这门学科的行家。他们从《圣经》中断章取义，曲解科学，以捍卫和粉饰他们阴暗的个人利益。他们对我的学说吹毛求疵，任意曲解。而我只是抛给他们一个蔑视的眼神。这些人中，甚至包括拉克坦蒂斯，当然，他是一位无可争议的杰出作家，但不是科学家。他可以洋洋得意地谈论地球的形状，可以嘲笑那些宣称大地是球形的人。他对我的讥讽也可以理解，因为天文学著作里面只有科学和理性的推测，只有真正的天文学家才会发现。我的著作对教会将有不小的贡献，而教会目前正在陛下的主持之下。前不久，当国王还是里奥十世时，拉特兰会议曾讨论过教会历书的修改问题。这件事悬而未决，原因仅仅是年和月的计数方式和对太阳及月亮的运动测定得不够准确。正是从那个时候开始，在佛桑布朗地区最杰出的保罗主教的倡导之下，我将注意力转向了这些课题。现在，我就将我思考和研究的结果呈献给陛下，敬请教皇陛下及所有富有学识的天文学家来鉴定。

为使陛下不至于感到我在夸大本书的用处，我现在就转入正文。

尼古拉·哥白尼

导读

REVIEW

我们对哥白尼感激不尽，因为他把我们从居于统治地位的庸俗哲学中解放出来，只有坚定不移地站在反宗教的潮流中的人，才能充分评价并颂扬他的精神。

——布鲁诺（16—17世纪伟大的天文学家）

《天体运行论》是波兰天文学家哥白尼写的一部记录自己的天文学说的著作，是一本影响世界历史进程的科普著作。它的问世，使人们对宇宙的本质有了新的认识，并促使自然科学冲破神学束缚，向前迈进了一个崭新时代，它是人类探求客观真理道路上的里程碑。

哥白尼生平

尼古拉·哥白尼（1473—1543年），波兰天文学家、“太阳中心学说”的创立者、近代天文学的奠基人。

1473年，哥白尼出生在维斯杜拉河畔托伦市的一个富商家庭。他自幼酷爱自然科学，善于独立思考。1483年丧父后由舅舅抚养长大，舅舅是一位主教，他希望哥白尼将来也能成为一名神职人员。1491年，年仅18岁的哥白尼听从舅舅的安排，在当时欧洲的学术中心——克莱考大学就读。这所大学以数学和天文学著称。学习期间，哥白尼对天文学产生了浓厚的兴趣，“太阳中心学说”开始在他脑海中萌芽。1496年，23岁的哥白尼来到文艺复兴的发源地——意大利，在博洛尼亚大学和帕多瓦大学攻读法律、医学和神学学位，当时博洛尼亚大学的天文学教授德·诺瓦拉（1454—1540年）对他影响极大。在意大利求学时，哥白尼学到了天文观测技术和希腊的天文学理论。后来，他在费拉拉大学获宗教法博士学位。在此期间，他接触了希腊哲学家阿里斯塔克斯（生活在公元前3世纪，早于哥白尼生活的时代1 700多年）的学说，认同地球和其他行星都围绕太阳运转的“日心说”是正确的。

1500年，哥白尼前往罗马参加天主教会百年纪念盛典。他在罗马逗留了一年，在这一年里，他进行了一系列的天文观测，做了多次有关数学和天文学的讲演，还积极同那里的天文学家们交流、讨论，这一年的见闻让他受益匪浅。多年后，哥白尼在撰写《天体运行论》的时候，就采用了公元1500年11月在罗马观测到的月食记录。

1506年，哥白尼回到波兰，回国后的他为担任大主教的舅舅当秘书和私人医生。作为一名医生，他因医术高明被人们誉为“神医”。成年后的他大部分时间是在费劳恩译格大教堂担任教士。在1512年舅舅去世后，哥白尼定居弗龙堡，这时他把许多精力都用在对天文学的研究上。他买了城墙上的一座箭楼作宿舍，并用顶上一层作为天文台，即后来的“哥白尼塔”，它被人们作为天文学的圣地保存下来。哥白尼在那里坚持不懈地观察天文，记录数据，一做就是30年。1533年，60岁的哥白尼在罗马做了一系列的讲演，提出了他的学说要点；1536年，哥白尼完成了《天体运行论》；1542年秋，哥白尼因中风半身不遂，于次年5月去世。

学说的形成背景及成书过程

从远古时代起，人类就对浩渺天穹和日月星辰产生了浓厚的兴趣，并不断思考，希望了解宇宙结构、掌握天体运行规律。早在古希腊时代就有哲学家提出地球在运转，但由于当时缺乏依据而没有得到大众的认可。

在古代欧洲，亚里士多德和托勒密都主张“地球中心学说”。托勒密认为，地球静止不动地坐镇宇宙中心，所有天体，包括太阳、水星、金星、火星、木星、土星等都围绕地球运转。然而，人们在观测中却发现，天体的运行并不是一成不变的，它时前时后、时快时慢，这让人们感到困惑。为了解决这一问题，托勒密提出了“圆轮说”，即天体运动的圆轮中心环绕地球作均衡运动。这个圆轮被称为“均轮”，其他较小的圆轮则称为“本轮”。在主要的“本轮”之外，他另外增加了一些辅助的“本轮”，并采用了“虚轮”的说法，这样就使“本轮”中心的不均衡运动，从“虚轮”的中心看来似乎是“均衡”的。

“地球中心学说”的观点与《圣经》中关于三界（天堂、人间、地狱）的说法不谋而合。因此在“政教合一”的中世纪，处于统治地位的教廷力挺“地球中心学说”，把它和“上帝创造世界”融为一体，经院神学家们还把“地静天动”的内容融入教义，并把它们延伸至古希腊学说。实际上，这并不是古希腊典籍里的真实内容，而是经过经院神学家们加工处理过的。这种被扭曲了的学说为神学统治服务，它是神学家们愚弄民众的工具。为巩固封建统治，教会采取了一系列“愚民”措施，他们烧掉许多珍贵的科学著作，并用极刑处死有独特见解的科学家，企图扼杀掉一切新思想、新学说。

15—16世纪，资本主义在欧洲萌芽，各国社会形态发生了巨大变化。城市工商业的兴起，尤其是采矿和冶金业的快速发展，使许多国家出现了一些新兴的大城市。到15世纪末，中央集权的君主政体在不少国家出现。哥白尼的家乡波兰也发生了翻天覆地的变化，许多手工业城市在资本主义的萌芽中快速兴盛起来。

当时，教会仍掌控国家统治权，新兴的资产阶级为寻求自身的生存和发展，运用古希腊的哲学、科学和文艺，首先在意大利掀起了一场反对封建制度和教会迷信思想的斗争——文艺复兴运动。这股人文主义思潮给当时的社会注入了活力，它很快感染了波兰及欧洲其他国家。

与此同时，商业的活跃也迅速促进了对外贸易的兴起。在物质利益的驱使下，欧洲的冒险家们远航至非洲、印度及整个远东地区。在远洋航行中，人们掌握了不少天文地理知识，也积累了许多观测资料，这些见闻与当时流行的“地静天动”宇宙学说并不完全相符，这就引发了人们的思考，人们开始更深层次地去探索宇宙奥秘。1492年，意大利著名航海家哥伦布横渡大西洋到达美洲大陆，麦哲伦和他的同伴绕行地球一周。这些事实证明地球就是球形的。此时的人们开始真正认识地球，不再认为它是上帝安排给“天之骄子”们生活的襁褓。

经济的快速发展，带动了科学、文化的快步前行，天文观测的精确度也渐渐提高，大量具有可信度的观测资料被积累下来。这时，人们发现，仅用托勒密的“本轮”不足以解释天体的运行，为了弥合破绽，后代的学者们不断增添新的“本轮”“均轮”。对学说的“修修补补”，使“地球中心学说”体系变得越来越复杂。到文艺复兴时期，托勒密体系里的“均轮”和“本轮”数目达80多个，这个数目是骇人的，也是极不合理的。

哥白尼意识到，对天文学的研究，不是强迫宇宙现象服从原有学说，也不应该继续“修补”托勒密的旧学说，而是要让天文现象指引天文学家，让宇宙现象来回答问题，并从现象中发现规律，得出宇宙结构的新学说。年轻的哥白尼在克莱考大学读书时，就开始思考地球运转问题，他曾用“捕星器”和“三弧仪”观测月食，研究浩瀚无边的星空，这是他进行天体研究工作的一个良好开端。后来，当他在意大利学习教会法时，也一边努力钻研天文学。在那里，他与知名的天文学家多米尼克·玛利亚一起研究月球理论，并孜孜不倦地观测天象、积累数据、探索行星的运动规律。此时的哥白尼开始用实际观测来揭露托勒密学说和客观现象之间的矛盾。

此外，哥白尼还努力研读古代的典籍，目的是为“太阳中心学说”寻求参考资料。他读遍了能够弄到手的各种文献。在钻研古代典籍的时候，哥白尼尤爱摘抄古代学者的卓越见解，他把这些在当时被认为是不符合《圣经》和教义的独特见解当成前进的灯塔，并在自己的观察实测中融会贯通。

同时，他十分勤奋地钻研托勒密的著作，在研读中逐渐找到了“地球中心学说”和科学方法之间的矛盾。

1506年，瘟疫在意大利流行。凑巧，这时出现了“彗星断天”的异常天象。另外还发生了一件事，即罗马教皇亚历山大谋害他人不成，反倒自己误饮了毒酒命丧黄泉。天灾加人祸，使得人心不安。教会趁机编造出种种天将降祸的谣言，招摇撞骗，聚敛钱财，愚弄民众。当哥白尼回到波兰时，教会正以天空出现的另一罕见星象大做文章，造谣说洪水和瘟疫很快就会到来，这是上天对世人的惩罚。这样的言论，引得社会一片恐慌，国家近乎崩溃。与此同时，波兰教会借机活动，说无论活人还是死人，只有买了“赎罪券”，方可消灾免难。普通百姓为了求得“赎罪券”，弄得倾家荡产，难以活命；达官贵人日夜寻欢作乐，以消除心中的恐慌。整个首都一片乌烟瘴气、民不聊生。

哥白尼通过细心研究，发现教会有关天象的说法中包含错误数据，明显是在蛊惑人心。面对这种情况，他和他的朋友们积极研究两星“相会”问题。他们在不同地区进行观察实测，以期能一起揭发教会的丑陋嘴脸。

在观察实测中，哥白尼和他的朋友们发现，第四次两星“相会”的日期提前了一个多月，与教会所说的时间并不相符，而和他的推算却是符合的。

哥白尼还深入研究了行星视运动的不均匀运动，例如逆行、留、打结状轨道一类。他发现，这些运动现象用同心圆上的均匀运动根本就不能解释。用托勒密学说中的“偏心圆”和“本轮”也得不出与实测相符的结果。在深思熟虑后，哥白尼一针见血地指出：赋予地球以行星绕日一样的运动是唯一的出路。这就是日心说的基础。

为论述自己观测到的天体运行规律和“太阳中心学说”这一观点，哥白尼写了一篇名为《试论天体运行的假设》的论文，他在文中指出，天体运行具有以下几个特点：

1. 所有天体轨道和天体不会有一个共同的中心。

2. 地球仅是自身的引力中心和月球的轨道中心，并不是宇宙的中心。

3. 所有天体都绕太阳运转，太阳附近某处就是宇宙中心。

4. 天穹高度远不止地球到太阳的距离。

5. 地球和别的行星一样绕着太阳运转。它一昼夜绕地轴自转一周，一年绕太阳公转一周。

6. 人眼看到的太阳和行星运动现象是地球运动引起的，地球同时进行着几种运动。

《试论天体运行的假设》是哥白尼在以前观测到的基础上创作而成，是《天体运行论》的一个学说提纲，为在这块基石上建起高楼大厦，哥白尼进行了长期的观察实践。

在回国任教不久之后哥白尼开始写作《天体运行论》。

1512年，哥白尼定居弗龙堡，为方便观测天象，他买下了城堡的一座箭楼，把箭楼的顶楼作为工作室，他用自己制作的简陋仪器作为观测工具。在有记录可查的50多次观测中，包括了对日食、月食、火星、金星、木星和土星的方位观察等。1516年秋后的极长一段时间里，十字军骑士团多次侵占波兰的各个城堡，教会派哥白尼担任教产总管，对付压境的十字军骑士团。“太阳中心学说”的观测和完成，很多都是在和十字军骑士团的斗智斗勇中进行的。直到1525年，哥白尼才在弗龙堡全面展开《天体运行论》的写作，并于1536年左右完成。在哥白尼的天文观测研究期间，他一度受到教皇的猜忌和监视，所幸手稿并未落入教皇手中。

手稿完成之后，哥白尼迟迟不肯让其面世。究其原因，正是因为他的理论不但违反《圣经》和教义，而且矛头直指托勒密的“地球中心学说”，认为其是“主观和荒谬的”。这样的一本书极有可能会被认为是“异端邪说”；而哥白尼自己也将会被当作“离经叛道分子”，受到教会的迫害。然而他的朋友和学生们对此热情不减，他们积极地协助和促成哥白尼出版这一著作，他的学生雷蒂库斯为他修订书稿，并和朋友奥西安德尔一起联系了出版商。为了让《天体运行论》顺利出版，奥西安德尔杜撰了一篇前言，他在前言中称书中理论是为了编算星历表和预测行星位置而提出的一种人为设计，不一定代表了行星在太空中的真实运动。他的这一席话，在其后的许多年，蒙蔽了不少人的眼睛。哥白尼为免受教会的迫害，在序言中宣称把书奉献给教皇保罗三世，希望能因此得到保罗三世的支持与庇护。由于采取了这些掩护措施，这部巨著终于在1543年得以出版。

《天体运行论》的意义和影响

在《天体运行论》中，哥白尼不但正确论述了地球绕地轴自转、月球绕地球作圆周运动、地球绕太阳公转以及其他行星也绕太阳运转的事实，并描述了太阳、月球和五颗行星（水星、金星、火星、木星、土星）的视运动。同时，他批判了托勒密的理论，归纳出托勒密学说与实际观测间的矛盾。并指出地球只是地球的引力中心和月球轨道中心，它并不处于宇宙的中心；宇宙的中心在太阳附近的某一处，包括地球在内的所有天体都绕太阳运转；地球在环绕太阳公转的同时自转；月球绕着地球转；人们看到的太阳运动、行星运动，都由地球运动引起。他科学地阐述了天体的运行现象，推翻了长期以来居于统治地位的“地球中心学说”，也从根源上否定了基督教关于上帝创造一切的谬论，动摇了欧洲中世纪宗教神学的理论基础，使科学从神学中摆脱出来，从而实现了天文学的根本变革。

《天体运行论》在社会上激起了轩然大波，给当时受神学思想愚弄的民众注入了思维活力；它在一定程度上解放了人们的思想，同时也激发了一些具有科学创造意识的天文学家们的研究热情，驱使他们对行星运动做更为准确的观察。丹麦天文学家泰寿·勃莱荷受“太阳中心学说”启发，沿着哥白尼的指引方向，在长年的天文观察中积累了许多正确可行的资料。后来，德国天体物理学家开普勒根据泰寿积累的观察资料，最终推导出了行星运动三大定律。行星运动三大定律的面世，给了托勒密的“地球中心学说”沉重打击。意大利天文、物理学家伽利略受哥白尼学说的影响颇深，他的天文学著作明显有“太阳中心学说”的痕迹。在天文学的科学研究上，哥白尼成了泰寿、开普勒、伽利略的指路明灯，而开普勒与伽利略又成了牛顿的引路人，正是因为有了他们的发现，牛顿才在此基础上得出了动力定律和万有引力定律。

哥白尼的太阳中心学说、地球运动学说对我国天文学的发展也有着重大影响。在我国古代，就有了地球在运动的说法。战国时期，人们对地球在运动和地球静止不动这两种学说进行了长时间的争论。《庄子·天运篇》里曾明确指出是地球在运动，且不会自行停止，但在哥白尼的“太阳中心学说”传入中国之前，中国古代并没有明确提出地球及行星是绕太阳在运行。它的传入促进了中国天文历算的发展。

所以说，哥白尼的“太阳中心学说”是人类对宇宙认识的革命，《天体运行论》的出版是人类探求客观真理道路上的里程碑。从哥白尼时代起，人们的世界观开始发生改变，脱离了教会束缚的自然科学和哲学也从此飞速发展。

各章内容简介

《天体运行论》一书各章论述要点明确。纵观整体，具有以下几个中心要点：

1. 宇宙的中心在太阳附近，地球、水星、金星、火星、木星、土星等行星沿着固定轨道绕太阳运行。

2. 地球是运动的，它不但自转，还绕太阳公转。

3. 月球离地球最近，它是地球的卫星，按照一定的轨道绕着地球转。

4. 天体的排列有序可循，它们按照一定的顺序离太阳或远或近。

第一章是全文的精髓，也是全文的概括和缩影，主要论述太阳位于宇宙的中心。这一章总括式地介绍了宇宙结构，基本上采用文字叙述，另加一些简单的几何图形辅助说明。本章的前几节，哥白尼依次论述了“宇宙是球形的”“大地也是球形的”“大地和水构成了统一整体”“天体在进行匀速的、永恒的、复合的圆周运动”。对“宇宙是球形的”之论证，可信的依据不多，有不少主观上的想象成分，而论证“大地也是球形的”以及“天体轨道是圆形的”时，哥白尼则列举了一系列确切的证据。例如：位于北面的星星大都不下落，相反，位于南面的一些星星永远不会升起；在意大利看不到的某些星星，如老人星，在埃及却能看见；向北走的旅行者发现，周日旋转的北天极在渐渐升高，而与北天极相对的南天极却以同样的弧度降低。在第五节里，哥白尼运用相对运动的原理，通过地球周日旋转来解释日月星辰的出没。第六节则用视差的原理，阐明“天穹之大是地球无法比拟的，甚至可以说是无穷大”的观点。第七、八节，哥白尼论述了古人认为地球静居宇宙中心的原因，并对“地球中心学说”进行了系统批判，指出地球运动的合理性。“太阳中心学说”的论点在第九节里明确提了出来，哥白尼肯定地说：“最后，我们认识到宇宙的中心的确是在太阳附近。”他指出天文观测应正视事实，行星的运动规律与宇宙万物的和谐现状都能证明太阳位于宇宙的中心地带。第十节讲天体顺序。太阳静居宇宙中心，往外依次是水星、金星、地球与月球、火星、木星、土星，恒星天球在最外围，它也是静止不动的。第十一节进一步论证地球的“三重运动”，即地球自转、绕日公转及“赤纬运动”。第十二至第十四节系统介绍了圆周的弦长、平面三角形的边和角以及球面三角形的知识，为阅读后文打好了必要的数学基础。

第二章主要论述地球的三种运动（周日自转、绕日公转、赤纬运动）所引起的一系列现象，如昼夜交替、四季循环、太阳和黄道十二宫的出没等。第一节是对赤道、黄道、地平、回归线下定义，并指出它们各自的位置。第二节讲黄道倾角的含义和测量方法。第三到十三节，依次讲在赤道、黄道和地平三套坐标系中天体位置的转换方法，给出了黄道度数的《赤纬表》《赤经表》和《子午圈角度表》，对天体中天时的黄道度数、正午日影长度差异、昼夜长度变化等数量的测定方法都有所叙述。第十四节讲如何对恒星进行方位测定、星表怎样编制的问题。他详细介绍了方位天文学的观测仪器——星盘，并介绍了星盘的结构、制造和使用方法。章末附《星座与恒星描述表》，该星表是哥白尼在自己多年实测的基础上总结前人的经验而得出，它按北天区、中部和近黄道区、南天区三个天区分别列出三百余颗天体的黄道坐标等。天区里的星座和行星在其所属星区里的位置，都配有相应的文字描述。

第三章论岁差，准确地讲是论二分点和二至点的岁差。哥白尼在第一节里，主要介绍岁差的研究历史。第二节讨论岁差的不均匀性及它的观测史。根据古代的观察记录，哥白尼得出黄道、赤道的交点移动速率时快时慢这一结论。第三节的内容是阐述岁差的成因，指出这是由于自转轴的方向变化引起的。在其后的几节，哥白尼讲了二分点岁差与黄赤交角等数值变化的均匀行度和非均匀行度，以及太阳视运动的不均匀性。第四节是对不均匀天平动的解释。第五节论证二分点岁差和黄赤交角的不均匀性。第六节讲二分点岁差与黄道倾角的均匀行度。第七节的内容是二分点的平均岁差与视岁差的最大差值。第八节讲二分点行差与黄赤交角，并辅以表格加以说明。第九节是对前几节有关二分点岁差的一个总结。第十节是对黄赤交角最大变化的讨论。第十一节讲二分点均匀行度的历元与如何测定非均匀角。第十二节讲如何计算春分点岁差和黄赤交角。第十三节讲太阳年的长度和非均匀性。地心运转的均匀化和平均行度在第十四节里有详细介绍，哥白尼用了六个表格来辅助说明。其后两节讲了太阳的视运动及其不均匀性。第十七节是对太阳的第一种差、周年差及其特殊变化的解释。第十八、十九节讲有关太阳均匀行度的知识。接下来的两节讲太阳的第二种差的成因及变化度。第二十二到第二十六节分别讲了太阳远地点的均匀与非均匀行度、太阳近点的测量及其位置的确定、太阳均匀行度和视行度变化、视太阳的计算、自然日的变化。

第四章讲的是月球的绕地运动。第一到第十四节细致描述了月球运动。由于月球是地球唯一的一颗天然卫星，它和地球关系密切，月球身份的特殊性使哥白尼很重视这一项研究，他在研究中发现，月球不但有自己的轨道，而且运行的速率和位置变化也很不均匀。为了表示这两种不均匀性，哥白尼提出了“第一种差”和“第二种差”两个概念。后来，他设计出“两个本轮”的图像来解释月球运行的不均匀性。第十五到第二十七节讲月球视差。哥白尼首先详细介绍视差仪的制作方法，最后他从测量的视差结果中得出结论。哥白尼在第十七节和第十八节中分别求出了地月距离和月球半径，然后在此基础上算出日、月、地三个天体的相对大小以及其他一些相关的天文数据。第二十七节讲的是观测结果。第二十八至第三十二节讲日食、月食这两种极具吸引力的天象。其中第二十八节讲平合和平冲的时刻确定是如何利用已知的月球平均行度来获得的。第二十九节讲如何确定真合与真冲。第三十节讲日食、月食的出现与朔望，日、月球与黄纬间的关系。第三十一节和第三十二节讨论食分和食延的问题。

第五章论述行星运动。第一节讲视差运动。第二至四节先是用偏心圆的均匀运动对它的非均匀运动做了解释，然后讲述地球运动引起的视非均匀性，最后讲行星运动的非均匀性。第五到第九节讲土星，所涉及的内容有土星运动的三次冲日、土星位置测定、土星视差、土星与地球间的距离等。第十到第十四节讲木星。第十五到第十九节讲火星。而后几节是对金星的论述。第二十五到第三十一节详细讨论水星，在第二十五节里，哥白尼指出，利用对太阳最大距角的测量可以研究水星运动，并设计出与金星类似的“双重运动”。哥白尼付出大量的心力观测水星，并在分析前人资料的基础上确定了水星位置。他利用托勒密的观测资料，找到了水星高拱点和低拱点的位置、偏心距和大小本轮的半径值以及平均行度，并阐述了水星同太阳的距角时大时小的原因。在这章的最后几节，还讨论了行星的黄经计算方法、行星视运动中的留和逆行以及确定逆行时间和弧段长度的方法。

第六章是第五章的延续，第五章研究了行星的“经度行度”，第六章则是对“纬度行度”的研究。这一章重点讨论地球运动引起的行星黄纬偏离。在第一节和第二节里，哥白尼对行星的黄纬和地球运动引起的黄纬偏离，都做了概略性的描述。第三节讲解托勒密推求轨道面倾角的方法和结果。第四节是对黄纬值的解释。第五节讲了金星和水星的黄纬。第六到第八节分别论述金星和水星的二级黄纬偏离角、倾角数值和第三种黄纬，章后附有“五行星”的黄纬表。第九节是对五颗行星的黄纬计算方法的一个总结。

目录 CONTENTS

第2章

第3章

第5章

第6章

第1章

CHAPTER 1

本章为全文的精髓，主要论述太阳位于宇宙的中心。在前几节里，哥白尼通过一系列确切和不确切的依据，依次论述了“宇宙是球形的”“大地也是球形的”“大地和水构成了统一整体”“天体在进行匀速的、永恒的、复合的圆周运动”。随后运用相对运动的原理，通过地球周日旋转解释了日月星辰的出没；用视差的原理，阐明“天穹是无穷大的”这一观点；对“地球中心学说”进行系统批判，指出地球运动的合理性，并随之提出“太阳中心学说”的论点；接着通过对天体顺序的阐释，进一步论证地球的“三重运动”（周日自转、绕日公转、赤纬运动）。在后面几节中，他系统地介绍了圆周的弦长、平面三角形的边和角以及球面三角形的知识，为后文打好了必要的数学基础。

引 言

在人类智慧孕育的诸多文化和技术领域中，我认为最值得为之付出满腔热忱和全部精力来促进的最美好的研究，就是探索宇宙中天体的运转，包括它们的运动、轨迹、距离、大小、存在和消亡，乃至宇宙的全部现象。我实在想象不出，还有什么比包罗万象的宇宙更加迷人。你甚至可以从一些名词本身领略一二，如*caelun*（天穹）和*mundus*（宇宙）。前者表示一种雕刻品，后者则象征着纯洁和美丽。宇宙具有超越一切的完美结构，以至于众多的哲学家将它视为可以看得见的神。

如果说可以用研究的主题实质来评判各门学科的价值，毫无疑问，天文学不该排在第二位甚至更靠后的位置。这是一门美妙的学科，有人称它为天文学，也有人叫它占星术，或者“最能彰显数学魅力的学科”。不管被唤作什么名字，它都无可争议地是一切学术的顶峰和最值得让一个自由人去研究的科学。它受计量科学，比如几何、算术、光学、地质学、力学等所有分支的支持。

一切崇高的学术都是为了帮助人们从内心深处摆脱邪恶、愚昧和无知，并把人的内心引向光明和更美好的世界。天文学将这一点体现得更加充分和完整，它能赋予人心灵的愉悦，使人产生无限的欢乐。上帝将宇宙安排得如此完美，怎能不让人惊叹造物主的伟大和万能？任何宇宙的和谐和人类的美德，都应归功于上帝。柏拉图是最能深刻地认识到天文学科给广大民众带来的裨益（赋予个人的利益更是不可胜数）和美感的智者。在《法律篇》第七卷中，他指出：“研究天文学最主要的目的，是把时间划分为像年和月那样的计数形式，以便唤起国家对节日和祭祀的警觉和关注……一切否认天文学对其他任何高深科学具有无可取代作用的想法，都愚蠢之极。”柏拉图认为，如果缺乏对太阳、月亮及其他天体必不可少的认知，任何人都很难成为或被承认是神职人员。天文学是无上崇高的学科，比起人文科学来，它更像是神的科学。

然而，这门学科也有它无法克服和逾越的难题，即科学证据与假设[1]的严重分歧。同样，这种分歧也在这门学科的研究者身上打上了烙印——他们并不信赖相同的概念。但最根本的是，他们不能对行星的运动和恒星的运转做精确的定量测定，也不能更为透彻地理解，而仅仅是把自己看到的早期观测资料复述一遍，然后原封不动地传给他们心爱的孩子和学生。所幸亚历山大城的克罗狄斯·托勒密[2]巧妙利用了四百年来的观测数据，将这门科学发展得枝繁叶茂，于是，似乎再也找不到任何残缺或盲知的领域了。

托勒密的智慧和勤奋简直令人惊叹！但他的工作和成绩终究有限，他所建立起来的系统得出了很多与事实不符的结论，更多的运动中的天体成了他的漏网之鱼。在讨论太阳回归年时，普鲁塔尔赫也发出了跟我一样的感慨：天文学家至今仍不能熟知天体的运动。以年的本身为例，对它的见解总是见仁见智，甚至有人认为根本不可能对它做出精确的测量。而对天体运行的研究，情况并不比这个例子好。

为了证明这种情况并不是懒惰惹的祸，我决定对这些问题进行更为广泛的研究。天文学创始人所处的年代离我生活的年代越远，对我研究该科学的帮助反而越大。他们的结论正好可以跟我发现的新事物作对比。我对很多课题的论述显然跟他们的结论不一致，但我仍要感谢他们，正是他们的努力和贡献，开阔了我的思维。而我们都该感谢上帝，没有上帝的号召和仁爱，我们都将一事无成。

---

〔1〕托勒密用拱点距离来表示天体的厚度。

〔2〕公元2世纪著名的古希腊天文学家。哥白尼在文中大量引用托勒密的论述及其著作作为证明依据。

1.1 宇宙是球形的

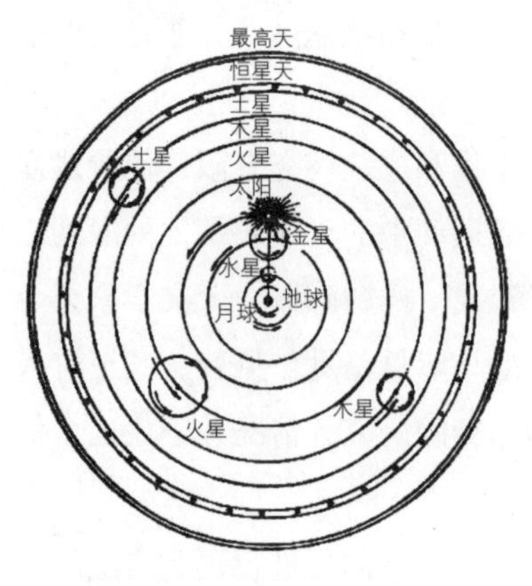

□ **托勒密宇宙体系示意图**

在托勒密构架的宇宙体系示意图中，地球静止不动地位于整个宇宙中心。距地球由近及远的天体依次是：月球、水星、金星、太阳、火星、木星、土星、恒星；在恒星之外，还有一层“最高天”。

首先，我们应当指出，宇宙是球形的〔1〕。这或是因为在所有形状中，球形是最完美的，它没有断裂，不需要接口，是一个不能任意增减的全整体；或是因为球形是所有形状中容积最大，最适合包罗万物的；还有可能是因为宇宙中的个别部分（即太阳、月亮、行星和恒星），看上去都是球形的；乃至宇宙万物都倾向于被这种边界包围着，就像单独的水滴〔2〕和别的液体一样。因此，我们不必怀疑，完美的造物主的杰作理当被赋予这种形状。

1.2 大地也是球形的

大地也是球形的，因为它的形态是从各个方向朝中心挤压。只不过，由于高山和深谷的存在，人们并没有完全认出大地是一个完整的球体。但是，高山和深谷并不能大幅度地改变大地的整个球形，这一点很容易证明：对于从任何地方一

〔1〕宇宙为球形这一观点，在希腊天文史的早期最先被提出来，并成为古代和中世纪的主导思想。

〔2〕“水滴呈球形”，是古代和中世纪科学的一种常识。

直向北行走的旅行者来说，周日运动的天极逐渐升高，与之相对的一极则会以同等数量降低；北天极的星体几乎常年挂在天上，而南面的一些星体却始终藏在我们的视野之外。人们在意大利看不到的老人星[1]，在埃及却能看到，而在意大利可以望见的波江座南部的很多星体[2]，在较冷的地方却难以看到。相反，对于那些向南行走的旅行者来说，南天极的星体会逐渐升高，而北方的星体会以同等数量下沉。也就是说，天极的高度变化和我们在大地上行走的路程成正比。如果大地不是呈球形，情况便不会如此。

□ **开普勒**

开普勒是德国近代著名的天文学家、数学家、物理学家和哲学家。他以数学的和谐性探索宇宙，是继哥白尼之后第一个站出来捍卫“太阳中心说”，并在天文学方面有突破性成就的人物，被后世的科学史家称为“天上的立法者”。

我们可以进一步得到结论：大地局限在两极之间，因此也是球形的。还有一点需要指出，东面的居民看不到我们这里黄昏时的日食和月食；西面的居民看不到我们这里早晨的日食和月食；至于正午的日月食，东面的居民会比我们晚一些看到，西面的居民则会早一些看到。

航海家也已经知道，大海同样是球形的。因为当他们在甲板上看不见陆地的时候，只要爬上桅樯顶端，就能看到它。换句话说，如果桅樯顶端放有一个光源，在船驶离海岸以后，留在岸上的人就会看见光源处的亮光慢慢降低，直至消失，好像渐渐沉没海底。而且，水是流动的，它和泥土一样总是不停地趋向低处，如果不受外力影响，它绝不会超出自身的上升限度而流到岸上的高处。因此，如果陆地冒出海平面，那就说明，它比海面离地球中心的距离更远。

---

〔1〕即船底座α星，在第二章第十四节之后的哥白尼星表中，老人星靠近南天星座船底座的第一星，哥白尼还补充说老人星“在埃及却能看见”。

〔2〕波江座第一星是位于另一个南天星座中的一颗一等星。

1.3 大地和水构成了统一的球体

海水到处倾泻，环绕大地并填满低洼的地方。水和地都具有重量，它们趋向同一个中心，保持相同的方向。水的容积应该比大地小，这样海水才不会将大地全部淹没，从而留下一部分陆地板块和星罗棋布的岛屿，为陆地生物提供了生存空间。不过，人口密集的国家和大陆板块本身是什么呢？难道不是更大的岛屿吗？

□ 托勒密

克罗狄斯·托勒密是古希腊地理学家、天文学家和数学家。他的代表作《天文学大成》主要论述了他所创立的地心说。书中，他认为地球是宇宙的中心，且静止不动，日、月、行星和恒星均围绕地球运动。他本人也因此被称为世界上第一个系统研究日月星辰的构成和运动方式并做出成就的科学家。

逍遥学派的学者们认为，地球上水的整个体积为陆地面积的10倍。对此我们不必理会。按照他们的理论，在元素转换时，一份土可溶解成为10份水。他们还断言：由于陆地有洞穴和洼地，质量并不均衡，因此大地在一定程度上凸起，它的重心与几何中心是不可能重合[1]的。这些学者的错误在于他们对几何学的无知。他们并不知道，只要大地还有干的地方，水的体积就不可能比大地面积大9倍，除非整个大地偏离自身重心让位于水，这样一来，水似乎比陆地更重。球的体积同直径的立方成正比。因此，如果大地与水的容积比达到1∶7，地球的直径就不会大于它们共同的中心至水的边界的距离。综上，水容积是不可能比

〔1〕曼费列多尼亚的卡普安纳斯在《对萨克罗波斯科球体的评论》修订版中提出："地球的重量并不都是均衡的，而是一部分重于另一部分。因为没有洼地和洞穴的这一部分比较稠密和紧凑，遍布洞穴的那一部分则多孔。因此地球的形体中心不是它的重力中心。"

大地大9倍的。

□ **五星连珠**

从地球上看天空，水星、金星、火星、木星与土星五大行星依次排列，由高往低连成一条线，就像一条美丽的珠链，这种现象被称为“五星连珠”。

更进一步说，地球的重心与几何中心并没有什么差别。这一点可以通过事实来证明：从海洋表面向海洋深处，陆地的弯曲度不会持续增加，否则陆地上的水会逐渐排尽，并且不可能形成内陆海和美丽辽阔的海湾。与此同时，海洋的深度会从海岸向外不断递增，因此远航的船员就不会遇见岛屿、礁石或其他任何形式的陆地。

正如我们所知道的那样，在陆地的中心，从地中海东部海岸到红海的距离不足15弗隆[1]。但托勒密在他所著的《地理学》中，却把人类可居住的陆地几乎扩张到了全世界[2]。在被他称为未知土地的子午线以外的地方，近代的人们又添加了中国[3]和经度为60°的辽阔土地。如此一来，现今陆地上有人烟地区的经度范围就比余下给海洋的经度范围更大了。此外，还应加上西班牙和葡萄牙治下所发现的全部岛屿，尤其是美洲，以发现它的船长的名字来命名。虽然迄今我们尚不能确定它的大小，但它被认为是又一个有人类居住的国家。除此之外，还有很多前所未有的岛屿。用几何学来论证美洲的位置，使我们不得不承认，它跟印度的恒河流域一样，正好在地球直径的两端。因此，我们对地球上对称位置和对跖地的存在，没有理由感到惊奇。

鉴于以上事实，我们有理由相信，地与水有着共同的重心，它与地球的几何中心重合。因为陆地的质量比海水重一些，它的缝隙里充满了水；而海水的面积虽然看上去大一些，但它的容积却比陆地小很多。大地与环绕它的海水融为一

〔1〕长度单位，相当于$\frac{1}{8}$英里或201.167米。

〔2〕原书叙述为：“我们所居住的这一部分地球在东面的界限为一块未知的土地，它与大亚细亚的东部、中国和西伯利亚接壤。”

〔3〕哥白尼用的是“*Cathagia*”，可以只代表中国北部地区，也可以表示整个中国。

体，其形状如同它的影子一般。当月食发生的时候，我们可以看到，陆地的影子正好是一道完整的弧线。由此可见，大地既不是恩培多戈勒和阿拉克萨哥斯想象中的平面，也不是留基伯所说的鼓形，更不是赫拉克利特所设想的碗状，亦非德谟克利特所猜测的凹形、阿那克西曼德所猜想的柱形，以及塞诺芬尼所宣称的“无限延伸，厚度越来越小”。大地的形状正如天文学家们所主张的那样，是一个完美的球形。

1.4 天体在进行均匀的、永恒的和复合的圆周运动

天体的运动是圆周运动，这是因为适合于球体的运动只能是在一个圆圈上旋转。圆周运动是所有运动中最简单的形式，没有起点，也没有终点，任何点之间几乎毫无差别。而球体本身的形状，正是通过旋转才得以形成。

宇宙中的球体很多，它们的运动方式各不相同。但最显著的，是周日旋转[1]，也就是昼夜交替。希腊人将此视为一切运动的公共量度，因为时间本身主要就是用日数来表示的。

此外，我们也能看到一些自西向东的反向运动，比如太阳、月亮和五大行星的运行。太阳的运动为我们设定出年，月亮的运动为我们设定出月，而年和月都是人们最熟悉的时间周期。五大行星也以类似的形式在各自的轨道上运行。

但这种反向运动与周日运动有着许多的不同之处。首先，周日运动主要是围绕球体的两极旋转，而反向运动却是倾斜地沿黄道方向运转。其次，天体在轨道上的反向运动并非匀速运动，因为日、月的运行时快时慢，甚至于五大行星有时还有留和逆行。太阳是径直前行的，而行星的轨迹有时偏南，有时偏北，这也是它们被称作“行星”的原因。此外，它们距离地球的位置也是时远时近的。

---

〔1〕希腊人称之为 νυχθημερον，根据希腊人的设想，除地球外，整个宇宙都在自东向西旋转。

尽管如此，我们仍然相信，行星是做圆周运动或由多个圆周组成的复合运动。一是因为这些不均匀性遵循一定的规律定期反复；二是如果不是圆周运动，这种情况是不会出现的，因为只有通过圆周运动才能使行星运行后回到初始位置。举例来说，太阳的运动就属于多个圆周组成的复合运动。由于这种运动的不均匀性和周期反复，可以使地球上再次出现昼夜不等，并形成四季循环。其中应当可以察觉出几种不同的运动，因为一个简单的天体不能由单一的球带动做不均匀运动。任何的不均匀运动，如果不是物体内部产生了不稳定性，就一定是物体受到了强大的外力作用，从而在运行中发生了某种变化。然而，我们的理智很难接受这两种说法，因为很难想象我们近乎完美的天体会有任何这样的缺陷。

□ **克莱罗**

作为法国著名的物理学家和数学家，克莱罗于1743年发表著作《地球外形的理论》，阐明了地球的自转和地球各部分之间的引力对地形产生的影响。他还推出了各纬度的地心引力公式，并精确计算出了哈雷彗星归来的日期（1758年）。

相比之下，更合乎情理的看法应该是，所有的天体运动都是均匀的，只是看上去并不均匀。至于原因，可能是这些天体做圆周运动时围绕的极点与地球的极点不一样，也可能是地球并不处于它们围绕着旋转的圆周的中心。我们从地球上观察这些行星的运转，我们的视线并不能与它们轨道上的每一个位置保持固定的距离。由于它们的距离在变化，因此我们所看到的天体在离地球相对较近时，就会显得大一些，反之则会小很多，这一点在光学上已经得到证实。另一方面，由于观测者的距离也在变化，因此就它们轨道的相同弧长来说，它们在相同时间内的运动看起来并非是一样的。所以我认为，首先必须考察地球在宇宙中真实的地位，否则，当我们仰望夜空中的这些天体时，却对最靠近自己的事物毫无所知，甚至出于同样的错误，把原本属于地球的某些事物归功于天体。

1.5 做圆周运动的地球位于宇宙的什么位置

同前，既然已经说明大地也是球形的，那么，我们现在就应该研究一下它的形状与它的运动是否相适应，以及它在宇宙中处于什么样的位置。如果我们回避这两个问题，就不可能对宇宙做出正确的解释。诚然，所谓的学究们普遍认为地球位于宇宙中心，且静止不动。在他们看来，所有与之相反的观点都是不可思议的，甚至可笑至极。但是，如果我们比较认真深入地思考这件事情，就会发现这个问题悬而未决，决不能置之不理。

我们通常所观测到的某一物体的位置变化，很有可能是由被观测物体或观测者自身位置的变化所引起的，当然也有可能是由两者不一致的速度和方向所造成的。当物体以同样的速率在同一个方向上移动的时候，运动就难以察觉。我这里所说的运动，是指被观测物体和观测者之间的运动。因此，如果地球存在某种运动，那么，在观测者看来，地球表面的一切物体都做着相同速度、但方向相反的运动，就好像它们是越过地球在动。周日旋转就是这样一种运动，因为除地球以外，似乎整个宇宙都被卷入了这场运动。

可是，如果你认为天穹并未参与这一运动而是地球在做自西向东旋转，那么你只要思考一下就会发现，这比较符合日月星辰出没视动的现象。既然苍穹包容万物并为其提供栖身之地，是所有物体共享的太空，那么，把真正的运动归之于被包容者，而不是包容者，即归于处于太空中的东西而并非太空的框架，这一点难免令人费解。根据西塞罗的记载，毕达哥拉斯学派的赫拉克利特、埃克番达斯以及锡拉丘兹的希塞塔斯都持有这种观点[1]。他们指出：地球在宇宙的中心旋转，夜空中的星星的沉没是在地球旋转过程中被大地挡住了，当地球旋转开来，人们就会看到星星再次升起。

---

〔1〕哥白尼因为极度害怕被指控为异端，因此一直迫切寻找地动学说的古代支持者。他把在普鲁塔尔赫书中找到的一段话放在了自序的显著位置，借此表明赫拉克利特和埃克番达斯都承认地球在绕轴自转。

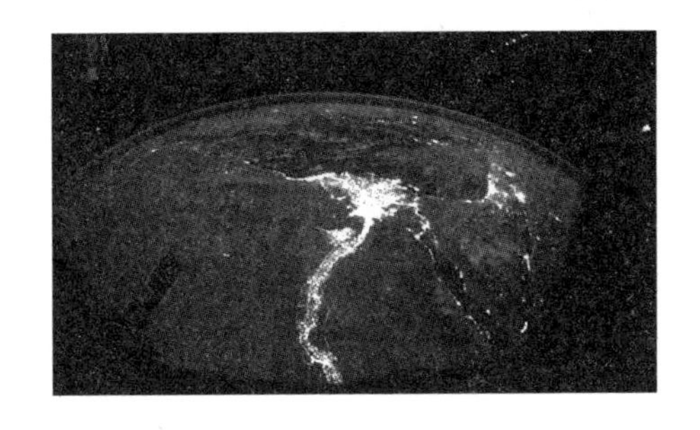

□ **地球的自转**

地球的自转会使很多天体消失在人们的视野中，但随着旋转周期的临近，这些天体又会重新出现在原来的位置。

如果我们认同了地球的周日旋转，那么另一个同样重要的问题便摆在了面前，那就是地球的位置问题。直到今天，人们都倾向于宇宙的中心是地球这一观点。即便在遭到一些科学数据的质疑之后，他们仍坚持认为地球与宇宙中心的距离十分接近。这个距离比起地球离太阳和其他行星的距离来说简直可以忽略不计，完全可以视为等同。但事实上，太阳和行星的运动之所以看起来不均匀，是因为它们并不是围绕地心运行，它们距离地球时近时远，这就证明它们的轨道中心不是地心。至于这种时近时远是由地球引起的，还是由太阳和行星引起的，我们则需要更多的论证。

据说，毕达哥拉斯学派的费罗劳斯认为，地球是一个旋转的天体，在周日旋转之外，它还存在着几种其他的运动[1]。柏拉图的传记作者称，费罗劳斯是一位杰出的天文学家，柏拉图曾满怀热切地到意大利拜访他。但仍有很多人认为：用几何学原理可以证明地球位于宇宙的中心；与茫茫苍穹比起来，它只是一个点，即天穹的中心。地球是静止不动的，因为宇宙运动时，中心会保持不动，而距离中心最近的物体移动得最缓慢。

1.6 宇宙究竟有多大

地球只是宇宙中的一粒尘埃。这一点我们可以运用几何知识加以证明：地平圈（希腊文名词为 δριξοντας）正好可以把天球平分为两个相等的半圆。这就说明地

〔1〕“地球是一个天体，它绕中心作圆周运转，并由此产生昼夜。”亚里士多德认为这些都是毕达哥拉斯信徒们的信念。哥白尼却认为这种信念来自于费罗劳斯个人。

球的大小或它到宇宙中心的距离无法与宇宙的宽幅相比，因为任何一个把球体等分的圆都必须通过球心，并且是地球表面所能描绘出的最大的圆[1]。

我们假设图1.1中的圆周*ABCD*为地平圈，并令地平圈的中心*E*为地球（地球为我们的观测点）。地平圈把天穹分为可见部分和不可见部分。

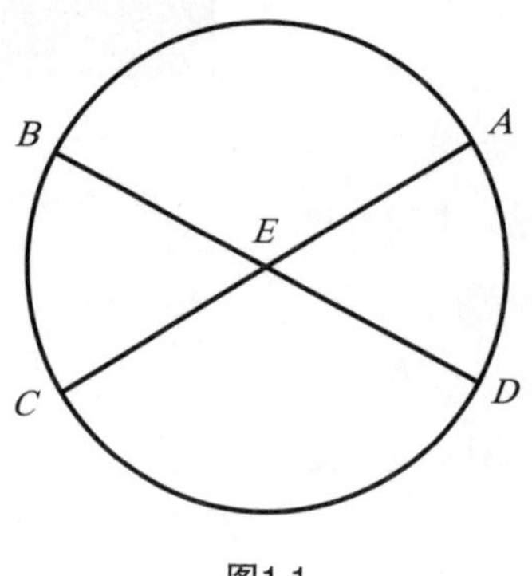

图1.1

假设我们在*E*处放置望筒、天宫测距仪和水准器等仪器，那么，我们可以通过这些仪器观测到，巨蟹宫的第一星在*C*处上升，而摩羯宫的第一星则在*A*处降落。于是*A*、*E*、*C*都位于穿过望筒的一条直线上。这条线实际上是黄道的一条直径，因为黄道六宫形成了一个半圆，而直线的中点*E*与地平圈的中心相重合。

紧接着，我们移动黄道六宫的位置，使摩羯宫的第一星从*B*处上升。

此时，巨蟹宫在*D*处开始沉没。*AC*和*BD*都是黄道（天球中一个假设的大圆，它是地球轨道在天球上的投影）的直径，它们的交点*E*显然就是圆周的中心，即地平圈的中心。

可见：地平圈随时都能将黄道等分，而将黄道这个大圆等分的圆周，其本身也是一个大圆。

结论：地平圈是一个大圆，它的圆心与黄道中心完全重合。

从地球表面引向天空中一点的直线与从地心引向同一点的直线不可能重合，但它们与地球相比，在长度上几乎是无限的，它们可被视为平行线。由于这两条

---

〔1〕哥白尼引用的是西奥多西阿斯《球形》中的表述："在一个圆球的各圆周中，通过球心的圆周为大圆。"这本书的希腊文本在哥白尼逝世之后才付印。

线的端点相距极远，因此看起来像是重合成了一条线。用光学可以证明，这两条线的间距与它们的长度相比完全是微不足道的。这就证明，宇宙之大，简直无可比拟，地球与宇宙相比渺如尘埃，犹如有限之于无限。

但这个结论并不能证明地球完全静居于宇宙中心。设想一下，如果发生旋转的不是渺如尘埃的地球，而是浩瀚的宇宙本身——每二十四小时旋转一周，那将是一幅多么令人惊叹的画面。中心是静止不动的，离中心越近的位置，运动越慢，位移越小[1]，这个论点显然不能证明地球是处于宇宙的中心且静止不动的。

我们再假定一个类似的情况。天穹是旋转的，而天极是静止不动的，越靠近天极的星转得越慢。例如，我们可以看见，小熊星的运行速度远比天鹰座和小犬座慢[2]，这是因为它描出的圆圈比较小。可是，这三个星座都属于同一个天球。当这个天球旋转时，它的轴上没有运动，而球上各部分运动的量并不相等。随着整个球的转动，虽然各部分移动的长度不同，但它们都会在相同的时间内回到初始位置[3]。该论证的要点是，要求地球作为这个天球的一部分，参与这一运动，于是它在靠近宇宙中心的位置，只有小幅的移动。因此，地球作为一个天体而非中心，它也会在天球上画出弧形轨迹，只是在相同的时间内画出较小的弧。

这个论点的错误在于，它会使有的地区永远是正午，其他的地区始终是深夜，于是星体的周日出没不会发生，因为宇宙的整体与局部都是统一的。

通过观察和运算，我们很容易发现，运行轨迹较小的天体反而比在较大圆圈轨迹上运行的天体转动得快。比如：土星作为离地球最远的行星，每三十年转一周；而月球作为离地球最近的天体，每月转一周；地球则是每昼夜转一周。这一发现再一次对周日运动提出疑问，另一方面也使得地球位置的确认工作变得更加艰难。

目前，我们唯一可以肯定的是，宇宙无限大，地球远远不能与之相比，但究竟大多少，我们不得而知。我们不得不提出一种极度细微的物质，即“原子”。

---

〔1〕亚里士多德认为，一个旋转的刚体球的性质为：“在一个物体做圆周运动时，它的中心部分应该是静止的……但各圆上的速度和圆周大小成正比的说法，并非是无稽之谈，而是必然的……在大圆上的物体显然运动会快一些。”

〔2〕哥白尼认为小熊座为北天第一星座，北天区的天鹰座与南天区的小犬座都是较为靠近黄道的星座。

〔3〕欧几里得在他的《现象篇》的序言中指出：“若球体绕其轴线均匀自转，则球面各点在相等时间内在运载它们的平行圆周上扫出相似弧段。”

因其太微小，通常情况下，如果一次仅取出很少的几粒，它们并不能马上构成一个肉眼看得见的物体。但它们要是积累起来，最终也能达成可观察的尺度和体积。“原子”的这种情况，正好与地球在宇宙中的情形是一样的。虽然它不在宇宙的中心，但它与宇宙中心的距离近到可以忽略不计。这是我们所知道的关于地球在宇宙中的位置的唯一可靠信息。

1.7 为什么地球会被认为静居于宇宙中心

古代的哲学家们为了找到一些其他的理由来证明地球静居于宇宙中心，就以重量作为主要依据。他们认为，土是最重的元素，凡是有质量的物质都会围绕它运动，并竭力趋向最深的中心。大地是一个球形，地上所有的物质都向着地表做垂直运动。因此，如果不是地球表层的阻挡，所有的物质都会冲向地心。如果有一个水平面与球面相切，那么，任何垂直于这个水平面的直线都会穿过球心。由此可知，来自四面八方的物质在到达球心位置后，就会在那里保持相对静止。如果以重量为依据，而地球又是静居于宇宙中心，那么，地球就会被迫收容一切落体物质，它本身则因自身的重量而保持静止。

古代哲学家用与此类似的方式分析运动及其性质，希望借此证实他们的结论。亚里士多德认为，每一个独立的物体的运动是简单运动，它包括直线运动和圆周运动，直线运动又分为向上或向下的运动。也就是说，每一个简单运动不是朝中心即向下运动就是离中心、即向上运动，或者围绕中心即圆周运动。土和水属于重元素，所以才会朝向地心向下运动；气与火等轻元素则离开地心向上运动。这四种元素都是做的直线运动，而天体则围绕宇宙中心做圆周运动。

这个结论看上去似乎合情合理，亚里士多德就曾对此表示肯定。但亚历山大城的托勒密却有不同看法。托勒密在其《天文学大成》[1]中指出，如果地球在

---

〔1〕托勒密的主要著作，在古代是天文学的百科全书，直到开普勒时代仍是天文学家的必读书籍。

运动（即使只有周日旋转），结果就会与上述道理相悖。因为要使地球每24小时旋转一周，这个运动将是异常剧烈的，它的速度和力量之大令人难以想象。在急剧自转的作用下，物体几乎很难聚集起来。即使它们原本是聚集在一起产生的，倘若没有某种黏合物使之结合，它们就会分散开来，被抛撒到宇宙的每个角落。托勒密指出，如果情形是这样，地球早就土崩瓦解，完全消失在宇宙中了。此外，不会有生物生存下来，落体也不会沿直线垂直坠落到预定的地点，因为剧烈运动使这个地点被移开了。而且云和空中的所有飘浮物都会随时向西飘移。

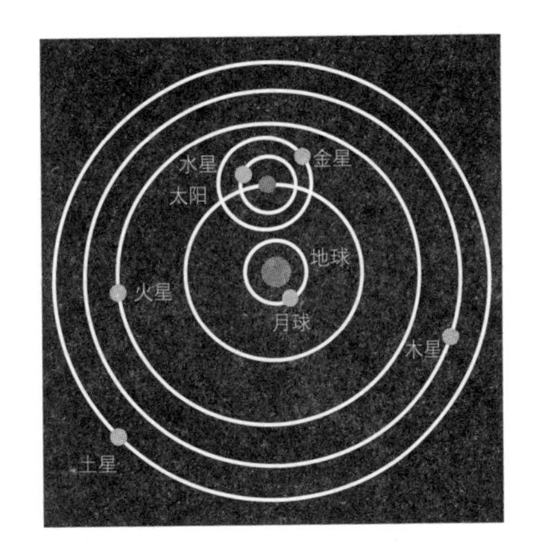

□ **地心说示意图**

“地心说”认为，地球居于宇宙中心且静止不动。从地球向外，依次有月球、水星、金星、太阳、火星、木星和土星在各自的圆圈轨道上绕地球运转。上图为地心说示意图。

1.8 驳以往不恰当的论证

正是基于诸如此类的理由，古人坚持认为地球静居于宇宙中心的说法是毋庸置疑的。如果一些富有科学精神的人认为地球处于运动中，这些人也会主张这种运动是自然的，并不是被迫运动[1]。自然运动与被迫运动的结果截然相反，因为受外力或暴力作用的物体必然瓦解，不能长存，而自然产生的物体都被安排得恰当有序，能长期处于最佳状态中。托勒密担心地球和地球上的一切会因地球自转而分崩离析，这是毫无根据的。地球自转是出于自然规律，它与人类智慧所能干预的事物完全不同。

如果地球会因自转而瓦解，那么相比之下，托勒密更应该担心的是比地球运

〔1〕亚里士多德表示：“任一运动物体都可以自然地运动，也可以是非自然地受迫地运动……非自然运动很容易遭到破坏，只有自然运动才能够永远持续下去。”

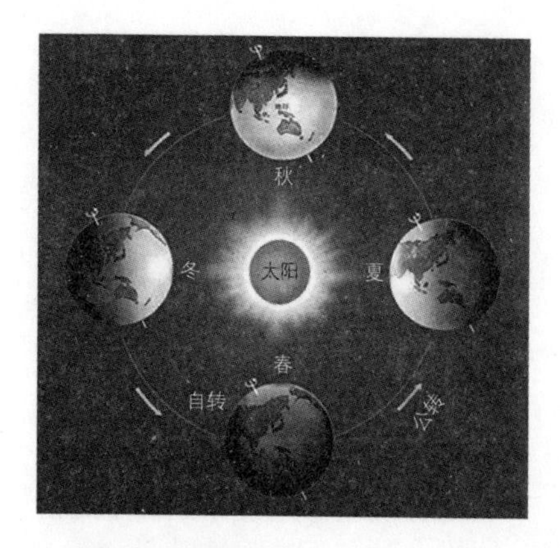

□ **恒星日与太阳日**

地球自转一周的时间是1日，如果以距离地球遥远的同一恒星为参照点，则一日时间的长度为23时56分4秒，称为“恒星日”，这是地球自转的真正周期。如果以太阳为参照点，则一日的时间长度为24小时，称为“太阳日”，这是我们通常使用的地球自转周期。

行得更快的宇宙。设想一下，由于更为剧烈的运动使宇宙的中心发生了偏移，宇宙会不会因此而变得更加广阔？或者，一旦运动受到外力阻止或因内部能量耗尽而停止，宇宙也会土崩瓦解吗？如果这个设想是正确的，那么，宇宙的容积将扩展到无限大，并且由于宇宙的运行半径每天都在扩大，运动也就相应地日渐剧烈。反之，由于运动速度的加剧，宇宙将变得更加辽阔，运行半径会更长。就这样，速度使尺度增大，尺度又引起速度变快，如果宇宙这样循环运动下去，其容积和速度都将得不到遏止，成为无限体。根据物理学原理，无限体既不能转动也不能运动，这就意味着宇宙必须是静止不动的。

假设我们忽略物理学，认为宇宙是一个无限扩大的载体，那就意味着，宇宙之外还有空间，“宇宙”的概念就发生了根本性的变化。而如果宇宙之外果真一无所有，那么，宇宙根本没有扩张的余地。假定天穹是无限的，而只有内侧凹面处是有限的，我们就更有理由相信宇宙之外是绝对的一无所有。任何存在的物体，无论它多大，都包含在宇宙之内，而宇宙是静止不动的。然而，论证宇宙有限的主要论点是它处于无限的运动中。因此，对于宇宙究竟是有限还是无限这个太过复杂的矛盾，我们还是留给自然哲学家们去辩论吧。

目前，我们可以肯定的是，地球是一个球体，局限于两极之间。那么，为什么我们仍然怯于承认地球具有与它本身形状相适应的运动，而非要把这种运动强加给整个宇宙呢？为什么明明是地球自身运动的反映，却非要书写成“宇宙的周日旋转”呢？这种情况正如维吉尔在史诗《艾尼斯》中描述的那样：

当我们离开港口向前航行时，陆地和城市渐渐退向后方。

当航船匀速行驶时，船员们感觉不到它在前进，只有通过外界的各个物体才能判断出它的运动。同样的道理，地球的运动也会使人产生整个宇宙在旋转的印象。

那么，接下来，我们该怎样解释云和其他的悬浮物，以及下落和上升的物体呢？我们只需要明白，不光是土和水跟着地球一起在动，而且大部分空气也连接在一起运动。这也许是因为低空的气流，与含土和水的物质混杂在一起，同地球一样遵循着自然法则；也可能是由于低空气流离地面很近而不受任何阻隔，于是从不断旋转的地球上获得了运动力。而令人意想不到的是，空气顶层也伴随着天体运动，这可以由那些突然出现的天体，比如被希腊人称为“彗星”或“长须星”的天体表现出来。这些天体可以被视为是在高空气流中产生的。高空部分的空气距离地球太远，因此完全不受地球运动的影响。而最贴近地表的空气似乎是静止的，悬浮在其中的物质也同样是静止不动的，除非有气流或某种外力的搅动。实际情况确实如此。涌动的气流难道不正像海浪一样吗？

正如我前面所阐述的，物体在宇宙中的升降运动都是直线运动和圆周运动的结合，质量较重（主要为土质）的物体会不断下沉，这无疑会保持它们所属整体的相同性质。而质量较轻的物体，也可以做类似的解释。地上的火主要源自土性物质，火焰不是别的，而是炽热的烟，它的特质就是迅速膨胀，而且膨胀的力量相当大，几乎没有任何工具和手段能够抑制它的爆发。但是，我们可以看到，火焰做膨胀运动的方向是从中心向周围扩散。由此，假若地球的某一部分着火了，它就会从地心往上升。

这个例子说明，一个简单物体的运动必然是简单运动，尤其是圆周运动，但只有这一物体完整地保持其天然位置时才是这样。当它处在天然位置上，只有圆周运动能够让它回到初始位置。直线运动会使物体脱离其天然位置，至少会使其从这个位置上移开。而物质离开天然位置显然有悖于保持宇宙的井然有序。因此，只有那些脱离天然位置却仍保持着自身特质的物体才会作直线运动，这时它们与整体隔开并打破了统一性。

事实上，做升降运动的物体就算没有做圆周运动，也不会做简单恒定的匀速运动。因为它们不受质量支配，都是开始时慢，下坠时越来越快。与此相反，地球上的火焰[1]（这是唯一看得见的）在上升过程中会变得越来越慢。圆周运动

---

〔1〕哥白尼取消了曾被认为组成宇宙的四个传统元素中的一个。他看见并感觉到了充斥周围的土、水与空气，却无法对第四种元素作出实在的论证。此元素是环绕大气且位于天穹区域下面的一个设想的、看不见的火球。

□ 宇宙中心

哥白尼依据大量精确的观测材料，运用当时的三角学成就，分析了行星、太阳、地球之间的关系，最终得出“太阳居于宇宙的中心，地球和其他行星围绕太阳运行”的结论，即“日心说”。它与“地心说”刚好相反。

是一种均匀的运动，周而复始，因为它的动力永不衰减，而直线运动的动力会快速地停止作用。在将物体送达目标位置后，物体不再有轻重，它的运动就会立即停止。因为圆周运动属于整体，而各部分还另有直线运动，因此我们可以说，圆周运动与直线运动可以并存，就如同“活着”与生病并存一样。亚里士多德把简单运动分为离心、向心和绕心三类，这只是一种逻辑分类方法，就像我们区分定义点、线、面一样，尽管它们都无法单独存在，也无法脱离实体而存在。

作为一种品质来讲，静止比变化或不稳定更高贵和神圣。因此，比起宇宙来，地球正是一颗变化的、不稳定的球体，将运动赋予包罗万象的宇宙而不是被包容的地球，显然颠倒了二者的属性。因此，把变化和不稳定归之于地球比归之于宇宙更恰当。此外，行星离地球的位置时近时远，因此，单独一个天体围绕中心的运动，既可以是离心运动，也可以是向心运动。如此一来，对绕心运动应当有更普遍的理解，任何简单运动都必须围绕自己的中心。这所有的论证表明，地球在运动的可能性比它静止不动的可能性更大。尤其是对周日旋转来说，情况更是如此。周日运动对地球更为合适。在我看来，这已经足以说明问题的第一部分了。

1.9 地球的运动与宇宙中心

既然地球处于不停的运动中，那么，我们还应考虑，是否有几种运动都适合于地球，因而可以把地球看成一颗行星。以行星目视的非均匀运动及它们与地球距离的变化来判断，地球并不是众多天体运转的中心。这些天体运动不能用以地球为中心的同心圆周运动来定义。鉴于有很多中心，我们也必然面临另一个问题：宇宙的中心是否跟地球的重心或地球上其他的某个点相合？

我相信，重力无疑是万能的上帝在物体的各个部分注入的一种自然意志，以使它们结合成完美的球体。我们因此假定，太阳、月亮以及其他的行星都具有这种自然意志，并在其作用下保持球形的状态。但事实上，它们却是以不同的方式运行在各自的轨道上。如果地球也是绕某个中心转动，那么，它的附加运动必然会在它外面的很多天体上反映出来。周年运转就属于这类运动。如果仅从一种太阳运动转换为地球运动而认为太阳静止不动，那么，黄道各宫的各星也都会在同一时间看到太阳东升西落，享受同一时刻的清晨与黄昏。此外，行星的顺行、逆行以及其他形式的各种运动都并非行星本身在运动，而只是通过行星所表现出来的由地球运动所引起的视觉现象。由此可知，宇宙的中心不是地球，而是太阳。只要我们正视事实，就会从行星规律的运行以及宇宙的和谐中，证实这一切。

1.10 天球的顺序

恒星是我们能看见的最高的天体。根据欧几里得的《光学》，如果所有物体运动的速度一样，那么，距离越远的物体看上去就会动得越慢。古代的天文学家也持相同的观点，他们认为，在所有天体中，月亮旋转一周的时间最短，因为它离地球最近，轨迹圆周最小。反之，最高的行星是土星，它的轨迹圆周最大，运转的周期也最长。土星下面分别为木星和火星。

关于金星和水星的位置，一直以来存在着分歧。这两颗行星不像其他行星那样每次都会经过太阳的大距[1]。因此，以柏拉图为代表的一派把这两颗行星的位置排在太阳之上（见《蒂迈欧篇》），而托勒密和许多现代人却将它们排在太阳

---

〔1〕水星和金星是内行星，它们在轨道上每运转一周都有一次大距。原文的意思为冲（从地球上看一颗行星或彗星在与太阳相对的位置上时，称为“在冲”。冲只发生在外侧行星上），即行星与太阳的经度差为180°。

之下。阿耳比特拉几则把金星排在太阳上面，把水星排在太阳下面。柏拉图派指出，行星本身是黯淡无光的，它们之所以能发光，是由于接受了太阳光的照射。因此，如果它们位于太阳之下，就不会存在大距，而是呈现出半圆形或别的形状，总之不会是整圆形。它们所接受的光线往往都是朝上，也就是朝太阳反射，如同我们肉眼看到的新月或残月的样子。该学派还进一步指出，行星经过太阳时，有时候会掩食[1]太阳，被遮挡的区域与行星的大小差不多。但是这种情况从未发生，因此，柏拉图派认为，行星绝不可能经过太阳的下面。

托勒密和许多现代人之所以认为金星和水星位于太阳的下面，主要是以太阳与月亮之间的广袤空间为依据。月亮到地球的最远距离是地球半径的64.166倍。托勒密派认为，这约为太阳到地球最短距离的$\frac{1}{18}$，即1 160个地球半径。因此，太阳与月亮的距离就是1 096（$\approx 1\,160-64\frac{1}{6}$）个地球半径。他们指出，该距离刚好将拱点距离[2]填满，也就是说，月亮的远地点紧邻水星的近地点，水星的远地点紧邻金星的近地点，而金星的远地点紧靠太阳的近地点。他们计算出水星的拱点距离大约为$177\frac{1}{2}$个地球半径，剩下的空间正好用金星的拱点距离来填满，即大约910个地球半径。

因此，坚持这一结论的科学家自然不会承认这些天体同月亮一样，是完全实体的。相反，它们要么自身发光，要么依靠穿透它们的太阳光线发光。由于纬度的变化，它们极少挡住照耀我们的太阳光线，因此不会掩食太阳。还有一点需要注意，这些天体都比太阳小得多。虽然金星比水星大，但也不足以遮蔽太阳的百分之一。拉加的阿耳·巴塔尼就认为，太阳的直径是金星的10倍，要在强烈的太阳光中发现一个小斑点几乎不可能。伊本·拉希德在他的《托勒密〈天文学大成〉注释》一书中谈到，当太阳与水星相合时，他在太阳的轮廓上看到了一颗黑斑，并由此得出结论：金星和水星都在太阳的下面运动。

但是这个结论同样是不可靠的。我们可以通过下面的实例来验证：根据托勒密的结论，月球近地点的距离是地球半径的38倍，而更精确的测量结果为大于49

---

〔1〕指两个大视面的天体互相遮挡，从而发生亏蚀现象。

〔2〕托勒密用拱点距离来计算各天体的厚度。

倍。可是据我们所知，在这个距离范围内，除了所谓的“火元素”[1]外，别无一物。此外，金星在太阳两侧偏离45°范围所形成的轨迹圆周的直径，可达金星近地点到地心距离的6倍——这点我会在适当的时候做进一步的阐释。如果金星只是围绕一颗静止的地球在转，那么，在它的轨迹圆周范围内，除了地球、空气、以太、月亮、水星等天体外，还会包含哪些物质呢？

托勒密在《天文学大成》中论证，太阳应在呈现出冲的行星和没有冲的行星之间运行。这个论点没有说服力，月亮对太阳的冲就证明这个说法并不准确。

除此之外，还有人把金星排在太阳下面，把水星排在金星下面。提出这些观点的同时，对于为什么金星和水星不会像其他天体一样遵循同太阳分离的轨道这一问题，他们总是能自圆其说。但无论如何，事实只能是下列情况之一：按行星与其他天体的次序，地球并不是中心；或者这些行星根本没有次序，至于为什么是土星而不是木星或别的任何行星居于最高位置，则完全是种巧合。

我想，我们是时候该考虑马丁纳斯·卡佩拉和其他一些拉丁学者[2]所持有的观点了。他们认为，金星和水星以太阳为旋转中心。这就说明，它们偏离太阳的距离受它们自身轨道的严格限制。它们同其他行星一样，并不是围绕地球旋转，但它们有方向相反的圆周轨道。这些学者还指出，它们的天球中心临近太阳。这就意味着水星的运行范围包含在金星的运行范围内，金星的运行范围比水星的运行范围大一倍多。在这个广阔空间里，水星天球会占据其应有的空间。如果有人以此为基点，将土星、木星和火星同这个中心联系起来，并认为这些行星的运行范围可以将金星、水星和地球的运行范围囊括在内并围绕它们旋转，那么这些看法并不荒谬，因为有规律的行星运动图像可以作为佐证。

正如我们看到的那样，这些行星在黄昏升起时离地球最近，地球正好位于这些行星与太阳之间。相反的是，行星在黄昏下落时离地球最远，太阳正好位于这些行星与地球之间。这时候它们看上去就在太阳附近，因此根本看不见。这一现

---

[1] 这里的情况和第一卷第八章的情况相同，哥白尼对“火元素”球的存在深感怀疑。

[2] 包括维楚维阿斯等。维楚维阿斯在他的《建筑学》中表示：“水星与金星以太阳光线为中心绕圈子运行，由此产生了逆行和留。”

象足以说明，这些行星是围绕太阳旋转的，同金星和水星所围绕的中心相合。

所有这些行星都围绕着同一个中心在运行，金星轨道之外和火星轨道之内的这一空间也呈球状，其表面也和这些行星是同一个中心。这个球状范围涵盖了地球和月亮。对于月亮来说，这是一个足够大的、完全适宜的空间。因此不管怎样，我们不能将地球与月亮分开，因为月亮无疑是离地球最近的天体。

我敢肯定，这片涵盖地球和月亮运行范围的球状区域，在其他行星之间，每年围绕太阳运行一周，其轨道画出一个巨大的圆圈。宇宙的中心紧邻太阳。由于太阳是恒定不动的，因此我们有理由把肉眼看到的太阳的变化看作是由地球运动引起的。跟其他天体比起来，地球与太阳的距离最为理想。但是宇宙太过浩瀚了，这就使得日地距离显得微不足道。比起把地球放在宇宙中心，这种看法显然要合理得多，至少不必绞尽脑汁地去假设出无穷多层天球。我们应该相信造物主，他绝不会造出任何多余无用的东西，而会选择赋予某个事物多种多样的功能。

显然，这些论述同大多数人的信念相悖，因此是难于理解甚至不可思议的。然而，我一定会凭借上帝的帮助，使它们变得如同阳光一样明朗。如果我们仍旧愿意将“天体轨道的大小可以由时间的长短求出”遵奉为第一原则（没有人能提出比它更合适的理论），那么，我们可以得出一个更合理的次序：

恒星排在第一位，也是最高的天球。它包罗万物，因此看上去静止不动。它无疑是所有天体的运动场，一切天体都围绕着它旋转。也有人认为，它同样是移动的，而我在本书中论证地球运转时，将对此提出一种不同的解释（见图1.2）。

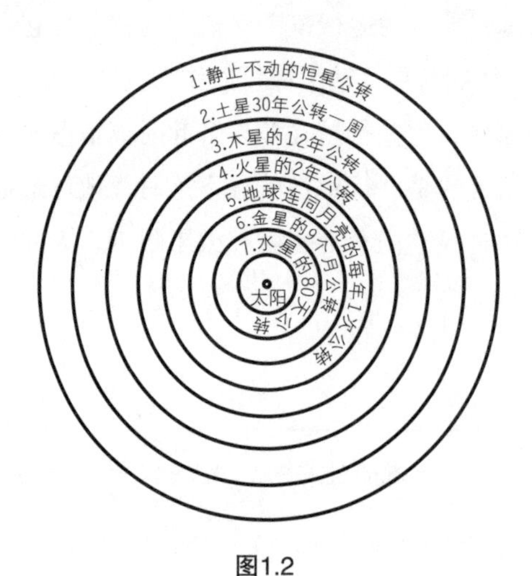

图1.2

紧邻恒星的第一颗行星是土星。土星旋转一周需要30年。土星之后是木星，旋转一周需要12年。然后是火星，每两年旋转一周。排在第四位的，就是我前面阐述过的，涵盖地球和月亮的运行范围的球状区域，它每一年完成一次公转。第五位是金星，每隔9个月公转一周。最后是水星，旋转一周只需要80天。

太阳居于宇宙中心，照耀着一切。难道还有谁能为这盏明灯找到一个更合适的位置吗？诗人们将太阳视为宇宙之灯和宇宙的心灵，甚至有人将它称作宇宙的主宰。这些都并非错谬。赫尔墨斯将太阳誉为看得见的神，索福克勒斯笔下的厄勒克特拉则称太阳是万物洞察者[1]。太阳如同宇宙的王者，管理着围绕它运转的所有行星。而地球也有一名跟随者，那就是月亮。正如亚里士多德在一部关于动物的著作中描述的那样：月亮和地球有最亲密的血缘关系。同时，地球与太阳交媾，地球作为受孕者，每年分娩一次。

从这种次序中，我们惊讶地发现，宇宙具有十分神奇的对称性和规范性，所有天体的大小和运动的关系也十分和谐。这是用其他任何方法都无法实现的。如果稍微细心一点，我们会发现木星顺行和逆行的弧线看上去都比土星的长，比火星的短。金星的弧线却比水星的长。在运行中，土星转换方向的次数比木星更频繁，而火星和金星转换方向的频率远不及水星。如果土星、木星和火星在黄昏时升起，它们与地球的距离则比在黄昏时西沉或在晚些时候出现更近。火星相对比较特殊，当它整夜照耀长空时，其亮度甚至与木星相当，人们也只能凭它散发的红色亮光加以辨认。但通常情况下，火星在璀璨的群星中并不出众，只有辛勤跟踪的观测者才能发现它。所有这些现象的成因只有一个，那就是地球的运动。

恒星从未发生过以上这些现象。这就说明它离我们太遥远了，我们甚至无法捕捉到周年运动的天球的任何讯息。光学方面的成就已经告诉我们，任何可以观测到的物体都有一定的距离范围。超过这个距离范围，物体就看不见了。从最远的行星土星到恒星，中间有着无比浩瀚的空间。我们所看见的星光闪烁就证明了这一点。这也是恒星同行星的区别，运动的物体与静止的物体之间本应存在巨大的差异。万能的造物主的英明和伟大凸显无疑。

---

〔1〕索福克勒斯并非在《厄勒克特拉》中称太阳为洞察万物者，而是在他的《科罗努斯的俄狄浦斯》（*Oedipus at Colonus*）一书的第869行，把太阳称为洞察万物者。

1.11 地球三重运动的顺序

行星的各种现象，都证明了地球在运动。现在，让我们通过这些由地球运动所引发的现象来总结这种运动。简单来说，这是一种“三重运动”。

第一重运动被希腊人称为 νυχθημερινδν，它使地球自西向东绕轴运转，产生昼夜，这样看上去就像宇宙在沿相反的方向转动。这种运动描出了赤道。也有人效仿希腊人，称赤道为“均日圈”，而希腊人实际上用的名称是 ισημερινοζ。

第二重运动是地球的圆周运动。地球围绕太阳在黄道上公转，它遵循了黄道十二宫的次序，方向也是自西向东。地球同它的伙伴（我在前面已经阐述过），在金星与火星之间运行。这使得地球看起来像是在赤道上做相似的运动。因此，当地心通过摩羯宫时，太阳看上去正穿越巨蟹宫；地球运行到宝瓶宫时，太阳又似乎正好走到狮子宫，等等。这个我在前面已经例证过了。

有一点需要强调一下，穿过黄道十二宫中心的圆、平面、赤道和地轴都有可以变化的倾角。如果它们的倾角都是固定的，并且只受地心运动的影响，那么，昼夜的长度就是相等的。与此相反，在某些地方就总会出现昼夜长短不一，或者四季分布不均的现象。

因此有了第三种运动，即倾角运动。这是一种周年旋转，其遵循与黄道十二宫相反的次序，也就是在与地心运动相反的方向上运转。这两种运动的方向相反，周期几近相等。因此，地球的自转轴和赤道几乎都指向同一方向，并构成了一组相对固定的结构。同时，太阳看起来是沿着黄道做倾斜的绕地旋转。这似乎是绕地心的运动。不过我们不要忘了，相对于恒星来说，日地距离可以忽略不计。

□ 日月岁差

在太阳和月球的引力作用下，地球自转轴在空间绕黄极描绘出一个圆锥面，绕行一周约需26 000年，圆锥面的半径约为23.5°。这种由太阳和月球引起的地轴的长期运动称为“日月岁差”。

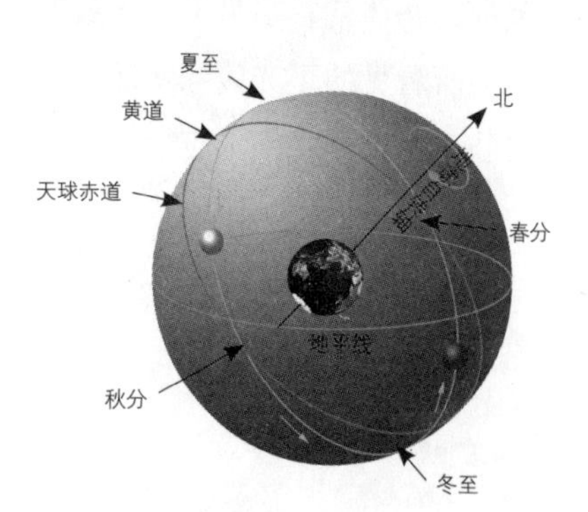

我们还是用图形来说明更加直观（见图1.3）。

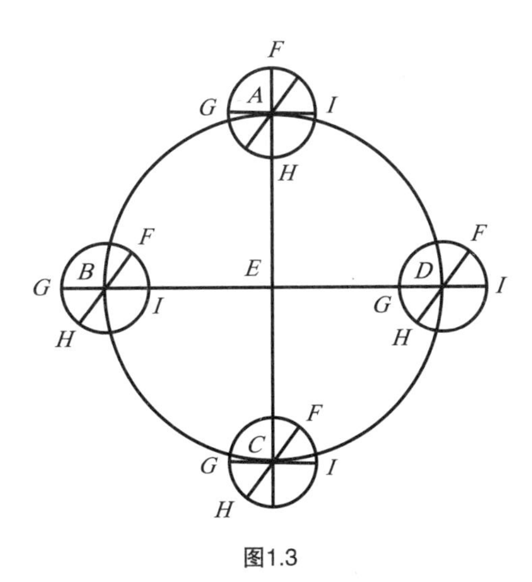

图1.3

我们用圆*ABCD*代表地球在黄道上的运行轨迹，令*E*点位于圆心附近，代表太阳。画出直径*AEC*和*BED*将这个圆一分为四。

令：*A*为巨蟹宫的第一点，*B*、*C*、*D*分别为天秤宫、摩羯宫和白羊宫的第一点。我们假设地心在*A*处，然后在该点附近画出赤道*FGHI*，它与黄道不在同一平面。

∵直径*GAI*是赤道面与黄道面的交线。

∴直径*FAH*与线*GAI*垂直。

又：*F*是赤道上最偏南的一点，*H*是最偏北的一点，且朝向太阳。赤道与直线*AE*有一个倾角。

周日旋转描出的南回归线与赤道平行，且间距为倾斜度*EAH*。

结论：地球上的居民可以很明显地看到，*H*点朝向*E*处附近的太阳，而太阳在冬至时位于摩羯宫。

又令：地心沿黄道宫方向运行，倾斜点*F*在反方向转动相同的角度，二者都转过一个象限到达*B*点。

∵在此期间，地心与倾斜点*F*的旋转量相等，因此∠*EAI*与∠*AEB*始终相等。

直径*FAH*与*FBH*、*GAI*与*GBI*，以及赤道之间始终保持平行。

∴从天秤宫的第一星（*B*点）看来，*E*点似乎位于白羊宫。

黄赤交线与直线*GBIE*重合。在周日自转中，轴线的垂直平面不会偏离这条线，反而是自转轴全部倾斜在侧平面上。

因此，太阳看起来似乎位于春分点。

假设：地心在假定情况下继续运动。

那么：当地球运行半圈到达*C*点时，太阳将进入巨蟹宫。赤道上最大南倾点*F*将朝向太阳。太阳看起来在北回归线上运动，与赤道的角距为$\angle ECF$。当*F*转到圆周的第三象限时，*GI*与*ED*再次重合。这时，太阳看起来位于天秤宫的秋分点上。

结论：如此反复下去，*H*点将逐渐转向太阳，于是我在开头谈到的情形将再次出现。

我们还可以用另一种方式来解释（见图1.4）。

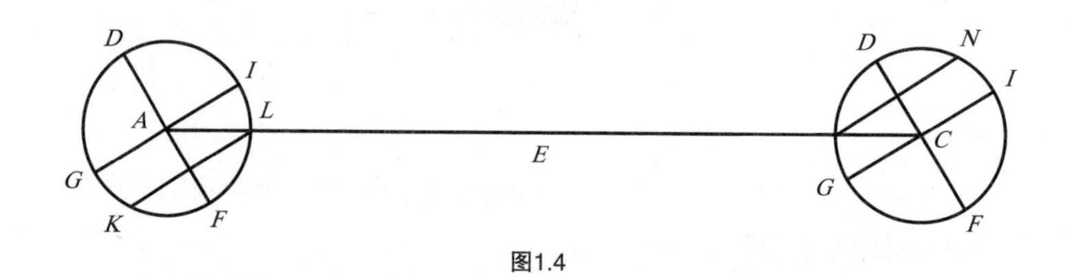

图1.4

令：*AEC*为黄道面上的一条直径，即黄道面同与其垂直的平面的交线。

假设：在*AEC*上，绕*A*点（巨蟹宫）和*C*点（摩羯宫）各画一个通过两极的地球经圈。令这个经圈为*DGFI*。

设：*DF*为地球自转轴，*D*点为北极，*F*点为南极，*GI*为赤道的直径。

当*F*点转向靠近*E*点的太阳时，赤道向北的倾角即为$\angle IAE$，此时，周日旋转使太阳看起来是在沿南回归线运动。

南回归线位于赤道南面，与赤道平行，二者的距离为*LI*。更确切地说，从*AE*方向看来，周日自转产生了一个以地心为顶点、以平行于赤道的圆周为底的锥面。

注：与此相对的*C*点，一切与此相似，但方向相反。

结论：就此，我们清楚地看到了地心的运动和倾斜面的运动怎样结合起来，使地轴保持固定的方向和相同的位置，并使这一切现象看起来似乎是太阳的运动。但我已说过，地心和倾斜面的周年运转几乎相等。如果它们完全相等，二分点和二至点以及黄道倾角，相对于恒星天球都不会有变化。即使有微小的偏差，也要经过长时间（当它变大时）才能发现。从托勒密时代至今，两分点岁差总计约21°。因为这个原因，有人相信恒星天球也在运动，从而设想出一个超越一切之上的第九重天球，这虽然已经被证实是不科学的，但仍有近代学者添上了第十重天球。然而，以上这些完全不能达到我所希望的目的，即借助地球运动来证明其他天体的运动。

1.12 圆周的弦长

按照数学家的普遍做法，我将圆分为360°。但是根据托勒密的《天文学大成》，早期的数学家将直径划分为120等分。但由于弦长大部分是无理数，甚至平方后也是，因此，为了避免弦长在运算中出现分数，后人采用了1 200 000等分，也有人采用了2 000 000等分。印度数码通行后，又出现了更多的适用型直径体系。运用这些体系做快速运算，显然比希腊人或拉丁人建立的体系更为精确。因此，我采用了直径的200 000等分。这种等分法完全可以排除较大的误差，如果出现数量比不是整数比的情况，我们只能取一个近似值。下面，我将严格仿照托勒密的方法，用六条定理和一个问题来阐述我的观点。

定理一：

如果知道圆的直径，则内接三角形、正方形、五角形、六角形和十角形的边长均可求得。

直径的一半等于六角形的边长。欧几里得在《几何原本》中证明：三角形边长的平方等于六角形边长平方的3倍，正方形边长的平方等于六角形边长的2倍。因此，如果取六角形边长为100 000^P，那么，正方形的边长为141 422^P；三角形的边长为173 205^P。证明如下（见图1.5）。

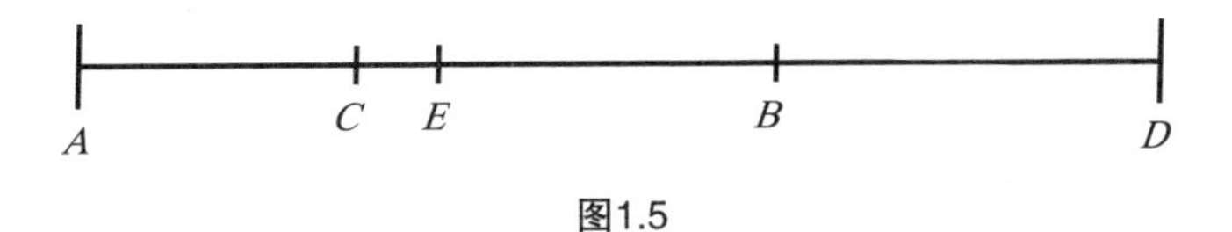

图1.5

令：六角形一条边长为*AB*。

已知：根据《几何原本》第二卷第十题，线*AB*在*C*点被分为平均比值和极端比值两段。我们令较长的一段为*CB*，并将它延伸至相等长度*BD*。

因此，线*ABD*也被分成了平均比值和极端比值。

延伸部分*BD*是较短的一段，内接于圆内十角形的一边。已知*AB*是六角形的一边。那么，我们可以求出*BD*的长度。

*E*点平分线段*AB*。由《几何原本》可知，线段*EBD*的平方是线段*EB*平方的5倍。

已知：*EB*的长度为$50\ 000^P$。由它的平方的5倍可得*EBD*的长度为$111\ 803^P$。

又得：$EBD - BD = 111\ 803^P - 50\ 000^P = 61\ 803^P$，即我们所求的十角形的边长。

同理，五角形边长的平方等于六角形边长与十角形边长平方的和。由此可得五角形边长为$117\ 557^P$。

结论：当圆的直径已知时，内接三角形、正方形、五角形、六角形和十角形的边长均可求得。

推论

当已知任意圆弧的弦时，可求得半圆剩余部分所对的弦长。内接于一个半圆的角为直角。在直角三角形中，与直角相对应的边（即直径）的平方等于另外两边的平方之和。十角形一边所对的弧为36°。定理一已证明它的长度为$61\ 803^P$，直径为$200\ 000^P$。因此，半圆剩下的144°所对的弦长就是$190\ 211^P$。五角形一边的长度为$117\ 557^P$，它所对的弧为72°，剩下的108°半圆所对弦长可求得为$161\ 803^P$。

定理二（定理三的预备定理）：

在圆的内接四边形中，以对角线为边形成的矩形等于两组对边所作矩形之和（见图1.6）。

令：矩形*ABCD*为圆的内接四边形。

$\because$对角线的乘积$AC \times DB = AB \times DC + AD \times BC$。取$\angle ABE = \angle CBD$。可得出$\angle ABD = \angle EBC$，$\angle EBD$为两角所共有。且$\angle ACB = \angle BDA$。

$\therefore$两个相似三角形（$\triangle BCE$和$\triangle BDA$）的相应边长成比例，即$BC : BD = EC : AD$。

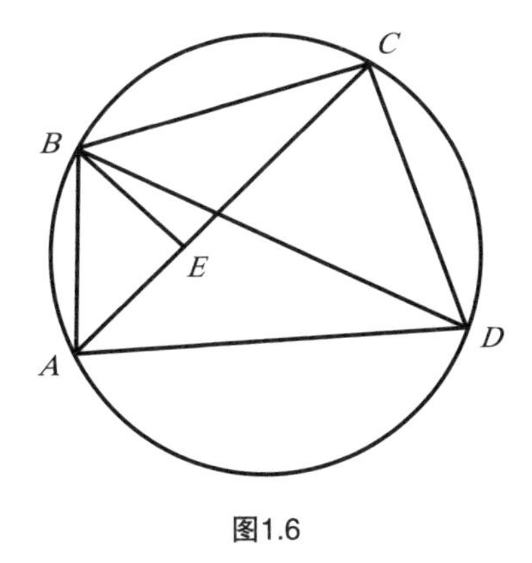

图1.6

$EC \times BD = BC \times AD$。

$\because \angle ABE = \angle CBD$，$\angle BAC$与$\angle BDC$都因截取同一圆弧而相等。

$\therefore \triangle ABE \backsim \triangle CBD$。

同理，$AB : BD = AE : CD$，$AB \times CD = AE \times BD$，且$AD \times BC = BD \times EC$。

$\therefore BD \times AC = AD \times BC + AB \times CD$。得证。

定理三：

已知一个半圆中两段不相等弧所对的弦长，则可求得两弧之差所对的弦长（见图1.7）。

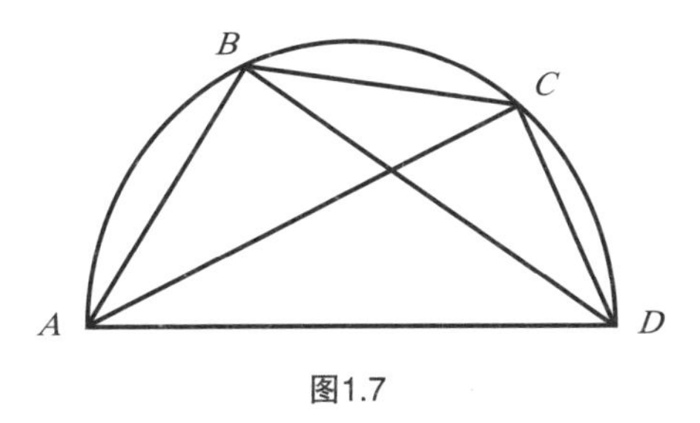

图1.7

在半圆$ABCD$中，AD为直径。令AB和AC为半圆中两段不相等弧所对的弦长，求弦长BC的长度。

根据定理一的推论，我们可求出半圆中弧的弦BD和CD的长度。在半圆中形成四边形$ABCD$，对角线AC和BD，以及AB、AD和CD这三条边都已知。

根据定理二，在四边形$ABCD$中，$AC \times BD = AB \times CD + AD \times BC$。

$\therefore AC \times BD - AB \times CD = AD \times BC$。如果该数值除以$AD$的长度（这是可行的），即可得到弦$BC$的长度。

假设：五角形和六角形的边长已知，二者之差为$72° - 60° = 12°$。

那么：用这个方法求得弦长为20 905^P。

定理四：

已知任意弧所对的弦，可求其半弧所对的弦长（见图1.8）。

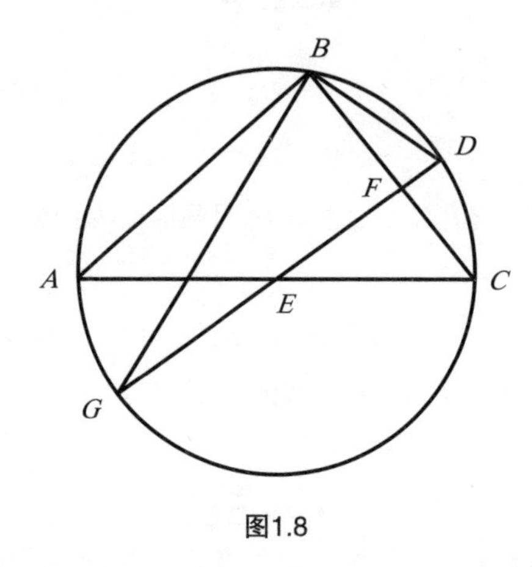

图1.8

令：圆为ABC，AC为直径，BC是给定的弧。

过圆心E作直线EF与BC垂直。根据《几何原本》，EF将BC等分于F。延长EF，将弧BDC等分于D。作弦AB和BD。$\triangle ABC$和$\triangle EFC$为直角三角形。

$\because \angle ECF$为$\triangle ABC$和$\triangle EFC$的公共角，且$\triangle ABC \backsim \triangle EFC$，$BFC = 2CF$。

$\therefore AB = 2EF$，弦AB的长度可由定理一的推论求得，从而求出EF和DF的长度。

作直径DEG，连接BG。在$\triangle BDG$中，从直角顶点B向斜边作垂直线段BF。

$\because GD \times DF = BD^2$，于是可求出弧$BDG$的一半所对的弦$BD$的长度。

根据定理三，已求得对应于12°的弦长，那么，对应于6°的弦长也可求出为10 467^P；3°为5 235^P；$1\frac{1}{2}°$为2 618^P；$\frac{3}{4}°$为1 309^P。

定理五：

已知两弧所对的弦，可求出两弧之和所对的弦长（见图1.9）。

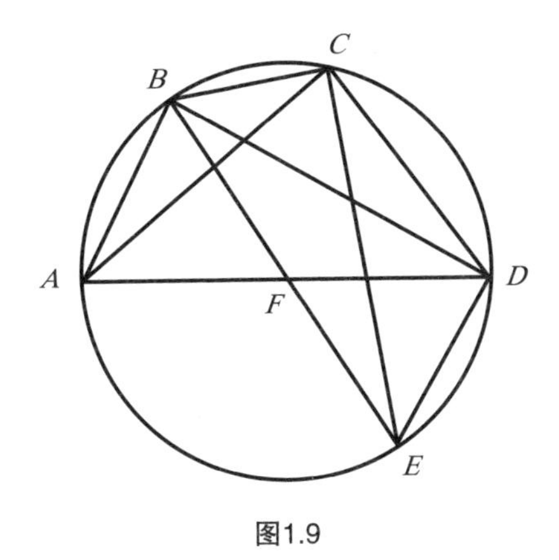

图1.9

令：圆内已知的两段弦为AB和BC，求对应于整条ABC弧的弦长。

作直径AFD和BFE及直线BD和CE。

AB和BC已知，且$DE = AB$，由定理一可推论出这些弦长。

连接CD，构成四边形$BCDE$。该四边形的对角线BD和CE以及三条边BC、DE和BE都可求得。剩余的一边CD可由定理二求出。

因此，我们可以得到与半圆余下部分所对的弦，即整个$\overset{\frown}{ABC}$所对的弦CA的长度。

至此，与3°、$1\frac{1}{2}^{\circ}$和$\frac{3}{4}^{\circ}$相对的弦长都已求得。取这样的间距和数值，可以制作精确的图表。如果要增加1°或$\frac{1}{2}^{\circ}$，使两段弦相加，或作其他运算，那么所求得的弦长是否正确就值得怀疑了。因为目前还找不到它们之间的图形关系。但另一种方法可以做到这一点，并且不会产生较大的误差，只是需要使用一组非常精确的数字。托勒密也计算过1°和$\frac{1}{2}^{\circ}$的弦长。他最先指出这个问题。

定理六：

大弧与小弧之比大于所对应两弦长之比（见图1.10）。

令：$\overset{\frown}{AB}$和$\overset{\frown}{BC}$为圆内两段相邻的弧，且$BC > AB$（需要说明的是，$BC : AB$的比值大于构成B角的弦的比值$BC : AB$）。直线BD等分B角。

连接AC，该线段与BD相交于E点。再连接AD和CD。由于它们所对的弧相等，因此，$AD = CD$。

$\because$在$\triangle ABC$中，角等分线BE与AC相交于E点。

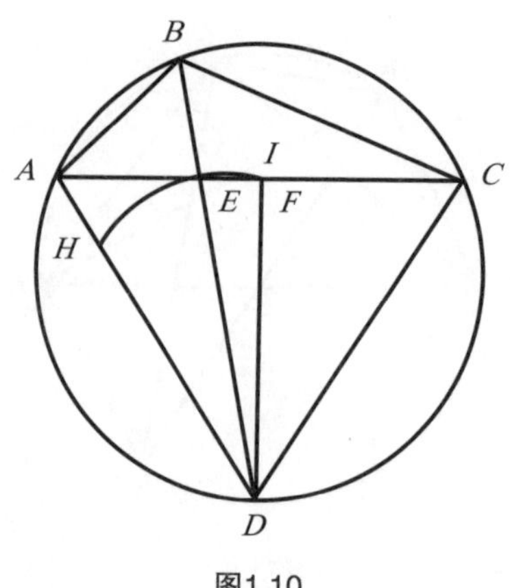

图1.10

$\therefore EC : AE = BC : AB$，且$BC > AB$，$EC > EA$。

作$DF \perp AC$。DF等分线段AC于F点（此点应在EC内）。

在每个三角形中，大角对长边。

因此，在$\triangle DEF$中，DE边长于DF边。AD边长于DE边。以D为中心、DE为半径画的圆弧，与AD相交并超出DF。

令：此$\overset{\frown}{FH}$与AD相交于H，并与DF的延长线相交于I。

由此可知，扇形$EDI > \triangle EDF$。$\triangle DEA >$ 扇形DEH。

$\because \triangle DEF : \triangle DEA <$ 扇形EDI：扇形DEH。但扇形与其弧或中心角成正比，而顶点相同的三角形与其底边成正比。

$\therefore$用$EDF : ADE$表示的角度之比大于用$EF : AE$表示的顶边之比。并能进一步证明，$\angle FDA : \angle ADE$的角度比大于$AF : AE$的边长比。

同理可证，$\angle CDA : \angle ADE > AC : AE$，$CE : EA < \angle CDE : \angle EDA$，$\angle CDE : \angle EDA = CB : AB$。$CE : AE = BC : AB$。

由此得证：弧长之比$CB : AB$大于弦长之比$BC : AB$。

由于两点之间直线最短，弧线总是长于其所对的弦。但随着弧线弯曲程度的不断减小，不等于符号便趋近于等号，最终直线和圆弧同时在圆上的切点处消失。在这种情况出现之前，它们的差必定小到无法计算。我们来看（见图1.11）：

令：$\overset{\frown}{AB} = 3^{\circ}$，$\overset{\frown}{AC} = 1\frac{1}{2}^{\circ}$。

设：直径AB长$200\ 000^{P}$，按定理四可得，$\overset{\frown}{AB}$所对弦长为$5\ 235^{P}$，$\overset{\frown}{AC}$所对

弦长为2 618^P。$\overset{\frown}{AB}$ 是 $\overset{\frown}{AC}$ 的两倍，但AB弦不到AC弦的两倍，后者比2 617只大一个单位。

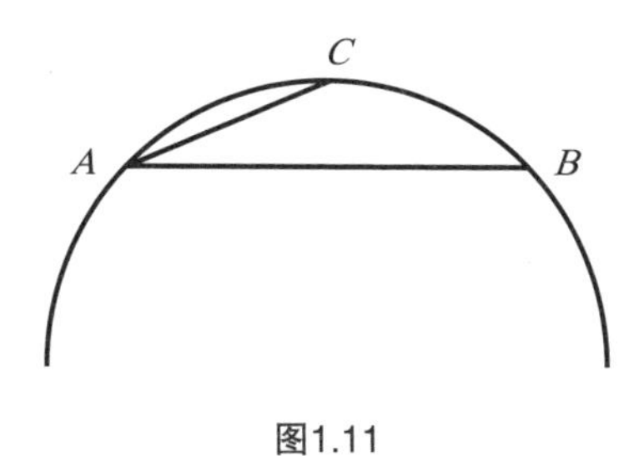

图1.11

取 $\overset{\frown}{AB}=1\frac{1}{2}^{\circ}$，$\overset{\frown}{AC}=\frac{3}{4}^{\circ}$。

可得：AB弦为2 618^P，AC为1 309^P。虽然AC弦应当大于AB弦的一半，但似乎又是一样大，两弧之比与两弦之比趋于一致。由此可知，趋近于直线的弧线之差根本无法察觉，它们似乎已化为同一条线。

因此，我可以毫不犹豫地把$\frac{3}{4}^{\circ}$和1 309^{P}这两个数值同样用于1°或某些分度所对弦的计算。那么，$\frac{1}{4}^{\circ}$与$\frac{3}{4}^{\circ}$相加，可得1°所对弦为1 745^P；$\frac{1}{2}^{\circ}$为872$\frac{1}{2}^{P}$；$\frac{1}{3}^{\circ}$为582^P。

如果需要制一个表，我相信只需录入倍弧所对的半弧就足够了。用这种简化方法，我可以把以前需要在半圆内展开的数值压缩到一个象限之内，因为在证题和计算时，半弦比整弦用得更多。我取$\frac{1}{6}^{\circ}$制表，共分三栏。第一栏是圆周的分度和六分度。第二栏是倍弧的半弦数值。第三栏是每隔一度的差额。利用这些差额，可以得到一度内的分数内相应的正比量（见《圆周弦长表》，P34—38）。

圆周弦长表

弧		倍弧所对半弦	每隔1度的差额	弧		倍弧所对半弦	每隔1度的差额	弧		倍弧所对半弦	每隔1度的差额
度	分			度	分			度	分		
0	10	291	291	7	0	12 187		13	50	23 910	282
0	20	582		7	10	12 476		14	0	24 192	
0	30	873		7	20	12 764	288	14	10	24 474	
0	40	1 163		7	30	13 053		14	20	24 756	
0	50	1 454		7	40	13 341		14	30	25 038	281
1	0	1 745		7	50	13 629		14	40	25 319	
1	10	2 036		8	0	13 917		14	50	25 601	
1	20	2 327		8	10	14 205		15	0	25 882	
1	30	2 617		8	20	14 493		15	10	26 163	
1	40	2 908		8	30	14 781		15	20	26 443	280
1	50	3 199		8	40	15 069		15	30	26 724	
2	0	3 490		8	50	15 356	287	15	40	27 004	
2	10	3 781		9	0	15 643		15	50	27 284	
2	20	4 071		9	10	15 931		16	0	27 564	279
2	30	4 362		9	20	16 218		16	10	27 843	
2	40	4 653		9	30	16 505		16	20	28 122	
2	50	4 943	290	9	40	16 792		16	30	28 401	
3	0	5 234		9	50	17 078		16	40	28 680	
3	10	5 524		10	0	17 365		16	50	28 959	278
3	20	5 814		10	10	17 651	286	17	0	29 237	
3	30	6 105		10	20	17 937		17	10	29 515	
3	40	6 395		10	30	18 223		17	20	29 793	
3	50	6 685		10	40	18 509		17	30	30 071	277
4	0	6 975		10	50	18 795		17	40	30 348	
4	10	7 265		11	0	19 081		17	50	30 625	
4	20	7 555		11	10	19 366	285	18	0	30 902	
4	30	7 845		11	20	19 652		18	10	31 178	276
4	40	8 135		11	30	19 937		18	20	31 454	
4	50	8 425		11	40	20 222		18	30	31 730	
5	0	8 715		11	50	20 507		18	40	32 006	
5	10	9 005		12	0	20 791		18	50	32 282	275
5	20	9 295		12	10	21 076	284	19	0	32 557	
5	30	9 585		12	20	21 360		19	10	32 832	
5	40	9 874		12	30	21 644		19	20	33 106	
5	50	10 164	289	12	40	21 928		19	30	33 381	274
6	0	10 453		12	50	22 212		19	40	33 655	
6	10	10 742		13	0	22 495	283	19	50	33 929	
6	20	11 031		13	10	22 778		20	0	34 202	
6	30	11 320		13	20	23 062		20	10	34 475	273
6	40	11 609		13	30	23 344		20	20	34 748	
6	50	11 898		13	40	23 627		20	30	35 021	

续表

圆周弦长表

	弧		倍弧所对半弦	每隔1度的差额	弧		倍弧所对半弦	每隔1度的差额	弧		倍弧所对半弦	每隔1度的差额
	度	分			度	分			度	分		
	20	40	35 293	272	27	30	46 175		34	20	56 400	239
	20	50	35 565		27	40	46 433	257	34	30	56 641	
	21	0	35 837		27	50	46 690		34	40	56 880	238
	21	10	36 108	271	28	0	46 947		34	50	57 119	
5	21	20	36 379		28	10	47 204	256	35	0	57 358	
	21	30	36 650		28	20	47 460		35	10	57 596	237
	21	40	36 920	270	28	30	47 716	255	35	20	57 833	
	21	50	37 190		28	40	47 971		35	30	58 070	236
	22	0	37 460		28	50	48 226		35	40	58 307	
10	22	10	37 730	269	29	0	48 481	254	35	50	58 543	235
	22	20	37 999		29	10	48 735		36	0	58 779	
	22	30	38 268		29	20	48 989	253	36	10	59 014	234
	22	40	38 537	268	29	30	49 242		36	20	59 248	
	22	50	38 805		29	40	49 495	252	36	30	59 482	233
15	23	0	39 073		29	50	49 748		36	40	59 716	
	23	10	39 341	267	30	0	50 000		36	50	59 949	232
	23	20	39 608		30	10	50 252	251	37	0	60 181	
	23	30	39 875		30	20	50 503		37	10	60 413	231
	23	40	40 141	266	30	30	50 754	250	37	20	60 645	
20	23	50	40 408		30	40	51 004		37	30	60 876	230
	24	0	40 674		30	50	51 254		37	40	61 107	
	24	10	40 939	265	31	0	51 504	249	37	50	61 337	229
	24	20	41 204		31	10	51 753		38	0	61 566	
	24	30	41 469		31	20	52 002	248	38	10	61 795	
25	24	40	41 734	264	31	30	52 250		38	20	62 024	228
	24	50	41 998		31	40	52 498	247	38	30	62 251	
	25	0	42 262		31	50	52 745		38	40	62 479	227
	25	10	42 525	263	32	0	52 992	246	38	50	62 706	
	25	20	42 788		32	10	53 238		39	0	62 932	226
30	25	30	43 051		32	20	53 484		39	10	63 158	
	25	40	43 313	262	32	30	53 730	245	39	20	63 383	225
	25	50	43 575		32	40	53 975		39	30	63 608	
	26	0	43 837		32	50	54 220	244	39	40	63 832	224
	26	10	44 098	261	33	0	54 464		39	50	64 056	223
35	26	20	44 359		33	10	54 708	243	40	0	64 279	222
	26	30	44 620	260	33	20	54 951		40	10	64 501	
	26	40	44 880		33	30	55 194	242	40	20	64 723	221
	26	50	45 140		33	40	55 436		40	30	64 945	220
	27	0	45 399	259	33	50	55 678	241	40	40	65 166	
40	27	10	45 658		34	0	55 919		40	50	65 386	
	27	20	45 916	258	34	10	56 160	240	41	0	65 606	219

续表

圆周弦长表

弧		倍弧所对半弦	每隔1度的差额	弧		倍弧所对半弦	每隔1度的差额	弧		倍弧所对半弦	每隔1度的差额
度	分			度	分			度	分		
41	10	65 825		48	0	74 314	194	54	50	81 784	167
41	20	66 044	218	48	10	74 508	193	55	0	81 915	166
41	30	66 262		48	20	74 702		55	10	82 082	165
41	40	66 480	217	48	30	74 896		55	20	82 248	164
41	50	66 697		48	40	75 088	192	55	30	82 413	
42	0	66 913	216	48	50	75 280	191	55	40	82 577	163
42	10	67 129	215	49	0	75 471	190	55	50	82 741	162
42	20	67 344		49	10	75 661		56	0	82 904	
42	30	67 559	214	49	20	75 851	189	56	10	83 066	161
42	40	67 773		49	30	76 040		56	20	83 228	160
42	50	67 987	213	49	40	76 229	188	56	30	83 389	159
43	0	68 200	212	49	50	76 417	187	56	40	83 549	
43	10	68 412		50	0	76 604		56	50	83 708	158
43	20	68 624	211	50	10	76 791	186	57	0	83 867	157
43	30	68 835		50	20	76 977		57	10	84 025	
43	40	69 046	210	50	30	77 162	185	57	20	84 182	156
43	50	69 256		50	40	77 347	184	57	30	84 339	155
44	0	69 466	209	50	50	77 531		57	40	84 495	
44	10	69 675		51	0	77 715	183	57	50	84 650	154
44	20	69 883	208	51	10	77 897	182	58	0	84 805	153
44	30	70 091	207	51	20	78 079		58	10	84 959	152
44	40	70 298		51	30	78 261	181	58	20	85 112	
44	50	70 505	206	51	40	78 442	180	58	30	85 264	151
45	0	70 711	205	51	50	78 622		58	40	85 415	150
45	10	70 916		52	0	78 801	179	58	50	85 566	
45	20	71 121	204	52	10	78 980	178	59	0	85 717	149
45	30	71 325		52	20	79 158		59	10	85 866	148
45	40	71 529	203	52	30	79 335	177	59	20	86 015	147
45	50	71 732	202	52	40	79 512	176	59	30	86 163	
46	0	71 934		52	50	79 688		59	40	86 310	146
46	10	72 136	201	53	0	79 864	175	59	50	86 457	145
46	20	72 337	200	53	10	80 038	174	60	0	86 602	144
46	30	72 537		53	20	80 212		60	10	86 747	
46	40	72 737	199	53	30	80 386	173	60	20	86 892	143
46	50	72 936		53	40	80 558	172	60	30	87 036	142
47	0	73 135	198	53	50	80 730		60	40	87 178	
47	10	73 333	197	54	0	80 902	171	60	50	87 320	141
47	20	73 531		54	10	81 072	170	61	0	87 462	140
47	30	73 728	196	54	20	81 242	169	61	10	87 603	139
47	40	73 924	195	54	30	81 411		61	20	87 743	
47	50	74 119		54	40	81 580	168	61	30	87 882	

续表

圆周弦长表

弧		倍弧所对半弦	每隔1度的差额	弧		倍弧所对半弦	每隔1度的差额	弧		倍弧所对半弦	每隔1度的差额
度	分			度	分			度	分		
61	40	81 784	138	68	40	93 148		75	40	96 887	
61	50	88 158	137	68	50	93 253	105	75	50	96 959	71
62	0	88 295		69	0	93 358	104	76	0	97 030	70
62	10	88 431	136	69	10	93 462	103	76	10	97 099	69
62	20	88 566	135	69	20	93 565	102	76	20	97 169	68
62	30	88 701	134	69	30	93 667		76	30	97 237	
62	40	88 835		69	40	93 769	101	76	40	97 304	67
62	50	88 968	133	69	50	93 870	100	76	50	97 371	66
63	0	89 101	132	70	0	93 969	99	77	0	97 437	65
63	10	89 232	131	70	10	94 068	98	77	10	97 502	64
63	20	89 363		70	20	94 167		77	20	97 566	63
63	30	89 493	130	70	30	94 264	97	77	30	97 630	
63	40	89 622	129	70	40	94 361	96	77	40	97 692	62
63	50	89 751	128	70	50	94 457	95	77	50	97 754	
64	0	89 879		71	0	94 552	94	78	0	97 815	61
64	10	90 006	127	71	10	94 646	93	78	10	97 875	60
64	20	90 133	126	71	20	94 739		78	20	97 934	59
64	30	90 258		71	30	94 832	92	78	30	97 992	58
64	40	90 383	125	71	40	94 924	91	78	40	98 050	57
64	50	90 507	124	71	50	95 015	90	78	50	98 107	56
65	0	90 631	123	72	0	95 105		79	0	98 163	55
65	10	90 753	122	72	10	95 195	89	79	10	98 218	54
65	20	90 875	121	72	20	95 284	88	79	20	98 272	
65	30	90 996		72	30	95 372	87	79	30	98 325	53
65	40	91 116	120	72	40	95 459	86	79	40	98 378	52
65	50	91 235	119	72	50	95 545	85	79	50	98 430	51
66	0	91 354	118	73	0	95 630	84	80	0	98 481	50
66	10	91 472		73	10	95 715	83	80	10	98 531	49
66	20	91 590	117	73	20	95 799	82	80	20	98 580	
66	30	91 706	116	73	30	95 882	81	80	30	98 629	48
66	40	91 822	115	73	40	95 964		80	40	98 676	47
66	50	91 936	114	73	50	96 045		80	50	98 723	46
67	0	92 050	113	74	0	96 126	80	81	0	98 769	45
67	10	92 164		74	10	96 206	79	81	10	98 814	44
67	20	92 276	112	74	20	96 285	78	81	20	98 858	43
67	30	92 388	111	74	30	96 363	77	81	30	98 902	42
67	40	92 499	110	74	40	96 440		81	40	98 944	
67	50	92 609	109	74	50	96 517	76	81	50	98 986	41
68	0	92 718		75	0	96 592	75	82	0	99 027	40
68	10	92 827	108	75	10	96 667	74	82	10	99 067	39
68	20	92 935	107	75	20	96 742	73	82	20	99 106	38
68	30	93 042	106	75	30	96 815	72	82	30	99 144	

续表

圆周弦长表											
弧		倍弧所对半弦	每隔1度的差额	弧		倍弧所对半弦	每隔1度的差额	弧		倍弧所对半弦	每隔1度的差额
度	分			度	分			度	分		
82	40	99 182	37	85	10	99 644	24	87	40	99 917	
82	50	99 219	36	85	20	99 756	23	87	50	99 928	11
83	0	99 255	35	85	30	99 776	22	88	0	99 939	10
83	10	99 290	34	85	40	99 795		88	10	99 949	9
83	20	99 324	33	85	50	99 813	21	88	20	99 958	8
83	30	99 357		86	0	99 830	20	88	30	99 966	7
83	40	99 389	32	86	10	99 847	19	88	40	99 973	6
83	50	99 421	31	86	20	99 863	18	88	50	99 979	
84	0	99 452	30	86	30	99 878		89	0	99 985	5
84	10	99 482	29	86	40	99 668	17	89	10	99 989	4
84	20	99 511	28	86	50	99 692	16	89	20	99 993	3
84	30	99 539	27	87	0	99 714	15	89	30	99 996	2
84	40	99 567		87	10	99 736	14	89	40	99 998	1
84	50	99 594	26	87	20	99 892	13	89	50	99 999	0
85	0	99 620	25	87	30	99 905	12	90	0	100 000	0

1.13 平面三角形的角与边的论证

一

已知三角形的角，可求各边（见图1.12）。

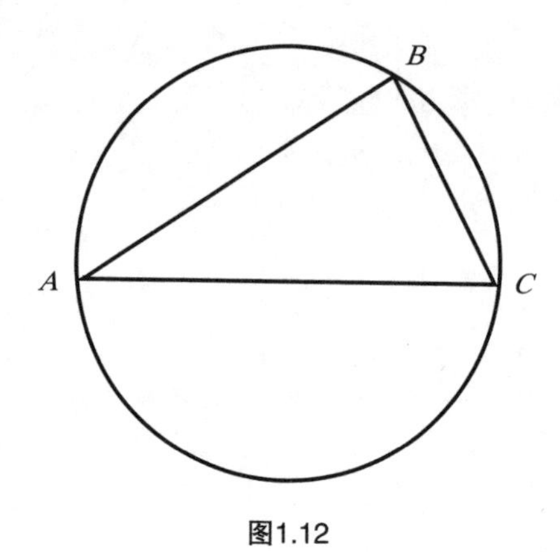

图1.12

令：三角形为ABC，根据《几何原本》第四卷问题5，对$\triangle ABC$作一个外接圆。

两个三角形的角度之和等于360°，$\widehat{AB}$、$\widehat{BC}$和$\widehat{AC}$三段弧的长度均可求得。当弧已知时，内接三角形相对应的边的长度即可按上表求出。假设直径AC的长度为200 000^P，参照上表，很快求出边长。

二

已知三角形的一角和两边，可求另一边和另两角。

已知：三角形的两边可以相等或不相等，任意一角可以是锐角、直角或钝角，且已知角可以是也可以不是已知两边的夹角，而为任意一角（见图1.13）。

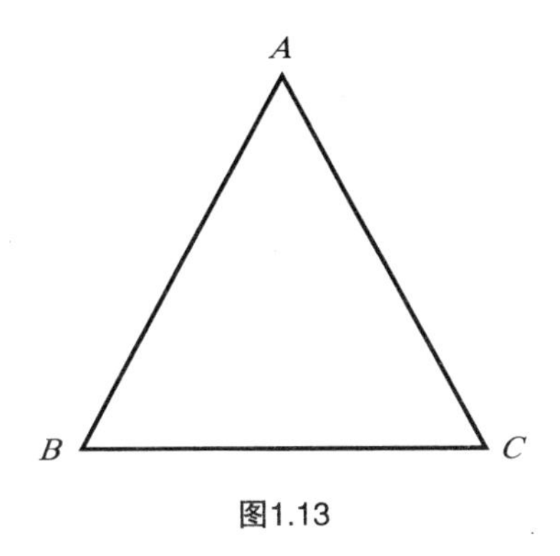

图1.13

证一：

令：三角形ABC的两条已知边AB和AC相等，两边的夹角$\angle A$已知。那么，底边BC两侧的角可求得。

$\because \angle ABC = \angle ACB$，且这两角均等于两直角减去$\angle A$后数值的一半。

假设：底边BC两侧任一角已知。

$\therefore$使用两直角减去底边两角，即可得出第三角的度数。

当三角形的角和边都已知，BC相应的值就可在表中查取。取边AB或边AC等于100 000^P，则直径BC等于200 000^P。

证二：

假设：$\angle BAC$是已知两边形成的直角。那么，得证的结果与上述相同（见图1.14）。

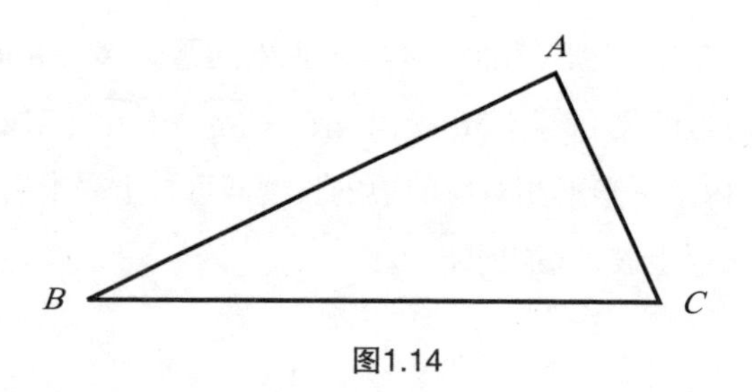

图1.14

$\because AB^2 + AC^2 = BC^2$

$\therefore BC$的长度和各边的关系即可求出。

以BC为直径，作$\triangle ABC$的外接半圆。取BC等于200 000^P，则可得$\angle ABC$和$\angle ACB$所对的弦AB和弦AC的长度。

$\because \angle A$为直角，180°为两直角之和。

$\therefore \angle ABC$和$\angle ACB$的度数即可求出，并可用其查表。

如果底边BC和夹直角中的任一边已知，可求出同样的结果。

证三：

令：$\angle ABC$为锐角，其边长AB和BC已知。

从A点向底边BC作垂线AD（必要时可延长BC，这主要取决于垂线落在三角形内还是三角形外）。由垂线AD形成的三角形分别为$\triangle ABD$和$\triangle ADC$（见图1.15）。

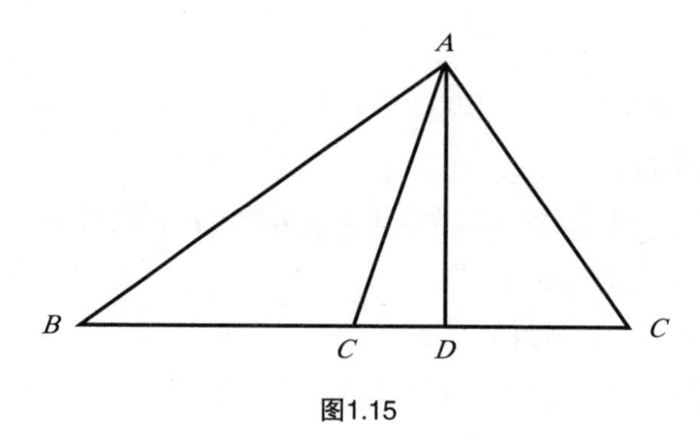

图1.15

$\because \angle ADC$为直角，设$\angle B$为已知角。

$\therefore \triangle ABD$的角都已知，且$\angle A$和$\angle B$所对应的弦BD和AD均可从表中查出。

如果直径AB等于200 000^P，且$AD = BD = CD = AB$，$BC - BD = CD$。

那么：直角三角形ADC的两边AD、CD可知，所求边AC和所求角$\angle ACD$都可按上述方法求出。

证四：

假设：$\angle B$是钝角（结果与上述一样）。

从A点向底边BC的延长线作垂线AD，构成$\triangle ABD$。

$\because \angle ABD$为$\angle ABC$的补角，$\angle ADC$为直角。

$\therefore$如果取$AB = 200\,000^P$，则BD、AD可知[1]。

直角三角形ADC的情况与其相同。因为AD和CD已知，即可求出AC边和$\angle BAC$、$\angle ACB$（见图1.16）。

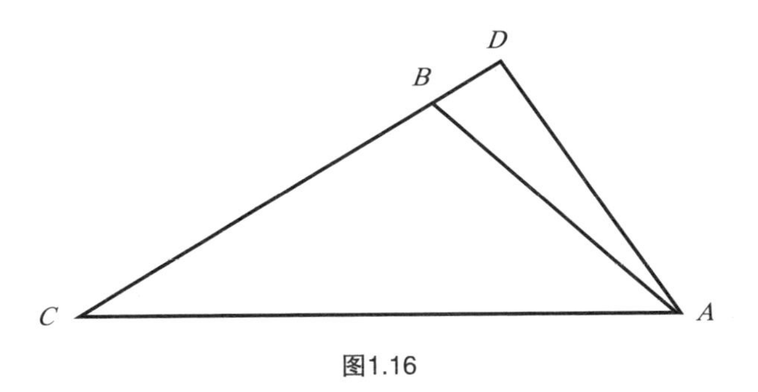

图1.16

证五：

令：与$\angle ABC$相对的边AC已知，AB已知，$\triangle ABC$的外接圆的直径等于$200\,000^P$。

由AC与AB的比值可知，AB可用相同的单位表示。查表可求出$\angle ACB$和$\angle BAC$的度数。利用两角的角度，即可求出弦BC的值。

三

已知三角形的各边，可求各角。

---

〔1〕BA与BC的比值已知，BC即可用与BD相同的单位表示。

证一：

众所周知的是，在等边三角形中，每个角的度数都等于两直角度数的三分之一。

在等腰三角形中，两条等边与第三边的比等于半径与弧所对弦的比。已知弧的度数，可查表得出两等边形成的夹角。底边形成的两个角的度数等于两直角减去两等边所夹角所得数值的一半。

亟待研究的是不等边三角形。任何不等边三角形都可以分解成直角三角形（见图1.17）。

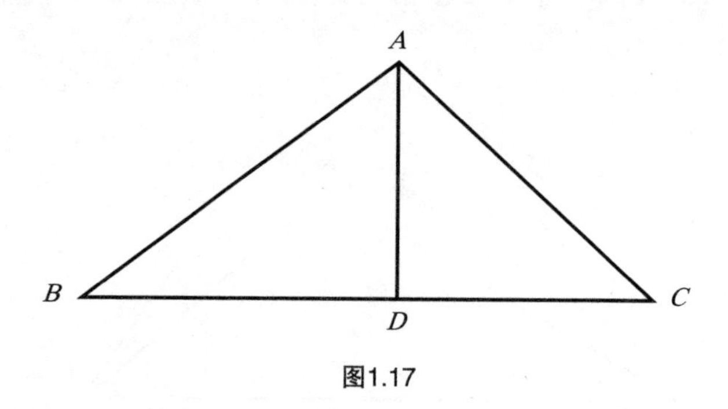

图1.17

令：$\triangle ABC$是三边都已知的不等边三角形，BC为最长边。

从A点向最长边BC作垂线AD。按照《几何原本》，锐角所对应的边AB的平方小于其他两边的平方之和，且差值是BC与CD乘积的两倍。

$\angle ACB$为锐角，否则按照欧几里得在《几何原本》中的论述，AB将成为最长边，这显然与我们的假设矛盾。

因此：$\triangle ABD$和$\triangle ADC$都是边和角已知的三角形，由此可求出$\triangle ABC$的各个角。

证二：

结合《几何原本》，我们用另一种方法也能得到相同的结果（见图1.18、1.19）。

令：BC为最短边，以C为中心、BC为半径的圆会与三角形的其他两条边或一条边相交。

假设：圆与三角形的两条边相交，与AB相交于E点，与AC相交于D点。延长

ADC到F点，使线段DCF的长度等于直径。

根据欧几里得定理可知，$FA \times AD = AB \times AE$，且该乘积等于从$A$点到圆所作切线的平方。

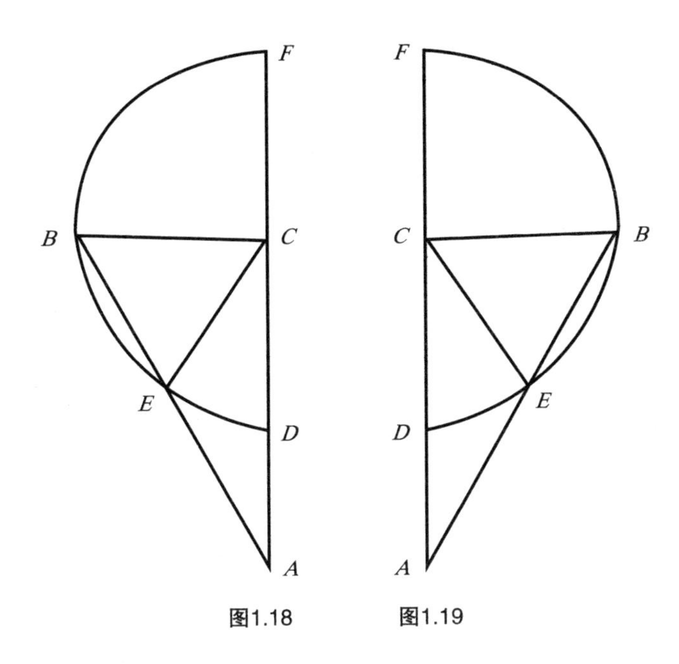

图1.18　图1.19

$\because$线段AF的各段和线段AF均为已知，CF、CD为半径，且$CF = CD = BC$，$CA - CD = AD$。

$\therefore$不仅$BA \times AE$的值可求出，线段AE的长度和$\overset{\frown}{BE}$所对应的线段BE的长度也可求出。

连接线段EC，构成各边均为已知的等腰三角形BCE。并求出$\angle EBC$。那么，$\triangle ABC$的另外两个角，即$\angle BAC$和$\angle BCA$也能求出。

又设：该圆不与AB相交，且BE已知。

那么，在等腰三角形$\angle BCE$中，$\angle CBE$已知，$\angle ABC$为其补角，则第三角也可知。

以上论证都是在平面三角形中获证，下面我们将论证球面三角形的情况。

1.14 球面三角形的论证

我们将凸面三角形视为球面上三条圆弧构成的图形。以该图形任意一点为顶点，画出大圆，图形的每一个角的大小可用所画大圆的弧长表示。这些弧与整个圆周的比等于相交角与直角之比。

一

如果球面上有三段弧，并且其中任意两段之和长于第三段，那么，它们就能形成一个球面三角形。

这在欧几里得的《几何原本》中已经被论证过。因为角与角之比等于弧与弧之比，完整的大圆面又必定通过球心，成为弧的三段大圆就形成了一个立体角，因此本定理成立。

二

三角形的任意一边小于半圆。

半圆的球心不能单独构成角度，只能成为一直线。如果三角形的一条边与球心连接，那么，另外两条边在球心就不能构成一个立体角，因此不能形成球面三角形。我认为，这就是为什么托勒密在论证这类三角形时规定各边均不能大于半圆。

三

在直角球面三角形中，直角对边的二倍弧所对弦同它的一邻边与对边所夹角的二倍弧之比，与球直径同另一邻边与其对边所夹角的2倍在大圆上所对弦之比相等（见图1.20）。

证明：

令：在球面三角形ABC中，$\angle C$是直角。两倍AB所对的弦同两倍BC所对的弦之比，等于球的直径同两倍$\angle BAC$在大圆上所对的弦之比。

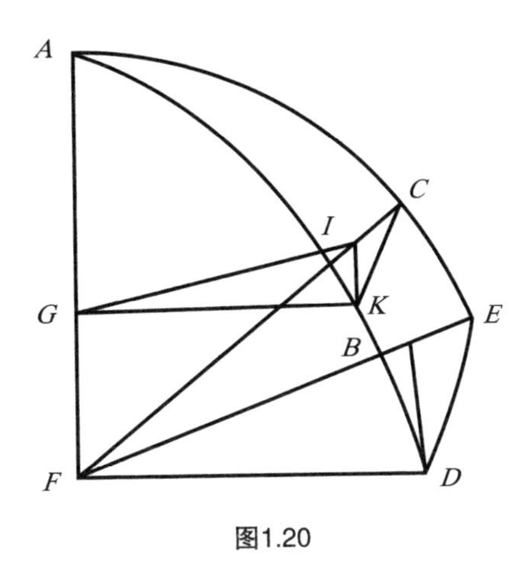

图1.20

令A为顶点，画出大圆弧$\overset{\frown}{DE}$，形成ABD和ACE两个象限。再从球心F画出各圆面的交线：

$\overset{\frown}{ABD}$与$\overset{\frown}{ACE}$的交线为FA，$\overset{\frown}{ACE}$与$\overset{\frown}{DE}$的交线为FE，$\overset{\frown}{ABD}$与$\overset{\frown}{DE}$的交线为FD，$\overset{\frown}{AC}$与BC两圆面的交线为FC。

作直线$BG\perp$直线FA，直线$BI\perp$直线FC，直线$DK\perp$直线FE，连接GI。

如果一圆与另一圆相交并通过对方两个顶点，则两圆相交成直角。

因此，$\angle AED=90^{\circ}$，同理，$\angle ACB=90^{\circ}$。

可知，平面$EDF\perp$平面AEF。在EF直线上K点作直线$KD\perp$直线FKE。根据欧几里得《几何原本》，KD也垂直于AEF。同理，作线BI垂直于同一平面，DK平行于BI。

又$\because\angle FGB=\angle GFD=90^{\circ}$，$GB/\!/FD$。

根据欧几里得《几何原本》，$\angle FDK=\angle GBI$，$\angle FKD=90^{\circ}$，根据垂线定义，$\angle GIB=90^{\circ}$。

且相似三角形的边长成比例。

$\therefore DF:BG=DK:BI$。

又：线$BI\perp$线CF，BI是$\overset{\frown}{CB}$的倍弧所对的半弦。可知，BG是$\overset{\frown}{BA}$的倍边所对的半弦。$\overset{\frown}{DK}$是$\overset{\frown}{DE}$的倍边或A的倍角所对的半弦，而DF是球的半径。

因此，$\overset{\frown}{AB}$的倍边所对弦与$\overset{\frown}{BC}$的倍边所对弦的比等于直径与$\angle A$的倍角或DE的倍弧所对的弦之比。

这个结论在后面还会用到。

四

在任意直角三角形中，若任一角和任一边已知，则其余的角和边都可求得。

令：$\triangle ABC$中，$\angle A=90^{\circ}$，$\angle B$为已知角，已知边分别是：与两已知角相邻，为AB；只与直线相邻，为AC；为直角的对边即BC（见图1.21）。

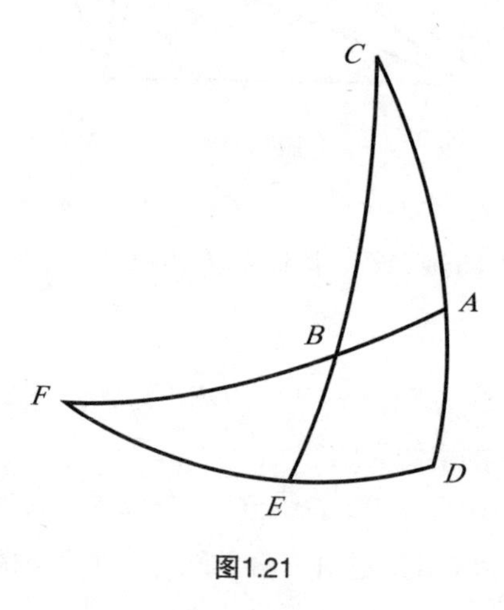

图1.21

①若已知边AB：

以C点为顶点，作大圆的$\overset{\frown}{DE}$，连接象限CAD和CBE，延长$\overset{\frown}{AB}$和$\overset{\frown}{DE}$，$\overset{\frown}{AB}$交$\overset{\frown}{DE}$于F点。

$\angle A=\angle D=90^{\circ}$，$F$是$\overset{\frown}{CAD}$的顶点。如果球面上的两个大圆相交成直角[1]，那么，ABF和DEF都是象限。

又$\because$ 边AB已知，象限的其余部分$\overset{\frown}{BF}$也可知，且$\angle EBF=\angle ABC$，而$\angle ABC$是已知角。按前面的定理，两倍$\overset{\frown}{BF}$所对的弦与两倍$\overset{\frown}{EF}$所对弦之比，等于球的直径与两倍$\angle EBF$所对的弦之比，可见，这组数据中的直径、$\overset{\frown}{BF}$和$\angle EBF$这三个量已知。

〔1〕彼此平分，并都通过对方的两个端点。

∵根据欧几里得《几何原本》，与$\overset{\frown}{EF}$的倍弧所对的半弦可知。根据前表，$\overset{\frown}{EF}$也可知。那么，象限的其余部分DE即为可知，$\angle C$可知。

反过来，同样可得$\overset{\frown}{DE}$和$\overset{\frown}{AB}$的倍弧所对弦之比等于$\angle EBC$与$\overset{\frown}{CB}$之比。因为已有三个量（$\overset{\frown}{DE}$、$\overset{\frown}{AB}$和象限CBE）已知，因此，第四个量即两倍$\overset{\frown}{CB}$所对应的弦也可知，那么，边CB同样可知。

就倍弧所对弦来说，$CB:CA=BF:EF$，这两个比值也等于球直径与两倍$\angle CBA$所对弦的比，两个比值都等于相同比值，那么，它们彼此也相等。

因此，当BF、EF和CB等三个量已知，第四个量，即$\triangle ABC$的第三边CA也能求得。

②若已知边AC：

求边AB、边BC和$\angle C$。

如果作反论证，两倍$\overset{\frown}{CA}$所对弦与两倍$\overset{\frown}{CB}$所对弦之比，等于两倍$\angle ABC$所对弦与直径之比。由此可求出边CB、AD、BE。那么，即可求得两倍AD所对弦与两倍BE所对弦之比，等于两倍$\angle ABF$所对弦（即直径）与两倍BF所对弦之比。

同理，已知两倍$\overset{\frown}{BC}$、$\overset{\frown}{AB}$和$\angle FBE$所对的弦，即可求得两倍DE所对的弦，即$\angle C$。

进而言之，如果$\overset{\frown}{BC}$已知，如前所述，即可求得$\overset{\frown}{AC}$、$\overset{\frown}{AD}$和$\overset{\frown}{BE}$。使用这些量并通过所对直线与直径，可求得弧BF和边AB。根据前面的定理，由于$\overset{\frown}{BC}$、$\overset{\frown}{AB}$和$\angle CBE$已知，可得$\overset{\frown}{ED}$，即我们要求的$\angle C$。

因此，在$\triangle ABC$中，$\angle A$和$\angle B$已知，且$\angle A=90^{\circ}$，三角形的一边已知，则第三角与其他两边可求得，得证。

五

如果三角形的角都已知，且其中一个角为直角，则各边均可求出。

证明：

继上图1.21，$\angle C$已知，则弧DE可知，象限的其余部分EF也可知。

∵$\angle BEF$为直角，$\angle EBF$为一个已知角的对顶角。

∴$\triangle BEF$中，$\angle E$为直角，$\angle B$和边EF已知，则它的边和角都可知。于是，BF可知，象限剩余部分AB也可知。

同理，在△ABC中，同样可以证明其余的边AC和BC可知。

六

在同一球面上有两个直角三角形，它们各有一组对应角和一组对应边相等，则无论该边与相等角的位置关系如何，其余的两条对应边和一个对应角也相等（见图1.22）。

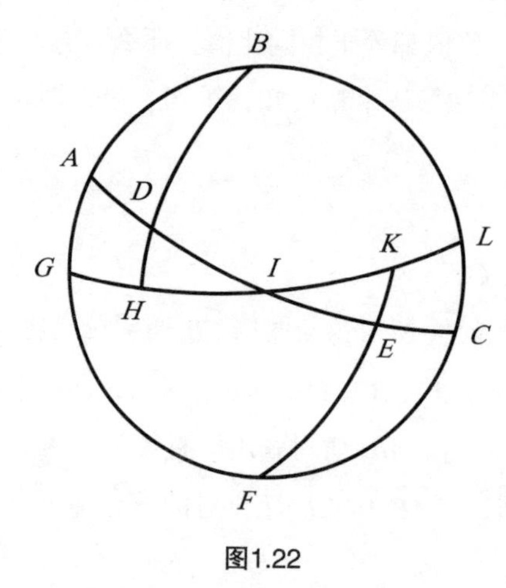

图1.22

令：在半球ABC上有△ABD和△CEF，且$\angle A = \angle C = 90^\circ$。

再令：$\angle ADB = \angle CEF$，且两个三角形各有一边相等。

令：相等边是相等角的邻边，即$\overset{\frown}{AD} = \overset{\frown}{CE}$。且$\overset{\frown}{AB} = \overset{\frown}{CF}$，$\overset{\frown}{BD} = \overset{\frown}{EF}$，$\angle ABD = \angle CFE$。

以B和F为顶点，画大圆的象限GHI和IKL，连接$\overset{\frown}{ADI}$和$\overset{\frown}{CEI}$相交于I点。

$\overset{\frown}{AD} = \overset{\frown}{CE}$，它们的余边也应相等，即$DI = IE$。对顶角$\angle IDH = \angle IEK$。且$\angle H = \angle K = 90^\circ$。

等于同一比值的两个比值应当相等，两倍$\overset{\frown}{ID}$所对弦与两倍$\overset{\frown}{HI}$所对弦的比值，与两倍$\overset{\frown}{EI}$所对弦与两倍$\overset{\frown}{IK}$所对弦的比值也应该相等。根据上述的定理三，这些比值都等于球的直径与两倍$\angle IDH$所对弦的比。两倍$\overset{\frown}{DI}$弧所对的弦等于两倍$\overset{\frown}{IE}$所对的弦。

根据欧几里得《几何原本》，两倍$\overset{\frown}{IK}$和$\overset{\frown}{HI}$所对弦相等。在相等的圆中，相等的直线截出的弧也相同，但分数与相同因子的乘积不变。$\overset{\frown}{IH}$ 与 $\overset{\frown}{IK}$ 相等，象限剩余部分GH跟KL也相等，于是，$\angle B=\angle F$。

由于两倍 $\overset{\frown}{AD}$ 所对弦与两倍 $\overset{\frown}{BD}$ 所对弦的比等于两倍 $\overset{\frown}{CE}$ 所对弦与两倍 $\overset{\frown}{BD}$ 所对弦的比，也等于两倍 $\overset{\frown}{EC}$ 所对弦与两倍 $\overset{\frown}{EF}$ 所对弦的比。根据定理三的逆定理，这两组比值都等于两倍 $\overset{\frown}{HG}$ 所对弦与两倍 $\overset{\frown}{BDH}$ 所对弦的比。因此，根据欧几里得《几何原本》可知，通过两倍BD和EF所对直线，可证明这两段弧相等。

既知 $\overset{\frown}{BD}=\overset{\frown}{EF}$ ，那么，我们采用同样的方法即可证明剩余的边和角也全部相等。如果把 $\overset{\frown}{AB}$ 和 $\overset{\frown}{CF}$ 设为相等边，结果不变。

七

假设球面上没有直角三角形，但相等角的邻边等于相应边，以上结论同样成立（见图1.23）。

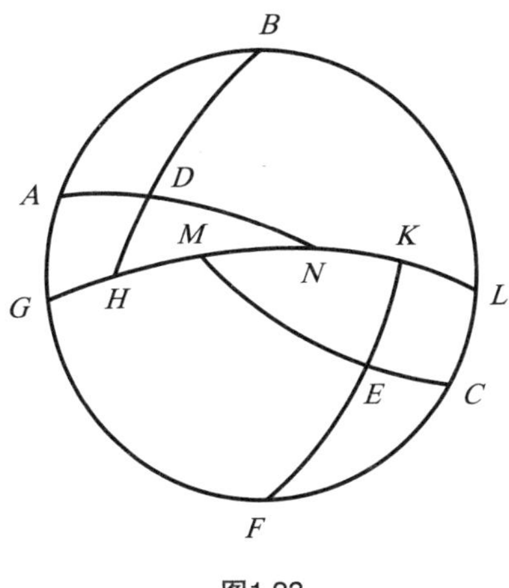

图1.23

证明：在$\triangle ABD$和$\triangle CEF$中，设任意角$\angle B=\angle F$，$\angle D=\angle E$。

令：与相等角相邻的边$BD=EF$，即两个三角形的各边和角都相等。

以B点和F点为端点，画出大圆的 $\overset{\frown}{GH}$ 和 $\overset{\frown}{KL}$ 。延长 $\overset{\frown}{AD}$ 和 $\overset{\frown}{GH}$ 相交于N，延长 $\overset{\frown}{EC}$ 和 $\overset{\frown}{KL}$ 相交于M。

因此，在$\triangle HDN$和$\triangle EKM$中，$\angle HDN=\angle KEM$，H点和K点都通过端点。那么，$\angle HDN=\angle KEM=90^{\circ}$ ，且 $\overset{\frown}{DH}=\overset{\frown}{EK}$ 。按上述定理，这两个三角形的角和

边都相等。

假设：$\angle B=\angle F$，且$\widehat{GH}=\widehat{KL}$，经过相等量的加减运算后，这两组量仍相等，可知$GHN=MKL$。

那么，在$\triangle AGN$和$\triangle MCL$中，$GN=ML$，$\angle ANG=\angle CML$，且$\angle G=\angle L=90^\circ$。

综上所述，这两个三角形的各边与角都相等，在进行相应的等量加减运算后，结果不变。

因此，证得：$\widehat{AD}=\widehat{CE}$，$\widehat{AB}=\widehat{CF}$，$\angle BAD=\angle ECF$。

八

进一步说，如果两个三角形有两条相应的边相等，且有任意一个角相等，那么，这两个三角形的底边相等，其余两个相应角也相等。

令：边$AB=CF$，$AD=CE$，且相等边的夹角$\angle A=\angle C$，求证：$BD=EF$，$\angle B=\angle F$，$\angle BDA=\angle CEF$。

在$\triangle AGN$和$\triangle CLM$中，$\angle G=\angle L=90^\circ$，$\angle BAD=\angle ECF$，$\angle GAN=\angle MCL$，且$GA=LC$。

因此，两三角形相对应的边和角都相等。

又：$AD=CE$，$DN=ME$。

$\because$已证明$\angle DNH=\angle EMK$，且$\angle H=\angle K=90^\circ$。

$\therefore\triangle DHN$和$\triangle EMK$相对应的各边和角也相等。

由此可知，$BD=EF$，$GH=KL$，$\angle B=\angle F$，$\angle ADB=\angle FEC$。

如果我们所取的边不是AD和EC，而其他的条件不变，同样可以得到以上结果。作为对等角的补角，$\angle GAN=\angle MCL$，$\angle G=\angle L=90^\circ$。

因此，$\triangle AGN$与$\triangle MCL$相对应的边和角都相等。对于$\triangle DHN$和$\triangle MEK$来说，情况也一样。

九

在球面上的等腰三角形两底边上的角相等（见图1.24）。

令$\triangle ABC$的两边$AB=AC$。求证：$\angle B=\angle C$。

以A为顶点画与底边垂直的大圆AD，在$\triangle ABD$和$\triangle ADC$中，$BA=AC$，AD是

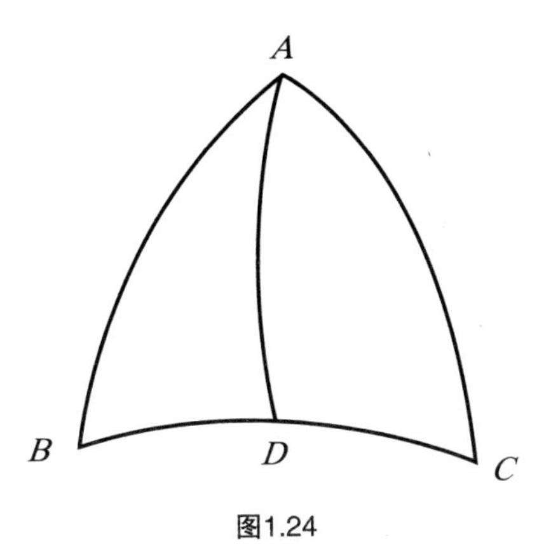

图1.24

两三角形的公共边，$AD \perp BC$，因此，$\angle B = \angle C$。

推论：根据本定理及其论证过程可知，过等腰三角形顶点且与底边垂直的直线平分三角形，且底边上两角相等。

该推论的逆命题同样成立。

十

相应边均相等的两个任意三角形的相应角也相等。

在这种情况下，三段大圆形成一个圆锥体，顶点位于球心，该锥体的底是两个由弧所对直线构成的三角形。根据立体图形相等或相似的定义，具有相似结构的两个图形的角相等，因此这两个三角形相等。由此可以看出，相应边和相应角相等的两个球面三角形相等，这同平面三角形的规则一样。

十一

已知三角形的两边和一角，其余各边和角可知。

如果已知边相等，那么，可证明两底角相等。根据上文的定理九，从直角顶点作一条垂直于底边的弧线，即可证明（见图1.25）。

但在$\triangle ABC$中，已知边可以不相等。

若$\angle A$和任意两边已知。

令：$\angle A$是已知边AB和AC的夹角。

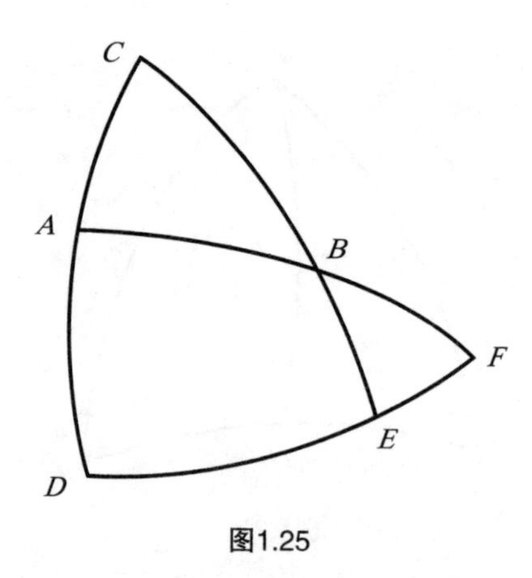

图1.25

以C为顶点，画大圆弧DEF。构成象限CAD和CBE，延长AB，与DE相交于F点。在$\triangle ADF$中，已知边AD是象限减去AC的剩余部分。$\angle BAD=180^{\circ}-\angle CAB$，$\angle BAD$已知。

$\because$角度的比值与直线到平面的距离比值相同，且$\angle E=90^{\circ}$。

$\therefore$根据定理四，$\triangle ADF$的各边和角都可知。

在$\triangle BEF$中，$\angle F$已知，$\angle E$的两边都通过顶点，因此，$\angle E=90^{\circ}$。

边BF是ABF超出AB的部分，也是已知的。因此，$\triangle BEF$的各边与角也都可知。

根据BE，可求出BC的值。根据EF，可得DE的值和$\angle C$的值，根据$\angle EBF$，可得$\angle ABC$的值，即所求角的值。

如果我们假定的已知边不是AB，而是BC，其结论仍然相同。

按照这个论证，$\triangle ADF$和$\triangle BEF$的各边和角都可知。从而可求出主题三角形ABC的各边和角。

十二

如果任意两角和一边已知，则三角形的各边和角都可知（见图1.25）。

令：在$\triangle ABC$中，$\angle ACB$和$\angle BAC$和一条边AC已知。

若已知角中有一角是直角，则直接根据上面定理四，求出三角形的各边和角。

若已知角中没有直角，那么，象限CAD减去AC即可得AD的值，$\angle BAD=$

$180^\circ - \angle BAC$，根据定理四，$\triangle AFD$的角与边均可知。

另一种情况是，已知角中的一个角与已知边相对。如：已知角不是$\angle ACB$，而是$\angle ABC$，其他条件不变。则$\triangle ADF$的各边和角可知。而对于$\triangle BEF$，$\angle F$是两个三角形的公共角，$\angle EBF$是已知角的对顶角，$\angle E = 90^\circ$。

因此，正如前文所论证的，该三角形的各边和角都可知。

十三

如果三角形各边已知，则各角可知（见图1.26）。

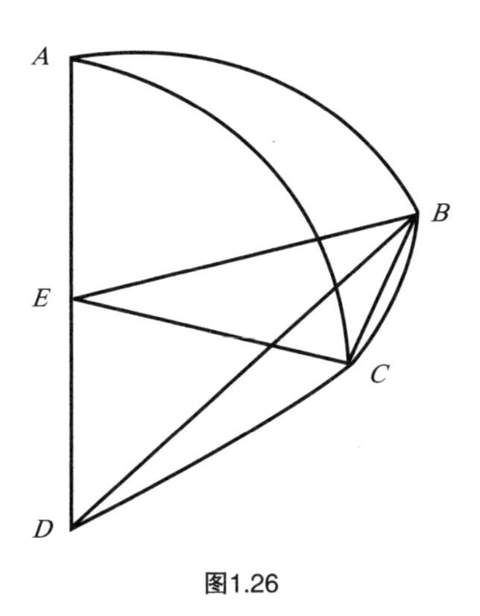

图1.26

令：$\triangle ABC$的各边已知。

三角形的边可以相等或不等。

令：$AB = AC$。

与两倍AB和AC相对的半弦显然相等。设这两段半弦分别为BE和CE，且相交于E点。

根据欧几里得《几何原本》，$\angle DEB$是平面ABD上的一个直角，$\angle DEC$是平面ACD上的一个直角。根据以下方法可求得$\angle BEC$：

$\angle BEC$与直线BC相对，构成$\triangle BEC$，该三角形的边可由已知的弧求得。

然而，如图所示，三角形可能不是等边的。那么，与两倍边相对的半弦就不会相交。

令：$\overset{\frown}{AC} > \overset{\frown}{AB}$，且$CF$是与二倍$AC$相对的半弦。

如果$AC < AB$，半弦会显得高一些（见图1.27）。

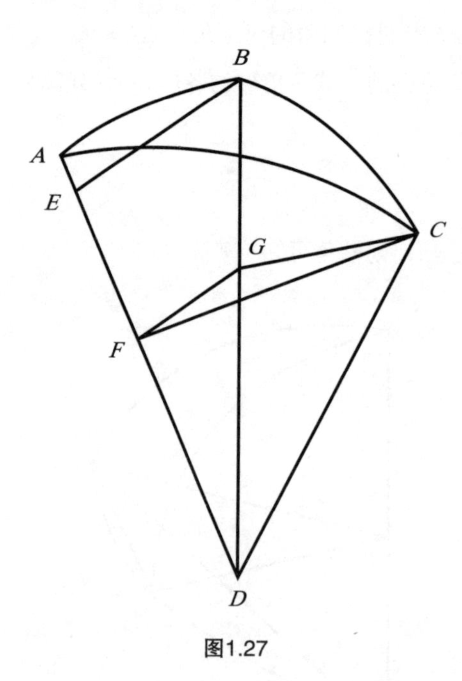

图1.27

作$FG // BE$。

令：FG与圆的交线BD相交于G点。

连接CG，$\angle EFC = \angle AEB = 90^{\circ}$。

$\because CF$是两倍AC所对的半弦。

$\therefore \angle EFC = 90^{\circ}$。

$\angle CFG$是AB与AC两圆的交角，因此，$\angle CFG$可求出。

$\because \triangle DFG$与$\triangle DEB$为相似三角形，$DF : FG = DE : EB$。

$\therefore FG = FC$。

由于DG与DB也有同一比值。因此，取$DC = 100\ 000^{P}$，DG也可由相同的单位表示。

根据平面三角形的定理二，边GC可用与平面三角形GFC其余各边相同的单位表示。根据平面三角形最后一条定理，可得$\angle GFC$和$\angle BAC$，并求出其余各角。

十四

将一段弧任意分割成两条短于半圆的弧，若两段弧的两倍所对的半弦之比已知，则可求出每段弦的长（见图1.28）。

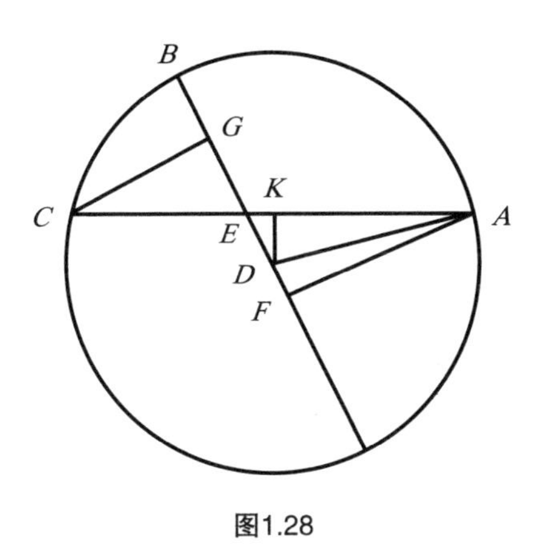

图1.28

令：$\overset{\frown}{ABC}$ 为已知圆弧，D为圆心。$\overset{\frown}{ABC}$ 被B点任意分割成两段短于半圆的弧。

再令：两倍 $\overset{\frown}{AB}$ 与两倍 $\overset{\frown}{BC}$ 所对半弦之比可用某一长度单位表示。

那么，$\overset{\frown}{AB}$ 和 $\overset{\frown}{BC}$ 的长度均可求出。

作直线AC与直径相交于E点，从端点A和C向直径作垂线，分别为AF和CG，它们是两倍AB和BC所对的半弦。

在$\triangle AEF$和$\triangle CEG$中，三角形的对顶角相等，因此，两个三角形对应的角相等。

作为相似三角形，它们的边和角都成比例，即$AF:CG=AE:EC$。

因此，AE和EC可用与AF或GC相等的单位表示。

由AE和EC，可得用相同的单位表示的AEC，而AEC作为 $\overset{\frown}{ABC}$ 的所对弦，可用半径DEB的单位求出。

连接DA和DK，它们可用与DB相同的单位表示。DK是半圆减去ABC后的余量弧所对弦长的一半。而这段弧包含在$\angle DAK$内。

在$\triangle EDK$中，由于两边已知，$\angle EKD=90^{\circ}$，因此，$\angle EDK$可求得。

□ 背负天球的阿特拉斯

阿特拉斯是希腊神话中的擎天神，因反抗宙斯失败，被罚在世界最西边用双肩擎起天球。

十五

如果三角形所有的角都已知，则所有边可知（见图1.29）。

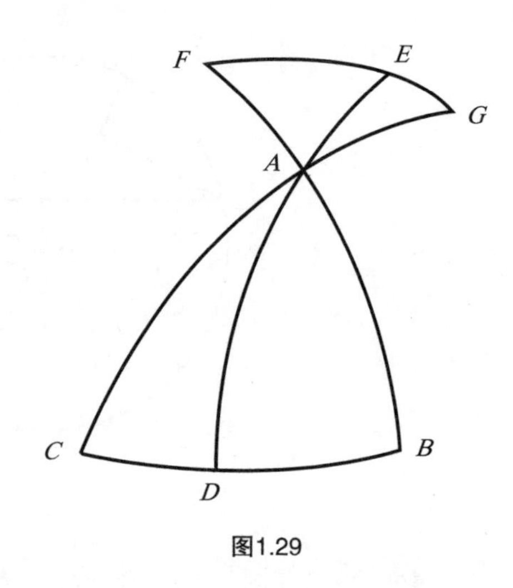

图1.29

令：$\triangle ABC$的各角已知，但均不是直角。

设：$\angle A$为任意角，经过BC的两端点画$\overset{\frown}{AD}$，与BC相交。

除非$\angle B$和$\angle C$中，一角为钝角，另一角为锐角，否则，AD将落入三角形内。

以B和C为端点作$\overset{\frown}{EF}$和$\overset{\frown}{EG}$。$\angle F=\angle G=90^\circ$。

因此，在两个直角三角形中，两倍$\overset{\frown}{AE}$和$\overset{\frown}{EF}$所对半弦的比等于球的半径与两倍$\angle EAF$所对弦的比。

同理，在$\triangle AEG$中，$\angle G=90^\circ$，两倍$\overset{\frown}{AE}$和$\overset{\frown}{EG}$所对弦的比等于球的半径与两倍$\angle EAG$所对弦的比。由于这些比值相等，因此，两倍$\overset{\frown}{EF}$和$\overset{\frown}{EG}$所对弦的比等于两倍$\angle EAF$与$\angle EAG$所对半弦的比。$\overset{\frown}{FE}$和$\overset{\frown}{EG}$作为从直角中减去B和C的余量，为已知弧，因此，根据$\overset{\frown}{FE}$和$\overset{\frown}{EG}$，可得$\angle EAF$与$\angle EAG$的比，即它们的对顶角$\angle BAD$与$\angle CAD$的比。

由于$\angle BAC$已知，$\angle BAD$和$\angle CAD$即可求得。

根据定理五，边AB、BD、AC、CD及BC均可求得。

通过以上的结论，足以满足我们探索目标的需要。这些偏离主题的论证到此为止，如果要更为详尽，就需要再作一部专著了。

第2章

CHAPTER 2

本章主要论述由地球的“三重运动”所引起的如昼夜交替、四季循环、太阳和黄道十二宫的出没等一系列现象。哥白尼首先对赤道、黄道、地平、回归线下定义，指出它们各自的位置，同时对黄道倾角的含义和测量方法进行介绍。接着依次阐述了在赤道、黄道和地平三套坐标系中天体位置的转换方法，给出了黄道度数的《赤纬表》《赤经表》和《子午圈角度表》，对天体中天时的黄道度数、正午日影长度差异、昼夜长度变化等数量的测定方法都有所叙述。最后讲解如何对恒星进行方位测定、星表怎样编制的问题，并特别介绍了方位天文学的观测仪器——星盘。章末附上哥白尼本人经过多年实测并总结前人经验而得出的《星座与恒星描述表》。

引 言

我想用前面概括的地球的三种运动来解释天体的所有现象，因此下面我将对这些现象逐一进行分析。首先，我将从人类最熟悉的昼夜交替谈起。我已经讲过，昼夜交替在希腊文中被称作 νυχθημερον。我认为这一现象直接且特别地与地球的球形相关，而且所有的时间称谓，比如月、年，都起源于这种运转，就好比所有的数字都起源于“一”。时间是运动的量度。对于这种运转产生的结果，如昼夜的不等长及太阳和黄道十二宫的出没，我就不再发表太多看法，因为有关这个课题的论述已经够多了，而且与我的观点基本一致。虽然他们是以地球不动论和宇宙旋转论作为论述基础，与我所持的论点刚好相反，但二者都能说明这些现象，所以实际上并无差异可言。情况就是如此，相互有关联的现象显现出正反两方面都成立的一致性。可我不会漏掉一切重要的事情。如果我仍单纯地谈太阳和恒星的出没这类现象，希望大家不要觉得惊诧。相反，应当认同我用的是大众化的常用词汇。然而，这是我时刻牢记的：

大地载人类/日月经天回/星辰易消逝/终会再复归。

2.1 圆 周

在地球绕地心周日自转所产生的轨迹中，赤道是最大的纬度圈。黄道是通过黄道十二宫中心的圆，而地球的中心在黄道下面作周年运转。另外，地轴对黄道倾斜，这与黄道和赤道斜交相一致。于是地球周日自转的结果就成了两个与黄道相切的圆，这是由倾角的最外极限在赤道的每一边扫描而来的。这两个圆就是所谓的“回归线”。因为太阳在这两条线上〔1〕发生了方向逆转，所以通常把北面的线称为“夏至线”，把南面的线称为“冬至线”。这已经在我对地球运转的一般描述中解释过了。

下面我来谈谈“水平圈”。由于它把宇宙划分为我们看得见和看不见的两部分，所以罗马人称之为“分界线”。一切上升的天体似乎都是从地平圈升起，一切下落的天体似乎都是从地平圈沉没。它的中心在地面上，极点却在天顶。但是和浩瀚无垠的天穹比起来，地球是微不足道的。在我看来，就算是日月之间的空间，也只不过是苍茫天穹的沧海一粟。地平圈就像一个圆面，它穿过宇宙的中心，把天穹等分成两部分。但是地平圈与赤道斜交，所以它又与一对纬圈相切于赤道两边。在北面，是常年都可以看见星星的边界圆圈，在南面，是永远藏而不露的星星的边界圆圈。包括普罗克拉斯在内的许多希腊人把前者称为“北极圈”，把后者称为“南极圈”，二者的大小随地平圈的倾角或北极星的高度而变化。

最后是穿过地平圈两极和赤道两极的子午圈。因此，子午圈同时垂直于这两个圆圈。当太阳到达子午圈时，它指示出正午或午夜。地平圈和子午圈的中心都在地面上，二者都是由地球的运动和我们的视线而定。无论身处何地，眼睛都位于各方向可见天体的中心。埃拉托西尼〔2〕、蒲西多尼奥斯及其他同类研究者已证明：地球中的所有圆圈都是它们在天空中的对应物及其类似物的基础。这些圆圈有专门的名称，而其他的圆圈则可以随意命名。

---

〔1〕指在冬天和夏天。

〔2〕公元前3世纪的古希腊天文学家和地理学家。

2.2 黄道倾角与回归线间的距离

黄道倾斜穿过回归线与赤道。所以我认为有必要研究一下回归线之间的距离及与其相关的赤道和黄道交角的大小。虽然这凭感觉可以察觉到，但是借助设备我们可以获得这个非常珍贵的结果。为此，先用木材制作一把曲尺，当然，用石头或金属等更加坚硬的材料来做就更好了[1]；其次，曲尺表面要非常平滑，长度为五六尺，可以在上面刻上分度；然后同曲尺的大小成正比，以一个角落为中心画出一个圆周象限；再将曲尺分成90个相等的度，把1度分为60分（或者一度范围内能接受的任何分度）；最后在中心位置安装一个精密的圆柱形栓子，使其与曲尺表面垂直，并稍加突出，其宽度约为一个手指头。

大功告成后，我们把它安装在地板上测量子午线。这里对于地板是有要求的，它需要位于水平面上，不能有任何倾斜，我们可以用水准器进行最大限度的校准。然后在地板上画一个圆，并在圆心处插一根指针。在上午任一时刻，观察指针的倒影落在了圆周的什么位置，然后我们在这个位置上做一个标记。下午继续同样的观测，并将标记的两点间的圆弧进行平分。这种由圆心通过平分点所作的直线，能精确地指示出南北方向。

以该直线为基线，把设备的平面垂直竖立起来，使它的中心指向南方。而中心吊挂的铅垂线与子午线正交。最后自然得

□ 黄赤交角

黄赤交角是地球公转轨道面（黄道面）与赤道面（天赤道面）的交角，又称为太阳赤纬角或黄赤大距。黄赤交角并非永远不变的，但是由于它的变化太小，因此人们通常将它取值为23°26′。

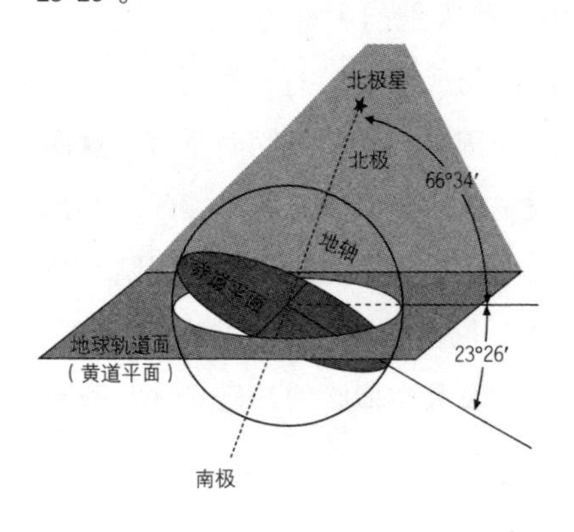

[1] 与木材曲尺相比，坚硬的材料能避免被空气吹动，从而令观测结果更为准确。

到设备表面包含子午线的结果。

因此在夏至和冬至这两天，应该于正午用圆柱体或上述的圆柱形栓子来观测投射在中心的日影。要设法用上述的象限弧来确定影子的方位。我们要尽最大可能准确地记下影子中包含的度数和分数。采用如上方法，我们就能够从记录中求出弧长，从而算出回归线之间的距离以及黄道的整个倾角。该倾角的一半，就是回归线与赤道的距离，于是黄赤交角的大小也显而易见了。

托勒密测量出前面所说的南北极限之间的间距。以圆周为360°来表示，为47°42′40″。而在他之前，喜帕恰斯和埃拉托西尼的观测结果也与此相符。假设取整个圆周为83^{P}，那么上述测定值就是11^{P}。用该间距的二分之一（即23°51′20″）可得回归线与赤道的距离以及与黄道的交角。在托勒密看来，这是常数，是永恒不变的。然而从那时到现在，人们却发现这些数值在不断减少。和我同时代的人[1]也都发现，回归线之间的距离现在应该不超过46°58′，黄赤交角也不超过23°29′。这就足以说明，黄道的倾角也是在变化的。我在后面会详细分析该课题，我要用十分可信的推断来证明，这个倾角在以前从未小于23°52′，以后也决计不会小于23°28′。

2.3 赤道、黄道与子午圈相交的弧和角，以及它们的偏离和计算

接下来，我要说天穹被子午圈等分为两部分的情况。在24小时周期内，子午圈在黄道和赤道上各经过了一次。子午圈将黄道和赤道分割开，截出由春分点和秋分点（黄、赤道的交点）算起的圆弧。我们也可以说，由于与一个圆弧相截，子午圈被分割开了。因为都是大圆的缘故，它们构成了一个球面三角形。由于子午圈与赤道垂直，因此这个三角形为直角三角形。在该三角形内，子午圈的圆弧

〔1〕主要指皮尔巴赫及其学生。皮尔巴赫在哥白尼出生前12年去世。

被称为黄道弧段的“赤纬”，而相应的赤道圆弧被称为“赤经”。

画一个凸三角形，一切就简单明了了（见图2.1）。

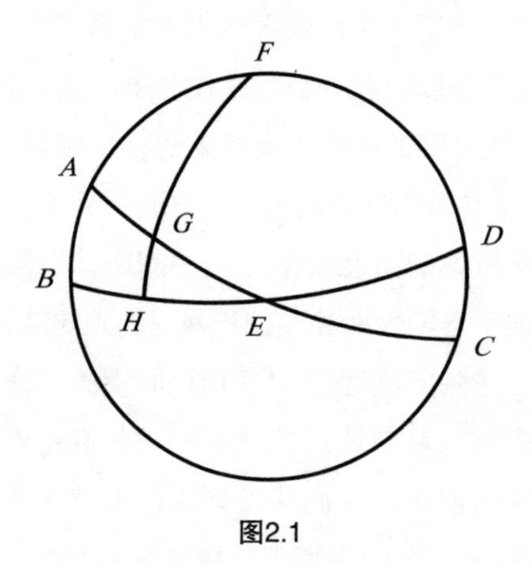

图2.1

令：$ABCD$为同时通过赤道两极和黄道两极的圆（一般称它为“分至圈”），黄道的一半为AEC，赤道的一半为BED，E为春分点，A为夏至点，C为冬至点。

设：周日旋转的极点为F，并取黄道上的段长 $\widehat{EG}$ 为30°，通过G点画出象限FGH。

在$\triangle EGH$中，已知边 $\widehat{EG}=30^\circ$，而$\angle GEH$也已知。

当它为最小时，取$360^\circ=4$直角的分度法，它等于23° 28′。这正好与赤纬AB的极小值相符。

因此，$\angle GHE=90^\circ$。

根据球面三角形定理四，$\triangle EGH$的各角和边都可知。

由此证得，两倍 $\widehat{AGE}$ 所对弦（即球的直径）与两倍 $\widehat{AB}$ 所对弦之比，等于两倍 $\widehat{EG}$ 和 $\widehat{GH}$ 所对弦之比。

在它们的半弦之间也存在相似的关系。

设：两倍 $\widehat{AGE}$ 的半弦为100 000^P。

那么，两倍 $\widehat{AB}$ 和 $\widehat{EG}$ 的半弦各为39 822^{P}和50 000^P。

假设：四个数成比例。

那么：首尾两数之积就等于中间两数之积。

因此，19 911^P（此处实际约为19 909^P）就是两倍 $\widehat{GH}$ 的半弦。

∵在表里 $\overset{\frown}{GH}$ 的值为11° 29′，即与 $\overset{\frown}{EG}$ 段相应的赤纬。

∴在△AFG中，∠FAG为直角，而 $\overset{\frown}{FG}$ 和 $\overset{\frown}{AG}$ 两边作为两条象限的剩余部分，求得为78° 31′和60°。

那么：两倍 $\overset{\frown}{FG}$ 、$\overset{\frown}{AG}$ 、$\overset{\frown}{FGH}$ 和 $\overset{\frown}{BH}$ 的半弦（或它们所对的弦）成比例。

已知：两倍FG、AG、FGH的量，便可知BH为62° 6′。这是从夏至点算起的赤经，或者从春分点算起为 $\overset{\frown}{HE}$ ，等于27° 54′。

同理，已知：$\overset{\frown}{FG}$ 为78° 31′，$\overset{\frown}{AF}$ 为66° 32′及一个象限。

那么：$\angle AGF \approx 69° \, 23\frac{1}{2}'$。它的对顶角与此相等。另外，在其他情况下我们也将采用这一范例。

我们不容忽视的事实是，子午圈与黄道正交于黄道和回归线相切的点。因为那时的子午圈通过黄道的两极。然而在两分点，子午圈与黄道的交角不会大于直角，而且随着黄赤交角偏离直角越多，这些交角就比直角越小，所以现在子午圈与黄道的交角为66° 32′。另外，在黄道上量得的两段从两分点或两至点开始的相等弧长，与两个三角形的相等角或相等边同时出现（见图2.2）。

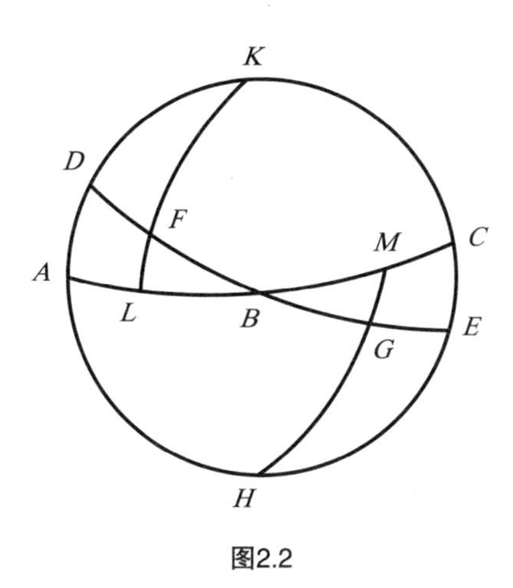

图2.2

设：画赤道弧 $\overset{\frown}{ABC}$ 及黄道弧 $\overset{\frown}{DBE}$ ，使两弧相交于B点，令其为一个分点。

取 $\overset{\frown}{FB}$ 和 $\overset{\frown}{BG}$ 为相等弧，通过周日旋转极点K和H，画两条象限KFL和HGM，得到△FLB和△BMG。

令：边 $\overset{\frown}{BF}$ 和 $\overset{\frown}{BG}$ 相等，其对顶角在B点，且∠FLB和∠GMB都是直角。

∴根据球面三角形定理六，两个三角形的对应边与角皆相等，而且赤纬 $\overset{\frown}{FL}$

和$\overset{\frown}{MG}$相等，赤经$\overset{\frown}{LB}$和$\overset{\frown}{BM}$相等，∠*F*等于∠*G*。

如果相等弧是从一个至点量起的，可用相同方法进行阐述（见图2.3）。

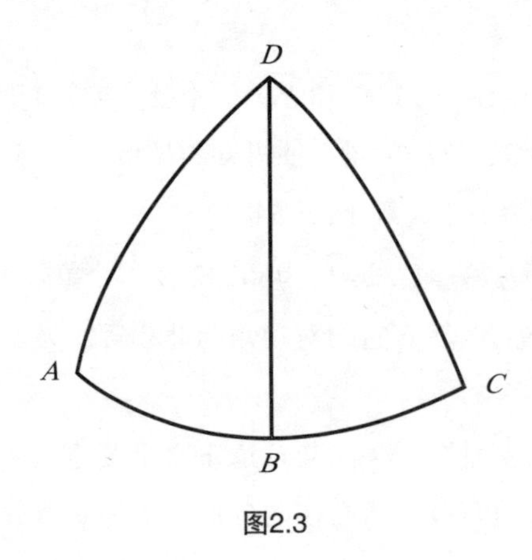

图2.3

设：$\overset{\frown}{AB}$和$\overset{\frown}{BC}$为*B*点两侧的相等弧，回归线与黄道相切于*B*点。

从赤道的极点*D*画象限*DA*和*DC*，连接*DB*，得到两个相同的三角形△*ABD*和△*DBC*。

*AB*和*BC*相等，*BD*是共有边，而两个直角都经过*B*点。

根据球面三角形定理八，可证明△*ABD*和△*DBC*的相应边与角都相等。

显然，假定对黄道上一条象限作出这些角和弧的表，那么这个表将适用于整个圆周的其他象限。对此，我可以举例说明：第一栏为黄道度数，第二栏为与黄道度数相应的赤纬，第三栏为赤纬超过这些局部的赤纬的分数（在黄道倾角极大时出现），最大差值为24′。我对赤经与子午圈角度也按同样的方法编制（如表P65—67）。

如果黄道倾角变化，那么与它相关的一切也应随之变化。赤经的变化很小，因为它小于一个单位时间的$\frac{1}{10}$，甚至在一小时内只有它的$\frac{1}{150}$。关于与黄道分度一道升起的赤道分度如何表示，古代就出现了用以表述赤道分度的“时间”一词。这两个圆都有360个单位，但是为了加以区分，许多人习惯把黄道的单位称为“度”，把赤道的单位称为“时间”。我在后面也将采用这些名称。尽管这种变化小到可以忽略不计，但我仍会把它加进去。根据这些变化，便能对黄道的其他所有倾角得到相同的结果，但这需要假设对每一栏都能用相应的分数，且这个分数与黄道最大倾角和最小倾角之差成正比。例如，设倾角为23°34′，假定我想知道黄道上从一个分点量起的30°的赤纬的大小，那么可以在表一中找到11°29′，其差值为11′。当黄道倾角为极大时，就要加上这个差值。我在前面讲过，黄道倾角极大值可达23° 52′。不过在当前的范例中可取值为23° 34′，这比极小值大6′。而最大倾角超过最小倾角的24′的四分之一就正好是6′。按相同比值可得11′的部分约为3′。对11° 29′加上3′，便得从至点量起黄道为30° 时的赤纬为11° 32′。子午圈角和赤经也可采用这种方法，但是后者应随时加上差值，而前者应减去差值，如此才能对任何与时间相关的数量得出更精准的结论。

黄道度数的赤纬表											
黄道	赤纬		差值	黄道	赤纬		差值	黄道	赤纬		差值
度	度	分	分	度	度	分	分	度	度	分	分
1	0	24	0	31	11	50	11	61	20	23	20
2	0	48	1	32	12	11	12	62	20	35	21
3	1	12	1	33	12	32	12	63	20	47	21
4	1	36	2	34	12	52	13	64	20	58	21
5	2	0	2	35	13	12	13	65	21	9	21
6	2	23	2	36	13	32	14	66	21	20	22
7	2	47	3	37	13	52	14	67	21	30	22
8	3	11	3	38	14	12	14	68	21	40	22
9	3	35	4	39	14	31	14	69	21	49	22
10	3	58	4	40	14	50	14	70	21	58	22
11	4	22	4	41	15	9	15	71	22	7	22
12	4	45	4	42	15	27	15	72	22	15	23
13	5	9	5	43	15	46	16	73	22	23	23
14	5	32	5	44	16	4	16	74	22	30	23
15	5	55	5	45	16	22	16	75	22	37	23
16	6	19	6	46	16	39	17	76	22	44	23
17	6	41	6	47	16	56	17	77	22	50	23
18	7	4	7	48	17	13	17	78	22	55	23
19	7	27	7	49	17	30	18	79	23	1	24
20	7	49	8	50	17	46	18	80	23	5	24
21	8	12	8	51	18	1	18	81	23	10	24
22	8	34	8	52	18	17	18	82	23	13	24
23	8	57	9	53	18	32	19	83	23	17	24
24	9	19	9	54	18	47	19	84	23	20	24
25	9	41	9	55	19	2	19	85	23	22	24
26	10	3	10	56	19	16	19	86	23	24	24
27	10	25	10	57	19	30	20	87	23	26	24
28	10	46	10	58	19	44	20	88	23	27	24
29	11	8	10	59	19	57	20	89	23	28	24
30	11	28	11	60	20	10	20	90	23	28	24

黄道度数的赤经表

黄道	赤道		差值	黄道	赤道		差值	黄道	赤道		差值
度	度	分	分	度	度	分	分	度	度	分	分
1	0	55	0	31	28	54	4	61	58	51	4
2	1	50	0	32	29	51	4	62	59	54	4
3	2	45	0	33	30	50	4	63	60	57	4
4	3	40	0	34	31	46	4	64	62	0	4
5	4	35	0	35	32	45	4	65	63	3	4
6	5	30	0	36	33	43	5	66	64	6	3
7	6	25	1	37	34	41	5	67	65	9	3
8	7	20	1	38	35	40	5	68	66	13	3
9	8	15	1	39	36	38	5	69	67	17	3
10	9	11	1	40	37	37	5	70	68	21	3
11	10	6	1	41	38	36	5	71	69	25	3
12	11	0	2	42	39	35	5	72	70	29	3
13	11	57	2	43	40	34	5	73	71	33	3
14	12	52	2	44	41	33	6	74	72	38	2
15	13	48	2	45	42	32	6	75	73	43	2
16	14	43	2	46	43	31	6	76	74	47	2
17	15	39	2	47	44	32	5	77	75	52	2
18	16	34	3	48	45	32	5	78	76	57	2
19	17	31	3	49	46	32	5	79	78	2	2
20	18	27	3	50	47	33	5	80	79	7	2
21	19	23	3	51	48	34	5	81	80	12	1
22	20	19	3	52	49	35	5	82	81	17	1
23	21	15	3	53	50	36	5	83	82	22	1
24	22	10	4	54	51	37	5	84	83	27	1
25	23	9	4	55	52	38	4	85	84	33	1
26	24	6	4	56	53	41	4	86	85	38	0
27	25	3	4	57	54	43	4	87	86	43	0
28	26	0	4	58	55	45	4	88	87	48	0
29	26	57	4	59	56	46	4	89	88	54	0
30	27	54	4	60	57	48	4	90	90	0	0

子午圈角度表											
黄道	角度		差值	黄道	角度		差值	黄道	角度		差值
度	度	分	分	度	度	分	分	度	度	分	分
1	66	32	24	31	69	35	21	61	78	7	12
2	66	33	24	32	69	48	21	62	78	29	12
3	66	34	24	33	70	0	20	63	78	51	11
4	66	35	24	34	70	13	20	64	79	14	11
5	66	37	24	35	70	26	20	65	79	36	11
6	66	39	24	36	70	39	20	66	79	59	10
7	66	42	24	37	70	53	20	67	80	22	10
8	66	44	24	38	71	7	19	68	80	45	10
9	66	47	24	39	71	22	19	69	81	9	9
10	66	51	24	40	71	36	19	70	81	33	9
11	66	55	24	41	71	52	19	71	81	58	8
12	66	59	24	42	72	8	18	72	82	22	8
13	67	4	23	43	72	24	18	73	82	46	7
14	67	10	23	44	72	39	18	74	83	11	7
15	67	15	23	45	72	55	17	75	83	35	6
16	67	21	23	46	73	11	17	76	84	0	6
17	67	27	23	47	73	28	17	77	84	25	6
18	67	34	23	48	73	47	17	78	84	50	5
19	67	41	23	49	74	6	16	79	85	15	5
20	67	49	23	50	74	24	16	80	85	40	4
21	67	56	23	51	74	42	16	81	86	5	4
22	68	4	22	52	75	1	15	82	86	30	3
23	68	13	22	53	75	21	15	83	86	55	3
24	68	22	22	54	75	40	15	84	87	19	3
25	68	32	22	55	76	1	14	85	87	53	2
26	68	41	22	56	76	21	14	86	88	17	2
27	68	51	22	57	76	42	14	87	88	41	1
28	69	2	21	58	77	3	13	88	89	6	1
29	69	13	21	59	77	24	13	89	89	33	0
30	69	24	21	60	77	45	13	90	90	0	0

2.4 黄道外天体的赤经、赤纬和过中天时黄道数值的测定

以上我阐述了黄道、赤道、子午圈及其交点。不过说到与周日旋转的关系，除知晓仅出现于黄道上的太阳现象外，还有很重要的事亟待解决：对位于黄道之外的恒星和行星，在假定已知其经纬度的条件下，需采取相似方法求出由赤道算起的赤经和赤纬（见图2.4）。

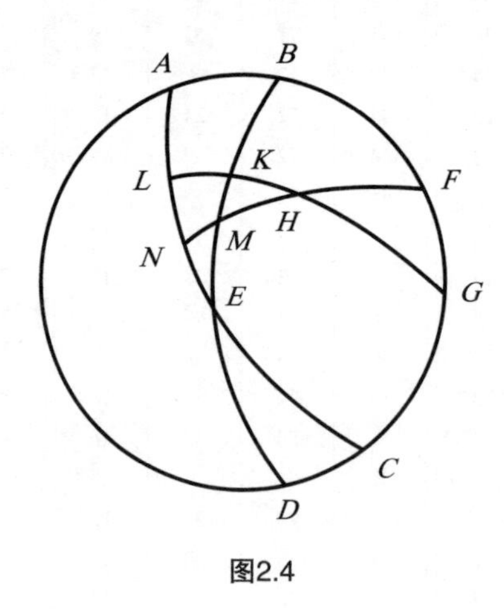

图2.4

通过赤道和黄道的极点画圆周*ABCD*。

令：以*F*为顶点，取*AEC*为赤道半圆，以*G*为顶点，取*BED*为黄道半圆，后者与赤道相交于*E*点。

从顶点*G*画通过一颗恒星的圆弧$\overparen{GHKL}$。

设：已知恒星在*H*点，通过该点从周日旋转的顶点画象限*FHMN*。

可知在*H*点的恒星与*M*和*N*两点同时通过子午圈。

即：*EN*为恒星在球面的赤经，*HMN*为恒星从赤道算起的赤纬。

上述即为我们所求的坐标。

已知：$\triangle KEL$的边*KE*和$\angle KEL$；$\angle EKL$为直角。

那么：根据球面三角形定理四，可知*KL*和*EL*及$\angle KLE$。

由此可知$\widehat{HKL}$。

另已知：△*HLN*的边*HL*和∠*HLN*；∠*LNH*为直角。

那么：同样根据球面三角形定理四，可得边*HN*（即恒星的赤纬）和*LN*。

在*EL*中减去*LN*，余量为*NE*，即赤经（天球从分点向恒星所转过的弧长）。

这里还有另外一个方法：

令：从上述关系中取黄道的$\widehat{KE}$作为$\widehat{LE}$（从赤经表可查出*LE*）的赤经，*LK*是与*LE*相应的赤纬。

那么：从子午圈角度表可得∠*KLE*。

从这些量可以得出其余的量已被证明。

从赤经*EN*可知*EM*，此为恒星与*M*点一同过中天时的黄道度数。

2.5 地平圈的交点

正球中的地平圈与斜球的地平圈并非同一个圆圈。正球的地平圈与赤道垂直，而斜球的地平圈与赤道斜交，所以一切天体都在正球的地平圈上垂直出没，白昼和黑夜总是等长。一切由周日旋转而形成的纬圈被子午圈等分，因此它通过纬圈的顶点。我在讨论子午圈时所阐释的现象，此时便出现了。而我们所说的白昼不是一般人所理解的从黎明到夜幕降临，而是从日出到日落。后面我还会联系这一问题来谈黄道十二宫的出没。

另外，在地轴垂直于地平圈的地方，没有天体出没。此刻所有天体的轨迹都是一个永恒可见或永久隐形的圆圈。但是类似于绕太阳周年运转的运动，却会产生例外的情形。这种运动将导致白昼持续六个月，其余时间则是黑夜。在此情况下，赤道与地平圈重合，除冬夏有别外再无任何差别。

不过对于斜球而言，一些天体时显时隐，而另一些却永久可见或永久隐藏。与此同时，昼夜是不等长的。在此情况下，倾斜的地平圈与两条纬圈相切，地平圈的倾角决定纬圈的角度。这两条纬圈，接近可见天极的是一条永久可见天体的界限；而另外那条接近不可见天极的纬圈，则是永久隐藏的天体的界限。如果延长这两个极限之间的所有纬圈，将会发现它们被地平圈分成若干不等长弧段。赤道是一个例外，因为它是最大的纬圈，而大圆相互等分。在北半球，偏斜的地平圈把纬圈切分为两段圆弧，靠近可见天极的一段比靠近隐藏天极的那段要长。南半球的情况则刚好相反。太阳在这些弧段上的周日视运动，产生了昼夜不等长的现象。

2.6 正午日影的差异

各种正午日影也有很大的差别，据此，人可被分为环影人、双影人和异影人。环影人能够接受四面八方的日影。这些人的天顶（即地平圈的极点）离地球的极点有一段小于回归线与赤道间距的距离。在这些区域，相切于地平圈的纬圈是永恒可见或永久隐藏的恒星的界限，其大于或等于回归线之间的范围。因此夏季里太阳高居于恒久可见的恒星区域内，并把日晷的影子投向各个地方。然而在地平圈与回归线相切的位置，这两条线本身成为永恒可见和永久隐藏恒星的界限，所以在至日，太阳看上去是在午夜扫过地球。此时，整个黄道与地平圈重合，黄道的六个宫同时快速地上升，同样数量的相对各宫也同时沉没，而黄道的极与地平圈的极重合。

正午日影落在两侧的是双影人。这类人生活在两条回归线之间，前人将这一地区称为中间区。在此区域，每天黄道从头顶上经过两次。欧几里得的《现象篇》的定理二就能证明这一点。故在同一地区，日晷的影子会消失两次，而当太阳移动到这一边或那一边时，日晷的影子时而投射向南边，时而投射向北边。

居住在双影人和环影人之间的是异影人。在中午，他们的影子只会投向北方。古代数学家习惯通过不同地方的纬圈把地球分成七个区域。这些地方有梅罗、赛恩、亚历山大、罗得斯岛、赫列斯彭特海峡、黑海中央、第聂伯河和君士坦丁堡等。他们用以下三点作为选择纬圈的依据：一年里，在某些特定的地点，最长白昼的长度之差与其增加量；用日晷观测到的两分日和两至日的正午日影长度；天极的高度或每个地区的宽度。

随着时间的改变，这些数量中的一部分与过去已不再完全相同了，正如我之前说过，原因就是黄道倾角可变，而以前的天文学家疏忽了这一点。或者，更确切地说，原因在于赤道相对于黄道面的倾角可以改变。以上所述的数量和这个倾角相关。古代观测记录与现在所测的天极的高度或所在地的纬度，以及在二分日日影的长度都十分吻合。情况应该如此，因为赤道由地球的两极而定。因此，日影和白昼的所有非永恒性性质都不会以足够的精度使那些区域相结合。

从另一角度来看，用各地区与赤道的距离可以更精准地明确它们的界限，而这一距离是永恒不变的。但是尽管回归线的变化极小，却能使南方各地的白昼和日影发生细微的差异，相对于朝北走的人来说，这种差别就更容易觉察了（见图2.5）。

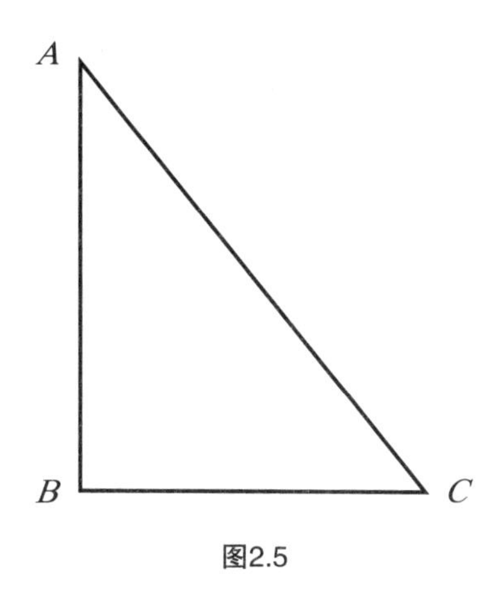

图2.5

说到日晷的影子，太阳在任何高度时的影子的长度都可以得出，反之亦然。

令：日晷AB的投影为BC。

因为竿子与地平面垂直。

根据与平面垂直的直线的定义，则$\angle ABC$总为直角。

连接AC，可得直角$\triangle ABC$。

又：太阳高度已知。

由此可求得$\angle ACB$。

根据平面三角形定理一，竿子AB与它的影子BC之比可知，BC的长度也可知。

反过来说，当AB和BC已知，根据平面三角形定理三，$\angle ACB$（即测投影时太阳的高度）也可求得。

早期天文学家在描述地球上那七个地区时，正是用此方法分别在二分日和二至日确定了每个地区的日影长度。

2.7 如何推算最大昼长、日出间距和白昼之间的余差

下面我将推算天球或地平圈的所有倾角，同时阐明最长和最短的白昼及各次日出的间距，以及白昼之间的余差。冬、夏二至点的日出在地平圈上所截出的弧长，或这两次日出与分点日出之间的距离，即为日出之间的间距（见图2.6）。

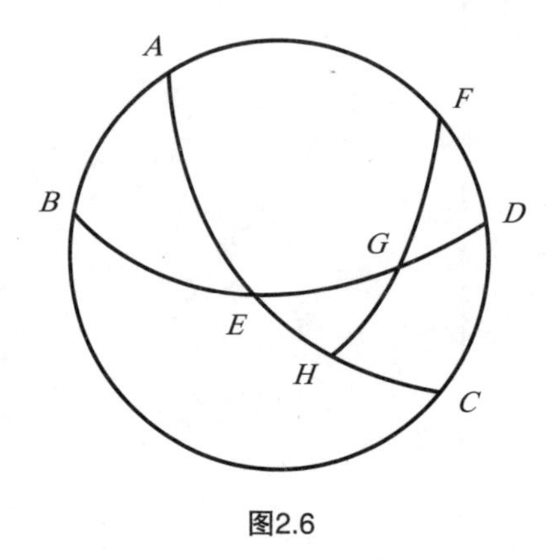

图2.6

设：子午圈为$ABCD$。

在东半球，令：AEC为赤道的半圆，BED为地平圈的半圆。

令F为赤道的北极。

假设：夏至日的日出是在G点，画大圆弧$\overset{\frown}{FGH}$。地球绕F旋转。

那么，G和H理应一起抵达$ABCD$。

G和H的纬圈是绕相同的两极画出的。

则，通过这些极点的所有大圆都在纬圈上截出类似的圆弧。

$\overset{\frown}{AEH}$的长度等于从点G升起到正午的时间，而从午夜到日出的时间，则等于

地平圈下边半圆的余下部分，即CH的长度。

又：AEC是一个半圆，且AE和EC都是从$ABCD$的极点画出的象限。

所以EH是最长白昼与分日白昼之差的二分之一。

而EG为分日与至日日出之间的距离。

在$\triangle EGH$中，由$\overset{\frown}{AB}$可得球的倾角$\angle GEH$，$\angle GHE$为直角。

那么，边GH即为夏至点到赤道的距离。

据球面三角形定理四，可得其余边[1]。

说得更具体一点，如果已知边EH或EG，那么可知球的倾角E，于是极点在地平圈上的高度FD也可知。

如果黄道上的G点并不是一个至点，而是任一其他点，并已知EG和EH，根据前面所列的赤纬表，可知与该黄道度数相对应的赤纬弧$\overset{\frown}{GH}$，而其他一切未知量也可用该证明方法得出。此外，还可得出在黄道上与至点等距的两个分度点，于地平圈上截出与分点日出等距且在一个方向上的圆弧。它们同样使昼夜等长。出现这一情况的原因在于，黄道上的这两个刻度点在一个纬圈上，而且它们的赤纬在一个方向上相等。然而，如果从与赤道的交点向两个方向截出等长的圆弧，日出处的间距仍是相等的，但方向相反，而按相反次序，昼夜是等长的。这是由于它们在两边扫出的纬圈上的弧长是相等的，正如黄道上与一个分点等距的两点从赤道算起的赤纬相等一样（见图2.7）。

在同一图形中画两条纬圈弧。

设：两条纬圈弧为$\overset{\frown}{GM}$和$\overset{\frown}{KN}$。且$\overset{\frown}{GM}$、$\overset{\frown}{KN}$与地平圈BED相交于G、K。

另从南极点L画LKO，且赤纬HG和KO相等。

在$\triangle DFG$和$\triangle BLK$中有两边分别与两对应边相等：FG和LK相等，FD和LB相等，B和D都是直角。

第三边DG和第三边BK相等；余值GE和EK相等；EG、GH和EK、KO也相等。

$\because E$点的对顶角相等。

[1] 即最长白昼与分日白昼之差的$\frac{1}{2}EH$和日出之间的距离GE。

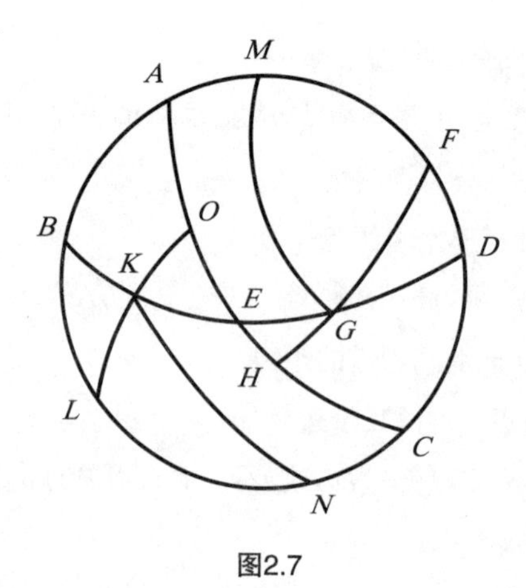

图2.7

∴EH和EO也相等。

用EH加上EO再加上二者之和的相等量，得到的和为整段圆弧$\overset{\frown}{OEC}$，它与整段圆弧$\overset{\frown}{AEH}$相等。

通过极点的大圆在平行圆周上截出类似的圆弧。$\overset{\frown}{GM}$和$\overset{\frown}{KN}$相等。

我们可以用另一种方法来说明（见图2.8）。

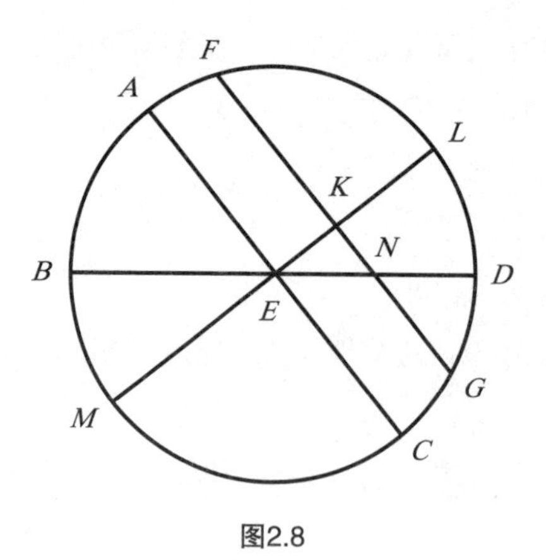

图2.8

同上画子午圈$ABCD$。

设：子午圈的中心为E，AEC为赤道与子午圈截面的直径，BED为地平圈的直径，LEM为球的轴线，L为可见天极，M为隐藏的天极。

假定：AF为夏至点的距离或任一其他赤纬，在这一位置上画纬圈，其直径为

FG，它同时也是纬圈与子午面的交线。

令：K为FG与轴线的交点，N为FG与子午线的交点。

根据蒲西多尼奥斯定义[1]，直线KE与两倍AF弧相对的半弦相等。

同理，如果纬圈的半径为FK。

那么：KN就为分点日与昼夜不等长日之差的圆弧相对的半弦。前提是以这些线为交线，也就是以这些线为直径的任何半圆[2]都与圆周$ABCD$的平面相垂直。

根据欧几里得《几何原本》，这些半圆的彼此交线在E、K、N各点垂直于同一平面。

根据《几何原本》定理六，这些垂线又互为平行线。K是纬圈的中心，E为球心。

EN表示纬圈上日出点与分日日出点之差的两倍地平圈弧相对的半弦。

已知：赤纬AF和象限的余下部分FL，令$AE=100\ 000^P$，可得两倍AF和FL相对的半弦KE和FK。此外，在直角三角形EKN中，$\angle KEN$可由DL得出，余角$\angle KNE$和$\angle AEB$相等。

斜球上的纬圈与地平圈的倾角相等。

各边皆能以球半径为$100\ 000^P$求得。以纬圈半径FK为$100\ 000^P$也可求出KN，另外，KN还能以纬圈圆周为360°得出。

显然，FK与KN之比包含两个比值，这就是两倍FL和两倍AF所对弦之比及两倍AB和两倍DL所对弦之比[3]。后一比值中，EK是FK与KN的比例中项。同样，从BE与EK的比值及KE与EN的比值可知BE和EN的比值。托勒密在《天文学大成》里，用球面弧段对此作了深入研究。对于昼夜之差，我认为用这一方法也可求得。不过对月球或其他恒星来说，假定纬度已知，那么它们在地平圈上面由周日旋转所扫出的弧段是能够与地平圈下面的弧段相区分的。从这些弧段即可得知它们的出没（见《斜球经度差值表》，P76—80）。

---

〔1〕即平行线既不聚合也不发散，却可使它们的垂直线处处相等。

〔2〕即正地平圈LEM、倾斜地平圈BED、赤道AEC和纬圈FKG。

〔3〕前一比值为$FK:KE$，后一比值为$EK:KN$。

斜球经度差值表

赤纬	天极高度											
	31		32		33		34		35		36	
度	度	分	度	分	度	分	度	分	度	分	度	分
1	0	36	0	37	0	39	0	40	0	42	0	44
2	1	12	1	15	1	18	1	21	1	24	1	27
3	1	48	1	53	1	57	2	2	2	6	2	11
4	2	24	2	30	2	36	2	42	2	48	2	55
5	3	1	3	8	3	15	3	23	3	31	3	39
6	3	37	3	46	3	55	4	4	4	13	4	23
7	4	14	4	24	4	34	4	45	4	56	5	7
8	4	51	5	2	5	14	5	26	5	39	5	52
9	5	28	5	41	5	54	6	8	6	22	6	36
10	6	5	6	20	6	35	6	50	7	6	7	22
11	6	42	6	59	7	15	7	32	7	49	8	7
12	7	20	7	38	7	56	8	15	8	34	8	53
13	7	58	8	18	8	37	8	58	9	18	9	39
14	8	37	8	58	9	19	9	41	10	3	10	26
15	9	16	9	38	10	1	10	25	10	49	11	14
16	9	55	10	19	10	44	11	9	11	35	12	2
17	10	35	11	1	11	27	11	54	12	22	12	50
18	11	16	11	43	12	11	12	40	13	9	13	39
19	11	56	12	25	12	55	13	26	13	57	14	29
20	12	38	13	9	13	40	14	13	14	46	15	20
21	13	20	13	53	14	26	15	0	15	36	16	12
22	14	3	14	37	15	13	15	49	16	27	17	5
23	14	47	15	23	16	0	16	38	17	17	17	58
24	15	31	16	9	16	48	17	29	18	10	18	52
25	16	16	16	56	17	38	18	20	19	3	19	48
26	17	2	17	45	18	28	19	12	19	58	20	45
27	17	50	18	34	19	19	20	6	20	54	21	44
28	18	38	19	24	20	12	21	1	21	51	22	43
29	19	27	20	16	21	6	21	57	22	50	23	45
30	20	18	21	9	22	1	22	55	23	51	24	48
31	21	10	22	3	22	58	23	55	24	53	25	53
32	22	3	22	59	23	56	24	56	25	57	27	0
33	22	57	23	54	24	19	25	59	27	3	28	9
34	23	55	24	56	25	59	27	4	28	10	29	21
35	24	53	25	57	27	3	28	10	29	21	30	35
36	25	53	27	0	28	9	29	21	30	35	31	52

续表

斜球经度差值表

赤纬	天极高度											
	37		38		39		40		41		42	
度	度	分	度	分	度	分	度	分	度	分	度	分
1	0	45	0	47	0	49	0	50	0	52	0	54
2	1	31	1	34	1	37	1	41	1	44	4	48
3	2	16	2	21	2	26	2	31	2	37	2	42
4	3	1	3	8	3	15	3	22	3	29	3	37
5	3	47	3	55	4	4	4	13	4	22	4	31
6	4	33	4	43	4	53	5	4	5	15	5	26
7	5	19	5	30	5	42	5	55	6	8	6	21
8	6	5	6	18	6	32	6	46	7	1	7	16
9	6	51	7	6	7	22	7	38	7	55	8	12
10	7	38	7	55	8	13	8	30	8	49	9	8
11	8	25	8	44	9	3	9	23	9	44	10	5
12	9	13	9	34	9	55	10	16	10	39	11	2
13	10	1	10	24	10	46	11	10	11	35	12	0
14	10	50	11	14	11	39	12	5	12	31	12	58
15	11	39	12	5	12	32	13	0	13	28	13	58
16	12	29	12	57	13	26	13	55	14	26	14	58
17	13	19	13	49	14	20	14	52	15	25	15	59
18	14	10	14	42	15	15	15	49	16	24	17	1
19	15	2	15	36	16	11	16	48	17	25	18	4
20	15	55	16	31	17	8	17	47	18	27	19	8
21	16	49	17	27	18	7	18	47	19	30	20	13
22	17	44	18	24	19	6	19	49	20	34	21	20
23	18	39	19	22	20	6	20	52	21	39	22	28
24	19	36	20	21	21	8	21	56	22	46	23	38
25	20	34	21	21	22	11	23	2	23	55	24	50
26	21	34	22	24	23	16	24	10	25	5	26	3
27	22	35	23	28	24	22	25	19	26	17	27	18
28	23	37	24	33	25	30	26	30	27	31	28	36
29	24	41	25	40	26	40	27	43	28	48	29	57
30	25	47	26	49	27	52	28	59	30	7	31	19
31	26	55	28	0	29	7	30	17	31	29	32	45
32	28	5	29	13	30	54	31	31	32	54	34	14
33	29	18	30	29	31	44	33	1	34	22	35	47
34	30	32	31	48	33	6	34	27	35	54	37	24
35	31	51	33	10	34	33	35	59	37	30	39	5
36	33	12	34	35	36	2	37	34	39	10	40	51

续表

斜球经度差值表												
赤纬	天极高度											
	43		44		45		46		47		48	
度	度	分	度	分	度	分	度	分	度	分	度	分
1	0	56	0	58	1	0	1	2	1	4	1	7
2	1	52	1	56	2	0	2	4	2	9	2	13
3	2	48	2	54	3	0	3	7	3	13	3	20
4	3	44	3	52	4	1	4	9	4	18	4	27
5	4	41	4	51	5	1	5	12	5	23	5	35
6	5	37	5	50	6	2	6	15	6	28	6	42
7	6	34	6	49	7	3	7	18	7	34	7	50
8	7	32	7	48	8	5	8	22	8	40	8	59
9	8	30	8	48	9	7	9	26	9	47	10	8
10	9	28	9	48	10	9	10	31	10	54	11	18
11	10	27	10	49	11	13	11	37	12	2	12	28
12	11	26	11	51	12	16	12	43	13	11	13	39
13	12	26	12	53	13	21	13	50	14	20	14	51
14	13	27	13	56	14	26	14	58	15	30	16	5
15	14	28	15	0	15	32	16	7	16	42	17	19
16	15	31	16	5	16	40	17	16	17	54	18	34
17	16	34	17	10	17	48	18	27	19	8	19	51
18	17	38	18	17	18	58	19	40	20	23	21	9
19	18	44	19	25	20	9	20	53	21	40	22	29
20	19	50	20	35	21	21	22	8	22	58	23	51
21	20	59	21	46	22	34	23	25	24	18	25	14
22	22	8	22	58	23	50	24	44	25	40	26	40
23	23	19	24	12	25	7	26	5	27	5	28	8
24	24	32	25	28	26	26	27	27	28	31	29	38
25	25	47	26	46	27	48	28	52	30	0	31	12
26	27	3	28	6	29	11	30	20	31	32	32	48
27	28	22	29	29	30	38	31	51	33	7	34	28
28	29	44	30	54	32	7	33	25	34	46	36	12
29	31	8	32	22	33	40	35	2	36	28	38	0
30	32	35	33	53	35	16	36	43	38	15	39	53
31	34	5	35	28	36	56	38	29	40	7	41	52
32	35	38	37	7	38	40	40	19	42	4	43	57
33	37	16	38	50	40	30	42	15	44	8	46	9
34	38	58	40	39	42	25	44	18	46	20	48	31
35	40	46	42	33	44	27	46	23	48	36	51	3
36	42	39	44	33	46	36	48	47	51	11	53	47

续表

斜球经度差值表

赤纬	天极高度											
	49		50		51		52		53		54	
度	度	分	度	分	度	分	度	分	度	分	度	分
1	1	9	1	12	1	14	1	17	1	20	1	23
2	2	18	2	23	2	28	2	34	2	39	2	45
3	3	27	3	35	3	43	3	51	3	59	4	8
4	4	37	4	47	4	57	5	8	5	19	5	31
5	5	47	5	50	6	12	6	26	6	40	6	55
6	6	57	7	12	7	27	7	44	8	1	8	19
7	8	7	8	25	8	43	9	2	9	23	9	44
8	9	18	9	38	10	0	10	22	10	45	11	9
9	10	30	10	53	11	17	11	42	12	8	12	35
10	11	42	12	8	12	35	13	3	13	32	14	3
11	12	55	13	24	13	53	14	24	14	57	15	31
12	14	9	14	40	15	13	15	47	16	23	17	0
13	15	24	15	58	16	34	17	11	17	50	18	32
14	16	40	17	17	17	56	18	37	19	19	20	4
15	17	57	18	39	19	19	20	4	20	50	21	38
16	19	16	19	59	20	44	21	32	22	22	23	15
17	20	36	21	22	21	11	23	2	23	56	24	53
18	21	57	22	47	23	39	24	34	25	33	26	34
19	23	20	24	14	25	10	26	9	27	11	28	17
20	24	45	25	42	26	43	27	46	28	53	30	4
21	26	12	27	14	28	18	29	26	30	37	31	54
22	27	42	28	47	29	56	31	8	32	25	33	47
23	29	14	30	23	31	37	32	54	34	17	35	45
24	31	4	32	3	33	21	34	44	36	13	37	48
25	32	26	33	46	35	10	36	39	38	14	39	59
26	34	8	35	32	37	2	38	38	40	20	42	10
27	35	53	37	23	39	0	40	42	42	33	44	32
28	37	43	39	19	41	2	42	53	44	53	47	2
29	39	37	41	21	43	12	45	12	47	21	49	44
30	41	37	43	29	45	29	47	39	50	1	52	37
31	43	44	45	44	47	54	50	16	52	53	55	48
32	45	57	48	8	50	30	53	7	56	1	59	19
33	48	19	50	44	53	20	56	13	59	28	63	21
34	50	54	53	30	56	20	59	42	63	31	68	11
35	53	40	56	34	59	58	63	40	68	18	74	32
36	56	42	59	59	63	47	68	26	74	36	90	0

续表

斜球经度差值表												
赤纬	天极高度											
	55		56		57		58		59		60	
度	度	分	度	分	度	分	度	分	度	分	度	分
1	1	26	1	29	1	32	1	36	1	40	1	44
2	2	52	2	58	3	5	3	12	3	20	3	28
3	4	17	4	27	4	38	4	49	5	0	5	12
4	5	44	5	57	6	11	6	25	6	41	6	57
5	7	11	7	27	7	44	8	3	8	22	8	43
6	8	38	8	58	9	19	9	41	10	4	10	29
7	10	6	10	29	10	54	11	20	11	47	12	17
8	11	35	12	1	12	30	13	0	13	32	14	5
9	13	4	13	35	14	7	14	41	15	17	15	55
10	14	35	15	9	15	45	16	23	17	4	17	47
11	16	7	16	45	17	25	18	8	18	53	19	41
12	17	40	18	22	19	6	19	53	20	43	21	36
13	19	15	20	1	20	50	21	41	22	36	23	34
14	20	52	21	42	22	35	23	31	24	31	25	35
15	22	30	23	24	24	22	25	23	26	29	27	39
16	24	10	25	9	26	12	27	19	28	30	29	47
17	25	53	26	57	28	5	29	18	30	35	31	59
18	27	39	28	48	30	1	31	20	32	44	34	19
19	29	27	30	41	32	1	33	26	34	58	36	37
20	31	19	32	39	34	5	35	37	37	17	39	5
21	33	15	34	41	36	14	37	54	39	42	41	40
22	35	14	36	48	38	28	40	17	42	15	44	25
23	37	19	39	0	40	49	42	47	44	57	47	20
24	39	29	41	18	43	17	45	26	47	49	50	27
25	41	45	43	44	45	54	48	16	50	54	53	52
26	44	9	46	18	48	41	51	19	54	16	57	39
27	46	41	49	4	51	41	54	38	58	0	61	57
28	49	24	52	1	54	58	58	19	62	14	67	4
29	52	20	55	16	58	36	62	31	67	18	73	46
30	55	32	58	52	62	45	67	31	73	55	90	0
31	59	6	62	58	67	42	74	4	90	0		
32	63	10	67	53	74	12	90	0				
33	68	1	74	19	90	0						
34	74	33	90	0								
35	90	0										
36												

空白区属于既不升起也不沉没的恒星

2.8 昼夜的时辰与划分

综上，如已知一个天极高度，对太阳的一个赤纬，可从表中查出白昼的差值。不过北半球的赤纬还需在这个差值上加一个象限；相反，南半球的赤纬则应从一个象限减去这一差值。把所得结果加一倍就是白昼的长度，而一个圆周的余量就是黑夜的长度。

选取两个量中的任意一个，除以赤道的15°，得到的值表示它含有几个相等的时辰。差值若取$\frac{1}{12}$，得到的就是一个季节的时辰长度。这些时辰都是用其所在的日期来命名的，它们总是一天的$\frac{1}{12}$。我们由此发现，古代的人们用过“夏至时辰”“分日时辰”和“冬至时辰”等名称。对于按日时辰，以前使用的只有由晨至昏的12个时辰。但是古人习惯了把夜晚分为四更，对此各国间也都约定俗成，所以这一时辰规则一直沿用了很长一段时间。为此还发明了水钟。这一发明借助增添或减少从时钟滴出的水，来对白昼的差值调节时辰，因此不受天气变化的影响。再到后来，又普遍采用了适用于昼夜的等分时辰。由于这种时辰更易被监测，因此就弃用了季节时辰。这就导致，你问一个普通人，什么是一天的第一、第三、第六、第九或第十一小时，他往往答不上来或答非所问。此外，等长时辰的编号是不固定的，可从正午算起，也可从日没、午夜或日出算起，这由各个社会自行决定。

2.9 黄道弧段的斜球经度和中天的度数

在解释了昼夜长度及其长度差值之后，按照顺序，接下来该讨论斜球经度的问题了。我要谈的是黄道十二宫或黄道的任一弧段升起的时刻。我对分日和昼夜不等长日所说明的那些区别，仅是赤经和斜球经度之间的区别。现在人们习惯于用生物的名称来表示由不动恒星构成的黄道各宫。比如，从春分点开始，各宫依次被称为白羊、金牛、双子、巨蟹等（见图2.9）。

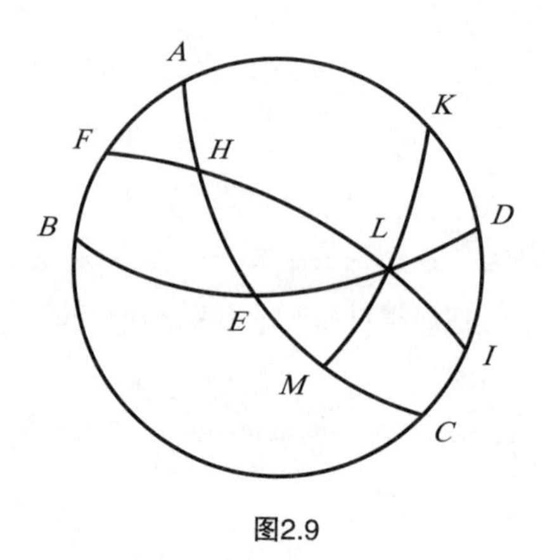

图2.9

为了更清楚地说明问题，需再次画出子午圈*ABCD*。

设：*E*点为赤道半圆*AEC*和地平圈*BED*的相交点，*H*点为分点。

令：通过*H*点的黄道*FHI*与地平圈相交于*L*点。从赤道极点*K*通过*L*画大圆象限*KLM*。

可知，黄道弧段$\overset{\frown}{HL}$与赤道的$\overset{\frown}{HE}$一道升起。不过在正球中，$\overset{\frown}{HL}$随$\overset{\frown}{HEM}$升起，它们的差值为$\overset{\frown}{EM}$。

需要说明一点，此处应减去在北半球所加的量。另外，对于南半球赤纬，把它与赤经相加可得斜球经度。故而从整个宫或弧的起点到终点的赤经，可算出该宫或黄道上其他一段弧升起所需要的时间。

因此，我们可在黄道上从分点量起的任一已知经度的点正在升起时，求出位于中天的度数。

从*HL*可得黄道上正在升起的*L*点的赤纬，而且它与分点的距离、它的赤经*HEM*以及半个白昼的$\overset{\frown}{AHEM}$也已知。

那么：可知余量*AH*，赤经*FH*可由表查出[1]。

〔1〕另有一种方法，因为已知黄赤交角∠*AHF*和边*AH*，且∠*FAH*为直角，那么也能求出*FH*，进而黄道上位于上升分度与中天分度间的圆弧$\overset{\frown}{FHL}$也能得出。

反之，假如已知在中天的分度，比如 $\widehat{FH}$ 。

那么：正在升起的分度可求得，另外赤纬AF也可求得。

通过球的倾角可知$\angle AFB$。

FB也可得出。

在$\triangle BFL$中，已知$\angle BFL$和边FB，$\angle FBL$为直角。

那么：可得出所求边FHL。

后面我还会另外介绍一种求这个量的方法。

2.10 黄道与地平圈的交角

进而言之，因为黄道是偏斜于天球轴线的一个圆，因此它与地平圈有多个不同的交角。前面我提到过，对于生活于两条回归线间的人们来说，黄道有两次与地平圈垂直。不过对我们来说，只要明白与居住在异影区的人有关的角度就够了，通过这些角度来理解关于角度的整个理论也就较为简单。当白羊宫第一点（或春分点）正在升起时，处于斜球上的黄道偏低，并转到离地平圈为最大南半球赤纬的位置，该情况会出现在摩羯座第一点位于中天时。相反，当黄道偏高时，它的升起角偏大，此种情况出现在天秤座第一点升起而巨蟹座第一点位于中天时。赤道、黄道和地平圈都通过同一个交点，即交会于子午圈的极点。升起角到底有多大？看看这些圆在子午圈上截出的弧段就能知晓（见图2.10）。

还有一个测量升起角的方法，现解释如下：

设：子午圈为$ABCD$，半个地平圈为BED，半个黄道为ABC，以及黄道的一个分度在E点升起。

我们需要得出，在$360^\circ=4$直角的单位中$\angle AEB$的度数。

E为已知升起分度，由上述可得位于中天的分度、$\widehat{AE}$ 及子午圈高度AB。

又：$\angle ABE$为直角。

可得球直径与两倍代表角$\angle AEB$的弧所对弦之比，和两倍AE与两倍AB所对弦之比相等，$\angle AEB$的度数也可知。

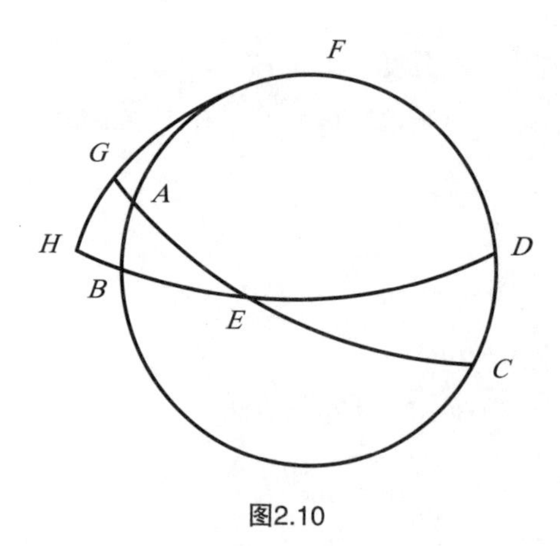

图2.10

然而，已知分度可以是在中天，而不是在升起。

令：分度为A。（虽然如此，升起角还是可测定的。）

设：E为极点，画大圆的象限FGH。完成象限EAG和EBH。

已知：子午圈高度AB。

那么：象限的余下部分AF可求得。

又：$\angle FAG$已知，而$\angle FGA$为直角。

那么，$\widehat{FG}$ 可知。

$\widehat{GH}$ 也可知，且正是所求的升起角。

所以当已知在中天的分度时，怎样求出正在升起的分度就比较明朗了。我在研究球面三角形时已阐明，两倍 $\widehat{GH}$ 与两倍 $\widehat{AB}$ 所对弦之比等于直径与两倍 $\widehat{AE}$ 所对弦之比。为了说明这类关系，我增补了三类表格：第一类给定正球中的赤经，从白羊座开始，对黄道每6°给出一个数值；第二类给定斜球的赤经，同样是每隔6°有一个数值，从极点高度为39°的纬圈开始到极点在57°的纬圈，每3°为一列；剩下的一类表给定与地平圈的交角，同样6°为一行，也有七栏。这里作出的所有运算都是针对23°28′（即最小的黄赤交角），而这个数值对我们的时代来说是近似准确的。（见《黄道十二宫赤经表》《斜球赤经表》《黄道与地平圈交角表》，分别为P85、P86—87、P88）

黄道十二宫赤经表

黄道		赤经		仅对一度		黄道		[illegible]		仅对一度	
符号	度	度	分	度	分	符号	[illegible]	[illegible]	[illegible]	[illegible]	分
♈	6	5	30	0	55	♎	[illegible]	[illegible]	[illegible]	[illegible]	55
	12	11	0	0	55		[illegible]	[illegible]	[illegible]	[illegible]	55
	18	16	34	0	56		18	[illegible]	[illegible]	[illegible]	56
	24	22	10	0	56		24	202	[illegible]	[illegible]	56
	30	27	54	0	57		30	207	54	0	57
♉	6	33	43	0	58	♏	6	213	43	0	58
	12	39	35	0	59		12	219	35	0	59
	18	45	32	1	0		18	225	32	1	0
	24	51	37	1	1		24	231	37	1	1
	30	57	48	1	2		30	237	48	1	2
♊	6	64	6	1	3	♐	6	244	6	1	3
	12	70	29	1	4		12	250	29	1	4
	18	76	57	1	5		18	256	57	1	5
	24	83	27	1	5		24	263	27	1	5
	30	90	0	1	5		30	270	0	1	5
♋	6	96	33	1	5	♑	6	276	33	1	5
	12	103	3	1	5		12	283	3	1	5
	18	109	31	1	5		18	289	31	1	5
	24	115	54	1	4		24	295	54	1	4
	30	122	12	1	3		30	302	12	1	3
♌	6	128	23	1	2	♒	6	308	23	1	2
	12	134	28	1	1		12	314	28	1	1
	18	140	25	1	0		18	320	25	1	0
	24	146	17	0	59		24	326	17	0	59
	30	152	6	0	58		30	332	6	0	58
♍	6	157	50	0	57	♓	6	337	50	0	57
	12	163	26	0	56		12	343	26	0	56
	18	169	0	0	56		18	349	0	0	56
	24	174	30	0	55		24	354	30	0	55
	30	180	0	0	55		30	360	0	0	55

斜球赤经表															
黄道		天极高度													
		39		42		45		48		51		54		57	
		赤经		赤经		赤经		赤经		赤经		赤经		赤经	
符号	度	度	分	度	分	度	分	度	分	度	分	度	分	度	分
♈	6	3	34	3	20	3	6	2	50	2	32	2	12	1	49
	12	7	10	6	44	6	15	5	44	5	8	4	27	3	40
	18	10	50	10	10	9	27	8	39	7	47	6	44	5	34
	24	14	32	13	39	12	43	11	40	10	28	9	7	7	32
	30	18	26	17	21	16	11	14	51	13	26	11	40	9	40
♉	6	22	30	21	12	19	46	18	14	16	25	14	22	11	57
	12	26	39	25	10	23	32	21	42	19	38	17	13	14	23
	18	31	0	29	20	27	29	25	24	23	2	20	17	17	2
	24	35	38	33	47	31	43	29	25	26	47	23	42	20	2
	30	40	30	38	30	36	15	33	41	30	49	27	26	23	22
♊	6	45	39	43	31	41	7	38	23	35	15	31	34	27	7
	12	51	8	48	52	46	20	43	27	40	8	36	13	31	26
	18	56	56	54	35	51	56	48	56	45	28	41	22	36	20
	24	63	0	60	36	57	54	54	49	51	15	47	1	41	49
	30	69	25	66	59	64	16	61	10	57	34	53	28	48	2
♋	6	76	6	73	42	71	0	67	55	64	21	60	7	54	55
	12	83	2	80	41	78	2	75	2	71	34	67	28	62	26
	18	90	10	87	54	85	22	82	29	79	10	75	15	70	28
	24	97	27	95	19	92	55	90	11	87	3	83	22	78	55
	30	104	54	102	54	100	39	98	5	95	13	91	50	87	46
♌	6	112	24	110	33	108	30	106	11	103	33	100	28	96	48
	12	119	56	118	16	116	25	114	20	111	58	109	13	105	58
	18	127	29	126	0	124	23	122	32	120	28	118	3	115	13
	24	135	4	133	46	132	21	130	48	128	59	126	56	124	31
	30	142	38	141	33	140	23	139	3	137	38	135	52	133	52
♍	6	150	11	149	19	148	23	147	20	146	8	144	47	143	12
	12	157	41	157	1	156	19	155	29	154	38	153	36	153	24
	18	165	7	164	40	164	12	163	41	163	5	162	24	162	47
	24	172	34	172	21	172	6	171	51	171	33	171	12	170	49
	30	180	0	180	0	180	0	180	0	180	0	180	0	180	0

续表

斜球赤经表															
黄道		天极高度													
		39		42		45		48		51		54		57	
		赤 经		赤 经		赤 经		赤 经		赤 经		赤 经		赤 经	
符号	度	度	分	度	分	度	分	度	分	度	分	度	分	度	分
	6	187	26	187	39	187	54	188	9	188	27	188	48	189	11
♎	12	194	53	195	19	195	48	196	19	196	55	197	36	198	23
	18	202	21	203	0	203	41	204	30	205	24	206	25	207	36
	24	209	49	210	41	211	37	212	40	213	52	215	13	216	48
	30	217	22	218	27	219	37	220	57	222	22	224	8	226	8
	6	224	56	226	14	227	38	229	12	231	1	233	4	235	29
♏	12	232	31	234	0	235	37	237	28	239	32	241	57	244	47
	18	240	4	241	44	243	35	245	40	248	2	250	47	254	2
	24	247	36	249	27	251	30	253	49	256	27	259	32	263	12
	30	255	6	257	6	259	21	261	52	264	47	268	10	272	14
	6	262	33	264	41	267	5	269	49	272	57	276	38	281	5
♐	12	269	50	272	6	274	38	277	31	280	50	284	45	289	32
	18	276	58	279	19	281	58	284	58	288	26	292	32	297	34
	24	283	54	286	18	289	0	292	5	295	39	299	53	305	5
	30	290	35	293	1	295	45	298	50	302	26	306	42	311	58
	6	297	0	299	24	302	6	305	11	308	45	312	59	318	11
♑	12	303	4	305	25	308	4	311	4	314	32	318	38	323	40
	18	308	52	311	8	313	40	316	33	319	52	323	47	328	34
	24	314	21	316	29	318	53	321	37	324	45	328	26	332	53
	30	319	30	321	30	323	45	326	19	329	11	332	34	336	38
	6	324	21	326	13	328	16	330	35	333	13	336	18	339	58
♒	12	329	0	330	40	332	31	334	36	336	58	339	43	342	58
	18	333	21	334	50	336	27	338	18	340	22	342	47	345	37
	24	337	30	338	48	340	3	341	46	343	35	345	38	348	3
	30	341	34	342	39	343	49	345	9	346	34	348	20	350	20
	6	345	29	346	21	347	17	348	20	349	32	350	53	352	28
♓	12	349	11	349	51	350	33	351	21	352	14	353	16	354	26
	18	352	50	353	16	353	45	354	16	354	52	355	33	356	20
	24	356	26	356	40	356	23	357	10	357	53	357	48	358	11
	30	360	0	360	0	360	0	360	0	360	0	360	0	360	0

黄道		天极高度														黄道	
		39		42		45		48		51		54		57			
		交角		交角		交角		交角		交角		交角		交角			
符号	度	度	分	度	分	度	分	度	分	度	分	度	分	度	分	度	符号
	0	27	32	24	32	21	32	18	32	15	32	12	32	9	32	30	
♈	6	27	37	24	36	21	36	18	36	15	35	12	35	9	35	24	
	12	27	49	24	49	21	48	18	47	15	45	12	43	9	41	18	
	18	28	13	25	9	22	6	19	3	15	59	12	56	9	53	12	
	24	28	45	25	40	22	34	19	29	16	23	13	18	10	13	6	
	30	29	27	26	15	23	11	20	5	16	56	13	45	10	31	30	
♉	6	30	19	27	9	23	59	20	48	17	35	14	20	11	2	24	
	12	31	21	28	9	24	56	21	41	18	23	15	3	11	40	18	
	18	32	35	29	20	26	3	22	43	19	21	15	56	12	26	12	
	24	34	5	30	43	27	23	24	2	20	41	16	59	13	20	6	
	30	35	40	32	17	28	52	25	26	21	52	18	14	14	26	30	
♊	6	37	29	34	1	30	37	27	5	23	11	19	42	15	48	24	
	12	39	32	36	4	32	32	28	56	25	15	21	25	17	23	18	
	18	41	44	38	14	34	41	31	3	27	18	23	25	19	16	12	
	24	44	8	40	32	37	2	33	22	29	35	25	37	21	26	6	
	30	46	41	43	11	39	33	35	53	32	5	28	6	23	52	30	
	6	49	18	45	51	42	15	38	35	34	44	30	50	26	36	24	
♋	12	52	3	48	34	45	0	41	8	37	55	33	43	29	34	18	
	18	54	44	51	20	47	48	44	13	40	31	36	40	32	39	12	
	24	57	30	54	5	50	38	47	6	43	33	39	43	35	50	6	
	30	60	4	56	42	53	22	49	54	46	21	42	43	38	56	30	
	6	62	40	59	27	56	0	52	34	49	9	45	37	41	57	24	
	12	64	59	61	44	58	26	55	7	51	46	48	19	44	48	18	
♌	18	67	7	63	56	60	20	57	26	54	6	50	47	47	24	12	
	24	68	59	65	52	62	42	59	30	56	17	53	7	49	47	6	
	30	70	38	67	27	64	18	61	17	58	9	54	58	52	38	30	
	6	72	0	68	53	65	51	62	46	59	37	56	27	53	16	24	
	12	73	4	70	2	66	59	63	56	60	53	57	50	54	46	18	
♍	18	73	51	70	50	67	49	64	48	61	46	58	45	55	44	12	
	24	74	19	71	20	68	20	65	19	62	18	59	17	56	16	6	
	30	74	28	71	28	68	28	65	28	62	28	59	28	56	28	0	

2.11 表的使用

通过上述的讲解，这些表的用法就很清楚了。如果已知太阳的度数，可以得出赤经。对每一等长小时，加上赤道的15°，假如其和超过了360°，就要去掉这一数目。赤经的余量表示在所研究的时辰（从正午算起）黄道在中天的相关度数。如若对相同地区的斜球经度作同种计算，就能以日出算起的时辰得出黄道的升起分度。另外，就像我说过的，对于已知赤经而位于黄道外面的所有恒星来讲，这些表通过从春分点算起的同一赤经，给定与这些恒星一道上中天的黄道分度。

由于在表中能查出黄道的斜球经度和分度，因此这些恒星的斜球经度给出了与其一起升起的黄道度数。而这种方法也适用于沉没的运算，不过位置相反。若要在中天的赤经加上一个象限，那么所求的和就是升起分度的斜球经度。所以，用在中天的分度就能推算出升起的分度，反之亦然。在升起时，黄道的分度决定了这些角的大小。另外，由这些角还能知道黄道的90°离地平圈的高度，这个高度在计算日食时必须要了解。

2.12 地平圈两极与黄道形成的角与弧

在这一章节中，我将阐述通过地平圈的两极向黄道所画圆的角与弧的理论。这些圆通过地平圈的天顶，而地平圈上面的高度就取自这些圆。但是我已在前文里讨论过了太阳在正午的高度或黄道在中天的任何分度的高度，以及黄道与子午圈的交角。子午圈也属于通过地平圈天顶的圆之一。上升时的角度也已作过说明。从直角减去该角的余量，就是升起的黄道与通过地平圈天顶的象限所夹的角（见图2.11）。

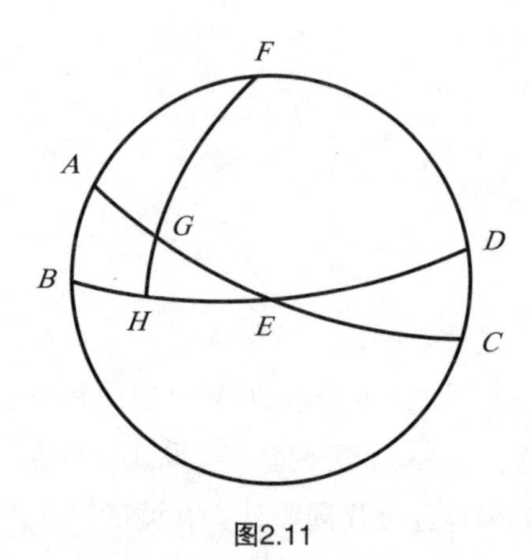

图2.11

再次画2.10所作的图，接下来就要讨论圆圈间的交点了[1]。

在黄道上取正午和升起或正午和沉没间的任何点。

设：这一点为G。

通过G点从地平圈极点F画象限FGH。通过给定时辰，可知在子午圈与地平圈间黄道的整个$\widehat{AGE}$。

已知：正午高度AB。

假定：AG也已知。

那么：可求得AF。

子午圈$\angle FAG$也可知。

根据前面关于球面三角形的论证，FG可知，余量GH和$\angle FGA$也可知。

以上关于与黄道有关的角度和交点的论述，是我在校核相关问题时从托勒密的著作中选择性摘引的。若有人想钻研该课题，可自行去寻找更为丰富的应用题材，以下我探讨的些许素材仅为举例：

在升起和正午之间，令其为η，其象限为$\zeta\eta\theta$。通过给定的时辰，已知弧$\alpha\eta\varepsilon$，则可知$\alpha\eta$和子午圈角为$\zeta\alpha\eta$的$\alpha\zeta$。故以球面三角形定理十一，可知弧$\zeta\eta$和角$\zeta\eta\alpha$。以上即为我们所求。两倍$\varepsilon\eta$和两倍$\eta\theta$所对弦之比，和两倍$\varepsilon\alpha$及两倍$\alpha\beta$弧所对弦之比皆与半径和角$\eta\varepsilon\theta$的截距之比相等。所以可得固定点η的高度$\eta\theta$。另：在三角

[1] 这里指的是子午圈与黄道半圆以及地平圈半圆的交点。

形ηθε中，已知边ηε、ηθ和角ε，而θ为直角。用这些量还可以求出角εηθ。

2.13 天体的运动

显然，天体的出没也是由周日旋转引起的。除了上面提到的那些简单的出没现象如此外，还有一些天体因此而成为晨星和昏星。尽管后面的现象与周年运转相关，但我认为放在这里来讨论更为合适。

古代数学家把真出没和似出没现象进行了区分。所谓真出没，即一个天体的晨升与日出同时发生。而另一方面，天体的晨没是指其在日出时沉没。在此期间，这个天体被称作“晨星”。然而昏升是天体在日没时出现。另一方面，昏没指的是天体的沉没与日落同时发生。在中间这段时期，它被称作“昏星”，因为它在白昼隐身，在夜晚出现。

而似出没的情况是这样的：在黎明时和日出前首次出现天体，即为晨升。在日出时天体看上去刚好沉没，则为晨没。而昏升发生在天体于黄昏时第一次升起的时候。昏没则发生在日落后它不再出现之时。所以太阳的升起使得天体都悄然遁形，直至它们皆晨升时才在上述序列中出现。

对于土星、木星和火星这些行星来说，也会出现恒星发生的现象。不过金星与水星的情况不同。太阳临近时，它们不会消失；太阳离开时，它们也不会显现。当它们靠近太阳时，它们沉醉于太阳的光辉中，但其本身是依然清楚可见的。与其他行星不同，它们没有昏升、晨没，在任何时候都发光发亮。而另一情况是，从昏没到晨升，金星和水星彻底消失。另外还有一个不同之处：对于土星、木星和火星来说，清晨的似出没迟于真出没，而在黄昏却相反。关于相差的限度，对第一种情况而言，真出没发生在日出之前，而对第二种情况是在日落之后[1]。对低

---

〔1〕在黄道十二宫的背景图上，太阳的运转总比火星、土星、木星等快一些。因此，太阳与外行星的相对位置总是处于不断变化中。

行星（指水星、金星等内行星）而言，真实的晨升和昏升要较形似的晨昏升早，而沉没刚好相反。

关于如何理解确定出没的方法，我在前面已经讨论过相关内容。恒星是否有其真出没，这就要看该时刻太阳是否出现在该分度或相对的分度上了。

通过以上论述可以知道，似出没随各种天体的亮度和大小而不同。亮度较强的天体在日光中隐身的时间比亮度较弱的天体要短。说得更深入点，近地平圈弧决定了隐身和显现的极限。这些弧位于地平圈与太阳之间且通过地平圈极点的圆周。对于一等星而言，这些极限接近12°；对土星为11°；对木星为10°；对火星为$11\frac{1}{2}$°；对金星为5°；对水星则为10°[1]。不过白昼的剩余则属于黑夜的领域，即包含黄昏或拂晓的领域，它们在以上提及的圆圈中共占18°。当太阳下沉18°时，较暗的星星便开始显现了。有人把一个和地平圈平行的平面放在地平圈下面，当太阳抵达该平面时，就说明白昼正在开始或黑夜正在步入尾声。我们不但能够获得天体出没的黄道分度，还能得出黄道与地平圈在同一分度交汇的角度。根据天体确定的极限，我们还可以为该时刻找到充足的并与太阳在地平圈下深度相关的、在升起分度与太阳之间的很多黄道分度。

如果情况符合，可以肯定首次的出现或消失正在进行。对于太阳在地面之下沉没，之前我谈到的关于太阳在地面之上的高度的理论同样适用。因为除了位置外并无区别。所以，天体在可见半球中沉没，即是在不可见半球中升起，总之刚好相对，这一点是比较明确的。至此，关于天体的出没和地球的周日旋转，所谈的已经足够多了。

---

〔1〕这五颗星初现的数值是太阳在地平线下的俯角的函数。

2.14 恒星的位置与排列

在哥白尼的原计划中，本章是另一本书的开始。本章的前面一部分内容，至今仍保留了哥白尼当时的草稿本。这份草稿本比出版的译本讲得更明晰，在此，我们也将它一并翻译出来。

[出版译本]现在应该论述周年运转了。很多天文学家都赞同把恒星现象放在首位，这也是这门科学的基本传统做法。我自然应该照办。在我的原则和基础理论里，恒星天球已被假定为绝对静止，而行星的运动理应与之相比较，因为运动中要求有某种静止的事物。不过可能有人会问，为什么我要采用这种次序？这在托勒密的《天文学大成》序言中可以找到答案：如果不懂得太阳和月亮的知识，就不可能了解恒星。因此他认为推迟对恒星的研究是很有必要的。

虽然我不大赞同托勒密的这一看法，但是如果他仅仅是为计算太阳和月亮的视运动而提出该看法，那也无可厚非。

[草稿本]测定恒星时不能撇开月亮的位置，或者反过来说，测定月亮的位置时不能撇开恒星的位置，我十分肯定这一点。然而，这两种做法都必须依赖专门的仪器，否则，其正确性就值得怀疑了。任何人如果撇开了恒星的位置，他所确立的关于太阳或月亮的运动及其计算就没有参考价值。因此，托勒密及与他持有相同观点的学者们仅用二分和二至来推导太阳的长度，其结果是不能令人信服的。这使很多专家感到困惑，甚至最终放弃了对天文学的研究，他们认为天体的运动已经不是人类的思维能力所能感知的。托勒密显然也感受到了这一点。他在《天文学大成》中推算太阳年时表示，"随着时间的推移，可能会出现某种误差"，并希望后人在计算时能设法求出更精确的数值。因此，在本书中，我有必要先谈谈用仪器测定恒星和月亮位置的积极作用。

[出版译本]下面我将说明，借助仪器来对太阳和月亮的位置进行仔细检验，以此来确定恒星的位置，其结果会更好。某些人认为，忽略恒星且只用分日和至日也能确定太阳年的长度。他们枉费心机的努力对我也是一个教训。一直到当代，他们也没有取得过一致的结论，所以在我看来再没有比这更大的分歧了。

托勒密注意到了这点，因此他在推导当时的太阳年时，也怀疑过随着时间的变化会发生某些误差。他劝告后辈，钻研该课题时要取得更高的精度。所以我认为，在本书中值得说明，如何用仪器和技巧来确定太阳和月亮的位置，即它们与春分点或宇宙中其他基点的距离。这些位置对我们研究其他天体十分便利——这些天体使遍布星座的恒星出现在我们眼前。

关于测定回归线距离、黄赤交角以及天球倾角或赤道极点高度的仪器我已做过详细的描述。采用相同方法可获得太阳在正午的所有其他高度。从它与天体倾角的差值可得出太阳赤纬的数值。接着从这个赤纬值就可知道由一个分点或至点量起的太阳在正午的位置了。在24小时内，就我们看来，太阳移动了大约1°，故每个时辰的分量为$2\frac{1}{2}'$。如此一来，对于正午以外的所有给定时辰，就很容易求出太阳的位置了[1]。

为了观测月亮和恒星的位置，另一种仪器“星盘”应运而生。仪器上的两个环或四边形环架的平边垂直于其“凸—凹”表面。两个环大小一样，其他方面也相似，如此设计正好方便操作。如果太大，则不方便使用。但从精细分度方面来说，大型仪器要准确得多。故环的宽度和厚度取为直径的$\frac{1}{30}$以上为宜。接着连接二环，并沿直径彼此垂直，“凸—凹”表面合在一起，就像一个单独的球面。其实也就是把一个环放在黄道上，而另一个通过两个圆（指赤道和黄道）的极点。把黄道环的边划分为若干等分（一般为360等分），而以仪器的规格还能够继续划分。在另一个环上测出从黄道量起的象限，并标注黄道的两极。按黄赤交角的比例从这两极各取一段距离，并标注出赤道的两极。

除此之外还有另外两个环，它们被装在黄道的两极上，一个在外面，另一个在里面，并且它们都是可以移动的。就两个平面间的厚度而言，这些环与其他环是一样的，而它们边缘的宽度近似。这些环配备在一起，使大环的凹面和小环的凸面分别与黄道的凸面和凹面完全接触。但是必须没有任何妨碍它们旋转的摩擦力，保证它们能让黄道及其子午圈可以自由且轻松地从它们上面滑动，反之亦然。所以我们就在圆环和黄道刚好相对的两极打孔，并插入轴杆来固定和撑持这

〔1〕太阳位置等于太阳在双鱼座的起始位置$30^{\circ}-3^{\circ}2'30''$+白羊座$30^{\circ}$+金牛座$30^{\circ}$+双子座$5^{\circ}=92^{\circ}7'30''\approx92^{\circ}$。

些环。把内环同样分作360个等同分度，使得从极点量起的每个象限都是90°。

此外，在内环的凹面上还应装有第五个环，且它可以在同一平面内旋转。在这个环的边缘配上刚好相对的托架，托架上面有孔径、窥视孔或者目镜。星光投射到上面并顺着环的直径射出，这种做法即为屈光学的做法。为了测得纬度，在环的两边再装上一些板子，当作套环上数字的指示器。

最后再加上第六个环，用做撑持整个星盘。星盘悬挂在赤道两极的扣拴上面。把这个环放在一个垂直于地平面的台子上。当这个环的两极调到球的倾角方位时，星盘子午圈的位置要完全符合自然界子午圈的位置，不可有丝毫偏离。

我们期望用这类仪器测定恒星的位置。如果在黄昏能望见月亮，就把外环放在我们认为太阳正好所在的黄道分度上，并把两个环的交点对准太阳，使这两个环（指黄道和通过黄道两极的外环）互投之影等长。再把内环对准月亮，眼睛从内环平面看过去。从这个角度来看月亮是在对面，它好似被同一平面等分，我们把这一点标注于仪器的黄道上，该点即为当时所观测到的月亮黄经位置。事实上，如果没有月亮，就不能得出恒星的位置，因为只有月亮才是白昼与黑夜的中介物。天黑时我们就可以看见需测定其位置的恒星。把外环放于月亮的位置上，随后用这个环把星盘调节至月亮的位置上，再把内环对准恒星，直到它接触到环平面并可以用里面的目镜看到。用此法可求出恒星的黄经和黄纬。

［草稿本］这些环放置好以后，还应再做两个环，它们的厚度和宽度与前面那些环相似，但直径不同。将这两个环分别置于黄道的两边，并在上面整齐地打孔，装上轴杆，使之可以旋转。外环的凸面和内环的凹面都与黄道接触，但它们旋转的摩擦力不受影响。内环跟黄道一样，每个象限都划分了度。此外，在内环的凹面上，还须再加一个小环，小环同样需要转轴，但不干扰内环的运动。为了测定纬度，小环还须安装上托架。最后，我们再放上第六个环，即最后一环。第六环安装在相对较高的地方，且垂直于地平面。

我希望通过这样一个仪器使我们的计算较为精准。当黄昏日落时，如果也能望见月亮，则应把外环放在（我们认为）太阳会出现的仪器黄道分度上，把这两个环的交点转向太阳，使黄道和通过黄道两极的外环的影子等长且相互平分。然后再把内环转向月亮，当我们看到月亮就在对面，并被同一平面等分时，我们把观测点标在仪器的黄道上，该点就是月亮黄经的位置。只有通过月亮，我们才能得出恒星的位置。当夜幕降临时，我们要测定的恒星就可以看见了。把外环放在月

亮位置上，并利用外环把星盘调到月亮位置，随后内环转向恒星……（草稿在此处戛然而止）

例如在安东尼厄斯·皮厄斯皇帝在位的二年，埃及历八月九日那天日落之时，托勒密在亚历山大城尝试着勘测出狮子座胸部那颗轩辕十四恒星的位置。把星盘转向正在下沉的太阳，这时是下午$5\frac{1}{2}$分点小时，他发现太阳是在双鱼座内$3\frac{1}{24}°$。应用内环移动，他发现月亮距离太阳$92\frac{1}{8}°$。所以得出当时月亮位置是在双子座内$5\frac{1}{6}°$。半小时过后，当午后第六小时接近尾声时，恒星开始显现，在双子座内4°，处在中天位置。接着托勒密把设备外环对准月亮的方位，应用内环移动，他沿黄道各宫的次序发现恒星与月亮的距离是57°。由于月亮每小时运转范围约为$\frac{1}{2}°$，那么在半小时内月亮就应该移动了$\frac{1}{4}°$。不过因为月球视差（在那时应减去该量），月亮移动的范围应比$\frac{1}{4}°$稍小，而托勒密所得的差值在$\frac{1}{12}°$左右，故月亮应当位于双子座内$5\frac{1}{3}°$。然而差值其实并没有那么大，在后面研究月球视差时将提到。所以月亮的位置在双子座内超过5°的部分大于$\frac{1}{3}°$，基本不会小于$\frac{2}{5}°$〔1〕。就此方位来说，再加上$57\frac{1}{10}°$就可以确定恒星的位置是位于狮子座内$2\frac{1}{2}°$，离太阳夏至点约为$32\frac{1}{2}°$，纬度为北纬$\frac{1}{6}°$。这就是轩辕十四在当时的位置〔2〕，用它就很容易确定其他恒星的位置了。按罗马历，托勒密该次观测日期是公元139年2月23日，当时正是第229届奥林匹克运动会会期的第一年。

托勒密就用这一方法测出了每颗恒星与当时春分点的距离，而且还提出了表达天空物体的星座。这些成就对我的研究帮助极大，使我避免了很多困难。我认为按随时间漂移的二分点为根据来确定恒星的位置不是很准确，相反二分点倒是应该以恒星为根据来确定。所以我可以很轻松地用任意一个不变的起点开始编制星表。

我决定先从白羊座开始，并用它前面的第一点作为起点。这群发光的天体会永久保持同样的形状，仿佛只要它们取得了恒久性的位置后就固定地连接在了

〔1〕取月亮位于双子座内5° 24′，轩辕十四与月亮相距$57\frac{1}{10}°$。因此，双子座24° 36′+巨蟹座30° +狮子座2° 30′=57° 6′。

〔2〕轩辕十四与夏至点距离＝巨蟹座30° +2° 30′＝32° 30′。

一起。托古人的福，我们知道天体组合为48个图形。不过通过罗得斯岛附近的第四区的永久隐星圈里的恒星是个例外，它们不属于任何星座。小西翁在评论阿拉塔斯时提出，一些恒星组合成图形并不是因为它们数量太多而必须划分成若干部分，然后逐个命名，这些恒星也没有纳入星座范围。其实这一做法在古代就已出现，甚至约伯、海希奥德和荷马都曾提到过昴星团、毕星团、大角和猎户星座。所以如果用黄经对恒星列表的话，我并不打算用由二分点与二至点得出的黄道十二宫，而是用我们熟知的度数。至于其他的封面，我都将按照托勒密的做法（除去极个别我觉得有问题的地方）。而关于测定恒星与那些基点的距离的方法，我将在下一章中做详细讲解（见《星座与恒星描述表》，P98—114）。

星座与恒星描述表

一、北天区

星座	黄经		黄纬			星等
	度	分		度	分	
小熊或狗尾						
在尾梢	53	30	北	66	0	3
在尾之东	55	50	北	70	0	4
在尾之起点	69	20	北	74	0	4
在四边形西边偏南	83	0	北	75	20	4
在同一边偏北	87	0	北	77	10	4
在四边形东边偏南	100	30	北	72	40	2
在同一边偏北	109	30	北	74	50	2
共7颗星：2颗为2等，1颗为3等，4颗为4等						
在星座外面离狗尾不远，在与四边形东边同一条直线上，在南方很远处	103	20	北	71	10	4
大熊，又称北斗						
大熊口	78	40	北	39	50	4
在两眼的两星中西面一颗	79	10	北	43	0	5
上述东面的一颗	79	40	北	43	0	5
在前额两星中西面一颗	79	30	北	47	10	5
在前额东面	81	0	北	47	0	5
在西耳边缘	81	30	北	50	30	5
在颈部两星中西面一颗	85	50	北	43	50	4
上述东面一颗	92	50	北	44	20	4
在胸部两星中北面一颗	94	20	北	44	0	4
南面更远的一颗	93	20	北	42	0	4
在左前腿膝部	89	0	北	35	0	3
在左前爪两星中北面一颗	89	50	北	29	0	3
南面更远的一颗	88	40	北	28	30	3
在右前腿膝部	89	0	北	36	0	4
在膝部之下	101	10	北	33	30	4
在肩部	104	0	北	49	0	2
在膝部	105	30	北	44	30	2
在尾部起点	116	30	北	51	0	3
在左后腿	117	20	北	46	30	2

星座	黄经		黄纬			星等
	度	分		度	分	
在左后爪两星中西面一颗	106	0	北	29	38	3
上述东面的一颗	107	30	北	28	15	3
在左后腿关节处	115	0	北	35	15	4
在右后爪两星中北面一颗	123	10	北	25	50	3
南面更远的一颗	123	40	北	25	0	3
尾部三星中位于尾部起点东面的第一颗	125	30	北	53	30	2
这三星的中间一颗	131	20	北	55	40	2
在尾梢的最后一颗	143	10	北	54	0	2
共27颗星：6颗为2等，8颗为3等，8颗为4等，5颗为5等						
靠近北斗，在星座外面						
在尾部南面	141	10	北	39	45	3
在前面一星西面较暗的一颗	133	30	北	41	20	5
在熊的前爪与狮头之间	98	20	北	17	15	4
比前一星更偏北的一颗	96	40	北	19	10	4
三颗暗星中的最后一颗	99	30	北	20	0	暗
在前一星的西面一颗	95	30	北	22	45	暗
更偏西的一颗	94	30	北	23	15	暗
在前爪与双子之间的一颗	100	20	北	22	15	暗
在星座外面共8颗星：1颗为3等，2颗为4等，1颗为5等，4颗为暗星						
天龙						
在舌部	200	0	北	76	30	4
在嘴部	215	10	北	78	30	亮于4
在眼睛上面	216	30	北	75	40	3
在脸颊	229	40	北	75	20	3
在头部上面	223	30	北	75	30	3
在颈部第一个扭曲处北面的一颗	258	40	北	82	20	4
这些星中南面的一颗	295	50	北	78	15	4
这些星的中间一颗	262	10	北	80	20	4
在颈部第二个扭曲处上述星的东面	282	50	北	81	10	4
在四边形西边朝南的星	331	20	北	81	40	4

续表

星座	黄经		黄纬			星等
	度	分		度	分	
在同一边朝北的星	343	50	北	83	0	4
在东边朝北的星	1	0	北	78	50	4
在同一边朝南的星	346	10	北	77	50	4
颈部第三个扭曲处三角形朝南的星	4	0	北	80	30	4
在三角形其余两星中朝西的一颗	15	0	北	81	40	5
朝东的一颗	19	30	北	80	15	5
在西面三角形的三星中朝东一颗	66	20	北	83	30	4
同一三角形其余两星中朝南一颗	43	40	北	83	30	4
在上述两星中朝北一颗	35	10	北	84	50	4
在三角形之西两小星中朝东一颗	110	0	北	87	30	6
在这两星中朝西一颗	105	0	北	86	50	6
形成一条直线的三星中朝南一颗	152	30	北	81	15	5
三星的中间一颗	152	50	北	83	0	5
偏北的一颗	151	0	北	84	50	3
在上述恒星西面两星中偏北一颗	153	20	北	78	0	3
偏南的一颗	156	30	北	74	40	亮于4
在上述恒星西面，在尾部卷圈处	156	0	北	70	0	3
在相距非常远的两星中西面一颗	120	40	北	64	40	4
在上述两星中东面一颗	124	30	北	65	30	3
在尾部东面	102	30	北	61	15	3
在尾梢	96	30	北	56	15	3
因此，共31颗星：8颗为3等，17颗为4等，4颗为5等，2颗为6等						
仙王						
在右脚	28	40	北	75	40	4
在左脚	26	20	北	64	15	4
在腰带之下的右面	0	40	北	71	10	4
在右肩之上并与之相接	340	0	北	69	0	3
与右臀关节相接	332	40	北	72	0	4
在同一臀部之东并与之相接	333	20	北	74	0	4
在胸部	352	0	北	65	30	5
在左臂	1	0	北	62	30	亮于4
在王冕的三星中南面一颗	339	40	北	60	15	5
这三星的中间一颗	340	40	北	61	15	4
在这三星中北面一颗	342	20	北	61	30	5
共11颗星：1颗为3等，7颗为4等，3颗为5等						
在星座外面的两星中位于王冕西面的一颗	337	0	北	64	0	5
王冕东面的一颗	344	40	北	59	30	4

星座	黄经		黄纬			星等
	度	分		度	分	
牧夫或驯熊者						
在左手的三星中西面一颗	145	40	北	58	40	5
在三星中间偏南一颗	147	30	北	58	20	5
在三星中东面一颗	149	0	北	60	10	5
在左臀部关节	143	0	北	54	40	5
在左肩	163	0	北	49	0	3
在头部	170	0	北	53	50	亮于4
在右肩	179	0	北	48	40	4
在棍子处的两星中偏南一颗	179	0	北	53	15	4
在棍梢偏北的一颗	178	20	北	57	30	4
在肩部之下长矛处两星中北面一颗	181	0	北	46	10	亮于4
在这两星中偏南一颗	181	50	北	45	30	5
在右手顶部	181	35	北	41	20	5
在手掌的两星中西面一颗	180	0	北	41	40	5
在上述两星中东面一颗	180	20	北	42	30	5
在棍柄顶端	181	0	北	40	20	5
在右腿	173	20	北	40	15	3
在腰带的两星中东面一颗	169	0	北	41	40	4
西面的一颗	168	20	北	42	10	亮于4
在右脚后跟	178	40	北	28	0	3
在左腿的三星中北面一颗	164	40	北	28	0	3
这三星的中间一颗	163	50	北	26	30	4
偏南的一颗	164	50	北	25	0	4
共22颗星：4颗为3等，9颗为4等，9颗为5等						
在星座外面位于两腿之间，称为“大角”	170	20	北	31	30	1
北冕						
在冕内的亮星	188	0	北	44	30	亮于2
众星中最西面的一颗	185	0	北	46	10	亮于4
在上述恒星之东，北面	185	10	北	48	0	5
在上述恒星之东，更偏北	193	0	北	50	30	6
在亮星之东，南面	191	30	北	44	45	4
紧靠上述恒星的东面	190	30	北	44	50	4
比上述恒星略偏东	194	40	北	46	10	4
在冕内众星中最东面的一颗	195	0	北	49	20	4
共8颗星：1颗为2等，5颗为4等，1颗为5等，1颗为6等						

续表

星座	黄经		黄纬			星等
	度	分		度	分	
跪拜者						
在头部	221	0	北	37	30	3
在右腋窝	207	0	北	43	0	3
在右臂	205	0	北	40	10	3
在腹部右面	201	20	北	37	10	4
在左肩	220	0	北	48	0	3
在左臂	225	20	北	49	30	亮于4
在腹部左面	231	0	北	42	0	4
在左手掌的三星中东面一颗	238	50	北	52	50	亮于4
在其余两星中北面一颗	235	0	北	54	0	亮于4
偏南的一颗	234	50	北	53	0	4
在右边	207	10	北	56	10	3
在左边	213	30	北	53	30	4
在左臀	213	20	北	56	10	5
在同一条腿的顶部	214	30	北	58	30	5
在左腿的三星中西面一颗	217	20	北	59	50	3
在上述恒星之东	218	40	北	60	20	4
在上述恒星东面的第三颗星	219	40	北	61	15	4
在左膝	237	10	北	61	0	4
在左大腿	225	30	北	69	20	4
在左脚的三星中西面一颗	188	40	北	70	15	6
这三星的中间一颗	220	10	北	71	15	6
这三星的东面一颗	223	0	北	72	0	6
在右腿顶部	207	0	北	60	15	亮于4
在同一条腿偏北	198	50	北	63	0	4
在右膝	189	0	北	65	30	亮于4
在同一膝盖下面的两星中偏南一颗	186	40	北	63	40	4
偏北的一颗	183	30	北	64	15	4
在右胫	184	30	北	60	0	4
在右脚尖，与牧夫棍梢的星相同	178	20	北	57	30	4
不包括上面这颗恒星，共28颗星：6颗为3等，17颗为4等，2颗为5等，3颗为6等						
在星座外面，右臂之南	206	0	北	38	10	5
天琴						
称为“天琴”或“小琵琶”亮星	250	40	北	62	0	1
在相邻两星中北面一颗	253	40	北	62	40	亮于4
偏南的一颗	253	40	北	61	0	亮于4
在两臂曲部之间	262	0	北	60	0	4
在东边两颗紧邻恒星中北面一颗	265	20	北	61	20	4
偏南的一颗	265	0	北	60	20	4
在横档之西的两星中北面一颗	254	20	北	56	10	3
偏南的一颗	254	10	北	55	0	暗于4
在同一横档之东的两星中北面一颗	257	30	北	55	20	3
偏南的一颗	258	20	北	54	45	暗于4
共10颗星：1颗为1等，2颗为3等，7颗为4等						
天鹅或飞鸟						
在嘴部	267	50	北	41	20	3
在头部	272	20	北	50	30	5
在颈部中央	279	20	北	54	30	亮于4
在胸口	291	50	北	56	20	3
在尾部的亮星	302	30	北	60	0	2
在右翼弯曲处	282	40	北	64	40	3
在右翼伸展处的三星中偏南一颗	285	50	北	69	40	4
在中间的一颗	284	30	北	71	30	亮于4
三颗星的最后一颗，在翼尖	280	0	北	74	0	亮于4
在左翼弯曲处	294	10	北	49	30	3
在该翼中部	298	10	北	52	10	亮于4
在同翼尖端	300	0	北	74	0	3
在左脚	303	20	北	55	10	亮于4
在左膝	307	50	北	57	0	4
在右脚的两星中西面一颗	294	30	北	64	0	4
东面的一颗	296	0	北	64	30	4
在右膝的云雾状恒星	305	30	北	63	40	5
共17颗星：1颗为2等，5颗为3等，9颗为4等，2颗为5等						
在星座外面，天鹅附近，另外的两颗星						
在左翼下面两星中偏南一颗	306	0	北	49	40	4
偏北的一颗	307	10	北	51	40	4
仙后						
在头部	1	10	北	45	20	4
在胸口	4	10	北	46	45	亮于3
在腰带上	6	20	北	47	50	4
在座位之上，在臀部	10	0	北	49	0	亮于3
在膝部	13	40	北	45	30	3
在腿部	20	20	北	47	45	4
在脚尖	355	0	北	48	20	4
在左臂	8	0	北	44	20	4

续表

星座	黄经		黄纬			星等
	度	分		度	分	
在左肘	7	40	北	45	0	5
在右肘	357	40	北	50	0	6
在椅脚处	8	20	北	52	40	4
在椅背中部	1	10	北	51	40	暗于3
在椅背边缘	357	10	北	51	40	6
共13颗星：4颗为3等，6颗为6等，1颗为5等，2颗为6等						
英仙						
在右手尖端，在云雾状包裹中	21	0	北	40	30	云雾状
在右肘	24	30	北	37	30	4
在右肩	26	0	北	34	30	暗于4
在左肩	20	50	北	32	20	4
在头部或云雾中	24	0	北	34	30	4
在肩胛部	24	50	北	31	10	4
在右边的亮星	28	10	北	30	0	2
在同一边的三星中西面一颗	28	40	北	27	30	4
中间的一颗	30	20	北	27	40	4
三星中其余的一颗	31	0	北	27	30	3
在左肘	24	0	北	27	0	4
在左手和在美杜莎头部的亮星	23	0	北	23	0	2
在同一头部中东面一颗	22	30	北	21	0	4
在同一头部中西面一颗	21	0	北	21	0	4
比上述星更偏西的一颗	20	10	北	22	15	4
在右膝	38	10	北	28	15	4
在膝部，在上一颗星西面	37	10	北	28	10	4
在腹部的两星中西面一颗	35	40	北	25	10	4
东面的一颗	37	20	北	26	15	4
在右臀	37	30	北	24	30	5
在右腓	39	40	北	28	45	5
在左臀	30	10	北	21	40	亮于4
在左膝	32	0	北	19	50	3
在左腿	31	40	北	14	45	亮于3
在左脚后跟	24	30	北	12	0	暗于3
在脚顶部左边	29	40	北	11	0	亮于3
共26颗星：2颗为2等，5颗为3等，16颗为4等，2颗为5等，1颗为云雾状						
靠近英仙，在星座外面						
在左膝的东面	34	10	北	31	0	5
在右膝的北面	38	20	北	31	0	5
在美杜莎头部的西面	18	0	北	20	40	暗弱
共3颗星：2颗为5等，1颗暗弱						

星座	黄经		黄纬			星等
	度	分		度	分	
驭夫或御夫						
在头部的两星中偏南一颗	55	50	北	30	0	4
偏北的一颗	55	40	北	30	50	4
左肩的亮星称为"五车二"	78	20	北	22	30	1
在右肩上	56	10	北	20	0	2
在右肘	54	30	北	15	15	4
在右手掌	56	10	北	13	30	亮于4
在左肘	45	20	北	20	40	亮于4
在西边的一只山羊中	45	30	北	18	0	暗于4
在左手掌的山羊中，靠东边一只	46	0	北	18	0	亮于4
在左腓	53	10	北	10	10	暗于3
在右腓并在金牛的北角尖端	49	0	北	5	0	亮于3
在脚踝	49	20	北	8	30	5
在牛臀部	49	40	北	12	20	5
在左脚的一颗小星	24	0	北	10	20	6
共14颗星：1颗为1等，1颗为2等，2颗为3等，7颗为4等，2颗为5等，1颗为6等						
蛇夫						
在头部	228	10	北	36	0	3
在右肩的两星中西面一颗	231	20	北	27	15	亮于4
东面的一颗	232	20	北	26	45	4
在左肩的两星中西面一颗	216	40	北	33	0	4
东面的一颗	218	0	北	31	50	4
在左肘	211	40	北	34	30	4
在左手的两星中西面一颗	208	20	北	17	0	4
东面的一颗	209	20	北	12	30	3
在右肘	220	0	北	15	0	4
在右手，西面的一颗	205	40	北	18	40	暗于4
东面的一颗	207	40	北	14	20	4
在右膝	224	30	北	4	30	3
在右胫	227	0	北	2	15	亮于3
在右脚的四星中西面一颗	226	20	南	2	15	亮于4
东面的一颗	227	40	南	1	30	亮于4
东面第三颗	228	20	南	0	20	亮于4
东面余下的一颗	229	10	南	0	45	亮于5
与脚后跟接触	229	30	南	1	0	5
在左膝	215	30	北	11	50	3
在左腿呈一条直线的三星中北面一颗	215	0	北	5	20	亮于5

续表

星座	黄经		黄纬			星等
	度	分		度	分	
这三星的中间一颗	214	0	北	3	10	5
三星中偏南一颗	213	10	北	1	40	亮于5
在左脚后跟	215	40	北	0	40	5
与左脚背接触	214	0	南	0	45	4
共24颗星：5颗为3等，13颗为4等，6颗为5等						
靠近蛇夫，在星座外面						
在右肩东面的三星北侧一颗	235	20	北	28	10	4
三星的中间一颗	236	0	北	26	20	4
三星的南面一颗	233	40	北	25	0	4
三星中偏东一颗	237	0	北	27	0	4
距这四颗星较远，在北面	238	0	北	33	0	4
因此，在星座外面共5颗星，都是4等						
蛇夫之蛇						
在面颊的四边形里	192	10	北	38	0	4
与鼻孔相接	201	0	北	40	0	4
在太阳穴	197	40	北	35	0	3
在颈部开端	195	20	北	34	15	3
在四边形中央和在嘴部	194	40	北	37	15	4
在头的北面	201	30	北	42	30	4
在颈部第一条弯	195	0	北	29	15	3
在东边三星中北面的一颗	198	10	北	26	30	4
这些星的中间一颗	197	40	北	25	20	3
在三星中最南一颗	199	40	北	24	0	3
在蛇夫左手的两星中西面一颗	202	0	北	16	30	4
在上述一只手中东面的一颗	211	30	北	16	15	5
在右臀的东面	227	0	北	10	30	4
在上述恒星东面的两星中南面一颗	230	20	北	8	30	亮于4
北面的一颗	231	10	北	10	30	4
在右手东面，在尾圈中	237	0	北	20	0	4
在尾部上述恒星之东	242	0	北	21	10	亮于4
在尾梢	251	40	北	27	0	4
共18颗星：5颗为3等，12颗为4等，1颗为5等						
天箭						
在箭梢	273	30	北	39	20	4
在箭杆三星中东面一颗	270	0	北	39	10	6
这三星的中间一颗	269	10	北	39	50	5

星座	黄经		黄纬			星等
	度	分		度	分	
三星的西面一颗	268	0	北	39	0	5
在箭槽缺口	266	40	北	38	45	5
共5颗星：1颗为4等，3颗为5等，1颗为6等						
天鹰						
在头部中央	270	30	北	26	50	4
在颈部	268	10	北	27	10	3
在肩胛处称为“天鹰”的亮星	267	10	北	29	10	亮于2
很靠近上面这颗星，偏北	268	0	北	30	0	暗于3
在左肩，朝西的一颗	266	30	北	31	30	3
朝东的一颗	269	20	北	31	30	5
在右肩，朝西的一颗	263	0	北	28	40	5
朝东的一颗	264	30	北	26	40	亮于5
在尾部，与银河相接	255	30	北	26	30	3
共9颗星：1颗为2等，4颗为3等，1颗为4等，3颗为5等						
在天鹰座附近						
在头部南面，朝西的一颗星	272	0	北	21	40	3
朝东的一颗星	272	10	北	29	10	3
在右肩西南面	259	20	北	25	0	亮于4
在上面这颗星的南面	261	30	北	20	0	3
再往南	263	0	北	15	30	5
在星座外六星中最西面的一颗	254	30	北	18	10	3
星座外面的6颗星：4颗为3等，1颗为4等，1颗为5等						
海豚						
在尾部三星中西面一颗	281	0	北	29	10	暗于3
另外两星中偏北的一颗	282	0	北	29	0	暗于4
偏南的一颗	282	0	北	26	40	4
在长菱形西边偏东的一颗	281	50	北	32	0	暗于3
在同一边，北面的一颗	283	30	北	33	50	暗于3
在东边，南面的一颗	284	40	北	32	0	暗于3
在同一边，北面的一颗	286	50	北	33	10	暗于3
在位于尾部与长菱形之间三星偏南的一颗	280	50	北	34	15	6
在偏南的两星中西面的一颗	280	50	北	31	50	6
东面的一颗	282	20	北	31	30	6
共10颗星：5颗为3等，2颗为4等，3颗为6等						
马的局部						
在头部两星的西面一颗	289	40	北	20	30	暗弱

续表

星座	黄经		黄纬			星等
	度	分		度	分	
东面一颗	292	20	北	20	40	暗弱
在嘴部两星西面一颗	289	40	北	25	30	暗弱
东面一颗	291	0	北	25	0	暗弱
共4颗星，均暗弱						
飞马						
在张嘴处	298	40	北	21	30	亮于3
在头部密近两星中北面一颗	302	40	北	16	50	3
偏南的一颗	301	20	北	16	0	4
在鬃毛处两星中偏南一颗	314	40	北	15	0	5
偏北的一颗	313	50	北	16	0	5
在颈部两星中西面一颗	312	10	北	18	0	3
东面的一颗	313	50	北	19	0	4
在左后踝关节	305	40	北	36	30	亮于4
在左膝	311	0	北	34	15	亮于4
在右后踝关节	317	0	北	41	10	亮于4
在胸部两颗密接恒星中西面一颗	319	30	北	29	0	4
东面的一颗	320	20	北	29	30	4
在右膝两星中北面一颗	322	20	北	35	0	3
偏南的一颗	321	50	北	24	30	5
在翼下身体中两星北面一颗	327	50	北	25	40	4
偏南的一颗	328	20	北	25	0	4
在肩胛和翼侧	350	0	北	19	40	暗于2
在右肩和腿的上端	325	30	北	31	0	暗于2
在翼梢	335	30	北	12	30	暗于2
在下腹部，也是在仙女的头部	341	10	北	26	0	暗于2
共20颗星：4颗为2等，4颗为3等，9颗为4等，3颗为5等						
仙女						
在肩胛	348	40	北	24	30	3
在右肩	349	40	北	27	0	4
在左肩	347	40	北	23	0	4
在右臂三星中偏南一颗	347	0	北	32	0	4
偏北的一颗	348	0	北	33	30	4
三星中间的一颗	348	20	北	32	20	5
在右手尖三星中偏南一颗	343	0	北	41	0	4
这三星中间的一颗	344	0	北	42	0	4
三星中北面的一颗	345	30	北	44	0	4
在左臂	347	30	北	17	30	4
在左肘	349	0	北	15	50	3
在腰带的三星中南面一颗	357	10	北	25	20	3
中间的一颗	355	10	北	30	0	3
三星北面的一颗	355	20	北	32	30	3
在左脚	10	10	北	23	0	3
在右脚	10	30	北	37	20	亮于4
在这些星的南面	8	30	北	35	20	亮于4
在膝盖下两星中北面一颗	5	40	北	29	0	4
南面的一颗	5	20	北	28	0	4
在右膝	5	30	北	35	30	5
在长袍或其后曳部分两星中北面的一颗	6	0	北	34	30	5
南面的一颗	7	30	北	32	30	5
在离右手甚远处和在星座外面	5	0	北	44	0	3
共23颗星：7颗为3等，12颗为4等，4颗为5等						
三角						
在三角形顶点	4	20	北	16	30	3
在底边的三星中西面一颗	9	20	北	20	40	3
中间的一颗	9	30	北	20	20	4
三星中东面的一颗	10	10	北	19	0	3
共4颗星：3颗为3等，1颗为4等						
因此，在北天区共计有360颗星：2颗为1等，18颗为2等，81颗为3等，177颗为4等，59颗为5等，13颗为6等，1颗为云雾状，9颗为暗弱星。						

二、中部和近黄道区

星座	黄经		黄纬			星等
	度	分		度	分	
白羊						
在羊角的两星中西面的一颗，也是一切恒星的第一颗	0	0	北	7	20	暗于3
在羊角中东面的一颗	1	0	北	8	20	3
在张嘴中两星的北面一颗	4	20	北	7	40	5
偏南的一颗	4	50	北	6	0	5
在颈部	9	50	北	5	30	5
在腰部	10	50	北	6	0	6
在尾部开端处	14	40	北	4	50	5
在尾部三星中西面一颗	17	10	北	1	40	4
中间的一颗	18	40	北	2	30	4
三星中东面的一颗	20	20	北	1	50	4
在臀部	13	0	北	1	10	5
在膝部后面	11	20	南	1	30	5
在后脚尖	8	10	南	5	15	亮于4
共13颗星：2颗为3等，4颗为4等，6颗为5等，1颗为6等						
在白羊座附近						
头上的亮星	3	50	北	10	0	亮于3
在背部之上最偏北的一颗	15	0	北	10	10	4
在其余三颗暗星中北面一颗	14	40	北	12	40	5
中间的一颗	13	0	北	10	40	5
在这三星中南面的一颗	12	30	北	10	40	5
共5颗星：1颗为3等，1颗为4等，3颗为5等						
金牛						
在切口的四星中最偏北一颗	19	40	南	6	0	4
在前面一星之后的第二颗	19	20	南	7	15	4
第三颗	18	0	南	8	30	4
第四颗，即最偏南的一颗	17	50	南	9	15	4
在右肩	23	0	南	9	30	5
在胸部	27	0	南	8	0	3
在右膝	30	0	南	12	0	4
在右后踝关节	26	20	南	14	50	4
在左膝	35	30	南	10	0	4
在左后踝关节	36	20	南	13	30	4
在毕星团中，在面部称为“小猪”的五星中位于鼻孔的一颗	32	0	南	5	45	暗于3
在上面恒星与北面眼睛之间	33	40	南	4	15	暗于3
在同一颗星与南面眼睛之间	34	10	南	0	50	暗于3
在同一眼中罗马人称为“巴里里西阿姆”的一颗亮星	36	0	南	5	10	1
在北面眼睛中	35	10	南	3	0	暗于3
在南面牛角端点与耳朵之间	40	30	南	4	0	4
在同一牛角两星中偏南一颗	43	40	南	5	0	4
偏北的一颗	43	20	南	3	30	5
在同一牛角尖点	50	30	南	2	30	3
在北面牛角端点	49	0	南	4	0	4
在同一牛角夹点也是在牧夫的右脚	49	0	北	5	0	3
在北面耳朵两星中偏北一颗	35	20	北	4	30	5
这两星的偏南一颗	35	0	北	4	0	5
在颈部两小星中西面一颗	30	20	北	0	40	5
东面的一颗	32	20	北	1	0	6
在颈部四边形西边两星中偏南一颗	31	20	北	5	0	5
在同一边偏北的一颗	32	10	北	7	10	5
在东边偏南的一颗	35	20	北	3	0	5
在该边偏北的一颗	35	0	北	5	0	5
在昴星团西边北端一颗称为“威吉莱”的星	25	30	北	4	30	5
在同一边的南端	25	50	北	4	40	5
昴星团东边很狭窄的顶端	27	0	北	5	20	5
昴星团离最外边甚远的一颗小星	26	0	北	3	0	5
不包括在北牛角尖的一颗，共32颗星：1颗为1等，6颗为3等，11颗为4等，13颗为5等，1颗为6等						
在金牛座附近						
在下面，在脚与肩之间	18	20	南	17	30	4

◀ 金星远地点在48°20′

续表

星座	黄经		黄纬			星等
	度	分		度	分	
在靠近南牛角三星中偏西一颗	43	20	南	2	0	5
三星的中间一颗	47	20	南	1	45	5
三星的东面一颗	49	20	南	2	0	5
在同一牛角尖下面两星中北面一颗	52	20	南	6	20	5
南面的一颗	52	20	南	7	40	5
在北牛角下面五星中西面一颗	50	20	北	2	40	5
东面第二颗	52	20	北	1	0	5
东面第三颗	54	20	北	1	20	5
在其余两星中偏北一颗	55	40	北	3	20	5
偏南的一颗	56	40	北	1	15	5
星座外面的11颗星：1颗为4等，10颗为5等						
双子						
在西面孩子的头部，北河二	76	40	北	9	30	2
在东面孩子的头部的黄星，北河三	79	50	北	6	15	2
在西面孩子的左肘	70	0	北	10	0	4
在左臂	72	0	北	7	20	4
在同一孩子的肩胛	75	20	北	5	30	4
在同一孩子的右肩	77	20	北	4	50	4
在东面孩子的左肩	80	0	北	2	40	4
在西面孩子的右边	75	0	北	2	40	5
在东面孩子的左边	76	30	北	3	0	5
在西面孩子的左膝	66	30	北	1	30	3
在东面孩子的左膝	71	35	南	2	30	3
在同一孩子的左腹股沟	75	0	南	0	30	3
在同一孩子的右关节	74	40	南	0	40	3
在西面孩子脚上西面的星	60	0	南	1	30	亮于4
在同一脚上东面的星	61	30	南	1	15	4
在西面孩子的脚底	63	30	南	3	30	4
在东面孩子的脚背	65	20	南	7	30	3
在同一只脚的底部	68	0	南	10	30	4
共18颗星：2颗为2等，5颗为3等，9颗为4等，2颗为5等						
在双子座附近						
在西面孩子脚背西边的星	57	30	南	0	40	4
在同一孩子膝部西面的亮星	59	50	北	5	50	亮于4
东面孩子左膝的西面	68	30	南	2	15	5
东面孩子右手东面三星中偏北一颗	81	40	南	1	20	5

星座	黄经		黄纬			星等
	度	分		度	分	
中间一颗	79	40	南	3	20	5
在右臂附近三星中偏南一颗	79	20	南	4	30	5
三星东面的亮星	84	0	南	2	40	4
星座外面的7颗星：3颗为4等，4颗为5等						
巨蟹						
在胸部云雾中间的星称为“鬼星团”	93	40	北	0	40	云雾状
在四边形西面两星中偏北一颗	91	0	北	1	15	暗于4
偏南的一颗	91	20	南	1	10	暗于4
在东面称为“阿斯”的两星中偏北一颗	93	40	北	2	40	亮于4
南阿斯	94	40	南	0	10	亮于4
在南面的钳或臂中	99	50	南	5	30	4
在北臂	91	40	北	11	50	4
在北面脚尖	86	0	北	1	0	5
在南面脚尖	90	30	南	7	30	亮于4
共9颗星：7颗为4等，1颗为5等，1颗为云雾状						
在巨蟹座附近						
在南钳肘部上面	103	0	南	2	40	暗于4
同一钳尖端的东面	105	0	南	5	40	暗于4
在小云雾上面两星中朝西一颗	97	20	北	4	50	5
在上面一颗星东面	100	20	北	7	15	5
星座外面的4颗星：2颗为4等，2颗为5等						
狮子						
在鼻孔	101	40	北	10	0	4
在张开的嘴中	104	30	北	7	30	4
在头部两星中偏北一颗	107	40	北	12	3	3
偏南一颗	107	30	北	9	30	亮于3
在颈部三星中偏北一颗	113	30	北	11	0	3
中间一颗	115	30	北	8	30	2
三星中偏南一颗	114	0	北	4	30	3
在心脏，称为“小王”或轩辕十四	115	50	北	0	10	1
在胸部两星中偏南一颗	116	50	南	1	50	4
离心脏的星稍偏西	113	20	南	0	15	5
在右前腿膝部	110	40	南	0	0	5
在右脚爪	117	30	南	3	40	6
在左前腿膝部	122	30	南	4	10	4
在左脚爪	115	50	南	4	15	4

◀火星远地点在109°50′

续表

星座	黄经		黄纬			星等
	度	分		度	分	
在左腋窝	122	30	南	0	10	4
在腹部三星中偏西一颗	120	20	北	4	0	6
偏东两星中北面一颗	126	20	北	5	20	6
南面一颗	125	40	北	2	20	6
在腰部两星中西面一颗	124	40	北	12	15	5
东面一颗	127	30	北	13	40	2
在臀部两星中北面一颗	127	40	北	11	30	5
南面一颗	129	40	北	9	40	3
在后臀	133	40	北	5	50	3
在腿弯处	135	0	北	1	15	4
在后腿关节	135	0	南	0	50	4
在后脚	134	0	南	3	0	5
在尾梢	137	50	北	11	50	暗于1
共27颗星：2颗为1等，2颗为2等，6颗为3等，8颗为4等，5颗为5等，4颗为6等						
在狮子座附近						
在背部两星中西面一颗	119	20	北	13	20	5
东面一颗	121	30	北	15	30	5
在腹部之下三星中北面一颗	129	50	北	1	10	暗于4
中间一颗	130	30	南	0	30	5
三星的南面一颗	132	20	南	2	40	5
在狮子座和大熊座最外面恒星之间的云状物中最偏北的星称为“贝列尼塞之发”	138	10	北	30	0	明亮
在南面两星中偏西一颗	133	50	北	25	0	暗弱
偏东一颗，形成常春藤叶	141	50	北	25	30	暗弱
星座外面的8颗星：1颗为4等，4颗为5等，1颗星明亮，2颗星暗弱						
室女						
在头部二星中偏西南的一颗	139	40	北	4	15	5
偏东北的一颗	140	20	北	5	40	5
在脸部二星中北面的一颗	144	0	北	8	0	5
南面的一颗	143	30	北	5	30	5
在左，南翼尖端	142	20	北	6	0	3
在左翼四星中西面一颗	151	35	北	1	10	3
东面第二颗	156	30	北	2	50	3
第三颗	160	30	北	2	50	5
四颗星的最后一颗，在东面	164	20	北	1	40	4
在腰带之下右边	157	40	北	8	30	3

星座	黄经		黄纬			星等
	度	分		度	分	
在右、北翼三星中西面一颗	151	30	北	13	50	5
其余两星中南面一颗	153	30	北	11	40	6
这两星中北面的一颗，称为“温德米阿特”	155	30	北	15	10	亮于3
在左手称为“钉子”的星	170	0	南	2	0	1
在腰带下面和在右臀	168	10	北	8	40	3
在左臀四边形西面二星中						
偏北一颗	169	40	北	2	20	5
偏南一颗	170	20	北	0	10	6
在东面二星中偏北一颗	173	20	北	1	30	4
偏南一颗	171	20	北	0	20	5
在左膝	175	0	北	1	30	5
在右臀东边	171	20	北	8	30	5
在长袍上的中间一颗星	180	0	北	7	30	4
南面一颗	180	40	北	2	40	4
北面一颗	181	40	北	11	40	4
在左、南脚	183	20	北	0	30	4
在右、北脚	186	0	北	9	50	3
共26颗星：1颗为1等，7颗为3等，6颗为4等，10颗为5等，2颗为6等						
在室女座附近						
在左臂下面成一直线的三星中西面一颗	158	0	南	3	30	5
中间一颗	162	20	南	3	30	5
东面一颗	165	35	南	3	20	5
在钉子下成一直线的三星中						
西面一颗	170	30	南	7	20	6
中间一颗，为双星	171	30	南	8	20	5
三星中东面一颗	173	20	南	7	50	6
星座外面的6颗星：4颗为5等，2颗为6等						
脚爪（今天秤）						
在南爪尖端两星中的亮星	191	20	北	0	40	亮于2
北面较暗的星	190	20	北	2	30	5
在北爪尖端两星中的亮星	195	30	北	8	30	2
上面一星西面较暗的星	191	0	北	8	30	5
在南爪中间	197	20	北	1	40	4
在同一爪中西面的一颗	194	40	北	1	15	4
在北爪中间	200	50	北	3	45	4
在同一爪中东面的一颗	206	20	北	4	30	4

◀木星远地点在154°20′

◀水星远地点在183°20′

续表

星座	黄经		黄纬			星等
	度	分		度	分	
共8颗星：2颗为2等，4颗为4等，2颗为5等						
在脚爪座附近						
在北爪北面三星中偏西的一颗	199	30	北	9	0	5
在东面两星中偏南的一颗	207	0	北	6	40	4
这两星中偏北的一颗	207	40	北	9	15	4
在两爪之间三星中东面的一颗	205	50	北	5	30	6
在西面其他两星中偏北的一颗	203	40	北	2	0	4
偏南的一颗	204	30	北	1	30	5
在南爪之下三星中偏西一颗	196	20	南	7	30	3
在东面其他两星中偏北的一颗	204	30	南	8	10	4
偏南的一颗	205	20	南	9	40	4
星座外面的9颗星：1颗为3等，5颗为4等，2颗为5等，1颗为6等						
天蝎						
在前额三颗亮星中北面的一颗	209	40	北	1	20	亮于3
中间的一颗	209	0	南	1	40	3
三星中南面的一颗	209	0	南	5	0	3
更偏南在脚上	209	20	南	7	50	3
在两颗密接星中北面的亮星	210	20	北	1	40	4
南面的一颗	210	40	北	0	30	4
蝎身上三颗亮星中西面的一颗	214	0	南	3	45	3
居中的红星，称为心宿二	216	0	南	4	0	亮于2
三星中东面的一颗	217	50	南	5	30	3
最后脚爪的两星中西面的一颗	212	40	南	6	10	5
东面的一颗	213	50	南	6	40	5
在蝎身第一段中	221	50	南	11	0	3
在第二段中	222	10	南	15	0	4
在第三段的双星中北面的一颗	223	20	南	18	40	4
双星中南面的一颗	223	30	南	18	0	3
第四段中	226	30	南	19	30	3
第五段中	231	30	南	18	50	3
第六段中	233	50	南	16	40	3
第七段中靠近蝎螯的星	232	20	南	15	10	3
在螯内两星中东面的一颗	230	50	南	13	20	3
西面的一颗	230	20	南	13	30	4
共21颗星：1颗为2等，13颗为3等，5颗为4等，2颗为5等						
在天蝎座附近						
在蝎螯东面的云雾状恒星	234	30	南	13	15	云雾状
中间一颗	271	0	北	6	40	6

土星远地点在226°30′ ▶（第四段中）

星座	黄经		黄纬			星等
	度	分		度	分	
在螯子北面两星中偏西一颗	228	50	南	0	10	5
偏东一颗	232	50	南	4	10	5
星座外面的三颗星：2颗为5等，1颗为云雾状						
人马						
在箭梢	237	50	南	6	30	3
在左手紧握处	241	0	南	6	30	3
在弓的南面	241	20	南	10	50	3
在弓的北面两星中偏南一颗	242	20	南	1	30	3
往北在弓梢处	240	0	北	2	50	4
在左肩	248	40	南	3	10	3
在上面一颗星之西，在箭上	246	20	南	3	50	4
在眼中双重云雾状星	248	30	北	0	45	云雾状
在头部三星中偏西一颗	249	0	北	2	10	4
中间一颗	251	0	北	1	30	亮于4
偏东一颗	252	30	北	2	0	4
在外衣北部三星中偏南一颗	254	40	北	2	50	4
中间一颗	255	40	北	4	30	4
三星中偏北一颗	256	10	北	6	30	4
上述三星之东的暗星	259	0	北	5	30	6
在外衣南部两星中偏北一颗	262	50	北	5	50	5
偏南一颗	261	0	北	2	0	6
在右肩	255	40	南	1	50	5
在右肘	258	10	南	2	50	5
在肩胛	253	20	南	2	30	5
在背部	251	0	南	4	30	亮于4
在腋窝下面	249	40	南	6	45	3
在左前腿跗关节	251	0	南	23	0	2
在同一条腿的膝部	250	20	南	18	0	2
在右前腿跗关节	240	0	南	13	0	3
在左肩胛	260	40	南	13	30	3
在右前腿的膝部	260	0	南	20	10	3
尾部起点北边四颗星中偏西一颗	261	0	南	4	50	5
在同一边偏东一颗	261	10	南	4	50	5
在南边偏西一颗	261	50	南	5	50	5
在同一边偏东一颗	263	0	南	6	30	5
共31颗星：2颗为2等，9颗为3等，9颗为4等，8颗为5等，2颗为6等，1颗为云雾状						
摩羯						
在西角三星中北面一颗	270	40	北	7	30	3
东面一颗	306	40	北	8	30	3

续表

星座	黄经		黄纬			星等
	度	分		度	分	
三星中南面一颗	270	40	北	5	0	3
在东角尖	272	20	北	8	0	6
在张嘴三星中南面一颗	272	20	北	0	45	6
其他两星中西面一颗	272	0	北	1	45	6
东面一颗	272	10	北	1	30	6
在右眼下面	270	30	北	0	40	5
在颈部两星中北面一颗	275	0	北	4	50	6
南面一颗	275	10	南	0	50	5
在右膝	274	10	南	6	30	4
在弯曲的左膝	275	0	南	8	40	4
在左肩	280	0	南	7	40	4
腹部下面两颗密接星中偏西一颗	283	30	南	6	50	4
偏东一颗	283	40	南	6	0	5
在兽身中部三星中偏东一颗	282	0	南	4	15	5
在偏西的其他两星中南面一颗	280	0	南	4	0	5
这两星中北面一颗	280	0	南	2	50	5
在背部两星中西面一颗	280	0	南	0	0	4
东面一颗	284	20	南	0	50	4
在条笼南部两星中偏西一颗	286	40	南	4	45	4
偏东一颗	288	20	南	4	30	4
在尾部起点两星中偏西一颗	288	10	南	2	10	3
偏东一颗	289	40	南	2	0	3
在尾巴北部四星中偏西一颗	290	10	南	2	20	4
其他三星中偏南一颗	292	0	南	5	0	5
中间一颗	291	0	南	2	50	5
偏北一颗，在尾梢	292	0	北	4	20	5
共28颗星：4颗为3等，9颗为4等，9颗为5等，6颗为6等						
宝瓶						
在头部	293	40	北	15	45	5
在右肩，较亮一颗	299	44	北	11	0	3
较暗一颗	298	30	北	9	40	5
在左肩	290	0	北	8	50	3
在腋窝下面	290	40	北	6	15	5
在左手下面外衣上三星中偏东一颗	280	0	北	5	30	3
中间一颗	279	30	北	8	0	4
三星中偏西一颗	278	0	北	8	30	3
在右肘	302	50	北	8	45	3
在右手，偏北一颗	303	0	北	10	45	3
在偏南其他两星中西面一颗	305	20	北	9	0	3

星座	黄经		黄纬			星等
	度	分		度	分	
在右臀两颗密接星中偏西一颗	299	30	北	3	0	4
偏东一颗	300	20	北	2	10	5
在右臀	302	0	南	0	50	4
在左臀两星中偏南一颗	295	0	南	1	40	4
偏北一颗	295	30	北	4	0	6
在右胫，偏南一颗	305	0	南	7	30	3
偏北一颗	304	40	南	5	0	4
在左臀	301	0	南	5	40	5
在左胫两星中偏南一颗	300	40	南	10	0	5
在用手倾出水中的第一颗星	303	20	北	2	0	4
向东，偏南	308	10	北	0	10	4
向东，在水流第一弯	311	0	南	1	10	4
在上一颗星东面	313	20	南	0	30	4
在第二弯	313	50	南	1	40	4
在东面两星中偏北一颗	312	30	南	3	30	4
偏南一颗	312	50	南	4	10	4
往南甚远处	314	10	南	8	15	5
在上述星之东两颗紧接恒星中偏西一颗	316	0	南	11	0	5
偏东一颗	316	30	南	10	50	5
在水流第三弯三颗星中偏北一颗	315	0	南	14	0	5
中间一颗	316	0	南	14	45	5
三星中偏东一颗	316	30	南	15	40	5
在东面形状相似三星中偏北一颗	310	20	南	14	10	4
中间一颗	310	50	南	15	0	4
三星中偏南一颗	311	40	南	15	45	4
在最后一弯三星中偏西一颗	305	10	南	14	50	4
在偏东两星中南面一颗	306	0	南	15	20	4
北面一颗	306	30	南	14	0	4
在水中的最后一星，也是在南鱼口中之星	300	20	南	23	0	1
共42颗星：1颗为1等，9颗为3等，18颗为4等，13颗为5等，1颗为6等						
在宝瓶座附近						
在水弯东面三星中偏西的一颗	320	0	南	15	30	4
其他两星中偏北一颗	323	0	南	14	20	4
这两星中偏南一颗	322	20	南	18	15	4
共3颗星：都亮于4等						

续表

星座	黄经		黄纬			星等
	度	分		度	分	
双鱼						
西鱼：						
在嘴部	315	0	北	9	15	4
在后脑两星中偏南一颗	317	30	北	7	30	亮于4
偏北一颗	321	30	北	9	30	4
在背部两星中偏西一颗	319	20	北	9	20	4
偏东一颗	324	0	北	7	30	4
在腹部西面一颗	319	20	北	4	30	4
东面一颗	323	0	北	2	30	4
在这条鱼的尾部	329	20	北	6	20	4
沿鱼身从尾部开始第一星	334	20	北	5	45	6
东面一颗	336	20	北	2	45	6
上述两星之东三颗亮星中偏西一颗	340	30	北	2	15	4
中间一颗	343	50	北	1	10	4
偏东一颗	346	20	南	1	20	4
在弯曲处两小星北面一颗	345	40	南	2	0	6
南面一颗	346	20	南	5	0	6
在弯曲处东面三星中偏西一颗	350	20	南	2	20	4
中间一颗	352	0	南	4	40	4
偏东一颗	354	0	南	7	45	4
在两线交点	356	0	南	8	30	3
在北线上，在交点西面	354	0	南	4	20	4
在上面一星东面三星中偏南一颗	353	30	北	1	30	5
中间一颗	353	40	北	5	20	3
三星中偏北，即为线上最后一颗	353	50	北	9	0	4
东鱼：						
嘴部两星中北面一颗	355	20	北	21	45	5
南面一颗	355	0	北	21	30	5
在头部三小星中东面一颗	352	0	北	20	0	6
中间一颗	351	0	北	19	50	6
三星中西面一颗	350	20	北	23	0	6
南鳍三星中西面一颗，靠近仙女左肘	349	0	北	14	20	4
中间一颗	349	40	北	13	0	4
三星中东面一颗	351	0	北	12	0	4
在腹部两星中北面一颗	355	30	北	17	0	4
更南一颗	352	40	北	15	20	4
在东鳍，靠近尾部	353	20	北	11	45	4
共34颗星：2颗为3等，22颗为4等，3颗为5等，7颗为6等						
在双鱼座附近						
西鱼下面四边形北边两星中偏西一颗	324	30	南	2	40	4
偏东一颗	325	35	南	2	30	4
在南边两星中偏西一颗	324	0	南	5	50	4
偏东一颗	325	40	南	5	30	4
星座外面的4颗星：都为4等						
因此，在黄道区共计有346颗星：5颗为1等，9颗为2等，65颗为3等，133颗为4等，105颗为5等，27颗为6等，3颗为云雾状。除此而外还有发星。我在前面谈到过，天文学家科隆称之为“贝列尼塞之发”。						

三、南天区

星座	黄经		黄纬			星等
	度	分		度	分	
鲸鱼						
在鼻孔尖端	11	0	南	7	45	4
在颚部三星中东面一颗	11	0	南	11	20	3
中间一颗，在嘴正中	6	0	南	11	30	3
三星西面一颗，在面颊上	3	50	南	14	0	3
在眼中	4	0	南	8	10	4
在头发中，偏北	5	30	南	6	20	4
在鬃毛中，偏西	1	0	南	4	10	4
胸部四星中偏西两星的北面一颗	355	20	南	24	30	4
南面一颗	356	40	南	28	0	4
偏东两星的北面一颗	0	0	南	25	10	4
南面一颗	0	20	南	27	30	3
在鱼身三星的中间一颗	345	20	南	25	20	3
南面一颗	346	20	南	30	30	4
三星中北面一颗	348	20	南	20	0	3
靠近尾部两星中东面一颗	343	0	南	15	20	3
西面一颗	338	20	南	15	40	3
尾部四边形中东面两星偏北一颗	335	0	南	11	40	5
偏南一颗	334	0	南	13	40	5
西面其余两星中偏北一颗	332	40	南	13	0	5
偏南一颗	332	20	南	14	0	5
在尾巴北梢	327	40	南	9	30	3
在尾巴南梢	329	0	南	20	20	3
共22颗星：10颗为3等，8颗为4等，4颗为5等						
猎户						
在头部的云雾状星	50	20	南	16	30	云雾状
在右肩的亮红星	55	20	南	17	0	1
在左肩	43	40	南	17	30	亮于2
在前面一星之东	48	20	南	18	0	暗于4
在右肘	57	40	南	14	30	4
在右前臂	59	40	南	11	50	6
右手四星的南边两星中偏东一颗	59	50	南	10	40	4
偏西一颗	59	20	南	9	45	4
北边两星中偏东一颗	60	40	南	8	15	6
同一边偏西一颗	59	0	南	8	15	6
在棍子上两星中偏西一颗	55	0	南	3	45	5
偏东一颗	57	40	南	3	15	5
背部成一直线的四星中东面一颗	50	50	南	19	40	4
向西，第二颗	49	40	南	20	0	6
向西，第三颗	48	40	南	20	20	6
向西，第四颗	47	30	南	20	30	5
在盾牌上九星中最偏北一颗	43	50	南	8	0	4
第二颗	42	40	南	8	10	4
第三颗	41	20	南	10	15	4
第四颗	39	40	南	12	50	4
第五颗	38	30	南	14	15	4
第六颗	37	50	南	15	50	3
第七颗	38	10	南	17	10	3
第八颗	38	40	南	20	20	3
这些星中余下的最偏南一颗	39	40	南	21	30	3
在腰带上三颗亮星中偏西一颗	48	40	南	24	10	2
中间一颗	50	40	南	24	50	2
在成一直线的三星中偏东一颗	52	40	南	25	30	2
在剑柄	47	10	南	25	50	3
在剑上三星中北面一颗	50	10	南	28	40	4
中间一颗	50	0	南	29	30	3
南面一颗	50	20	南	29	50	暗于3
在剑梢两星中东面一颗	51	0	南	30	30	4
西面一颗	49	30	南	30	50	4
在左脚的亮星，也在波江座	42	30	南	31	30	1
在左胫	44	20	南	30	15	亮于4
在左脚后跟	46	40	南	31	10	4
在右膝	53	30	南	33	30	3
共38颗星：2颗为1等，4颗为2等，8颗为3等，15颗为4等，3颗为5等，5颗为6等，还有1颗为云雾状						
波江						
在猎户左脚外面，在波江的起点	41	40	南	31	50	4
在猎户腿弯处，最偏北的一颗星	42	10	南	28	15	4

续表

星座	黄经		黄纬			星等
	度	分		度	分	
上面一颗星东面两星中偏东一颗	41	20	南	29	50	4
偏西一颗	38	0	南	28	15	4
在其次两星中偏东一颗	36	30	南	25	15	4
偏西一颗	33	30	南	25	20	4
上面一颗星之后三星中偏东一颗	29	40	南	26	0	4
中间一颗	29	0	南	27	0	4
三星中偏西一颗	26	10	南	27	50	4
在甚远处四星中东面一颗	20	20	南	32	50	3
在上面一星之西	18	0	南	31	0	4
向西，第三颗星	17	30	南	28	50	3
四星中最偏西一颗	15	30	南	28	0	3
其他四星中，同样在东面的一颗	10	30	南	25	30	3
在上面一星之西	8	10	南	23	50	4
比上面一星更偏西	5	30	南	23	10	3
四星中最偏西一颗	3	50	南	23	15	4
在波江弯曲处，与鲸鱼胸部相接	358	30	南	32	10	4
在上面一星之东	359	10	南	34	50	4
在东面三星中偏西一颗	2	10	南	38	30	4
中间一颗	7	10	南	38	10	4
三星中偏东一颗	10	50	南	39	0	5
在四边形西面两星中偏北一颗	14	40	南	41	30	4
偏南一颗	14	50	南	42	30	4
在东边的偏西一颗	15	30	南	43	20	4
这四星中东面一颗	18	0	南	43	20	4
朝东两密接恒星中北面一颗	27	30	南	50	20	4
偏南一颗	28	20	南	51	45	4
在弯曲处两星东面一颗	21	30	南	53	50	4
西面一颗	19	10	南	53	10	4
在剩余范围内三星中东面一颗	11	10	南	53	0	4
中间一颗	8	10	南	53	30	4
三星中西面一颗	5	10	南	52	0	4
在波江终了处的亮星	353	30	南	53	30	1
共34颗星：1颗为1等，5颗为3等，27颗为4等，1颗为5等						
天兔						
两耳四边形西边两星中偏北一颗	43	0	南	35	0	5
偏南一颗	43	10	南	36	30	5
东边两星中偏北一颗	44	40	南	35	30	5
偏南一颗	44	40	南	36	40	5
在下巴	42	30	南	39	40	亮于4
在左前脚末端	39	30	南	45	15	亮于4
在兔身中央	48	50	南	41	30	3
在腹部下面	48	10	南	44	20	3
在后脚两星中北面一颗	54	20	南	44	0	4
偏南一颗	52	20	南	45	50	4
在腰部	53	20	南	38	20	4
在尾梢	56	0	南	38	10	4
共12颗星：2颗为3等，6颗为4等，4颗为5等						
大犬						
在嘴部最亮的恒星称为“犬星”	71	0	南	39	10	最亮的1等星
在耳朵处	73	0	南	35	0	4
在头部	74	40	南	36	30	5
在颈部两星中北面一颗	76	40	南	37	45	4
南面一颗	78	40	南	40	0	4
在胸部	73	50	南	42	30	5
在右膝两星中北面一颗	69	30	南	41	15	5
南面一颗	69	20	南	41	20	3
在左膝两星中西面一颗	68	0	南	46	30	5
东面一颗	69	30	南	45	50	5
在左肩两星中偏东一颗	78	0	南	46	0	4
偏西一颗	75	0	南	47	0	5
在左臀	80	0	南	48	45	暗于3
在腹部下面大腿之间	77	0	南	51	30	3
在右脚背	76	20	南	55	10	4
在右脚尖	77	0	南	55	40	3
在尾梢	85	30	南	50	30	暗于3
共18颗星：1颗为1等，5颗为3等，5颗为4等，7颗为5等						
在大犬座附近						
大犬头部北面	72	50	南	25	15	4
在后脚下面一条直线上南面的星	63	20	南	60	30	4
偏北一星	64	40	南	58	45	4
比上面一星更偏北	66	20	南	57	0	4
这四星中最后的、最偏北的一颗	67	30	南	56	0	4
西面几乎成一直线三星中偏西一颗	50	20	南	55	30	4
中间一颗	53	40	南	57	40	4
三星中偏东一颗	55	40	南	59	30	4
在上面一星之下两亮星中东面一颗	52	20	南	59	40	2
西面一颗	49	20	南	57	40	2

续表

星座	黄经		黄纬			星等
	度	分		度	分	
最后一颗，比上述各星都偏南	45	30	南	59	30	4
共11颗星：2颗为2等，9颗为4等						
小犬						
在颈部	78	20	南	14	0	4
在大腿处的亮星：南河三	82	30	南	16	10	1
共2颗星：1颗为1等，1颗为4等						
南船						
在船尾两星中西面一颗	93	40	南	42	40	5
东面一颗	97	40	南	43	20	3
在船尾两星中北面一颗	92	10	南	45	0	4
南面一颗	92	10	南	46	0	4
在上面两星之西	88	40	南	45	30	4
盾牌中央的亮星	89	40	南	47	15	4
在盾牌下面三星中偏西一颗	88	40	南	49	45	4
偏东一颗	92	40	南	49	50	4
三星的中间一颗	91	50	南	49	15	4
在舵尾	97	20	南	49	50	4
在船尾龙骨两星中北面一颗	87	20	南	53	0	4
南面一颗	87	20	南	58	30	3
在船尾甲板上偏北一星	93	30	南	53	30	5
在同一甲板上三星中西面一颗	95	30	南	58	30	5
中间一颗	96	40	南	57	15	4
东面一颗	99	50	南	57	45	4
横亘东面的亮星	104	30	南	58	20	2
上面一星之下两颗暗星中偏西一颗	101	30	南	60	0	5
偏东一颗	104	20	南	59	20	5
在前述亮星之上两星中西面一颗	106	30	南	56	40	5
东面一颗	107	40	南	57	0	5
在小盾牌和樯脚三星中北面一颗	119	0	南	51	30	亮于4
中间一颗	119	30	南	55	30	亮于4
三星中南面一颗	117	20	南	57	10	4
上面一星之下密近两星中偏北一颗	122	30	南	60	0	4
偏南一颗	122	20	南	61	15	4
在桅杆中部两星中偏南一颗	113	30	南	51	30	4
偏北一颗	112	40	南	49	0	4
在帆顶两星中西面一颗	111	20	南	43	20	4
东面一颗	112	20	南	43	30	4
在第三星下面，盾牌东面	98	30	南	54	30	暗于2
在甲板接合处	100	50	南	51	15	2
在位于龙甲上的桨之间	95	0	南	63	0	4
在上面一星之东的暗星	102	20	南	64	30	0
在上面一星之东，在甲板上的亮星	113	20	南	63	50	2
偏南，在龙骨下面的亮星	121	50	南	69	40	2
在上面一星之东三星中偏西一颗	128	30	南	65	40	3
中间一颗	134	40	南	65	50	3
偏东一颗	139	20	南	65	50	2
在东面接合处两星中偏西一颗	144	20	南	62	50	3
偏东一颗	151	20	南	62	15	3
在西北桨上偏西一星	57	20	南	65	50	亮于4
偏东一星	73	30	南	65	40	亮于3
在其余一桨上西面一星，称为老人星	70	30	南	75	0	1
其余一星，在上面一星东面	80	20	南	71	50	亮于3
共45颗星：1颗为1等，6颗为2等，8颗为3等，22颗为4等，7颗为5等，1颗为6等						
长蛇						
在头部五星的西面两星中，在鼻孔中的偏南一星	97	20	南	15	0	4
两星中在眼部偏北一星	98	40	南	13	40	4
两星中在张嘴中偏南一星	98	50	南	14	45	4
在上述各星之东，在面颊上	100	50	南	12	15	4
在颈部开端处两星的偏西一颗	103	40	南	11	50	5
偏东一颗	106	40	南	13	30	4
在颈部弯曲处三星的中间一颗	111	40	南	15	20	4
在上面一星之东	114	0	南	14	50	4
最偏南一星	111	40	南	17	10	4
在南面两颗密近恒星中偏北的暗星	112	30	南	19	45	6
这两星中在东南面的亮星	113	20	南	20	30	2
在颈部弯曲处之东三星中偏西一颗	119	20	南	26	30	4
偏东一颗	124	30	南	23	15	4
这三星的中间一颗	122	0	南	26	0	3
在一条直线上三星中西面一颗	131	20	南	24	30	4
中间一颗	133	20	南	23	0	3
东面一颗	136	20	南	22	10	4
在巨爵底部下面两星中偏北一颗	144	50	南	25	45	4

续表

星座	黄经		黄纬			星等
	度	分		度	分	
偏南一颗	145	40	南	30	10	4
上面一星东面三角形中偏西一颗	155	30	南	31	20	4
这些星中偏南一颗	157	50	南	34	10	3
在同样三星中偏东一颗	159	30	南	31	40	4
在乌鸦东面，靠近尾部	173	20	南	13	30	4
在尾梢	186	50	南	17	30	4
共24颗星：1颗为2等，3颗为3等，19颗为4等，1颗为5等，1颗为6等						
在长蛇座附近						
在头部南面	96	0	南	23	15	3
在颈部各星之东	124	20	南	26	0	3
星座外面的两颗星均为3等						
巨爵						
在杯底，也在长蛇	139	40	南	23	0	4
在杯中两星的南面一颗	146	0	南	19	30	4
这两星中北面一颗	143	30	南	18	0	4
在杯嘴南边缘	150	20	南	18	30	亮于4
在北边缘	142	40	南	13	40	4
在南柄	152	30	南	16	30	暗于4
在北柄	145	0	南	11	50	4
共7颗星：均为4等						
乌鸦						
在嘴部，也在长蛇	158	40	南	21	30	3
在颈部	157	40	南	19	40	3
在胸部	160	0	南	18	10	5
在右、西翼	160	50	南	14	50	3
在东翼两星中西面一颗	160	0	南	12	30	3
东面一颗	161	20	南	11	45	4
在脚尖，也在长蛇	163	50	南	18	10	3
共7颗星：5颗为3等，1颗为4等，1颗为5等						
半人马						
在头部四星中最偏南一颗	183	50	南	21	20	5
偏北一颗	183	20	南	13	50	5
在中间两星中偏西一颗	182	30	南	20	30	5
偏东一颗，即四星中最后一颗	183	20	南	20	0	5
在左、西肩	179	30	南	25	30	3

星座	黄经		黄纬			星等
	度	分		度	分	
在右肩	189	0	南	22	30	3
在背部左边	182	30	南	17	30	4
盾牌四星的西面两星中偏北一颗	191	30	南	22	30	4
偏南一颗	192	30	南	23	45	4
在其余两星中在盾牌顶部一颗	195	20	南	18	15	4
偏南一颗	196	50	南	20	50	4
在右边三星中偏西一颗	186	40	南	28	20	4
中间一颗	187	20	南	29	20	4
偏东一颗	188	30	南	28	0	4
在右臂	189	40	南	26	30	4
在右肘	196	10	南	25	15	3
在右手尖端	200	50	南	24	0	4
在人体开始处的亮星	191	20	南	33	30	3
两颗暗星中东面一颗	191	0	南	31	0	5
西面一颗	189	50	南	30	20	5
在背部关节处	185	30	南	33	50	5
在上面一星之西，在马背上	182	20	南	37	30	5
在腹股沟三星中东面一颗	179	10	南	40	0	3
中间一颗	178	20	南	40	20	4
三星中西面一颗	176	0	南	41	0	5
在右臀两颗密近恒星中西面一颗	176	0	南	46	10	2
东面一颗	176	40	南	46	45	4
在马翼下面胸部	191	40	南	40	45	4
在腹部两星中偏西一颗	179	50	南	40	0	2
偏东一颗	181	0	南	43	45	3
在右脚背	183	20	南	51	10	2
在同脚小腿	188	40	南	51	40	2
在左脚背	188	40	南	55	10	4
在同脚肌肉下面	184	30	南	55	40	4
在右前脚顶部	181	40	南	41	10	1
在左膝	197	30	南	45	20	2
在右大腿之下星座外面	188	0	南	49	10	3
共37颗星：1颗为1等，5颗为2等，7颗为3等，15颗为4等，9颗为5等						
半人马所捕之兽						
在后脚顶部，靠近半人马之手	201	20	南	24	50	3
在同脚之背	199	10	南	20	10	3
肩部两星中西面一颗	204	20	南	21	15	4
东面一颗	207	30	南	21	0	4
在兽身中部	206	20	南	25	10	4
在腹部	203	30	南	27	0	5

续表

星座	黄经		黄纬			星等
	度	分		度	分	
在臀部	204	10	南	29	0	5
在臀部关节两星中北面一颗	208	0	南	28	30	5
南面一颗	207	0	南	30	0	5
在腰部上端	208	40	南	33	10	5
在尾梢三星中偏南一颗	195	20	南	31	20	5
中间一颗	195	10	南	30	0	4
三星中偏北一颗	196	20	南	29	20	4
在咽喉处两星中偏南一颗	212	40	南	15	20	4
偏北一颗	212	40	南	15	20	4
在张嘴处两星中西面一颗	209	0	南	13	30	4
东面一颗	210	0	南	12	50	4
在前脚两星中南面一颗	240	40	南	11	30	4
偏北一颗	239	50	南	10	0	4
共19颗星：2颗为3等，11颗为4等，6颗为5等						
天炉						
在底部两星中偏北一颗	231	0	南	22	40	5
偏南一颗	233	40	南	25	45	4
在小祭坛中央	229	30	南	26	30	4
在火盆中三星的偏北一颗	224	0	南	30	20	5
在密近两星中南面一颗	228	30	南	34	10	4
北面一颗	228	20	南	33	20	4
在炉火中央	224	10	南	34	10	4
共7颗星：5颗为4等，2颗为5等						
南冕						
在南边缘外面，向西	242	30	南	21	30	4
在上一颗星之东，在冕内	245	0	南	21	0	5
在上一颗星之东	246	30	南	20	20	5
更偏东	248	10	南	20	0	4
在上一颗星之东，在人马膝部之西	249	30	南	18	30	5
向北，在膝部的亮星	250	40	南	17	10	4
偏北	250	10	南	16	0	4
更偏北	249	50	南	15	20	4
在北边缘两星中东面一颗	248	30	南	15	50	6
西面一颗	248	0	南	14	50	6
在上面两星之西甚远处	245	10	南	14	40	5
更偏西	243	0	南	15	50	5
偏南，剩余一星	242	0	南	18	30	5
共13颗星：5颗为4等，6颗为5等，2颗为6等						
南鱼						
在嘴部，即在波江边缘	300	20	南	23	0	1
在头部三星中西面一颗	294	0	南	21	20	4
中间一颗	297	30	南	22	15	4
东面一颗	299	0	南	22	30	4
在鳃部	297	40	南	16	15	4
在南鳍和背部	288	30	南	19	30	5
腹部两星偏东一颗	294	30	南	15	10	5
偏西一颗	292	10	南	14	30	4
在北鳍三星中东面一颗	288	30	南	15	15	4
中间的一颗	285	10	南	16	30	4
三星中西面一颗	284	20	南	18	10	4
在尾梢	289	20	南	22	15	4
不包括第一颗，共11颗星：9颗为4等，2颗为5等						
在南鱼座附近						
在鱼身西面的亮星中偏西一颗	271	20	南	22	20	3
中间一颗	274	30	南	22	10	3
三星中偏东一颗	277	20	南	21	0	3
在上面一星西面的暗星	275	20	南	20	50	5
在北面其余星中偏南一颗	277	10	南	16	0	4
偏北一颗	277	10	南	14	50	4
共6颗星：3颗为3等，2颗为4等，1颗为5等						
在南天区共有316颗星：7颗为1等，18颗为2等，60颗为3等，167颗为4等，54颗为5等，9颗为6等，1颗为云雾状。因此，总共有1022颗星：15颗为1等，45颗为2等，208颗为3等，474颗为4等，216颗为5等，50颗为6等，9颗暗弱，5颗为云雾状。						

第 3 章

CHAPTER 3

本章主要论述二分点和二至点的岁差。哥白尼从岁差的研究历史、岁差的不均匀性和它的观测史，以及岁差的成因开始谈起，然后分别阐述了二分点岁差与黄赤交角等数值变化的均匀行度和非均匀行度，以及太阳视运动的不均匀性；不均匀的天平运动；二分点岁差和黄赤交角的不均匀性；二分点岁差与黄道倾角的均匀行度；二分点的平均岁差与视岁差的最大差值；二分点行差与黄赤交角；最后对二分点岁差进行总结。后面部分的内容主要涉及黄赤交角的最大变化；二分点均匀行度的历元和非均匀角的测定；春分点岁差和黄赤交角的计算；太阳年的长度和非均匀性；地心运转的均匀化和平均行度；太阳的视运动及其不均匀性等。

3.1 二分点与二至点的岁差

阐述完恒星现象，接下来我就应该讨论与周年运转有关的课题了。我首先从二分点的移动开始[1]。有了这种移动的存在，可以认为恒星也在运动。我发现，由于早期的天文学家未区分从一个分点或至点量起的回归年或自然年和以一颗恒星为基准测出的年，因此他们认为，以南河三升起为起点的奥林匹克年[2]，与以一个分点量起的年是一回事（当时尚未发现二者的差额）。

罗德斯城的喜帕恰斯最先敏锐地察觉到这两种年并不一样。他在对年的长度进行继续测定的时候，发现以恒星为基准测出的一年比以二分点或二至点为基准测出的一年要长。于是他想到，恒星也在沿黄道运动，只是这种极为缓慢的运动用肉眼难以察觉。在经过时间的验证之后，这在今天看来已变得十分明朗了。基于这种情况，黄道各宫和恒星目前的出没情况就会跟早期天文学家的记载迥然不同，而且黄道十二宫已经从它们原来的位置上移动了很长的一段距离，甚至连它们的名称也不再吻合了。

□ 岁差

岁差是指地轴绕着一条通过地球中心且垂直于黄道面的轴线的缓慢圆锥运动，由太阳、月球和其他行星对地球赤道隆起物的吸引力所造成，从春分点逐渐向西移动，周期为26 000年。

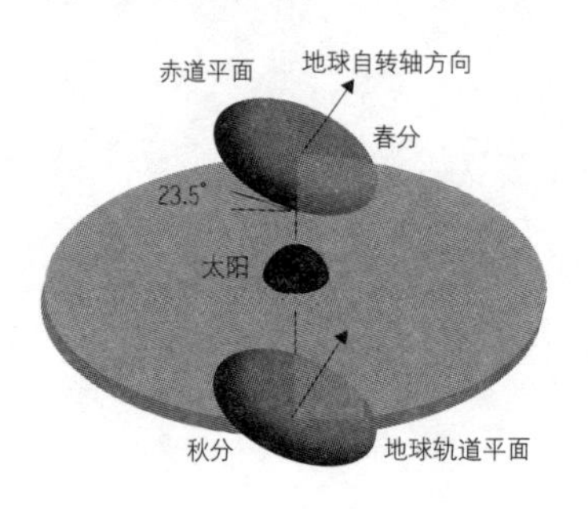

与此同时，人们还发现二分点的移动是不均匀运动。为了阐明这种不均匀性，已经有了诸多不同的解释。按照一部分人的想法，由于宇宙处于悬浮状态，因而具有某种程度的振动，这种振动与我们发现的行星黄纬的一种运动极为相似，即振动被限定在极限范围内，物

〔1〕在原稿纸中，哥白尼原本在此处加了两句话："二分点的移动也可视为恒星在运动。地球自转的轨道和极点在天空中的形状相似，出现的方式也相似。"后来这两句话被删掉了。

〔2〕古希腊时期，为了纪念天神宙斯，希腊人每四年在奥林匹亚举行一次运动会。

质前进之后的某个时刻会自动后退，而在两个方向上对平均位置的偏离都不超过8°。然而，这个观点不仅没有得到普遍认同，甚至最终消亡。主要是因为，白羊座第一点与春分点的距离已经是8°的三倍多了。对其他恒星来说，情况也都一样；而且千百年来，我们凭肉眼根本察觉不出任何回归的迹象。另外一部分人则肯定地认为，恒星以不等的速率不断向前运行，时快时慢。但是他们并没有形成明确的图像。此外，自然界的另一个奇迹也随之出现：目前黄赤交角并不像托勒密之前的那样大，关于这一点，我已经在前面谈过了。

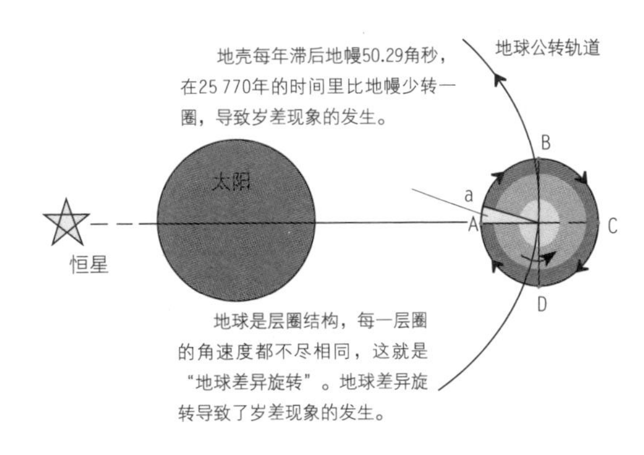

□ **地球差异旋转导致岁差**

为了比较圆满地解释这些观测事实，有人设想出了九层甚至十层天球，他们认为上述现象都可以从天球上显现出来，不过他们未能如愿。现在第十一层天球也横空出世了，但即便如此，他们似乎还嫌这些天球不够多。只要祈灵于地球的运动，我敢肯定地说，这些球体跟恒星天球毫不相干，并且这许多球体的多余很容易论证。正如我在第一章所说，倾角运转和地心的周年运转并不完全相等，前者的周期比后者更短。因此，二分点与二至点看上去都是向前运动——不是因为恒星天球在向东移动，而是赤道在向西移动；赤道与黄道面的倾角与地球轴线的倾角成正比。我们说赤道倾斜于黄道，显然比说黄道倾斜于赤道更容易让人理解。事实上，黄道作为地球围绕太阳旋转所形成的轨道平面与天球相交而成的大圆，它比地球绕地轴运行所产生的赤道大得多。因此，所有在二分点上的交点和整个黄赤交角一起，看上去都跑在了恒星的前面，恒星则被甩在了后面。早期天文学家既找不到测量这种运动的方法，也无法解释这种运动的变化，因为他们未曾想到它的运转竟如此缓慢。正因为此，这种运动周期至今仍未被测定出来。从人类最初发现它的运行以来，在这漫长的岁月里，它的运行距离尚不足一个圆周的$\frac{1}{15}$。即便如此，我仍将尽我所能地阐明这件事情。

3.2 证明二分点与二至点岁差不均匀的观测史

在卡利帕斯所说的第一个76年周期中的第36年，即亚历山大大帝逝世后的第30年，亚历山大城的提莫恰里斯作为第一个留心观察恒星位置的人，在报告中指出，室女[1]手中的麦穗与夏至点的距离为$82\frac{1}{3}°$，黄纬为南纬2°。天蝎前额三颗星中最偏北的一颗，即黄道这一宫的第一星，当时的黄纬为北纬的$1\frac{1}{3}°$，与秋分点相距32°。

在同一周期的第48年，提莫恰里斯再次发现室女的麦穗与夏至点相距$82\frac{1}{2}°$，黄纬同第一次一样。在第三个卡利帕斯周期的第50年，即亚历山大逝世后的第196年，喜帕恰斯测出狮子宫的一颗名为轩辕十四的恒星位于夏至点后29°50′。在图拉真[2]在位的第一年，即基督诞生后的第99年，也就是亚历山大死后的第422年，罗马几何学家门涅拉斯又测出室女麦穗距离夏至点$86\frac{1}{4}°$，而天蝎前额的星离秋分点为$35\frac{11}{12}°$。继他们之后，安东尼厄斯·皮厄斯第二年，即亚历山大逝世后的第462年，托勒密计算出狮子座轩辕十四恒星与夏至点的经度距离为$32\frac{1}{2}°$，室女手中的麦穗与秋分点的距离为$86\frac{1}{2}°$，天蝎前额的星与秋分点的距离为$36\frac{1}{3}°$，黄纬仍是南纬2°。

自此，直到亚历山大死后1 202年，拉喀的阿耳·巴塔尼才进行了下一次的完全值得信赖的观测。在那一年，狮子座的轩辕十四恒星距离夏至点已达44°5′，天蝎额上的星距秋分点47°50′。黄纬依然没有变化。在所有的观测中，每颗星的纬度始终不变，对于这一点，天文学家们不再有任何怀疑。

公元1525年，按照罗马历为一次闰年后的第一年，即亚历山大逝世后的第1 849

〔1〕即室女座，又叫处女座，是最大的黄道带星座。室女座中的最亮星为角宿一（室女座α星）。在古代星图上，室女的形象为一位长着翅膀的女神，她一手拿着一束麦穗，一手拿着一把镰刀，正在收割。

〔2〕图拉真是古代罗马帝国安敦尼王朝的第二任皇帝（公元98—117年在位），为五贤帝中的第二位。

个埃及年，我在普鲁士的佛罗蒙波克镇观测了室女的麦穗。它在子午圈上的最大高度约为27°[1]，而据我观测，佛罗蒙波克的纬度为54° $19\frac{1}{2}'$。因此，可以求得从赤道算起麦穗的赤纬是8° 40′。我现在用图形来说明（见图3.1）。

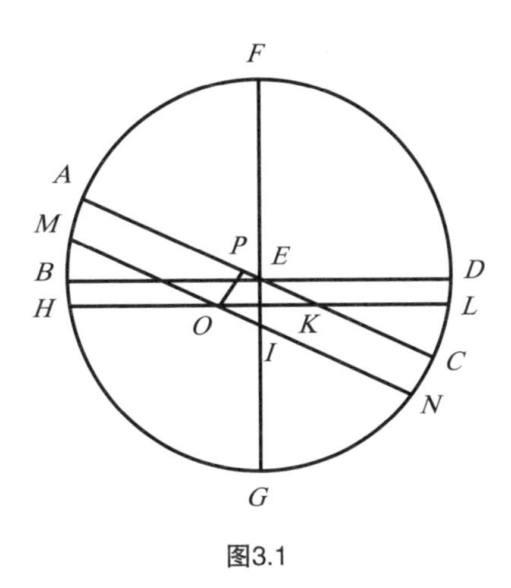

图3.1

画出同时经过黄道和赤道的子午圈$ABCD$，令它与赤道面相交于直径AEC，与黄道面相交于直径BED。黄道的北极为F，其轴线为FEG。令摩羯宫的第一星为B，巨蟹宫的第一星为D。取$\overset{\frown}{BH}$等于恒星的南纬，即2°，同时，再经过H点画出与BD平行的HL，且与黄道轴相交于L，与赤道相交于K。然后按恒星的南赤纬取$\overset{\frown}{MA}$为8° 40′，从M点画出与AC平行的直线MN。MN与HIL相交于O点，再作出与MN相垂直的直线OP，直线OP的长度正好为两倍赤纬AM所对弦的一半。以FG、HL、MN为直径的圆周均垂直于平面$ABCD$。按照欧几里得《几何原本》，这些圆周都在O点和I点垂直于同一平面。按照本书的第6命题，这些交线相互平行，并且I是以HL为直径的圆的中心，因此OI应等于在直径为HL的圆上相似于恒星和天秤座第一星距离两倍的弧的所对弦的一半，这就是我们要求的弧。

这段弧可以如下求出：

证明：$\angle OKP = \angle AEB$，$\angle OPK$为直角。那么，线OP与线OK的比就等于两

[1] 哥白尼计算时，并没有考虑到蒙气差，现代科学家在此处取值时普遍采用27° 2′。

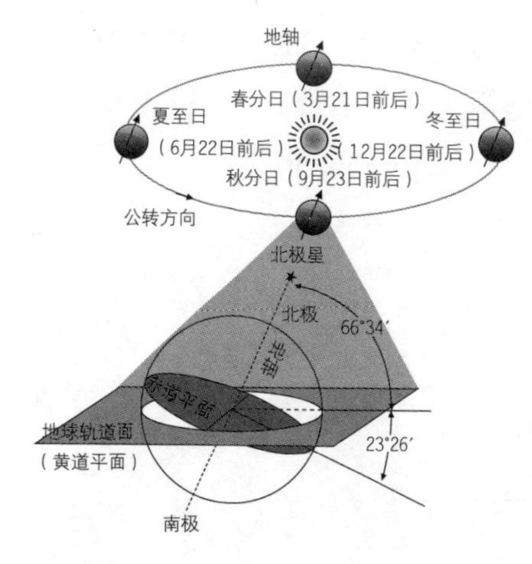

□ **二至点**

黄道上距赤道最远的两点为巨蟹宫第一点和摩羯宫第一点，即北半球的夏至点和冬至点，合称二至点。二至点距天赤道23°26′，称为黄赤大距，是黄赤交角在地心天球上的表现。

倍$\widehat{AB}$所对半弦与线BE的比，以及两倍$\widehat{AH}$所对半弦与线HOK的比。

$\because AB=23°\ 28\frac{1}{2}'$，取$BE=100\ 000^P$，两倍$AB$所对半弦的值为$39\ 832^P$。

$ABH=25°\ 28\frac{1}{2}'$，两倍ABH所对半弦等于$43\ 010^P$[1]，两倍赤纬所对半弦$MA=15\ 069^P$。

$\therefore HIK=107\ 978^P$，$OK=37\ 831^P$，余量$HO=70\ 147^P$。两倍$HOI$所对$\widehat{HGL}=176$。

取$BE=100\ 000^P$时，$HOI=99\ 939^P$。余量OI为$29\ 792^P$[2]。

取$HOI=100\ 000^P$时，OI就等于$29\ 810^P$，与之相应的圆弧约为17°21′。这就是室女的麦穗与天秤座第一星的距离，即恒星的位置。

在十年前，即公元1515年，我曾测得麦穗的赤纬为8°36′，它位于距天秤座第一星17°14′处。但是根据托勒密的《天文学大成》，它的赤纬仅为$\frac{1}{2}°$。因此它的位置应在室女座内26°40′处，这个数据比早期的观测结果精确一些。

从提莫恰里斯到托勒密，前后相差432年。二分点和二至点每一百年正好偏移1°，它们的移动量与时间的比值固定不变，因此在这个时间段，二分点和二至点就移动了$4\frac{1}{3}°$。而从夏至点与狮子座巴西里斯卡斯星之间的距离来看，在从喜帕恰斯到托勒密的266年间，从位置的比较中可知二分点移动了$2\frac{2}{3}°$，从而求得它们在100年内向前漂移了1°。

此外，天蝎前额顶上的那颗星，在从阿耳·巴塔尼到门涅拉斯的782年间移

〔1〕25°30′=43 051^P，25°28′=42 788^P，因此，25°28′=43 010^P。

〔2〕$OI=HOI-HO=99\ 939^P-70\ 147^P=29\ 792^P$。哥白尼的原稿写的是29 892^P，这一数值后来才被更改过来。

动了11° 55′。由此可以进一步肯定，二分点和二至点移动1° 的时间不是100年，而是66年。进一步说，在从托勒密到阿耳·巴塔尼的741年里，移动1° 只需65年。最后，再将剩余的645年[1]同我观测到的9° 11′的差额[2]合在一起考虑，移动1° 就需要71年。因此，在托勒密之前的400年间，二分点的岁差显然小于从托勒密到阿耳·巴塔尼时期的岁差，而该时期的岁差也比从阿耳·巴塔尼至今更大。

与此相似，黄赤交角的运动似乎也存在差异。萨摩斯的阿里斯塔尔恰斯求得的数值与托勒密的数值一样，都是23° 51′20″，而阿耳·巴塔尼得出的数值却是23° 36′。190年后，西班牙人阿耳·查尔卡里得到的数值是23° 34′；230年后，犹太人普罗法提阿斯所得数值又比查尔卡里的数值小约2′。现在我们发现，黄赤交角不超过23° $28\frac{1}{2}$′。由此可见，从阿里斯塔尔恰斯到托勒密，黄赤交角变化甚微，但从托勒密到阿耳·巴塔尼，黄赤交角达到极大。

3.3 关于二分点和黄赤交角的假设

通过前面的论述，我们已经很清楚，二分点和二至点都以不均匀的速率在运动。对这种运动最好的解释就是地轴和赤道两极在做某种漂移。当然，这个结果是基于地球在运动的假设之上的。恒星的黄纬是恒定不变的，如果地轴运动与地心运动精确地符合，那么，二分点与二至点的岁差就绝对不会出现。然而，由于这两种运动互不相同，它们的差异也存在某些变化，因此，它们与倾角运动一样，都以不均匀运动的形式运行在恒星前面。但倾角运动会引起黄道倾角的变化，我想，我们可以将这个倾角定义为赤道倾角。

球体的两极和圆周彼此牵连，又相互适应，因此，以上所说的“不均匀速

---

[1] 指阿耳·巴塔尼测定的1204年与哥白尼测定的1849亚历山大年的时间差。

[2] 此处哥白尼省略了这个差额是如何测出的。他的比较星为麦穗星，但他并未引用阿耳·巴塔尼的观测数据。9° 11′=551′：645年=60′对$70\frac{1}{4}$年=71年。

率运动”和倾角运动都需要极点来完成，就如同不断摇晃的摆动。一种运动可使极点在黄赤交角附近上下起伏，改变圆周的倾角。另一种运动则在两个方向产生交叉运动，从而导致二分点和二至点岁差的变换。我把这种运动称为“天平运动”，因为它们好比是沿着相同路线在两个端点之间来回摆动的物体，在两端的运动较慢，在中间的运动较快。行星的黄纬大多呈现这种运动，对此我将在后文讨论。

上述两种运动的周期并不相同，因为二分点不均匀性的两个周期恰好等于黄赤交角的一个周期。而任何一种不均匀运动，都需要假定一个平均量，然后利用这个平均量来掌握不均匀运动的可观图像。因此，此处我们也理应需要假定有平均的极点和赤道，以及平均的二至点和二分点。当两极和赤道转到这些平均值所在的位置时，那些均匀运动看起来也就不再均匀了。接下来，当两种天平运动相互结合，地球的两极就会随时间的变化慢慢扭曲成一条小王冠似的线条。

我们不妨用图形来做更直观的描述吧（见图3.2）。

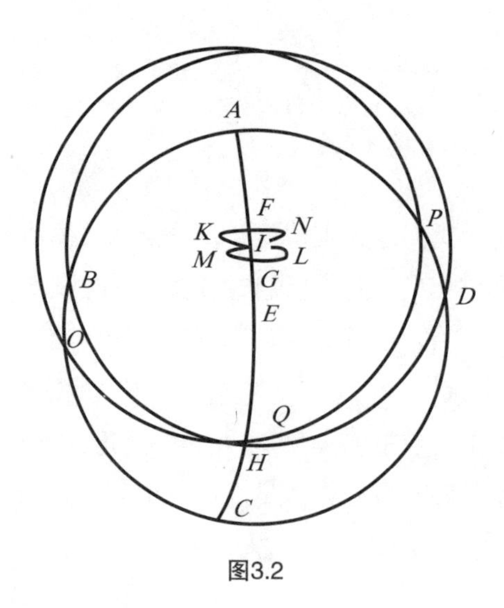

图3.2

证明：设黄道上有$ABCD$四个点。令摩羯宫第一星为A，白羊宫第一星为B，巨蟹宫第一星为C，天秤宫第一星为D，令北极为E。连接A、C、E，作圆周AEC，再连接黄道北极和赤道北极，令其最长距离为EF，最短距离为EG，令极点的平均位置在I上。围绕I画出平均赤道BHD，B、D即平均二分点。球体上的任何一点都围绕极点E作缓慢的匀速运动。这种运动与恒星的黄道各宫次序相反。

我们假定，在地球的两极有两种相互作用的运动，类似于摇动物体的运动。其中一种出现在极限F与G之间，我们在后文中称之为“非均匀运动”，也就是倾角的不均匀运动。另一种则是从领先到落后与从落后到领先的相互交替运动，我们称之为“二分点非均匀性运动”。后者比前者的速度快一倍。这两种运动在地球两极聚合，使极点产生神奇的偏转。

我们先令地球北极位于F点。绕F点画出的赤道穿过二分点B和D，也就是通过$AFEC$的两极。此时，赤道可能会使黄赤交角变得更大，增加的范围跟弧FI成正比。当地球北极从F点渐渐向I点转移时，另一种运动开始了，它将阻止极点向弧FI移动，并使极点在极不规则的途径上兜圈子。我们取极点在运动中的某一位置为K，令围绕K点的视赤道为OQP。此时，赤道与黄道的交点不是B点，而是B点后面的O点。二分点的岁差逐渐减少，其减少量与BO成正比。在O点转向并向前运动，两种运动相互作用，使极点顺利到达I处（平均位置）。此时，视赤道OQP与平均赤道完全重合。地球北极通过I处后继续前进，逐渐将视赤道与平均赤道分开，并将二分点推动到另一极端L。当地球北极位于L处时，就会逐渐减少对二分点的作用，直至到达G点。在此，它使黄赤交角的交点B变为最小值，在此二分点和二至点的运动再次变得很慢，这和在F点的情况一样。

显然，到此为止，该不均匀运动的平均位置先后到达了两个极端，构成了一个周期。但黄赤交角只经历了半个周期，即从最大倾角变成最小倾角。随后当地球北极向后退的时候，它会达到最外端点M，从M处转向时，它将再一次与平均位置I重合。当它继续前进，将通过N点，绘出曲线$FKILGMINF$。可见，在黄赤交角变化一周的过程中，地极会两次前进至端点，然后两次后退至端点。

3.4 振动和天平运动如何由圆周运动形成

圆周运动与振动或天平运动现象是完全符合的，关于这一点，我将在后面进行阐述。但一定有人会提出疑问：天平运动怎么会是均匀运动呢？我在前面谈到过，天体运动是均匀运动，或者是由均匀的圆周运动组成。这两种运动都是一定范围内的简单运动，必然会出现运动的停顿。我们可以再次用图形证明，天平运动确实是由均匀运动组成的（见图3.3）。

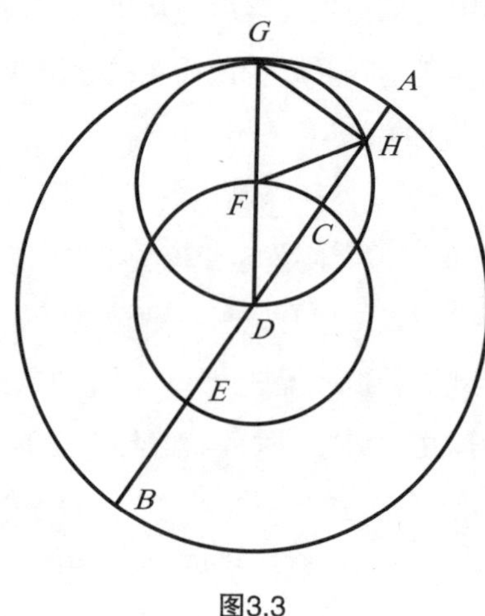

图3.3

证明：设直线AB被C、D、E三点平分。围绕D点在同一平面内画出圆周ADB和CDE。在圆周CDE上取任意点F，并以F为中心，FD为半径，画出圆周GHD。令GHD与线AB交于H，作线DFG为直径。

现在，我们只需证明由于圆周GHD和圆周CFE共同作用所引起的成对运动，动点H是在直线AB的两个方向上来回滑动。而如果H在F的反方向上运动，并移动到两倍距离外，这种情况就会发生。

$\angle CDF$既位于圆周CFE的中心，又位于GHD圆周上，并在两个相等的圆上截出$\overset{\frown}{FC}$和$\overset{\frown}{GH}$，$\overset{\frown}{GH}$为$\overset{\frown}{FC}$的两倍。如果在某一时刻，线ACD与线DFG重合，那么，动点H与G在A点重合，而与F点在C点重合。圆心F沿FC向右移动，H沿GH向左移动的距离为CF的两倍，或者这两个方向都可反方向转动。这样，直线AB就变成H的轨迹。不然，局部就会大于整体。受折线DFH（它等于AD）的牵引，H离开原来的位置A，移动了一段长度AH，此为直径DFG超过弦DH的长度。就这样，H进入圆心D。当这种情况出现时，圆DHG与直线AB相切，GD垂直于线AB。随后，H将到达端点B，并受相同原因的影响原路返回。

有人称该运动为“沿圆周宽弧的运动”，即沿直径的运动。该运动的周期和大小都可以通过圆周长度求得，我稍后证明这一点。此外，我补充一点，如果$\overset{\frown}{GH}$与$\overset{\frown}{FC}$的两倍关系并不成立，而其他一切条件不变，那么，这些运动描出的就不是一条直线，而是一条圆锥或圆柱截线，数学家称之为“椭圆”。（此为作者草稿中的一段话。）

由此可见，两个共同作用的圆周运动，可以合成某种直线运动，也可由均匀运动合成振动或不均匀运动。

从以上论证可知，由于直线*DH*和*HG*总是在一个半圆内形成直角，因此直线*GH*总是垂直于直线*AB*，而$\overset{\frown}{GH}$为两倍$\overset{\frown}{AG}$所对弦的一半。由于圆*AGB*的直径是*HGD*的两倍，因此，直线*DH*是从一个象限减去$\overset{\frown}{AG}$余弧的两倍所对弦的一半。

3.5 关于二分点岁差和黄赤交角不均匀的证明

有人将上述运动称为“沿圆周宽度的运动”，即沿直径的运动。他们用圆周来处理该运动的周期和均匀性问题，用弦长来表示它的大小。因此，这种运动看起来是非均匀的，近圆心时快一些，在圆周附近则慢一些，下面我将展开证明（见图3.4）。

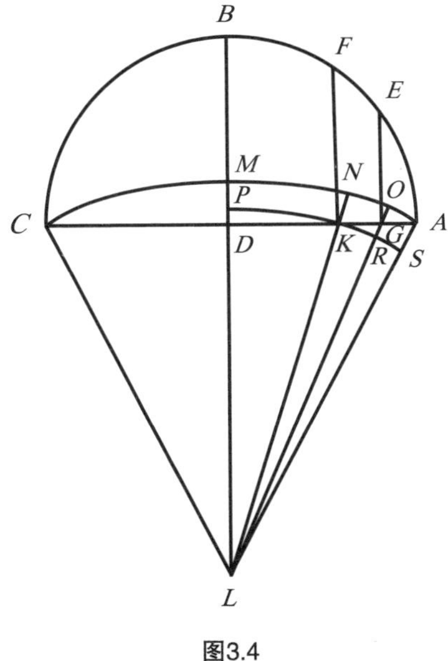

图3.4

证明：先画出半圆ABC，令中心为D，直径为ADC。B是$\widehat{AC}$的中点，取相等弧$\widehat{AE}$、$\widehat{BF}$。并从F和E两点向ADC作垂线EG和FK。

两倍DK与两倍BF相对，两倍EG与两倍AE相对。

因此，$DK=EG$。按照欧几里得《几何原本》，$AG<GE$，且$AG<DK$。

由于$\widehat{AE}=\widehat{BF}$，因此，物体扫过$GA$与$KD$的时间是一样的。在靠近圆周$A$处的运动会比在圆心$D$附近时慢一些。

把地球中心放在L，线$LD\perp ABC$。通过A、C两点，以L为圆心，画$\widehat{AMC}$。延长直线LDM。

此时，半圆ABC的极点在M，而线ADC是圆的交线。连接线LA和线LC，线LK和线LG，把它们作为直线延长，与$\widehat{AMC}$相交于N与O。$\angle LDK$为直角，$\angle LKD$为锐角，线LK长于线LD。

在两个钝角三角形中，$LG>LK$，$LA>LG$。以L为中心，LK为半径的圆会超出LD，与线LG和线LA相交。

令：该圆周为$PKRS$。$\triangle LDK$的面积小于扇形LPK，$\triangle LGA$的面积大于扇形LRS。

因此，$\triangle LDK$与扇形LPK的比小于$\triangle LGA$与扇形LRS的比。

同理，$\triangle LDK$与$\triangle LGA$的比也小于扇形LPK与扇形LRS的比。按照欧几里得《几何原本》，底边DK：底边$AG=\triangle LKD:\triangle LGA$，而扇形$LPK$与扇形$LRS$的比等于$\angle DLK$与$\angle RLS$之比，或$\widehat{MN}$与$\widehat{OA}$之比。

因此，$DK:GA<MN:OA$。但我们已经证明$DK>GA$，$\widehat{MN}>\widehat{OA}$。物体在沿非均匀角的相等弧$\widehat{AE}$和$\widehat{BF}$移动时，以相同的时间扫过$\widehat{MN}$和$\widehat{OA}$。

事实上，黄赤交角的极大值与极小值之差非常小，低于$\frac{2}{5}^{\circ}$。因此，曲线AMC与直线ADC之差难以察觉。如果我们结合直线ADC和半圆ABC进行运算，误差就会很小。地极另一运动的情形与此相似，黄赤交角的差值不足$\frac{1}{2}^{\circ}$，接下来让我们继续证明（见图3.5）。

令：$ABCD$是通过黄道和平均赤道极点的圆，黄道的一半为DEB，平均赤道为AEC，二者相交于E点，此处应当是平均分点。

又令：赤道的极点为F，通过该点作大圆FET，该圆应当是均匀的二分圈。

为了方便证明，我们把二分点的天平运动与黄赤交角的天平运动分离开来。在二分圈EF上截出$\widehat{FG}$。这段弧可以视为是赤道的视极点G从平均极点F移动的距离。

以G为顶点，作视赤道的半圆$ALKC$，与黄道相交于L点。L将成为视分点，与平均分点的距离为$\widehat{LE}$，这是由$\widehat{EK}$与$\widehat{FG}$的相等关系决定的。

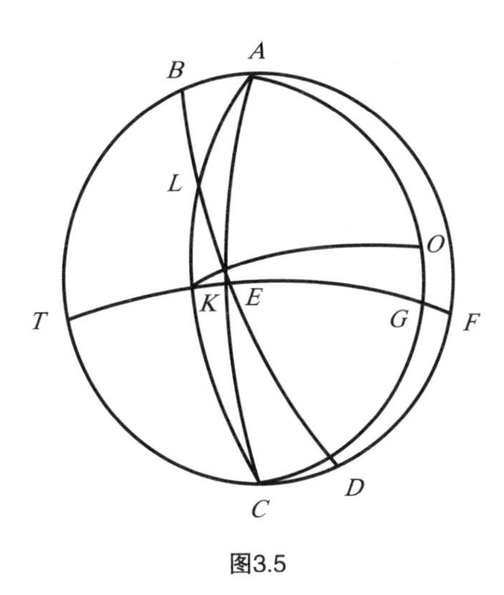

图3.5

我们再作圆AGC。假定在天平运动FG出现时，赤道的极点并不是在真的极点G上；相反，在第二种天平运动的影响下，赤道极点会沿$\widehat{GO}$转向黄道倾角。

因此，尽管黄道BED固定不动，真正的视赤道仍会因极点O的移位而漂移。视赤道交点L的运动在平均分点E周围较快，在两端点处最慢，这与前面论证的极点天平运动相似。这一发现是有价值的。

3.6 二分点岁差与黄道倾角的均匀行度

每一个看上去为非均匀的圆周运动都会有四个分界区域。它们在有的区域内看起来很慢，在其他区域则很快，这些区域被称为端点区域。在端点区域之间，运动为中速。在减速终了和加速开始时，运动的平均速度会转变方向，从平均值增加到最高速率，又从高速率转向平均值，在其余情况下则由平均速率回到原来的低速率。这些现象使我们了解，在一定时刻，非均匀性或反常现象会出现在圆周的哪一部分。从这些特征还可以了解到非均匀性的循环（见图3.6）。

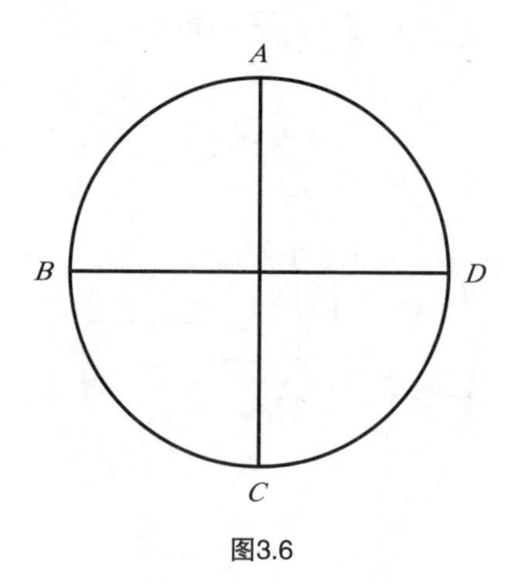

图3.6

如上图，在一个被四等分的圆周中，*A*处的位置最慢，*B*处为加速时的平均速度，*C*处是加速终了开始减速的速度，*D*为减速时的平均速度。前面我已经提到过，在提莫恰里斯到托勒密时期，二分点进动的视行度比其他任何时候都慢。而在那段时期的中间部分，阿里斯泰拉斯、喜帕恰斯、阿格里巴和门涅拉斯都先后发现，二分点进动的视行度是有规则且匀速的。由此可以证明，那段时期的二分点视行度确实是最慢的，并且在那段时间的中期，二分点视行度开始加速。减速终了和加速开始相互抵消使整个运动看起来均匀。因此，提莫恰里斯的观测应当是在圆周的最后一部分，即*DA*范围内。而托勒密的观测应落到第一象限*AB*中。从托勒密到拉喀的阿耳·巴塔尼这个第二时期，二分点的行度比第三时期快。可见最高速度是在第二时期出现的，即*C*点。非均匀角正进入到圆周的第三象限*CD*中。在一直持续到现在的第三时期中，非均匀角的循环基本完成，并开始返回它在提莫恰里斯时期的最初位置。在圆周中，我们可以求出从提莫恰里斯时期至今的周期为1 819年。按比例来说，在最初的432年里，可得圆弧长度为$85\frac{1}{2}°$，在接下来的742年中的圆弧长度为146° 51′，而剩余的645年里剩下的弧长为127° 39′。

我由粗略的推测中很快得出这些结论。随后又用精确的计算重新进行检验，算出它们与观测的情况的相符程度。我发现在1 819个埃及年中，非均匀角的行度已经完成一周，并超过了21°24′。而一个周期的时间为1 717个埃及年[1]。我们可以进一步计算出圆周的第一段弧长为90°35′，第二段为155°34′，第三段为113°51′。这些结果得出以后，二分点的平均行度也就毋庸置疑了。它在同样的1 717年中为23°57′。在这段时期，整个非均匀性会恢复到原来的状态。

在1 819个埃及年中，视行度约为25°1′。1 717年与1 819年相差102年，在此期间，视行度应为1°4′左右。这个值比在100年中完成1°稍微大一些，但后一情况发生在行度减少但尚未达到减速终了的时候。因此，从25°1′减去$1\frac{1}{15}$°，得到的23°57′就是我所说的在1 717个埃及年中的平均和均匀行度。可见，二分点进动的整个均匀运转共需25 816年。在这个时期内，非均匀角共完成了大约$15\frac{1}{28}$周运行。

这个运算结果跟黄赤交角的行度正好一致，而黄赤交角的行度又比二分点进动慢一倍。托勒密曾表示：自撒摩斯的阿里斯塔尔恰斯以来到他之前的400年间，23°51′20″的黄赤交角未有变化。这就是说，当时的黄赤交角几乎固定在极大值附近，二分点进动的行度也最慢。目前，二分点又开始恢复到慢的行度。然而，轴线的倾角并没有因此转变为极大值，而是成为极小值。我已说过，阿耳·巴塔尼求得在中间这段时期的倾角为23°35′；在他之后的190年里，西班牙人阿耳·查尔卡里得出了23°34′；在那之后的犹太人普罗法提阿斯采用同样的方法，求出差值约小2′。而在当代，我通过30年的持续观测，求得它的值约为23°$28\frac{2}{5}$′。在我之前的乔治·皮尔巴赫和约翰尼斯·瑞几蒙塔纳斯测定的结果，与我的数值相差甚微。

（在本书草稿中，此处还有一段话。）

公元1460年，乔治·皮尔巴赫报告中说：轴线的倾角为23°，这与前面提到的那些天文学家的结果相符，但加上28′的尾数后才是最正确的数值。1491年，多门尼科·玛丽亚·达·诺法拉报告说：整度数后还应加上的尾数大于29′；根据约翰尼斯·瑞几蒙塔纳斯的补充，倾角应为23°28′。

现在一切又很明晰了，在托勒密之后的900年间，黄赤交角的变化比其他任

[1] 1 819年：360°+21°24′=381°24′。381°24′：1 819=360°：1 716.9，哥白尼近似地取为1 717年。

何时候都大。既然我们已知岁差变异的周期为1 717年，等于黄赤交角变化周期的一半，那么，整个周期长应为3 434年。为使这些行度更加清楚，便于检索，下面我用表格或目录来表示它们。对年行度可以连续和等量相加。如果度后面的数值超过60，我们就增加1度。为方便计算，我把这些表扩充至60年（附表见P131—132）。

在60年间出现的是同一组数字（只需更换度或度数后面的名称），比如，把原来的秒变成分，等等。我们用这种方式和这些只有两个项目的简表，就可以求出3 600年间的年份和均匀行度。对日数的计算，也可以用这种方式（但在计算天体运动时，我全部采用埃及年。因为在各种民用年中，只有埃及年是匀称的）。

值得注意的是，测量单位应当与被测量体相协调。在罗马年、希腊年和波斯年中，都没有这种程度的和谐。这些历法中都有闰年的参与，但方式不一，由不同的民族自己确定。只有埃及年有确切的天数，即365天，恒定不变。这十二个等长的月份，按埃及人自己的名称，依次为：*Thoth*，*Phaophi*，*Athyr*，*Choiach*，*Tybi*，*Mechyr*，*Phamenoth*，*Pharmuthi*，*Pachon*，*Pauni*，*Ephiphi*和*Mesori*。这些月份由六组各60天组成，其余5天则为闰日。因此，埃及年对于均匀行度的计算最为方便。通过日期互换，其他的年都可以归化为埃及年。

3.7 二分点的平均岁差与视岁差的最大差值是多少

在阐述了二分点岁差的均匀和平均行度之后，我将进一步阐明它与视行度之间的最大差值是多少，或者异常行度运转的小圆的直径有多大。利用这个最大差值，再求个别差值就很容易了。二倍非均匀角，即从提莫恰里斯到托勒密的432年间的二分点非均匀角，显然是90° 35′，岁差的平均行度是6°，视行度为4° 20′，二者的差值为1° 40′。由于慢行度的最后阶段和加速过程的开始都是在这一时期的中期，因此，该时期的平均行度应当与视行度吻合，视分点应当与平均分点吻合。这样一来，如果把行度和时间都分为两半，就会各有一半约为45° $17\frac{1}{2}$′（差值应为$\frac{5}{6}$°）的距离。那么，我们就能够算出，视分点与平均分点的差值应当是50′。

下面我们对这一论证过程再作更直观的阐述（见图3.7）。

按年份和60年周期计算的二分点岁差的均匀行度
基督纪元50°32′

年	黄经					年	黄经				
	60°	°	′	″	‴		60°	°	′	″	‴
1	0	0	0	50	12	31	0	0	25	56	14
2	0	0	1	40	24	32	0	0	26	46	26
3	0	0	2	30	36	33	0	0	27	36	38
4	0	0	3	20	48	34	0	0	28	26	50
5	0	0	4	11	0	35	0	0	29	17	2
6	0	0	5	1	12	36	0	0	30	7	15
7	0	0	5	51	24	37	0	0	30	57	27
8	0	0	6	41	36	38	0	0	31	47	39
9	0	0	7	31	48	39	0	0	32	37	51
10	0	0	8	22	0	40	0	0	33	28	3
11	0	0	9	12	12	41	0	0	34	18	15
12	0	0	10	2	25	42	0	0	35	8	27
13	0	0	10	52	37	43	0	0	35	58	39
14	0	0	11	42	49	44	0	0	36	48	51
15	0	0	12	33	1	45	0	0	37	39	3
16	0	0	13	23	13	46	0	0	38	29	15
17	0	0	14	13	25	47	0	0	39	19	27
18	0	0	15	3	37	48	0	0	40	9	40
19	0	0	15	53	49	49	0	0	40	59	52
20	0	0	16	44	1	50	0	0	41	50	4
21	0	0	17	34	13	51	0	0	42	40	16
22	0	0	18	24	25	52	0	0	43	30	28
23	0	0	19	14	37	53	0	0	44	20	40
24	0	0	20	4	50	54	0	0	45	10	52
25	0	0	20	55	2	55	0	0	46	1	4
26	0	0	21	45	14	56	0	0	46	51	16
27	0	0	22	35	26	57	0	0	47	41	28
28	0	0	23	25	38	58	0	0	48	31	40
29	0	0	24	15	50	59	0	0	49	21	52
30	0	0	25	6	2	60	0	0	50	12	5

按日和60日周期计算的二分点岁差的均匀行度

日	行度					日	行度				
	60°	°	′	″	‴		60°	°	′	″	‴
1	0	0	0	0	8	31	0	0	0	4	15
2	0	0	0	0	16	32	0	0	0	4	24
3	0	0	0	0	24	33	0	0	0	4	32
4	0	0	0	0	33	34	0	0	0	4	40
5	0	0	0	0	41	35	0	0	0	4	48
6	0	0	0	0	49	36	0	0	0	4	57
7	0	0	0	0	57	37	0	0	0	5	5
8	0	0	0	1	6	38	0	0	0	5	13
9	0	0	0	1	14	39	0	0	0	5	21
10	0	0	0	1	22	40	0	0	0	5	30
11	0	0	0	1	30	41	0	0	0	5	38
12	0	0	0	1	39	42	0	0	0	5	46
13	0	0	0	1	47	43	0	0	0	5	54
14	0	0	0	1	55	44	0	0	0	6	3
15	0	0	0	2	3	45	0	0	0	6	11
16	0	0	0	2	12	46	0	0	0	6	19
17	0	0	0	2	20	47	0	0	0	6	27
18	0	0	0	2	28	48	0	0	0	6	36
19	0	0	0	2	36	49	0	0	0	6	44
20	0	0	0	2	45	50	0	0	0	6	52
21	0	0	0	2	53	51	0	0	0	7	0
22	0	0	0	3	1	52	0	0	0	7	9
23	0	0	0	3	9	53	0	0	0	7	17
24	0	0	0	3	18	54	0	0	0	7	25
25	0	0	0	3	26	55	0	0	0	7	33
26	0	0	0	3	34	56	0	0	0	7	42
27	0	0	0	3	42	57	0	0	0	7	50
28	0	0	0	3	51	58	0	0	0	7	58
29	0	0	0	3	59	59	0	0	0	8	6
30	0	0	0	4	7	60	0	0	0	8	15

按年份和60年周期计算的二分点非均匀行度
基督纪元6° 45′

年	行度					年	行度				
	60°	°	′	″	‴		60°	°	′	″	‴
1	0	0	6	17	24	31	0	3	14	59	28
2	0	0	12	34	48	32	0	3	21	16	53
3	0	0	18	52	12	33	0	3	27	34	16
4	0	0	25	9	36	34	0	3	33	51	41
5	0	0	31	27	0	35	0	3	40	9	5
6	0	0	37	44	24	36	0	3	46	26	29
7	0	0	44	1	49	37	0	3	52	43	53
8	0	0	50	19	13	38	0	3	59	1	17
9	0	0	56	36	37	39	0	4	5	18	42
10	0	1	2	54	1	40	0	4	11	36	6
11	0	1	9	11	25	41	0	4	17	53	30
12	0	1	15	28	49	42	0	4	24	10	54
13	0	1	21	46	13	43	0	4	30	28	18
14	0	1	28	3	38	44	0	4	36	45	42
15	0	1	34	21	2	45	0	4	43	3	6
16	0	1	40	38	26	46	0	4	49	20	31
17	0	1	46	55	50	47	0	4	55	37	55
18	0	1	53	13	14	48	0	5	1	55	19
19	0	1	59	30	38	49	0	5	8	12	43
20	0	2	5	48	3	50	0	5	14	30	7
21	0	2	12	5	27	51	0	5	20	47	31
22	0	2	18	22	51	52	0	5	27	4	55
23	0	2	24	40	15	53	0	5	33	22	20
24	0	2	30	57	39	54	0	5	39	39	44
25	0	2	37	15	3	55	0	5	45	57	8
26	0	2	43	32	27	56	0	5	52	14	32
27	0	2	49	49	52	57	0	5	58	31	56
28	0	2	56	7	16	58	0	6	4	49	20
29	0	3	2	24	40	59	0	6	11	6	45
30	0	3	8	42	4	60	0	6	17	24	9

按日和60日周期计算的二分点非均匀行度

日	行度					日	行度				
	60°	°	′	″	‴		60°	°	′	″	‴
1	0	0	0	1	2	31	0	0	0	32	3
2	0	0	0	2	4	32	0	0	0	33	5
3	0	0	0	3	6	33	0	0	0	34	7
4	0	0	0	4	8	34	0	0	0	35	9
5	0	0	0	5	10	35	0	0	0	36	11
6	0	0	0	6	12	36	0	0	0	37	13
7	0	0	0	7	14	37	0	0	0	38	15
8	0	0	0	8	16	38	0	0	0	39	17
9	0	0	0	9	18	39	0	0	0	40	19
10	0	0	0	10	20	40	0	0	0	41	21
11	0	0	0	11	22	41	0	0	0	42	23
12	0	0	0	12	24	42	0	0	0	43	25
13	0	0	0	13	26	43	0	0	0	44	27
14	0	0	0	14	28	44	0	0	0	45	29
15	0	0	0	15	30	45	0	0	0	46	31
16	0	0	0	16	32	46	0	0	0	47	33
17	0	0	0	17	34	47	0	0	0	48	35
18	0	0	0	18	36	48	0	0	0	49	37
19	0	0	0	19	38	49	0	0	0	50	39
20	0	0	0	20	40	50	0	0	0	51	41
21	0	0	0	21	42	51	0	0	0	52	43
22	0	0	0	22	44	52	0	0	0	53	45
23	0	0	0	23	46	53	0	0	0	54	47
24	0	0	0	24	48	54	0	0	0	55	49
25	0	0	0	25	50	55	0	0	0	56	51
26	0	0	0	26	52	56	0	0	0	57	53
27	0	0	0	27	54	57	0	0	0	58	55
28	0	0	0	28	56	58	0	0	0	59	57
29	0	0	0	29	58	59	0	0	1	0	59
30	0	0	0	31	1	60	0	0	1	2	2

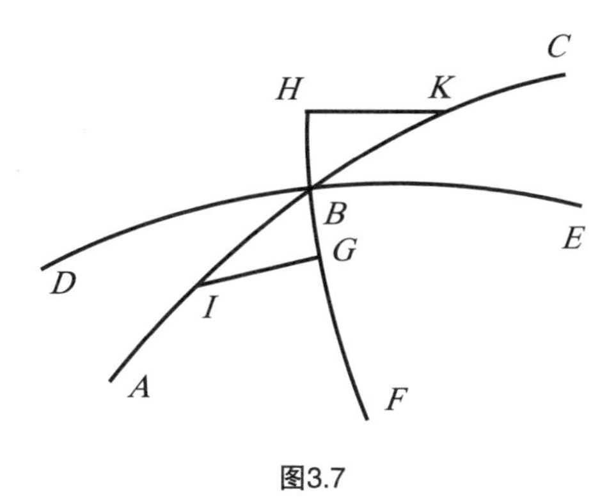

图3.7

证明：令 $\overset{\frown}{ABC}$ 是黄道上任意一段弧，DBE为平均赤道，B为任意视二分点的平均交点。

通过DBE的两极，作 $\overset{\frown}{FB}$ 。在 $\overset{\frown}{ABC}$ 的两边各取一段 $\frac{5}{6}^{\circ}$ 的 $\overset{\frown}{BI}$ 和 $\overset{\frown}{BK}$ ，$\overset{\frown}{IBK}$ 长度则为$1^{\circ}\ 40'$。

另作与 $\overset{\frown}{FB}$ 相交成直角的两段视赤道IG和HK[1]。

$\angle IBG = 66^{\circ}\ 20'$，$\angle DBA = 23^{\circ}\ 40'$，即平均的黄赤交角。

$\angle BGI = 90^{\circ}$，$\angle BIG$几乎等于其内错角$\angle IBD$。边$IB = 50'$。

由此可以算出，平均赤道和视赤道极点之间的距离$BG = 20'$。

同理，在$\triangle BHK$中，$\angle BHK = \angle IGB$，$\angle HBK = \angle IBG$，$BK = BI$。$BH = BG = 20'$。而这一切都与不超过黄道$1\frac{1}{2}^{\circ}$的数量有关。

在这些数量下，直线近似于它们所对的圆弧，差额不过一秒的六十分之几。我力求将数值精确到分，因此若是用直线代替圆弧，也不会有什么差错。GB和BH与 $\overset{\frown}{IB}$ 和 $\overset{\frown}{BK}$ 成正比，并且无论对两极还是对两个交点的行度来说，这个比值都是合适的（见图3.8）。

又令：ABC是黄道上任意一部分，B是黄道上的一个分点。

以B点为极，画半圆ADC，与黄道相交于A、C两点。从黄道极点作DB线，等分半圆ADC于D。我们可以视D为减速的终点和加速的起点。

---

〔1〕虽然IG和HK的极点通常都是在BF圆之外，但因为倾角的行度往往会产生误差，因此哥白尼将这些角度当作直角来处理。

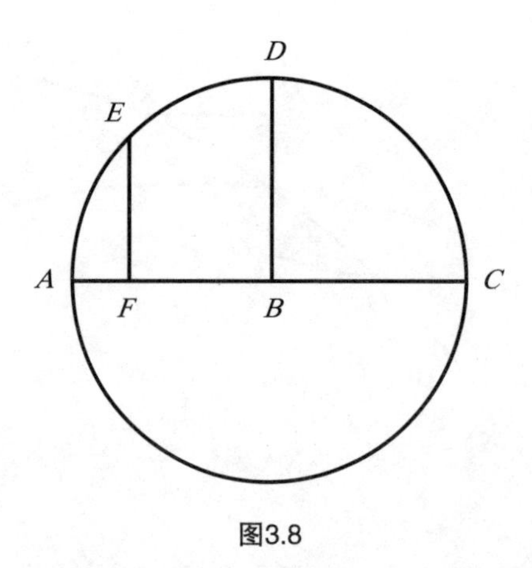

图3.8

在象限AD中，截取$\overset{\frown}{DE}=45^{\circ}\ 17\frac{1}{2}'$。通过$E$点，从黄道极点引出线$EF$，并令$BF=50'$。两倍$BF$与两倍的$\overset{\frown}{DE}$相对。$BF$取7 101^{P}时，与$AFB$取10 000^{P}时之比，等于$BF=50'$时与$AFB=70'$时之比。因此可以得出，$AB=1^{\circ}\ 10'$。这就是二分点的平均行度与视行度的最大差值，即我们所求，也是从极点的最大偏离28′应得出的结果。

在赤道的交点，最大偏差28′与二分点非均匀角[1]的70′相对应。

3.8 行度间的个别差值表

根据以上阐释，$\overset{\frown}{AB}$的值为70′，与其所对直线长度的差异微乎其微。因此，要表示平均行度与视行度之间的任何个别差值并不难。这些差值相减或相加，就可以确定其出现的次序。希腊人把这些差值称为“行差”，而现代人称之为“差”。为了更严谨，我采用希腊名词。

设：$\overset{\frown}{ED}=3^{\circ}$，根据弦$AB$与弦$BF$的比可知，行差$BF=4'$。

[1] 为了与黄赤交角的“非均匀角”相区分，哥白尼将此称为“二倍非均匀角”。

如果$\widehat{ED}=6^{\circ}$，则$BF=7'$；若$\widehat{ED}=9^{\circ}$，则$BF=11'$。

我相信，我们对黄赤交角的漂移也应该这样运算；我说过，行度的极大值和极小值相差24′。在一个单独变异的半圆中，这24′需要经历1 717年。在圆周的一个象限中，这段历程的一半为12′。这在附表中显而易见。

可见，我们可以用各种不同的方式把视行度结合起来。但效果最理想的，仍是将每个行差单独考虑，因为这样可使得出的结论更容易被理解。因此，我编制了一个60行的表格，以3°为一行，这样既不繁冗，也不致太简略。以后类似的情况，我会采用同样的办法。这张表只有四栏。前两栏是两个半圆的度数，我称之为“公共数”，因为这些度数体现了黄赤交角的变化。它的两倍则可给出二分点的行差，其起点可视为加速的开始。第三栏是每隔3°时相应的二分点行差。计算时应当把这些行差与平均行度相加或相减。我从春分点的白羊宫额头第一星开始计量平均行度，相减的行差与第一栏有关，相加的行差与第二栏有关。而最后一栏存在分数，是黄赤交角比例的差值，最大可达60。

我用60替代黄赤交角极大值超过极小值的部分。而其余的超过部分，我会用相同的比值来调节其分数。对于超过部分为22′（例如在近点角为33°时），我用55来代替22′，而当非均匀角为48°时，我对20′取50，以此类推。附表就是采用这样的制法（见P136）。

3.9 再议二分点的岁差

根据我的猜测和假设，非均衡行度的加速应该是在第一卡利帕斯时期的第36年，即安东尼厄斯·皮厄斯的第二年开始出现的（我认为这是异常行度的起点）。接下来，我该考察我的猜想是否与观测和事实相符。

我将从提莫恰里斯、托勒密以及拉喀的阿耳·巴塔尼所观测的那三颗星开始。第一时期（从提莫恰里斯到托勒密时期）显然是432个埃及年；第二时期（从托勒密到阿耳·巴塔尼时期）是742年。在第一时期中，均匀行度为6°，非均匀行度为4° 20′（从均匀行度中减去1° 40′），非均匀角的两倍就是90° 35′。在第二时

二分点行差与黄赤交角表									
公共数		二分点行差		黄赤交角比例	公共数		二分点行差		黄赤交角比例
度	度	度	分	分数	度	度	度	分	分数
3	357	0	4	60	93	267	1	10	28
6	354	0	7	60	96	264	1	10	27
9	351	0	11	60	99	261	1	9	25
12	348	0	14	59	102	258	1	9	24
15	345	0	18	59	105	255	1	8	22
18	342	0	21	59	108	252	1	7	21
21	339	0	25	58	111	249	1	5	19
24	336	0	28	57	114	246	1	4	18
27	333	0	32	56	117	243	1	2	16
30	330	0	35	56	120	240	1	1	15
33	327	0	38	55	123	237	0	59	14
36	324	0	41	54	126	234	0	56	12
39	321	0	44	53	129	231	0	54	11
42	318	0	47	52	132	228	0	52	10
45	315	0	49	51	135	225	0	49	9
48	312	0	52	50	138	222	0	47	8
51	309	0	54	49	141	219	0	44	7
54	306	0	56	48	144	216	0	41	6
57	303	0	59	46	147	213	0	38	5
60	300	1	1	45	150	210	0	35	4
63	297	1	2	44	153	207	0	32	3
66	294	1	4	42	156	204	0	28	3
69	291	1	5	41	159	201	0	25	2
72	288	1	7	39	162	198	0	21	1
75	285	1	8	38	165	195	0	18	1
78	282	1	9	36	168	192	0	14	1
81	279	1	9	35	171	189	0	11	0
84	276	1	10	33	174	186	0	7	0
87	273	1	10	32	177	183	0	4	0
90	270	1	10	30	180	180	0	0	0

期中，均匀行度是$10^{\circ}21'$（此处原值应为$10^{\circ}20'49''$），非均匀行度是$11\frac{1}{2}^{\circ}$（在均匀行度中加上了$1^{\circ}9'$），两倍非均匀角为$155^{\circ}34'$（见图3.9）。

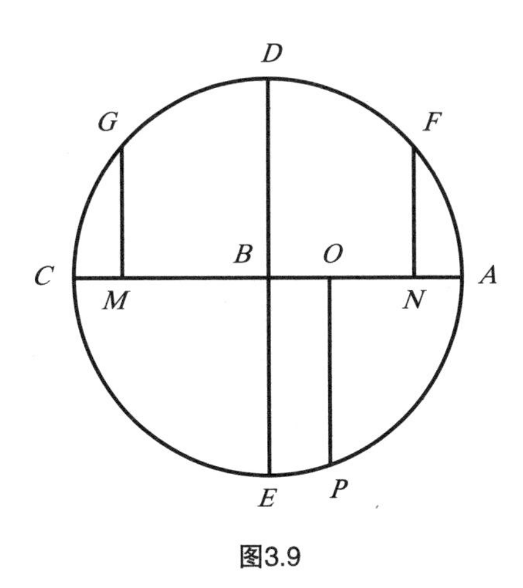

图3.9

我们再次证明如下：

令：ABC为黄道的一段弧，设B为平春分点。

以B为顶点，画小圆$ADCE$，取$\overset{\frown}{AB}=1^{\circ}10'$。

令B朝A作均匀运动。设A为B在离开可变分点前行时所达到的最大偏西极限，C为B偏离可变分点的东面极限。通过B点作直线DBE，把圆$ADCE$四等分。

B点在半圆ADC上的运动为后行，在半圆CEA上的运动为前行。

因此，由于B的运行的反映，视分点减速运行的中点为D。

另一方面，由于相同方向上的运动互相增强，因此，最大速率出现在E。此外，在D点前后各取$\overset{\frown}{FD}$和$\overset{\frown}{DG}$，皆为$45^{\circ}17\frac{1}{2}'$。

令F为非均匀运动的第一终点，即提莫恰里斯终点；G为第二终点，即托勒密终点；P为第三终点，即阿耳·巴塔尼终点。

通过这三点以及黄道两极作大圆FN、GM和OP，它们在小圆$ADCE$中看上去很像是直线。

$\because$ 小圆$ADCE=360^{\circ}$。

$\therefore$ $\overset{\frown}{FDG}=90^{\circ}35'$，平均行度需减去$MN$的$1^{\circ}40'$，而$ABC=2^{\circ}20'$。$\overset{\frown}{GCEF}$应为$155^{\circ}34'$，平均行度需在$MO$上增加$1^{\circ}9'$。

由此可知，剩余部分$\overset{\frown}{PAF}=360^{\circ}-(90^{\circ}35'+155^{\circ}34')=113^{\circ}51'$。平均行

度需增加余量ON的31′（$MN-MO=1°40'-1°9'$）。

同理，$AB=70'$。$\overset{\frown}{DGCEP}=45°17\frac{1}{2}'+155°34'=200°51\frac{1}{2}'$，超出半圆部分的$\overset{\frown}{EP}$应为$20°51\frac{1}{2}'$。

按圆周弦表，若$AB=1\,000^P$，则直线$BO=356^P$。若$AB=70'$，$BO=24'$，BM可取为50′。因此，整个$MBO=74'$，余量$NO=26'$[1]。之前的$MBO=1°9'$，余量$NO=31'$。即两者存在5′的误差。

因此，我们应当旋转小圆$ADCE$来调节这两种情况。如果取$\overset{\frown}{DG}=42\frac{1}{2}°$，那么，另一段$\overset{\frown}{DF}=48°5'$（此处原值应为$45°17\frac{1}{2}'$），这时就出现了上述情况。

下面，让我们通过这样一种方法来消除这种误差：从D点（即减速过程的极限点）开始，在第一时期的非均匀运动包含长为311°55′的整条$\overset{\frown}{DGCEPAF}$；在第二时期是长为$42\frac{1}{2}°$的$\overset{\frown}{DG}$；在第三时段是长为198°4′的$\overset{\frown}{DGCEP}$。按上述论证，在第一时期，$BN$是52′的正行差，而$AB=70'$；在第二时期，$MB$为$47\frac{1}{2}°$的负行差；在第三时期中，$BO$是21′的相加行差。因此，在第一时期，$MN=1°40'$，在第二时期，$MBO=1°9'$，这些都符合观测的结果。

那么，我们可以肯定，非均匀角在第一时期显然为$155°57\frac{1}{2}'$，第二时期为21°15′，第三时期为99°2′。

3.10 黄赤交角的最大变化

上述方法也可用来讨论黄赤交角的变化。通过托勒密的著作，我们知道在安东尼厄斯第二年，经过修正的非均匀角为$21\frac{1}{4}°$，并由此可求出最大的黄赤交角为23°51′20″。我观测的时间与当时相差约1 387年，在这段时间里，非均匀角已变成144°4′，黄赤交角约为$23°28\frac{2}{5}'$（见图3.10）。

---

[1] 1 000 : 356=70′ : 24.9′。哥白尼近似地取成24′。$NO=MN-MBO$（$=MB+BO$）$=1°40'-74'$（$=50'+24'$）$=26'$。

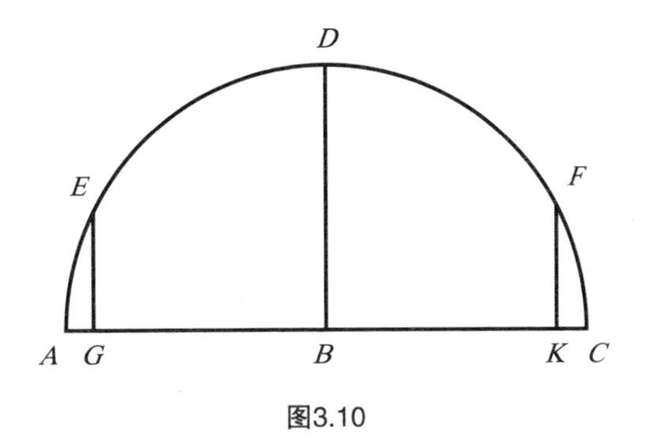

图3.10

以此为基础，我们画出黄道弧$\overset{\frown}{ABC}$，因为它很短，可以视为一条直线。

以B为顶点，在$\overset{\frown}{ABC}$上画出非均匀角的小半圆。令A为最大倾角的极限，C为最小倾角的极限。我们要求证的，就是它们之间的差额。

先在小圆上取$\overset{\frown}{AE}=21°15'$，那么，$\overset{\frown}{ED}=68°45'$，整条$\overset{\frown}{EDF}=144°4'$，由此可得$\overset{\frown}{DF}=144°4'-68°45'=75°19'$。作直线$EG$和$FK$垂直于直径$ABC$。

基于从托勒密时代至今黄赤交角的变化，我们可以将GK视作长度为22′56″的圆弧。$\overset{\frown}{GB}$（可视为直线）是两倍ED或其他相等弧所对弦的一半。

如果取直径$AC=2\,000^P$，则$GB=932^P$。KB是两倍DF所对弦的一半，应为967^P。GB与KB之和GK为$1\,899^P$。

如果取$GK=22'56''$，那么，我们所求的差值，即最大与最小黄赤交角之差$AC=24'$[1]。可见，从提莫恰里斯时期到托勒密时期的黄赤交角为极大，达到23°52′，而现在它正在接近极小值，即23°28′。运用前面求岁差的方法，还可求出任何中间时期黄赤交角的大小。

[1] 1 899：2 000=25′56″：24′2″。哥白尼近似地取成24′。

3.11 二分点均匀行度的历元与非均匀角的测定

在阐述完以上课题之后，我接下来将要测定在任意时刻相对于春分点来说天球所在的位置[1]，这种计算的绝对起点是托勒密确立的，设定为巴比伦的纳波纳萨尔国王登基之时。由于姓氏相似，大多数学者将这位国王认作涅布恰聂萨尔。细察年表，涅布恰聂萨尔的年代比托勒密计算的起点时间要晚得多。但我们最好还是采用更广为人知的时间。

我曾想到以第一届奥林匹克运动会为绝对起点是完全适合的，但它比纳波纳萨尔登基的时间早了28年。根据森索里纳斯和其他权威的记载，那届运动会是从夏至日开始举行，希腊人所说的天狼星正好在这一天升起[2]。从第一届奥运会期间希腊历祭月的第一天中午起，到纳波纳萨尔时期埃及历的元旦中午为止，共有27年零247天。从希腊历祭月当天起至亚历山大大帝逝世，其间共有424个埃及年。从亚历山大大帝去世到尤里乌斯·恺撒登基之时，即恺撒年号的第一年元月一日前的午夜，总计为278个埃及年零118天。

当恺撒第三次担任执政官时，他以高级神父之名创立了这个年代。他的同僚玛尔喀斯·艾密廖斯·列比杜斯遵照他所颁布的法令，将这一年之后的年份都称为“尤里乌斯年”。从恺撒第四次担任执政官到奥克塔凡·奥古斯塔斯时期，照罗马人的算法，共有18年。这年元月17日，经蒙思蒂阿斯·普朗卡斯建议，元老院授予被神化的尤里乌斯·恺撒的儿子以奥古斯塔斯皇帝的尊号。此时，尤里乌斯·恺撒为第七次担任执政官。当时他的同僚有玛尔喀斯·维普萨尼奥斯·阿格里巴等。在这之前两年，在安东尼厄斯和克娄利奥巴特拉去世后，埃及归罗马统治。埃及人认为到元旦（即罗马人的8月30日）正午，罗马人统治埃及共有15年零246天。因此，从奥古斯塔斯到基督纪年（同样从元月起始），罗马人认为有27年，而按

---

〔1〕部分天文学家称之为“历元”。

〔2〕这是对奥林匹克运动的庆贺。

埃及人的历法算得的时间是29年零130 $\frac{1}{2}$ 天。

从基督纪年到安东尼厄斯·皮厄斯第二年[1]，共有138个罗马年零55天。对埃及人来说，还须在此基础上加上34天[2]。从第一届奥运会到这个时候，共有913年零101天。在这段时期中，两分点的均匀岁差为12°44′，而非均匀角为95°44′。然而，照托勒密《天文学大成》的说法，在安东尼厄斯·皮厄斯第二年，春分点就比白羊座头部第一星超前6°40′，因为当时的二倍非均匀角已达到42 $\frac{1}{2}$°，均匀行度与视行度的相减差值为48′。当这个差值使视行度变成6°40′时，春分点的平位置就是7°28′。如果加上圆周的360°，然后再减去12°44′，那么，第一届奥运会[3]时，春分点位于354°44′，比白羊座第一星靠后5°16′（360°－354°44′）。

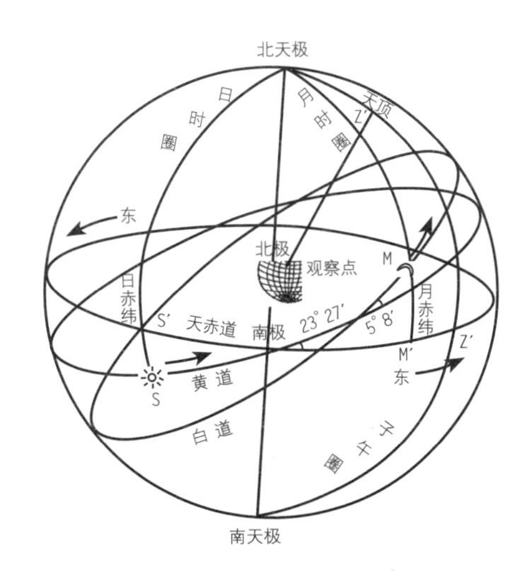

□ **黄赤交角**

黄赤交角是地轴进动的成因之一，也是视太阳日长度周年变化的主要原因和地球上四季变化和五带区分的根本原因。

同理，如果从非均匀角的21°15′减去95°45′，那么，作为奥运会开幕同一开始时间的余量，即非均匀角的位置，就是285°30′。再加上在各个时期内出现的行度，当行度每满360°时，扣除这个数量，便可得出历元。亚历山大大帝时期的均匀行度是1°2′，非均匀角为332°52′；恺撒大帝时期的均匀行度是4°55′，非均匀角为2°2′；基督时期的均匀行度是5°32′，非均匀角为6°45′。运用这种方法，同样可以求出该时期其他任何时间任一起点行度的历元。

[1] 克劳迪阿斯·托勒密在这一年把他自己观测到的恒星位置编列成表。

[2] 埃及年一年正好等于365天，没有闰年，但每隔四年会比罗马年（365天）少一天。因此，从基督纪元到139年2月24日，正好等于34天（136÷4）。

[3] 它的开幕是在希腊历祭月第一天的正午。

3.12 春分点岁差和黄赤交角的计算

在我们计算春分位置时，如果所选的起点到已知时刻各个年份不是等长的（罗马年就经常出现这种情况），就需要将其转换成等长年份或埃及年。正如我之前所说的，下面我将只使用埃及年。

当年数超过了60年，我们便将年数以60年为周期来划分。这样，在查询二分点行度表时，行度项下第一栏可视为多余而忽略，从第二栏即度数栏查起，如果栏内载有数值，可取用该数值及剩余度数和弧分数的60的倍数，或者去掉60年整周后剩余的年数，可取成组的60再加上从第一栏起的度数和分数。对于周期为60天的日期，如果要按日期及其分数表对它们加上均匀行度，也可采用这个办法。但在进行运算时，日期的分数甚至具体的整天数都可忽略不计。因为这些行度极慢，逐日行度仅为几弧秒或六十分之几弧秒。

各类数值分别相加，再把6组60°的去掉，这样就能将表中所载数值和历元结合起来。如果求得的总数值大于360°，对既定时刻而言，可得到春分点的平位置和它超过白羊宫第一星的距离。

非均匀角也可用类似的方法求出。并且，利用非均匀角可求得行差表最后一栏所载的比例分数。用二倍非均匀角可由同表的第三栏求出行差[1]。如果二倍非均匀角小于半圆，则应从平均行度中减去行差；反之，如果二倍非均匀角大于180°，则应将行差与平均行度相加。这样求得的结果中，包含有春分点的真岁差或视岁差，即春分点在该时刻与白羊座第一星的可测距离。如果要计算其他任何恒星的位置，则应加上星表中该恒星所对应的黄经。

举例会使运算变得更加清楚。

以公元1525年4月16日为例，可求出当天春分点的真位置、它与室女星座中

[1] 真行度与平均行度相差的度数和分数。

穗的距离及当时的黄赤交角。从基督纪元到现在，共有1 524个罗马年零106天。这段时期共有381个闰日，即1年零16天。以等长的年度计量，这段时期就应该是1 525年零122天，等于25个60年周期加上25年和两个60日周期再加2天。在均匀行度表中，25个60年周期对应的是20° 55′2″；25年对应的是20° 55″；两个60日周期对应的是16″；剩下2天为六十分之几秒。将这些数值与等于5° 32′的历元叠加在一起，总值为26° 48′，这就是春分点的平岁差。

同理，非均匀角的行度在25个60年周期中为两个60° 加上37° 15′3″；在25年中为2° 37′15″；在两个60天周期中为2′4″；剩下2天为2″。将所有这些数值与等于6° 45′的历元相加，等于两个60° 加上46° 40′，此即非均匀角的数值。在行差表最后一栏中找到与上列数值对应的比例分数1′，这一数值可以用来确定黄赤交角。我们还能看到，二倍非均匀角等于五个60° 加上33° 20′[1]。因为二倍非均匀角比半圆大，这一行差为正行差。我求得行差为32′。把这一行差与平均行度相加，就能得出春分点的真岁差和视岁差是27° 21′。在这个数值上加170°[2]，可知室女的麦穗相对于春分点（197° 21′）是位于东面天秤宫内17° 21′处。

黄赤交角和赤纬都遵循相同的规则：当比例分数达到60时，应把赤纬表所载的增加量（最大与最小黄赤交角之差）与各赤纬度数相加。在本例中，只需将黄赤交角增加24″。因此，此时黄道分度的赤纬并没有变化，因为目前最小黄赤交角正在逐渐形成，不易察觉其发生的变化。如果此时非均匀角为99°[3]，与之相应的比例分数则为25。由于60′：24′（24′为最大与最小黄赤交角之差）= 25′：10′，把10′与28′相加，得到的23° 38′就是当时黄赤交角的大小。通过这种方法，我们还可以知道黄道上任何分度的赤纬，比如，金牛座内3°，距春分点33°，我在黄道分度赤纬表中查得的数值是12° 32′，差值为12′。由于60：25 = 12：5。把5′加入赤纬度数中，答案就是12° 37′。除非采用球面三角形的比值，否则，用于论证黄赤交角的方法也可同样用于赤经，但在计算时，需要从赤经中减去与黄赤交角相加的量，这样得出的结果才更接近事实。

---

〔1〕2 × 166° 40′=333° 20′=5 × 60° +33° 20′。

〔2〕室女的麦穗与白羊宫第一星的距离。

〔3〕基督纪元后880个埃及年时，就曾出现过这种情况。

3.13 太阳年的长度及非均匀性

在前面，我已经论证过二分点和二至点的变化是由地轴倾斜引起的，这可以通过地心的周年运动来证实。现在，我将继续论证这一观点。无论是用二分点还是二至点来推算，一年的长度总在变化。这些基点始终都处于不均匀运动中，并且彼此联系，因此，年的长度绝不可能是一个固定值。

首先，我们对季节下一个定义，以此将它与恒星年区别开。我把周年四季循环的年份命名为“自然年”或“季节年”，把返回至某恒星的年称为“恒星年”。自然年又叫回归年，它是非均匀的，这在古代的观测中早已被证实。根据卡利帕斯、萨摩斯的阿里斯塔尔恰斯和西拉卡斯的阿基米德等人的测定结果，自然年除了365个整日外还含有四分之一天。他们采用雅典人的做法，取夏至为一年的开始。然而，托勒密认识到，精密确定一个至点并不容易。他对他们的观测表示怀疑。托勒密较为相信喜帕恰斯。后者在罗德斯城对太阳的二至、二分点留下了翔实的记录。喜帕恰斯宣称$\frac{1}{4}$天缺了一小部分。后来托勒密在《天文学大成》中用下列方法确定此为$\frac{1}{300}$天。

□ 喜帕恰斯

喜帕恰斯（公元前190年—前125年），古希腊天文学家，方位天文学的创始人。他算出一年的长度为365$\frac{1}{4}$日再减去$\frac{1}{300}$日，并发现白道拱点和黄白交点的运动，求得月亮的距离为地球直径的30$\frac{1}{6}$倍。他还编制了几个世纪内太阳和月亮的运动表，用来推算日食和月食。

喜帕恰斯采用亚历山大大帝死后第177年的第三个闰日的午夜为基点，在亚历山大城非常精确地观测到秋分点。托勒密继续采用这个秋分点。后来，托勒密又引用了另一个秋分点。这是他于安东尼厄斯·皮厄斯第三年（亚历山大大帝死后第463年）埃及历3月9日日出后约一小时亲自在亚历山大城观测到的。这次观测与喜帕恰斯的观测相距285个埃及年70天零7小时。如果一个回归年比365个整日多$\frac{1}{4}$天，这个时间就应当是71天零6小时。因此，285年间缺

少的量就应当是$\frac{19}{20}$天。也就是说，每300年中应去掉一天。

托密勒回想起喜帕恰斯在亚历山大大帝之后第178年（埃及历）6月27日日出时所报告的春分点。他本人发现了亚历山大大帝之后第463年（埃及历）的春分点，大约在9月7日午后一小时。在285年中，同样缺少了$\frac{19}{20}$天。借助于这一发现，托勒密量得一个回归年的长度是365天加上14分48秒。

后来，在叙利亚的拉喀，阿耳·巴塔尼观测了亚历山大死后第1 206年（埃及历）9月7日夜间约7小时，即8日黎明前4$\frac{3}{5}$小时的秋分点。他把自己的观测与托勒密在亚历山大城的观测加以对比（亚历山大城位于拉喀之西10°）。他把托勒密观测到的数值归化成自己在拉喀的经度，在这个位置上托勒密的秋分应为日出后1$\frac{2}{3}$小时。因此，在743（1 206－463）个等长年份中就多出了178天17$\frac{3}{5}$小时，而不是通过$\frac{1}{4}$天积累得出的185$\frac{3}{4}$天。因为缺少7天零$\frac{2}{5}$小时（185天18小时－178天17$\frac{3}{5}$小时），可知$\frac{1}{4}$天应减去$\frac{1}{106}$天。于是，他用7天零$\frac{2}{5}$小时除以 743（年份数），得到13分36秒。托勒密最后得出，一个自然年包含365日5小时46分24秒。

公元1515年9月14日，即亚历山大死后第1 840年（埃及历）2月6日日出后$\frac{1}{2}$小时，我在佛罗蒙波克观测了秋分点。拉喀位于我所在地点以东约25°处，相当于1$\frac{2}{3}$小时。因此，我与阿耳·巴塔尼所观测秋分点的时间，相距633个埃及年零153天6$\frac{3}{4}$小时，而不是158天6小时。亚历山大城与我所在地点的时间差约为1小时，从托勒密在亚历山大城进行的那次观测到我的观测，如果换算到同一地点，就相距1 376个埃及年332天$\frac{1}{2}$小时。因此，在从阿耳·巴塔尼时代距今的633年中缺少了4天22$\frac{3}{4}$小时[1]，即在每128年中减去一天。

此外，在从托勒密时期距今的1 376年中，缺少了约12天[2]，即每115年中减少了一天。由此可见，年份绝不可能是等长的。

我又观测了第二年，即1516年的春分点，出现在3月11日午夜后4$\frac{1}{3}$小时。从托勒密的春分点距我观测的时刻共有1 376个埃及年加上332天又16$\frac{1}{3}$小时。这也表明，春分点与秋分点之间的时间也不是等长。借此求出的太阳年就更不可能等长了。通过与均匀分布的年度比较可以发现，秋分点从托勒密时期到现在$\frac{1}{4}$天缺

---

〔1〕此处实际应为：158天6小时－153天6小时=4天23小时。

〔2〕即：344天（1 376年÷4）÷332天$\frac{1}{2}$小时=11天23$\frac{1}{2}$小时。

□ 欧几里得

欧几里得（公元前330年—前275年），古希腊数学家，被称为“几何之父”。他的代表作《几何原本》是欧洲数学的基础，它提出五大公设，发展欧几里得几何，被广泛认为是历史上最成功的教科书。此外，他还有一些关于透视、圆锥曲线、球面几何学及数论的作品。

少了$\frac{1}{128}$天。这种缺失与阿耳·巴塔尼的秋分点相差半天。然而，对于从阿耳·巴塔尼到我们这段时期都很符合实际的情况（当时$\frac{1}{4}$天应当少$\frac{1}{128}$天），对托勒密的论证却不适宜。这个结果比他所观测到的分点超出一天多，比喜帕恰斯的观测超出两天多。同样，根据从托勒密到阿耳·巴塔尼这段时期的观测所做的计算，也比喜帕恰斯的分点超出两天。

因此，撒彼特·伊恩·克拉首先提出：只有通过恒星，才能更准确地推算出太阳年的均匀长度。克拉求得太阳年的长度是365天加一天的15分23秒，即约6小时9分12秒。他的论证极有可能是基于以下事实：当二分点和二至点重复出现较慢时，年度看起来比它们重复较快时要长一些，并且按一定的比值变化。如果恒星没有一个均匀的长度，这种情况便不可能发生。因此，托勒密用返回任一恒星来测量太阳年的均匀长度显然是行不通的，这也是相当荒谬的。在《天文学大成》中，他也承认这种方法并不比用木星或土星来进行此项测量更加准确。这就解释了在托勒密之前回归年会长一些，而在他以后就缩短了，并且减少的程度在不断变化。

恒星也可能会出现一种变化，但它比我上面解释的那种变化要小很多，并且有限，因为表现为太阳运动的地心运动具有双重变化。其中，第一重是简单变化，以一年为周期；第二重运动则很隐蔽，需要很长时间才会被发现，但它的变化会引起第一重变化发生偏差。因此，等长年的计算实非易事。如果有人想要通过一颗已知恒星的位置推算出等长年，那么，以月亮为参照，用一副星盘就可以办到。我在谈狮子座的轩辕十四时已经解释了这个方法。变化不能完全避免，除非当时地球的运动消除了太阳的行差，或者在两个基点都有相似且相等的行差。如果不是这种情况，或者基点的不均匀性发生了某种变化，那么很显然，在相等时间内绝对不会出现均匀运转。如果在两个基点处整个变化都成比例地相减或相加，这个过程就会完全正确。

要了解不均匀性，就必须先知道平均行度。这跟阿基米德化圆为方是同样的道理。为了彻底弄清这个问题，我们可以把造成不均匀性的原因分为四类。

第一类是二分点的岁差具有不均匀性（前面我已经解释过了）；第二类是太阳在黄道弧上运动的不均匀性（几乎每年都不均匀）；第三类是“第二种差”的变化；第四类则是地心的高低拱点的移动。托勒密在《天文学大成》中只提及了第二类。但这个原因本身并不能引起周年的不均匀性，只有当它与其他原因结合在一起时，才能导致这个结果。

然而，要体现太阳视运动与均匀性的差别，似乎没有必要对一年的长度做绝对精确的测量，只需将年的长度取为365 $\frac{1}{4}$ 天就足够精确了。为了推理完整和便于想象，我主张将地心的周年运转视为均匀运动。在后面我将根据所需的证明来区分均匀运动和视运动，并对均匀运动加以补充。

3.14 地心运转的均匀化和平均行度

我已经观测到，一个均匀年的长度是365天加上15个日分、24个日秒和10个 $\frac{1}{60}$ 日秒，等于6个均匀小时9分40秒，仅仅比撒彼特·伊恩·克拉的数值多 $1\frac{10}{60}$ 日秒。年的均匀性显然与恒星有联系。因此，用365天乘上一个圆周的360°，可以得到“简单均匀的”太阳行度，然后再除以365天15日分24 $\frac{10}{60}$ 日秒，我们便可算出一个埃及年行度为$5\times60^\circ+59^\circ44'49''7'''4''''$。经过60个这样的年度，并消除整圆周后，行度为$5\times60^\circ+44^\circ49'7''4'''$。除此之外，若是用365天来除年行度，便可求得日行度为$59'8''11'''22''''$。在这个数值上加上二分点的平均和均匀岁差，同样可以算出在一个回归年中的均匀年行度为$5\times60^\circ+59^\circ45'39''19'''9''''$，日行度为$59'8''19'''37''''$。由此，我们通常把前者称为“简单均匀的”太阳行度，把后者称为“复合均匀的”行度。

按照我对二分点岁差所用的方法，我把这些名称也录入表格。附于表后的是太阳近点角的均匀行度，也是我接下来要阐述的一个课题（见附表P148—149）。

逐年和60年周期的太阳简单均匀行度表
基督纪元272°31′

年	行度					年	行度				
	60°	°	′	″	″		60°	°	′	″	‴
1	5	59	44	49	7	31	5	52	9	22	39
2	5	59	29	38	14	32	5	51	54	11	46
3	5	59	14	27	21	33	5	51	39	0	53
4	5	58	59	16	28	34	5	51	23	50	0
5	5	58	44	5	35	35	5	51	8	39	7
6	5	58	28	54	42	36	5	50	53	28	14
7	5	58	13	43	49	37	5	50	38	17	21
8	5	57	58	32	56	38	5	50	23	6	28
9	5	57	43	22	3	39	5	50	7	55	35
10	5	57	28	11	10	40	5	49	52	44	42
11	5	57	13	0	17	41	5	49	37	33	49
12	5	56	57	49	24	42	5	49	22	22	56
13	5	56	42	38	31	43	5	49	7	12	3
14	5	56	27	27	38	44	5	48	52	1	10
15	5	56	12	16	46	45	5	48	36	50	18
16	5	55	57	5	53	46	5	48	21	39	25
17	5	55	41	55	0	47	5	48	6	28	32
18	5	55	26	44	7	48	5	47	51	17	39
19	5	55	11	33	14	49	5	47	36	6	46
20	5	54	56	22	21	50	5	47	20	55	53
21	5	54	41	11	28	51	5	47	5	45	0
22	5	54	26	0	35	52	5	46	50	34	7
23	5	54	10	49	42	53	5	46	35	23	14
24	5	53	55	38	49	54	5	46	20	12	21
25	5	53	40	27	56	55	5	46	5	1	28
26	5	53	25	17	3	56	5	45	49	50	35
27	5	53	10	6	10	57	5	45	34	39	42
28	5	52	54	55	17	58	5	45	19	28	49
29	5	52	39	44	24	59	5	45	4	17	56
30	5	52	24	33	32	60	5	44	49	7	4

逐日、60日周期和1日中分数的
太阳简单均匀行度表

日	行度					日	行度				
	60°	°	′	″	‴		60°	°	′	″	″
1	0	0	59	8	11	31	0	30	33	13	52
2	0	1	58	16	22	32	0	31	32	22	3
3	0	2	57	24	34	33	0	32	31	30	15
4	0	3	56	32	45	34	0	33	30	38	26
5	0	4	55	40	56	35	0	34	29	46	37
6	0	5	54	49	8	36	0	35	28	54	49
7	0	6	53	57	19	37	0	36	28	3	0
8	0	7	53	5	30	38	0	37	27	11	11
9	0	8	52	13	42	39	0	38	26	19	23
10	0	9	51	21	53	40	0	39	25	27	34
11	0	10	50	30	5	41	0	40	24	35	45
12	0	11	49	38	16	42	0	41	23	43	57
13	0	12	48	46	27	43	0	42	22	52	8
14	0	13	47	54	39	44	0	43	22	0	20
15	0	14	47	2	50	45	0	44	21	8	31
16	0	15	46	11	1	46	0	45	20	16	42
17	0	16	45	19	13	47	0	46	19	24	54
18	0	17	44	27	24	48	0	47	18	33	5
19	0	18	43	35	35	49	0	48	17	41	16
20	0	19	42	43	47	50	0	49	16	49	28
21	0	20	41	51	58	51	0	50	16	57	39
22	0	21	41	0	9	52	0	51	15	5	50
23	0	22	40	8	21	53	0	52	14	14	2
24	0	23	39	16	32	54	0	53	13	22	13
25	0	24	38	24	44	55	0	54	12	30	25
26	0	25	37	32	55	56	0	55	11	38	36
27	0	26	36	41	6	57	0	56	10	46	47
28	0	27	35	49	18	58	0	57	10	54	59
29	0	28	34	57	29	59	0	58	9	3	10
30	0	29	34	5	41	60	0	59	8	11	22

逐年和60年周期的太阳复合均匀行度表

埃及年	行度					埃及年	行度				
	60°	°	′	″	‴		60°	°	′	″	‴
1	5	59	45	39	19	31	5	52	35	18	53
2	5	59	31	18	38	32	35	52	20	58	12
3	5	59	16	57	57	33	5	52	6	37	31
4	5	59	2	37	16	34	5	51	52	16	51
5	5	58	48	16	35	35	5	51	37	56	10
6	5	58	33	55	54	36	5	51	23	35	29
7	5	58	19	35	14	37	5	51	9	14	48
8	5	58	5	14	33	38	5	50	54	54	7
9	5	57	50	53	52	39	5	50	40	33	26
10	5	57	36	33	11	40	5	50	26	12	46
11	5	57	22	12	30	41	5	50	11	52	5
12	5	57	7	51	49	42	5	49	57	31	24
13	5	56	53	31	8	43	5	49	43	10	43
14	5	56	39	10	28	44	5	49	28	50	2
15	5	56	24	49	47	45	5	49	14	29	21
16	5	56	10	29	6	46	5	49	0	8	40
17	5	55	56	8	25	47	5	48	45	48	0
18	5	55	41	47	44	48	5	48	31	27	19
19	5	55	27	27	3	49	5	48	17	6	38
20	5	55	13	6	23	50	5	48	2	45	57
21	5	54	58	45	42	51	5	47	48	25	16
22	5	54	44	25	1	52	5	47	34	4	35
23	5	54	30	4	20	53	5	47	19	43	54
24	5	54	15	43	39	54	5	47	5	23	14
25	5	54	1	22	58	55	5	46	51	2	33
26	5	53	47	2	17	56	5	46	36	41	52
27	5	53	32	41	37	57	5	46	22	21	11
28	5	53	18	20	56	58	5	46	8	0	30
29	5	53	4	0	15	59	5	45	53	39	49
30	5	52	49	39	34	60	5	45	39	19	9

逐日、60日周期和1日中分数的
太阳复合均匀行度表

日	行度					日	行度				
	60°	°	′	″	‴		60°	°	′	″	‴
1	0	0	59	8	19	31	0	30	33	18	8
2	0	1	58	16	39	32	0	31	32	26	27
3	0	2	57	24	58	33	0	32	31	34	47
4	0	3	56	33	18	34	0	33	30	43	6
5	0	4	55	41	38	35	0	34	29	51	26
6	0	5	54	49	57	36	0	35	28	59	46
7	0	6	53	58	17	37	0	36	28	8	5
8	0	7	53	6	36	38	0	37	27	16	25
9	0	8	52	14	56	39	0	38	26	24	45
10	0	9	51	23	16	40	0	39	25	33	4
11	0	10	50	31	35	41	0	40	24	41	24
12	0	11	49	39	55	42	0	41	23	49	43
13	0	12	48	48	15	43	0	42	22	58	3
14	0	13	47	56	34	44	0	43	22	6	23
15	0	14	47	4	54	45	0	44	21	14	42
16	0	15	46	13	13	46	0	45	20	23	2
17	0	16	45	21	33	47	0	46	19	31	21
18	0	17	44	29	53	48	0	47	18	39	41
19	0	18	43	38	12	49	0	48	17	48	1
20	0	19	42	46	32	50	0	49	16	56	20
21	0	20	41	54	51	51	0	50	16	4	40
22	0	21	41	3	11	52	0	51	15	13	0
23	0	22	40	11	31	53	0	52	14	21	19
24	0	23	39	19	50	54	0	53	13	29	39
25	0	24	38	28	10	55	0	54	12	37	58
26	0	25	37	36	30	56	0	55	11	46	18
27	0	26	36	44	49	57	0	56	10	54	38
28	0	27	35	53	9	58	0	57	10	2	57
29	0	28	35	4	28	59	0	58	9	11	17
30	0	29	34	9	48	60	0	59	8	19	37

逐年和60年周期的太阳近点角均匀行度表

基督纪元211° 19′

埃及年	行度					埃及年	行度				
	60°	°	′	″	‴		60°	°	′	″	‴
1	5	59	44	24	46	31	5	51	56	48	11
2	5	59	28	49	33	32	5	51	41	12	58
3	5	59	13	14	20	33	5	51	25	37	45
4	5	58	57	39	7	34	5	51	10	2	32
5	5	58	42	3	54	35	5	50	54	27	19
6	5	58	26	28	41	36	5	50	38	52	6
7	5	58	10	53	27	37	5	50	23	16	52
8	5	57	55	18	14	38	5	50	7	41	39
9	5	57	39	43	1	39	5	49	52	6	26
10	5	57	24	7	48	40	5	49	36	31	13
11	5	57	8	32	35	41	5	49	20	56	0
12	5	56	52	57	22	42	5	49	5	20	47
13	5	56	37	22	8	43	5	48	49	45	33
14	5	56	21	46	55	44	5	48	34	10	20
15	5	56	6	11	42	45	5	48	18	35	7
16	5	55	50	36	29	46	5	48	2	59	54
17	5	55	35	1	16	47	5	47	47	24	41
18	5	55	19	26	3	48	5	47	31	49	28
19	5	55	3	50	49	49	5	47	16	14	14
20	5	54	48	15	36	50	5	47	0	39	1
21	5	54	32	40	23	51	5	46	45	3	48
22	5	54	17	5	10	52	5	46	29	28	35
23	5	54	1	29	57	53	5	46	13	53	22
24	5	53	45	54	44	54	5	45	58	18	9
25	5	53	30	19	30	55	5	45	42	42	55
26	5	53	14	44	17	56	5	45	27	7	42
27	5	52	59	9	4	57	5	45	11	32	29
28	5	52	43	33	51	58	5	44	55	57	16
29	5	52	27	58	38	59	5	44	40	22	3
30	5	52	12	23	25	60	5	44	24	46	50

逐日、60日周期的太阳近点角											
日	行度					日	行度				
	60°	°	′	″	‴		60°	°	′	″	‴
1	0	0	59	8	7	31	0	30	33	11	48
2	0	1	58	16	14	32	1	31	32	19	55
3	0	2	57	24	12	33	8	32	31	28	3
4	0	3	56	32	59	34	0	33	30	36	10
5	0	4	55	40	36	35	0	34	29	44	17
6	0	5	54	48	44	36	0	35	28	52	25
7	0	6	53	56	51	37	0	36	28	0	32
8	0	7	53	4	58	38	0	37	27	8	39
9	0	8	52	13	6	39	0	38	26	16	47
10	0	9	51	21	13	40	0	39	25	24	54
11	0	10	50	29	21	41	0	40	24	33	2
12	0	11	49	37	28	42	0	41	23	41	9
13	0	12	48	45	35	43	0	42	22	49	16
14	0	13	47	53	43	44	0	43	21	57	24
15	0	14	47	1	50	45	0	44	21	5	31
16	0	15	46	9	57	46	0	45	20	13	38
17	0	16	45	18	5	47	0	46	19	21	46
18	0	17	44	26	12	48	0	47	18	29	53
19	0	18	43	34	19	49	0	48	17	38	0
20	0	19	42	42	27	50	0	49	16	46	8
21	0	20	41	50	34	51	0	50	15	54	15
22	0	21	40	58	42	52	0	51	15	2	23
23	0	22	40	6	49	53	0	52	14	10	30
24	0	23	39	14	56	54	0	53	13	18	37
25	0	24	38	23	4	55	0	54	12	26	45
26	0	25	37	31	11	56	0	55	11	34	52
27	0	26	36	39	18	57	0	56	10	42	59
28	0	27	35	47	26	58	0	57	9	51	7
29	0	28	34	55	33	59	0	58	8	59	14
30	0	29	34	3	41	60	0	59	8	7	22

3.15 关于太阳视运动不均匀性的初步论证

如果地球以太阳为中心旋转，而太阳又位于宇宙的中心，那么，关于太阳不均匀运动的阐述，我们就需要更进一步的证实。正如我前面假设的：地球与太阳的距离在整个浩瀚无边的宇宙中显得微不足道，那么，相对于地球上任何一点，太阳的运动都可以视为是均匀的。我们就从这里着手，开始证明（见图3.11）。

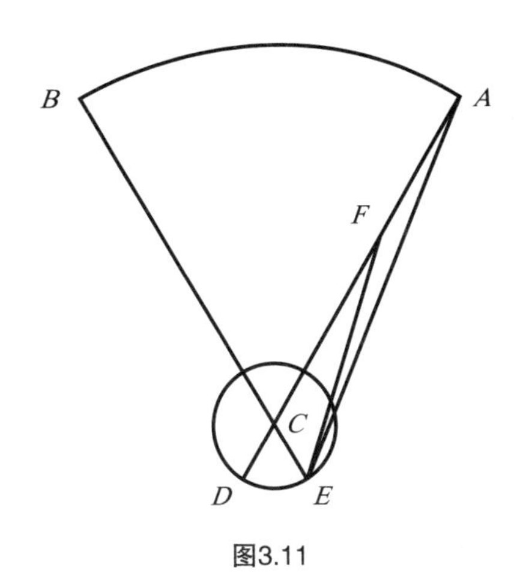

图3.11

令：$\overset{\frown}{AB}$ 是位于黄道上宇宙的一段弧。

太阳位于中心点C，线CD是地球到太阳的距离。宇宙的宽幅非常大。以CD为半径，作黄道同一平面内表示地心周年运动的圆圈DE。

此时，将出现上面我设定的情况：对于圆AB上任何一点，太阳看起来都在做均匀运动。接下来，我们令地球望见太阳的位置为A，地球所在的位置为D，我们画出ACD。

假设地球沿着任一圆弧 $\overset{\frown}{DE}$ 运动，E为地球运动的终点，连接AE和BE。

此时，从E点看去，太阳正位于B点。AC比CD、CE要大很多，AE也会大于CE。在AC上取任意点F，并连接EF。 同时，从两端点C和E分别向A引直线，两条直线都落在三角形EFC外。

根据欧几里得《几何原本》中的逆定理，$\angle FAE < \angle EFC$。当两条直线无限延伸时，它们最终形成的$\angle CAE$是一个非常小的锐角，几乎可以忽略不计。$\angle CAE$是$\angle BCA$超过$\angle AEC$的差额。由于这一差额非常小，因此这两角近似相等，AC和AE两条线近似平行。

对于恒星天体上任一点来说，太阳似乎都在作均匀运动，就像绕中心E在作匀速运转。

然而，地心在周年运转中并不是严格地以太阳为正中心在运行，可见太阳的运动并不是均匀的。这可用两种方法加以证明：用一个中心与太阳中心不重合的偏心圆，或者用一个同心圆上的本轮[1]。

如果利用的是偏心圆，我们可证明如下：

作黄道面上的一个偏心圆$ABCD$，设它的中心E与太阳中心F有一段不可忽略的距离。偏心圆的直径$AEFD$正好穿过这两个中心（见图3.12）。

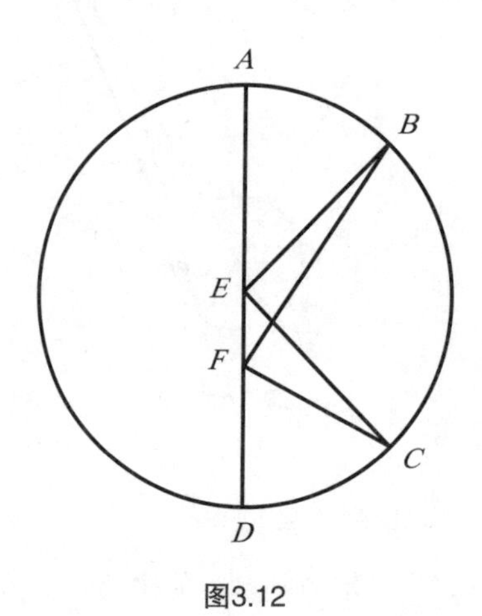

图3.12

令：A为远心点[2]，即地球离宇宙中心最远的位置；D为近心点[3]，即地球距宇宙中心最近的位置。

---

〔1〕其中心与太阳中心重合，可起到均轮的作用。

〔2〕拉丁文称之为“高拱点”。

〔3〕拉丁文称之为“低拱点”。

地球在圆周$ABCD$上绕中心E做均匀运动时，从F点望去，它的运动就不是均匀的。取$\widehat{AB}=\widehat{CD}$，作直线$BE$、$CE$、$BF$和$CF$。$\angle AEB=\angle CED$，它们绕中心$E$截出了相等的圆弧。

$\angle CFD$是一个大于$\angle CED$的外角，同样，也大于与$\angle CED$相等的$\angle AEB$。而$\angle AEB$也是一个外角，同样大于内角$\angle AFB$。但$\angle CFD$比$\angle AFB$大得多。因为$\widehat{AB}=\widehat{CD}$，$\angle CFD$和$\angle AEB$又是在相同时间内形成的，因此，绕$E$点的均匀运动必定也同时成为绕$F$点的非均匀运动。

用更简单的方法同样可以得到这个结果：$\widehat{AB}$距F点比$\widehat{CD}$距F点的距离远一些，按欧几里得《几何原本》的原理，与这些弧相截的直线AF和BF就会相应比CF和DF长一些。根据光学的知识，同样大小的物体在近处比远处看起来更大一些。因此，上述命题同样可以获证。

如果是利用同心圆上的本轮，我们同样可以证明（见图3.13）。

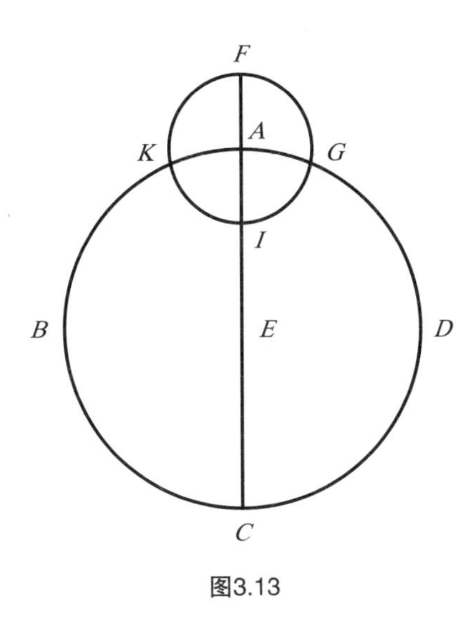

图3.13

令：太阳所在的宇宙中心E同时也是同心圆$ABCD$的圆心，A为在同一平面上的本轮FG的中心。

通过中心E和中心A画直线$CEAF$，F是本轮的远心点，I为近心点。那么，很明显，此时A处出现的是均匀运动，而本轮FG上的运动则很不均匀。

假设：A沿着黄道十二宫的顺序向B运动，而地心从远心点沿相反方向运动。

那么，从近心点I观测，E的运动更快一些（因为A和I是同向运动）。相反，在远心点F看来，E的运动会慢一些，因为这个运动是由两个反方向运动超出的部分形成的。当地球位于G处时，它会超过均匀运动的范畴；而当它位于K处时，它达不到或者说无法构成均匀运动。这两种情况的差额可用$\overset{\frown}{AG}$或$\overset{\frown}{AK}$来表示。

由于这个差额的存在，太阳的运动看来是很不均匀的。

由于行星在本轮上运行时，它在同一面内描出的同心圆和偏心圆是相等的。因此，本轮的一切功能同样也可以由偏心圆来完成。偏心圆中心与同心圆中心的距离等于本轮的半径。这种情况很容易证明。

假设：同心圆上的本轮和本轮上的行星运行的方向相反，但所做的运转是相等的。

那么，行星的运动描出的就是一个固定的偏心圆，其远心点与近心点的位置相对不变。令：ABC为同心圆，D为宇宙中心，ADC为直径。

当本轮位于A处时，行星就位于本轮的远心点上。令此点为G，本轮的半径正好落在直线DAG上（见图3.14）。

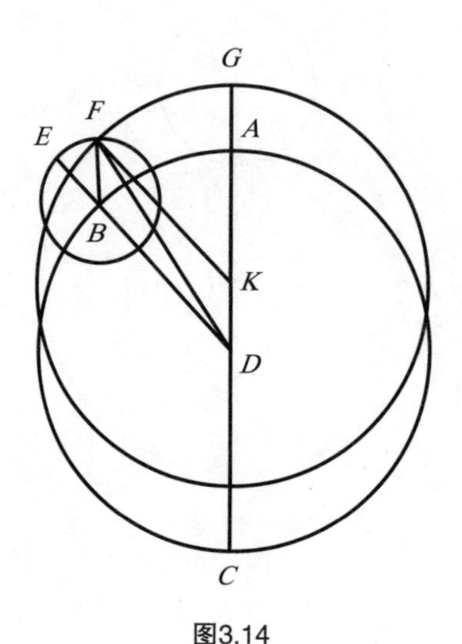

图3.14

取$\overset{\frown}{AB}$为同心圆的一段弧。以B为中心，AG为半径，画出本轮EF、直线DB和EB。取$\overset{\frown}{EF}$与$\overset{\frown}{AB}$相似，但方向相反。把行星或地球置于F处，并连接BF。

取AD上等于BF的线段DK。$\angle EBF = \angle BDA$，因此，BF与DK是平行且相等的。按照欧几里得《几何原本》的论述，与平行且相等的直线连接的直线，也是平行和相等的。

$\because DK = AG$，而AK是两条线段共享的附加线段，即$GAK = AKD = KF$。

$\therefore$以K为中心，KAG为半径的圆应经过F点。

由于AB与EF的共同运动，F点描出的偏心圆与同心圆相等，并且也应是固定的，因为$\angle EBF = \angle BDK$，$BF /\!/ AD$。因此，当本轮在做与同心圆相等的运转时，它所描出的偏心圆的拱点就应该保持相对不变的位置。

如果本轮中心与本轮圆周的运转并不相等，那么，行星运行时所描出的轨迹将不再是一个固定的偏心圆。而现在我们看到的是，偏心圆的中心和拱点都沿着与黄道十二宫相同或相反的方向移动，这视行星运动比其本轮中心快或慢而定（见图3.15、图3.16）。

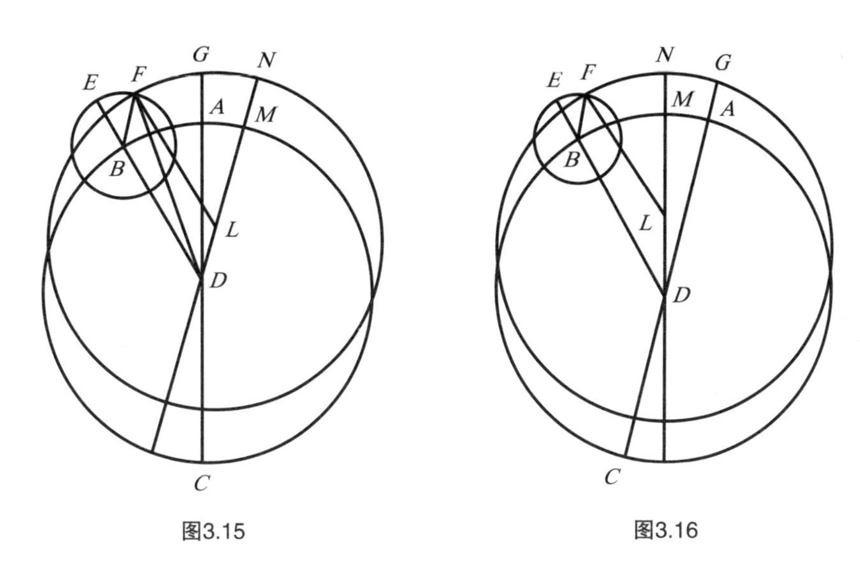

图3.15　　图3.16

设：$\angle EBF > \angle BDA$，然后作$\angle BDM = \angle EBF$。

如果在直线DM上取$DL = BF$，那么，以L为中心，LMN（等于AD）为半径所作的圆就会通过行星所在的F点。

这样，行星的合成运动就会在偏心圆上描出一段弧，我们将这段弧设为$\overset{\frown}{NF}$。同时，偏心圆的远心点从G点开始沿与黄道十二宫相反的方向在$\overset{\frown}{GN}$上运动。

如果行星在本轮上的运动比本轮中心的运动慢，那么，当本轮中心运动时，偏心圆中心就会朝相反的方向，即沿黄道十二宫的方向移动。换句话说，如果$\angle EBF = \angle BDM$，且小于$\angle BDA$，这种情况就会出现。

可见，不管是用同心圆的本轮，还是用与同心圆相等的偏心圆，得出的结论都是太阳在做不均匀运动。只要上述的两个中心之间的距离与本轮的半径相等，这个结论就必然成立。

但也正因如此，我们反而不容易确定天体上存在的是哪一种情况。托勒密显然更倾向于偏心圆的说法。他在《天文学大成》中说：利用偏心圆论证太阳的运动存在着某种普遍的偏差，并且拱点的位置固定不变，这正是太阳的真实情况。

托勒密对月亮和其他五颗行星同样采用了这种方法，证明它们存在双重或多重不均匀运动。这种方法可以很容易得出均匀行度和视行度的差值在什么时候变得最大。当然，这只是在行星位于高、低拱点之间时出现的情况，当行星与均轮接触时，显然本轮的论证法更为适用。这也是托勒密在《天文学大成》中多次提及的。

关于偏心圆，我们还可以如下证明（见图3.17）。

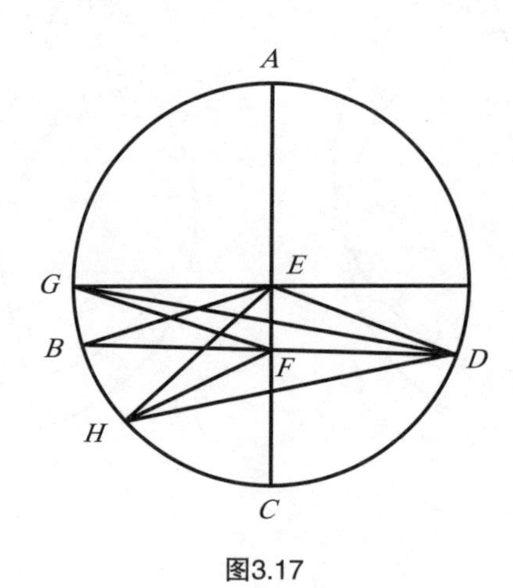

图3.17

令：偏心圆为$ABCD$，中心为E，而AEC为穿过太阳的直径。F是位于非中心位置的任意一点，过F点作$BFD \perp AEC$，并连接BE和ED。

又令：A为远日点，C为近日点，B和D是它们的视中点。

显然，$\triangle BEF$的外角$\angle AEB$代表均匀运动，内角$\angle EFB$代表视运动。它们的差为$\angle EBF$。而从圆周上任意一点与直线EF构成的角不可能大于$\angle EBF$或$\angle EDF$。在B点前后各取一点G和H，然后连接GD、GE、GF、HE、HF和HD。

距中心较近的FG比DF更长，$\angle GDF$比$\angle DGF$更大，但$\angle EDG = \angle EGD$。因

此，$\angle EDF = \angle EBF$，且大于$\angle EGF$。

同理可以证明，DF比FH更长，$\angle FHD$比$\angle FDH$更大。但因为$EH = ED$，$\angle EHD = \angle EDH$，因此，$\angle EDF = \angle EBF$，且大于$\angle EHF$。

那么，从任何一点引向直线EF所成的角都不大于从B、D两点与之所形成的角。因此，均匀运动与视运动的最大差值必然出现在远日点与近日点之间的视中点。

3.16 太阳视运动的不均匀性

上述的论证方法不仅对太阳适用，对其他做不均匀运动的天体也同样适用。不过现在我们只讨论太阳和地球。在进一步阐述前，我们先谈谈托勒密和其他古代学者传授给我们的知识，以及近代天文学所取得的某些成就。

托勒密在《天文学大成》中指出，春分到夏至的时间有$94\frac{1}{2}$天，夏至到秋分的时间是$92\frac{1}{2}$天。根据时间长度，当时第一时段的均匀行度为93°9′，第二时段的均匀行度是91°11′。利用这组数值，我们可以划分一个代表一年的圆周（见图3.18）。

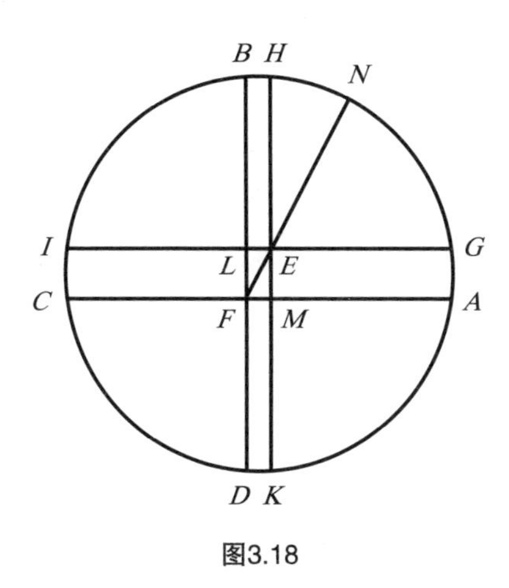

图3.18

令：这个圆周为$ABCD$，中心在E，令$\overset{\frown}{AB}$为第一时段，值为93°9′，$\overset{\frown}{BC}$为第

二时段，值为91° 11′。

我们假设春分点从A观测，夏至点从B观测，秋分点从C观测，冬至点从D观测。接着连接AC和BD。令太阳所在点为F，AC、BD于F点相交成直角。

因此，$\overset{\frown}{ABC}$ 大于半圆，$\overset{\frown}{AB}$ 大于 $\overset{\frown}{BC}$ 。根据托勒密在《天文学大成》中推断出的结论，圆心E位于直线BF与FA之间，而远日点位于春分点与夏至点之间。过中心E作平行于AFC的IEG，与BFD相交于L。再作平行于BFD的HEK，在M穿过AF，由此构成矩形$LEMF$。该矩形的对角线FE可延伸成直线FEN。

也就是说，代表地球与太阳的最大距离在N处出现。$\overset{\frown}{ABC}=93°\ 9′+91°\ 11′=184°\ 20′$，$2AH=ABC$，因此，$\overset{\frown}{AH}=92°\ 10′$。如果从$AGB$减去这个值，剩下的$HB$就是59′（93° 9′－92° 10′）。而从$AH$（92° 10′）减去圆周的一个象限 $\overset{\frown}{HG}$（90°），余量 $\overset{\frown}{AG}$ 则为2° 10′。

取半径为10 000^P，那么与 $\overset{\frown}{AG}$ 的两倍所对弦的一半（LF）为378^P。与 $\overset{\frown}{BH}$ 的两倍所对弦的一半（LE）为178^P。$\triangle ELF$的两边已知，斜边$EF=414^P$，约为半径NE的$\frac{1}{24}$。EF与EL的比等于半径NE与两倍 $\overset{\frown}{NH}$ 所对弦的一半的比。

由此可知：$\overset{\frown}{NH}=\angle NEH=24\frac{1}{2}°$，而视行度$\angle LFE$与$\angle NEH$相等。这就是在托勒密之前得出的高拱点超过夏至点的距离。

我们还可以看到，IK是圆周的一个象限，等于90°。从IK中减去 $\overset{\frown}{IC}$（$=AG=$ 2° 10′）和 $\overset{\frown}{DK}$（$=\overset{\frown}{HB}=59′$），余量$CD$等于86° 51′（90°－3° 9′）。把这个量从 $\overset{\frown}{CDA}$（360°－184° 20′=175° 40′）中减去，剩下的 $\overset{\frown}{DA}$ 等于88° 49′（175° 40′－86° 51′）。但是，$88\frac{1}{8}$天对应86° 51′，同88° 49′相对应的为90天$+\frac{1}{8}$天＝90天3小时。

如果用地球的均匀行度来表示，在这两段时期内，太阳正好从秋分移动到冬至，并在接下来的时间里从冬至返回春分。托勒密在《天文学大成》中声明，他所求得的这些数值与在他之前的喜帕恰斯所求的结果没有差异。托勒密认为，高拱点会再次停留在夏至点前$24\frac{1}{2}$处，偏心率（为半径的$\frac{1}{24}$）则将永远不变。但现在我们已经发现，这两个数值都发生了变化，并且这个差值可以求出。

阿耳·巴塔尼认为，春分到夏至为93天35日分，而到秋分为186天37日分。他利用这些数值，并按托勒密的方法推算出的偏心率不大于346^P（当半径为10 000^{P}时）。西班牙人阿耳·查尔卡里求得的偏心率与阿耳·巴塔尼相符，但远日点是在至点前12° 10′，而阿耳·巴塔尼认为是在至点前7° 43′。虽然数值并不相同，但从这些结果可以推断出，地心的运动还有另一种不均匀性，现代的观测也再次证实了这一点。

我致力于这些课题十多年，在公元1515年，我算出从春分点到秋分点共有186天5$\frac{1}{2}$日分。有的学者怀疑早期测定二至点时存在着一些谬误和偏差，为此，我在自己的研究中加入了太阳的其他位置，诸如金牛宫、室女宫、狮子宫、天蝎宫和宝瓶宫等。这些位置的中点跟二分点一样，都很容易观测到。我算出秋分点到天蝎宫中点是45天16日分，到春分点为178天53$\frac{1}{2}$日分，在第一段时间里均匀行度是44°37′，在第二段时间里均匀行度是176°19′。

根据这些数值，我们可先绘出圆周*ABCD*（见图3.19）。

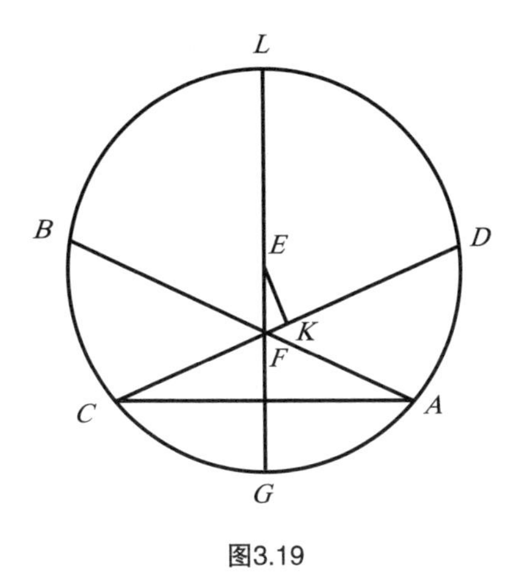

图3.19

令：*A*为在春分时太阳出现的点，*B*为观测到秋分的点，*C*为天蝎宫的中点。

连接*AB*与*CD*，这两条线相交于太阳中心*F*。画*AC*。已知$\overset{\frown}{CB}$为44°37′。于是取360°=2直角，可以表示出∠*BAC*。取360°=4直角，则得视行度∠*BFC*=45°。

但若取360°=2直角，则∠*BFC*=90°。于是截出$\overset{\frown}{AD}$的剩余角∠*ACD*为45°23′（90°−44°37′）。但是整个$\overset{\frown}{ACB}$=176°19′。

$\overset{\frown}{ACB}-\overset{\frown}{CB}=\overset{\frown}{AC}=176°19'-44°37'=131°42'$。把这个数值与$\overset{\frown}{AD}$（45°23′）相加，其和为$\overset{\frown}{CAD}=177°5'\frac{1}{2}$。

由于$\overset{\frown}{ACB}$（176°19′）跟$\overset{\frown}{CAD}$这两段弧都小于半圆，圆心显然在圆周的其余部分，即*BD*之内。

令：圆心为*E*，并通过*F*画直径*LEFG*。令*L*为远日点，*G*为近日点。作*EK*⊥*CFD*。

取直径为200 000^P，则由表可查出已知弧所对的弦为：$AC = 182\ 494^P$，$CFD = 199\ 934^P$。

于是△ACF的各个角都可知。按平面三角形的定理一，各边的比值也可知：取$AC = 182\ 494^P$，则$CF = 97\ 967^P$。

因此，$FD = CFD - CF = 199\ 934^P - 97\ 967^P = 101\ 967^P$，超过$CFD$的一半 $= 99\ 967^P$，多余部分为$FK = 101\ 967^P - 99\ 967^P = 2\ 000^P$。弧段$CAD \approx 177^\circ\ 6'$，比半圆少$2^\circ\ 54'$。此弧所对弦的一半等于$EK$，为$2\ 534^P$。

因此在△EFK中，形成直角的两边FK和KE都可知。在已知的边与角中，$EL = 10\ 000^P$，则$EF = 323^P$；取$360^\circ = 4$直角，则$\angle EFK = 51\frac{2}{3}^\circ$。因此，$\angle AFL = \angle EFK + \angle AFD$（$= \angle BFC = 45^\circ$）$= 96\frac{2}{3}^\circ$，补角$\angle BFL = 180^\circ - \angle AFL = 83\frac{1}{3}^\circ$。

如果取$EL = 60^P$，则EF约为1.56^P。太阳与圆心的距离现在已不足$\frac{1}{31}$，而托勒密时代称它是$\frac{1}{24}$。而且，托勒密时代的远日点在夏至点前$24\frac{1}{2}^\circ$，而现在在夏至点后$6\frac{2}{3}^\circ$。

3.17 太阳的第一种差和周年差及其特殊变化

既然太阳的偏差存在好几种变化，那么，我似乎应当从了解得最多的周年变化开始阐述。证明：作圆周ABC，其中心为E，直径为AEC，远日点位于A点，近日点位于C点，太阳位于D点（见图3.20、图3.21）。

由于均匀行度与视行度的最大差值出现在两个拱点之间的视中点，因此，我们作垂线$BD \perp AEC$，且与圆周相交于B，连接BE。

在直角三角形BDE中，圆的半径BE及太阳与圆心的距离DE已知。因此三角形的各角均可知。$\angle DBE$是均匀行度角$\angle BEA$与直角$\angle EDB$的差额。

然而，在DE增减的范围内，三角形的整个形状已经改变。在托勒密之前，$\angle B = 2^\circ\ 23'$，在阿耳·巴塔尼和阿耳·查尔卡里的时代$\angle B = 1^\circ\ 59'$，而现在$\angle B = 1^\circ\ 51'$。托勒密在《天文学大成》中指出，$\angle AEB$所截出的$\overset{\frown}{AB} = 92^\circ\ 23'$，$\overset{\frown}{BC} =$

87° 37′；阿耳·巴塔尼求得$\widehat{AB}$ = 91° 59′，BC = 88° 1′；而现在AB = 91° 51′，$\widehat{BC}$ = 88° 9′。

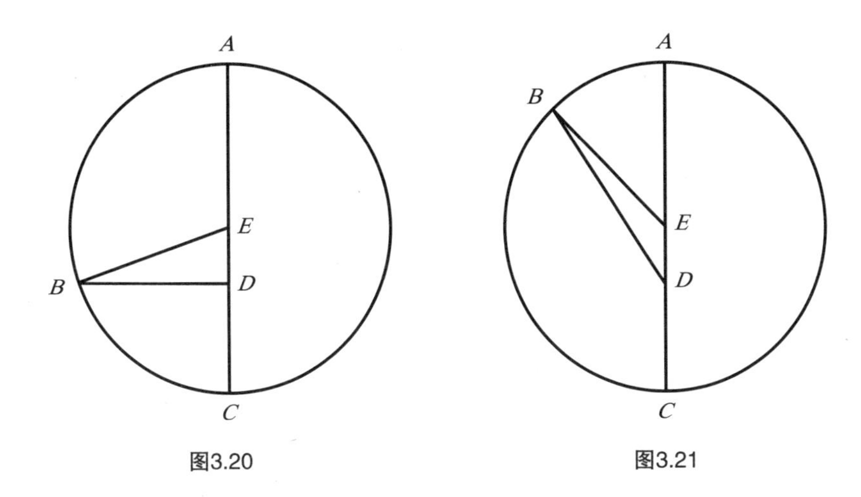

图3.20　　图3.21

当以上数值已知，其余的变化量也就可知。现在再取任一弧$\widehat{AB}$，设$\angle BED$的补角$\angle AEB$，及BE和ED已知。利用平面三角形的一些定理，行差角$\angle EBD$及均匀行度与视行度之差均可知。

由于ED边存在变化，因此，以上求得的差值也会相应发生变化。

3.18 黄经均匀行度的分析

以上对太阳的周年差的阐释，并非基于前面已阐明的简单变化，而是根据一种在长时期中发现的并与简单变化混合起来的变化。我在后面将把这两种变化区分开来。同时，我们也将求得关于地心更精确的均匀行度。它与非均匀变化区分得越清楚，其相应的延伸时期就越长。现在，我们证明如下：

我采用喜帕恰斯于卡利帕斯第三王朝第32年在亚历山大城观测到的秋分点为基点。前面我已提到，这一年即亚历山大大帝死后第177年，秋分点是在五个闰日中的第三个午夜。亚历山大城位于克拉科夫的东边，经度相差约一小时，因此，克拉科夫的时间实际上约为午夜前一小时。根据上面谈到的计算，秋分点应位于恒星天球上距白羊宫起点176° 10′处，这是太阳的视位置，它与高拱点的距离为$114\frac{1}{2}$°（24° 30′ + 90°）。下面我们仔细讨论这种情况（见图3.22）。

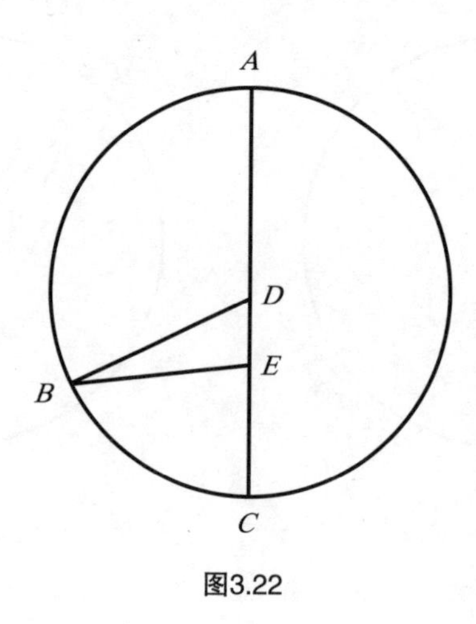

图3.22

设：绕中心*D*画地心所扫描出的圆周*ABC*。

令：*ADC*为直径，太阳位于直径上的*E*点，远日点在*A*点，近日点在*C*点，*B*为秋分时太阳所在的点。

画出直线*BD*与*BE*。那么，∠*DEB*即为太阳与远日点的视距离，值为$144\frac{1}{2}$°。取$BD = 10\ 000^P$，则$DE = 416^P$。

根据平面三角形的定理四，△*BDE*的各角均可求得。

∠*DBE* = ∠*BDA* − ∠*BED* = 2° 10′。

又：∠*BED* = 114° 30′，则∠*BDA* = 114° 30′+2° 10′ = 116° 40′。可得太阳在恒星天球上的均匀位置与白羊宫起点的距离为178° 20′（176° 10′+2° 10′）。

公元1515年9月14日，我在佛罗蒙波克进行了一次对秋分点的观测，该地与克拉科夫的观测地位于同一条子午线上。此次观测是在亚历山大大帝死后第1 840年（埃及历）的2月6日日出后半小时进行的。根据前面的分析、计算和观测结果，当时秋分点应位于恒星天球上152° 45′处，与高拱点的距离是83° 20′。推算如下（见图3.23）。

取∠*BEA* = 83° 20′。在△*BDE*中，有两边已知，即$BD = 10\ 000^P$，$DE = 323^P$。按平面三角形的定理四，∠*DBE*约为1° 50′。

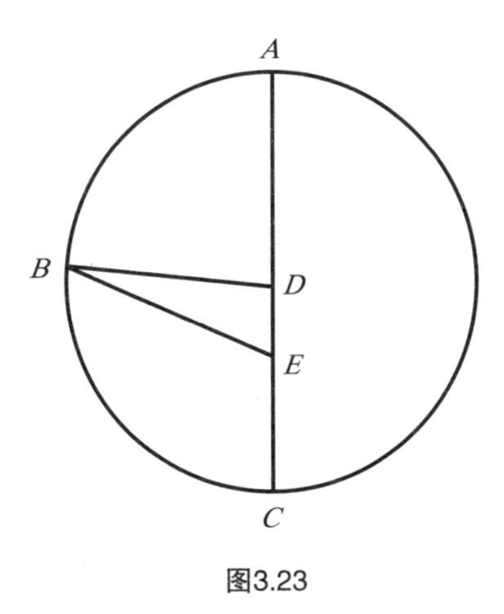

图3.23

取$360^\circ=2$直角，如果$\triangle BDE$有一个外接圆，则$\angle BED$会截出一段弧，长为$166^\circ 40'$。取直径为$20\ 000^P$，则边$BD=19\ 864^P$。

根据BD和DE的已知比值可以确定：DE长约为640个相同单位。DE在圆周上的角$\angle DBE=3^\circ 40'$，但中心角为$1^\circ 50'$（$3^\circ 40'\div 2$），即当时的行差（均匀行度与视行度的差值）。

将行差值与$\angle BED$相加，可得出$\angle BDA=\widehat{AB}=83^\circ 20'+1^\circ 50'=85^\circ 10'$，即从远日点算起的均匀行度距离。

因此，太阳在恒星天球上的平位置即为$154^\circ 35'$（$152^\circ 45'+1^\circ 50'$）。

两次观测时间上相差1 662个埃及年加上37天、18日分和45日秒。除去1 660次完整的运转外，平均和均匀行度约为$336^\circ 15'$。这与我在均匀行度表中记下的数目相符。

3.19 太阳均匀行度的位置与历元的确定

从亚历山大大帝之死到喜帕恰斯的观测，共历经176年362天零$27\frac{1}{2}$日分。这段时期的平均行度可算出为$312^\circ 43'$。从喜帕恰斯测出的$178^\circ 20'$减去这一数值，再补上一个圆周360°，余量为$225^\circ 37'$［（$178^\circ 20'+360^\circ$）$=538^\circ 20'-312^\circ 43'$］。这是

佛罗蒙波克（克拉科夫和我观测的地点）的子午线相对于埃及历元旦和亚历山大大帝逝世时的纪元所定的位置。从那时起，一直到尤里乌斯·恺撒的罗马纪元开始，共278年118$\frac{1}{2}$天，去掉整周运转后平均行度是46°27′。把这一数值与亚历山大大帝时的位置相加，即225°37′+46°27′=272°4′。这是在元旦前的午夜（罗马年计算法），恺撒时代所处的位置。45年零12天后，即亚历山大大帝死后323年130$\frac{1}{2}$天（278年118$\frac{1}{2}$天+45年12天），272°31′被确定为基督纪元的位置。

基督诞生于第194届奥林匹克会期的第三年（193×4+3=775）。从第一届奥林匹克会期的起点到基督诞生年元旦前的午夜，共有775年12$\frac{1}{2}$天。由此可以确定第一届奥林匹克会期时的位置是96°16′，此时正好是祭月的第一天中午，如今与这一天相当的日期是罗马历7月1日。这样一来，简单太阳行度的历元与恒星天球的关系就变得清楚了。换句话说，我们完全可以利用二分点岁差求出复合行度的位置。

奥林匹克会期的起点与简单位置相应的复合位置是90°59′（96°16′−5°16′）；亚历山大时期起始是226°39′（225°37′+1°2′）；恺撒时期的起始是276°59′（272°4′+4°55′）；基督纪元是278°2′（272°31′+5°32′）。这些位置都已归化到克拉科夫的子午线中。

3.20 拱点漂移对太阳造成了第二种差和双重差

如果对上述论断没有异议，那么，接下来一个更为棘手的问题就是太阳拱点的移动。尽管托勒密认为拱点是固定的，但其他人却更倾向于认为它伴随恒星天球在运转，这与他们所主张的恒星运动学说是一致的。阿耳·查尔卡里认为拱点运动是不均匀的，甚至有时会逆行。他依据了下列事实：

正如前面我们提到的，阿耳·巴塔尼认为远日点在至点前7°43′处。在托勒密之后的740年间，它向前移动了约17°（≈24°30′−7°43′）。此后的193年中，阿耳·查耳卡里算出它又后退了约4$\frac{1}{2}$°（≈12°10′−7°43′）。阿耳·查耳卡里因此认定：周年运动轨道的中心还存在着一种额外的在某小圆周上的运动，即远地点的前后偏转导致了自身从轨道中心到宇宙中心距离的变化。阿耳·查耳卡里的这一设想十分巧妙，但因为这个观点与大多数学者的观点相左，所以没有得到人们的认同。现在，让我们再仔细研究一下这种运动的不同阶段。在托勒密时期之前，我们视其为静止不动。在后来的740年中，它前移了17°；在后来的200年中，它后退了4°或5°；从那以后到现在，它又向前运动。整个这段时期它没有出现另外的运动，也找不到另外的留点[1]。这就说明该运动不可能是规则的圆周运动。因此，许多专家认为，阿耳·巴塔尼和阿耳·查尔卡里等天文学家的观测存在某种偏差。但这两人都是熟练和细心的实干家，因此，具体哪一种论述更可靠，现在还很难确定。

在我看来，确定太阳远地点的位置实在太难了。我们是以一些不完整的、细小的、几乎无法察觉的微量去推算一个巨大的宏量。比如，近地点与远地点一整度的变化引起的行差仅仅是2′左右，而在中间的距离1′处引起的变化却可达到5°～6°。也就是说，一个微小的变化就可以发展成很大的偏差。即便是把远地点取在巨蟹宫内$6\frac{2}{3}$°处，我也不敢完全相信测时仪器，除非我的结果能禁受得起日月食的验证。仪器可能导致的任何误差都会被日月食揭露出来。

因此，就整个运动本身而言，它可能是顺行的，但它不均匀。从喜帕恰斯到托勒密那段停留时间以后，远地点开始连续且有规律地前后运动，直到现在。阿耳·巴塔尼与阿耳·查尔卡里之间显然存在某种“错误”（姑且这么认为），才导致了“例外”的产生，因为其他的部分仍然相符合。太阳的行差会因这种运动不断减少，并且，似乎也呈现出相同的圆周图像，这两种运动的不均匀性都与黄赤交角的非均匀角或与一种相似的不规则性类似。

为了更清楚地说明这种情况，我们在黄道面上画圆周AB，其中心在C，直径为ACB，取太阳为宇宙中心并位于ACB上的D处。以C为中心，画另一个较小的、不含太阳在内的圆周EF（见图3.24）。

令：地心周年运转的中心在这个小圆周上非常缓慢地向前移动。

于是，小圆圈EF与直线AD同时前进，而周年运转的中心沿EF顺行，两种运动都非常缓慢。这样一来，年运动轨道的中心与太阳的距离为DE时达到最大，在

[1] 当运动方向反转时，留点应出现在运动轨道的两端边界处。

DF时达到最小，即在E处较慢，在F处较快。

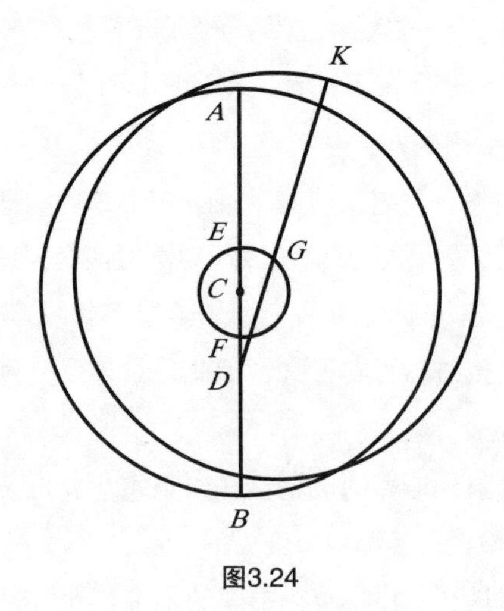

图3.24

在小圆的中间弧段，周年轨道的中心使两个中心的距离时增时减，并使高拱点朝着位于直线ACD上的拱点或远日点位置交替地前进或后退。

取$\widehat{EG}$。以G为圆心，画一个与AB相等的圆周。此时，高拱点位于直线DGK上，按照欧几里得《几何原本》，距离$DG<DE$。我们现在就来证明这一点（见图3.25）。

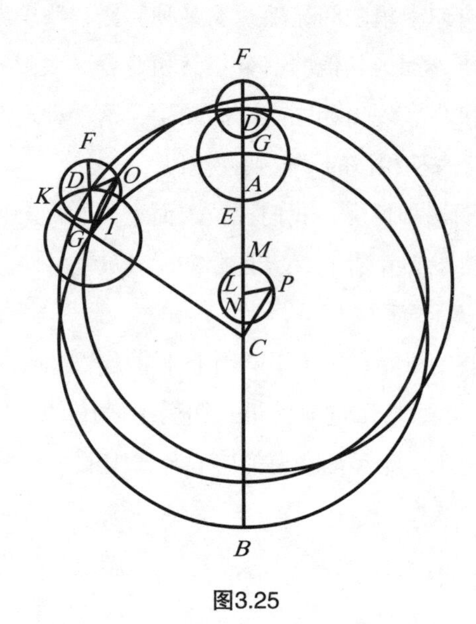

图3.25

令：AB为与宇宙和与太阳同心的圆，ACB为高拱点所在的直径。

以A为中心，作本轮DE。再以D为中心，作小本轮FG，地球在小本轮FG上运转。

大小本轮都位于黄道面上。

设：第一本轮为顺行，大约每年运转一周；第二本轮为逆行，同样每年转一周。两个本轮对直线AC的运转次数相等。地心在逆行离开F时使D的运动略有增加。

那么，当地球位于F点时，太阳的远地点即为极大；当地球位于G点时，太阳远地点为极小。

在小本轮FG的中间弧段，地球的位置可使远地点朝平均远地点顺行或逆行，加速或减速，速度变化的程度增加或减少。

因此，太阳运动看起来是不均匀的。

现在，取$\overset{\frown}{AI}$，以I为中心，绘出本轮。连接CI，CI沿直线CIK延长。由于转动数相等，$\angle KID = \angle ACI$。

那么，D点将以L为中心，以CL（等于DI）为偏心距描出一个与同心圆AB相等的偏心圆；F也将描出偏心距为CLM（等于IDF）的偏心圆；G点将绘出偏心距为IG（等于CN）的偏心圆。

假设：在这段时间内，地心在自己的本轮上的运动已经越过任意一段$\overset{\frown}{FO}$。O会描出一个偏心圆，其中心不是在直线AC上，而是在一条与DO平行的直线上。

如果连接OI与CP，则$OI = CP$，但都小于IF和CM。

根据欧几里得《几何原本》，$\angle DIO = \angle LCP$，即在直线CP上的太阳远地点应该走在A的前面。

用偏心本轮证明也能得到同样的结果。在前面的图形中，只须用小本轮D以L为中心描出偏心圆。设地心在前述条件下[1]沿弧线$\overset{\frown}{FO}$运行。它以P为中心描出第二个圆，而这一个圆对第一偏心圆来说也是偏心的。

此后还会出现相同的现象。因为如此多的图像都导致相同的结果，我无法断言哪一个是真实的。除非计算与现象永远一致，才能彻底消除人们的疑虑。

[1] 即略微超过周年运转。

3.21 太阳的第二种差的变化有多大

黄赤交角或与之类似的某种状况除了具备第一种差和非均匀角外，还有第二种差。因此，除非受到早期观测者的某种谬误的影响，否则，我们完全能准确地求得它的变化量。我前面已经多次提到：公元1515年的近点角约为165° 39′，往前推算可得出其起点约在公元前64年。从那时到现在共1 580年。我发现，在近点角起始时，偏心距为极大值，等于417^P（取半径＝$10\ 000^P$）。而如今的偏心距为323^P。我们由此开始证明：

令：AB是一条直线，B点为太阳所在的位置，即宇宙的中心。令最大偏心距为AB，最小偏心距为DB（见图3.26）。

以AD为直径，作一个小圆。于小圆上取弧$\overset{\frown}{AC}$来代表近点角，它过去为165° 39′。在近点角的起点A，求得$AB=417^P$。在另一边，$BC=323^P$。

在$\triangle ABC$中，AB与BC已知。$\angle CAD$也已知，这是因为从半圆减去弧$\overset{\frown}{AC}$（165° 39′）可得弧$\overset{\frown}{CD}=14°\ 21'$。

因此，按平面三角形的定理，剩下的边AC也可知。远日点的平均行度与非均匀行度之差，即$\angle ABC$也可知。

由于AC所对的弧已知，圆ACD的直径AD即可求得。

取三角形外接圆的直径为$100\ 000^P$，则$\angle CAD=14°\ 21'$，可得$CB=2\ 486^P$。$AB=3\ 225^P$。AB所对的$\angle ACB=341°\ 26'$。

取360°＝2直角，则剩下的$\angle CBD=360°-(341°\ 26'+14°\ 21')=4°\ 13'$。这是$AC=735^P$时所对的角。

因此，当$AB=417^P$时，$AC\approx 95^P$。

$\because AC$所对的弧已知，它与直径AD的比值可知。

$\therefore$若$ADB=417^P$，可得$AD=96^P$。剩余部分$DB=ADB-AD=417^P-96^P=321^P$，这是偏心距的最小限度。

以前在圆周上求得的$\angle CBD=4°\ 13'$，而在中心为2° 6′。它是从AB绕中心B的均匀行度所应减去的行差。

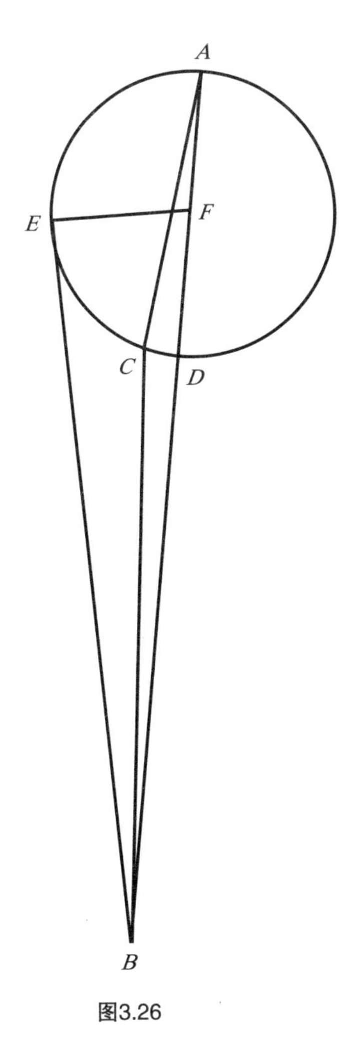

图3.26

画直线BE与圆周相切于E点。取F为中心，并连接EF。

在直角△BEF中，已知边$EF = \frac{1}{2} \times 96^P$（$AD$）$= 48^P$，$BDF$=$48^P$（$FD$）+$321^P$ = 369^P。当半径$FDB = 10\ 000^P$时，$EF = 1\ 300^P$，即两倍$\angle EBF$所对弦的一半。取$360^\circ = 4$直角，则$\angle EBF = 7^\circ 28'$，这是均匀行度F与视行度E之间的最大行差。

因此：可以求得所有其他的个别差值。

设$\angle AFE = 6^\circ$，边EF和FB以及$\angle EFB$均已知。由此可得行差$\angle EBF = 41'$。但若$\angle AFE = 12^\circ$，可得行差$\angle EBF = 1^\circ 23'$；若$\angle AFE$=18°，则行差$\angle EBF = 2^\circ 3'$。

用这一方法对其余情况如此类推。在前面论述周年行差时用的也是这个方法。

3.22 太阳远地点的均匀与非均匀行度

埃及人认为，最大偏心距与非均匀角起点相吻合的时间，是在第178届奥林匹克会期的第三年，即公元前64年（亚历山大大帝死后的第259年）。那时远地点的实际位置和平均位置都在双子宫内$5\frac{1}{2}^{\circ}$，也就是距春分点$65\frac{1}{2}^{\circ}$处。

春分点的实际岁差与平均岁差相符，都为4° 38′。

那么，$65\frac{1}{2}^{\circ}-4^{\circ}38'=60^{\circ}52'$，即为从白羊宫起点开始的远地点位置。然而，在公元1515年，即第573届奥林匹克会期的第二年，远地点位置是在巨蟹宫内$6\frac{2}{3}^{\circ}$处，春分点岁差为$27\frac{1}{4}^{\circ}$，第一近点角为165° 39′，当时的行差是2° 7′，那么，由$96\frac{2}{3}^{\circ}-27\frac{1}{4}^{\circ}=69^{\circ}25'$可知，当时太阳远地点的平位置是71° 32′（69° 25′+2° 7′）。

因此，在1 580个均匀埃及年中，远地点的平均和均匀行度就是10° 41′（71° 32′－60° 52′）。这个数再除以年份，便可得到年变率是24″20‴14⁗。

3.23 太阳的近点角及其位置

已知年变率是24″20‴14⁗，我们再用过去的简单年行度359° 44′49″7‴4⁗减去这个值，得到359° 44′24″46‴50⁗，即为近点角的年均匀行度。用这个值除以365，可得到日变率为59′8″7‴2⁗，这与前面简表中记载的数值相符。因此，用这个方法，我们就能得出从第一个奥林匹克会期开始的各个可验证历元的位置。我已多次提到，太阳在第573个奥林匹克会期的第2年9月14日日出后半小时的远地点为71° 37′，由此可知当时的平太阳距离为83° 3′（154° 35′－71° 32′）。

第一届奥运会距今已有2 290个埃及年281天加46日分。去掉整圈后，这段时间近日点的行度是42° 49′。从83° 3′中减去42° 49′，所得40° 14′就是第一个奥林匹克会期时近日点的位置。照这个方法，可求得在亚历山大历元时的位置是

166° 38′，恺撒时的历元位置是211° 11′，基督时的历元位置为211° 19′。

3.24 关于太阳均匀行度和视行度变化的列表

上面已经论述了太阳的均匀和视行度的变化。为了使用方便，我用一个60行、6列的表格来显示这些变化。前两栏显示的是在两个半圆[1]内年变化的量，与我在前面对二分点行度的行差的做法一样，也以3°为间距列出。第三栏显示的是太阳远地点行度或近点角变化的度数和分数。每间隔3°有一个变化值，该值最大约为$7\frac{1}{2}°$。第四栏是比例分数，最大比例为60。当年近点角行差大于由太阳与宇宙中心最短距离所产生的行度时，比例分数应与第六栏显示的年近点角行差的增加值一起计算。这些行差增加值最大为32′，它的$\frac{1}{60}$即为32″。

用这个方法，我可以从偏心距推求增加值的大小，并将这些数值每隔3°给出六十分之几的数目。然后按照太阳与宇宙中心最短距离所求得的个别行差的年变化和第一变化，载入第五栏。第六栏，即最后一栏，给出的是偏心距为极大时所出现的这些行差的增加值（见附表P174）。

3.25 视太阳运动量的计算

对于如何使用太阳行差表对任一指定时刻进行太阳视位置的计算，我相信已经不用再重复了。在此我再简要提示一下：首先找到该时刻与第一、简单变异一起在表中的春分点的真位置或岁差，再从均匀行度表中找到地心的平均简单行度

[1] 这里指的是从0°至180°的上升半圆和从360°至180°的下降半圆。

太阳行差表								太阳行差表							
公共数		中心行差		比例分数	轨道行差		增加值	公共数		中心行差		比例分数	轨道行差		增加值
度	度	度	分		度	分	分	度	度	度	分		度	分	分
3	357	0	21	60	0	6	1	93	267	7	28	30	1	50	32
6	354	0	41	60	0	11	3	96	264	7	28	29	1	50	33
9	351	1	2	60	0	17	4	99	261	7	28	27	1	50	32
12	348	1	23	60	0	22	6	102	258	7	27	26	1	49	32
15	345	1	44	60	0	27	7	105	255	7	25	24	1	48	31
18	342	2	5	59	0	33	9	108	252	7	22	23	1	47	31
21	339	2	25	59	0	38	11	111	249	7	17	21	1	45	31
24	336	2	46	59	0	43	13	114	246	7	10	20	1	43	30
27	333	3	5	58	0	48	14	117	243	7	2	18	1	40	30
30	330	3	24	57	0	53	16	120	240	6	52	16	1	38	29
33	327	3	43	57	0	58	17	123	237	6	42	15	1	35	28
36	324	4	2	56	1	3	18	126	234	6	32	14	1	32	27
39	321	4	20	55	1	7	20	129	231	6	17	12	1	29	25
42	318	4	37	54	1	12	21	132	228	6	5	11	1	25	24
45	315	4	53	53	1	16	22	135	225	5	45	10	1	21	23
48	312	5	8	51	1	20	23	138	222	5	30	9	1	17	22
51	309	5	23	50	1	24	24	141	219	5	13	7	1	12	21
54	306	5	36	49	1	28	25	144	216	4	54	6	1	7	20
57	303	5	50	47	1	31	27	147	213	4	32	5	1	3	18
60	300	6	3	46	1	34	28	150	210	4	12	4	0	58	17
63	297	6	15	44	1	37	29	153	207	3	48	3	0	53	14
66	294	6	27	42	1	39	29	156	204	3	25	3	0	47	13
69	291	6	37	41	1	42	30	159	201	3	2	2	0	42	12
72	288	6	46	40	1	44	30	162	198	2	39	1	0	36	10
75	285	6	53	39	1	46	30	165	195	2	13	1	0	30	9
78	282	7	1	38	1	48	31	168	192	1	48	1	0	24	7
81	279	7	8	36	1	49	31	171	189	1	21	0	0	18	5
84	276	7	14	35	1	49	31	174	186	0	53	0	0	12	4
87	273	7	20	33	1	50	31	177	183	0	27	0	0	6	2
90	270	7	25	32	1	50	32	180	180	0	0	0	0	0	0

（也可称其为太阳的行度）及年变化。

把这些数值与它们已经走过的历元相加。除了《太阳行差表》第一、二栏显示的第一、简单变异数目或一个邻近数目外，你还能在第三栏中找到年变化的相应行差，查出列在旁边的比例分数。如果年变化的值小于半圆或出现在第一栏内，则将行差与年变化相加，或者从年变化值中减去行差。差或和都是经过修正的太阳变化。用它可得出第五栏所显示的年轨道的行差及与之相应的增加值。把这一增加值与最初查出的比例分数结合起来，就能算出轨道行差的总值。这个值就是修正行差。

如果年变化可在第一栏查到，即小于半圆，就应将修正行差从太阳平均位置减掉。与此相反，如果年变化大于半圆，或出现在第二栏内，则应当将修正行差与太阳平均位置相加。这样求得的差或和就是从白羊宫第一星开始太阳运动的真位置。如果修正行差与太阳真位置相加，那么，通过春分点的真岁差就能立即得出太阳相对于一个分点的位置和黄道各宫按黄道度数计量的太阳位置。

当然，如果你打算用另一种方法获取这个结果，那么，简单行度显然不适用，你应该取均匀的复合行度。计算过程一样，但不再使用岁差本身，而是使用春分点岁差的行差，根据具体情况进行加减运算。这种方法需要根据古代和现代的记录，由地球行度参照太阳的运动进行运算。甚至，将来的行度也可以假定为已知。

如果有人认为周年运转的中心即宇宙中心，并且静止不动，而太阳却是以两种相似或相等的行度在运动，那么，一切现象都与前面一样，数目和证明均相同，尤其是对于与太阳有关的现象（除位置外），没有任何变化。因此，地心绕宇宙中心的运动就变得十分规则和简单。

总之，位于宇宙中心的是太阳还是地球，仍然是一个疑问。我在本书开始时已经谈到，宇宙中心是太阳，或位于太阳附近。在论述五大行星时，我将进一步讨论这个问题。如果我对视太阳位置所做的计算是正确的，则一切就会变得明朗。因此，我将继续做进一步的证明。

3.26 不断变化中的自然日

最后，我们还应讨论一下自然日的变化。自然日是一个包含了24个相等小时的周期，利用它可以对天体运动进行普遍且精确的测量。当然，不同的民族对这一日期的定义也不相同：巴比伦人和古希伯来人采用的是两次日出之间的时间，雅典人取的是两次日没之间的时间，罗马人取的是午夜至午夜的时间，而埃及人取的是正午到正午的时间。

显然，在这一周期内，除地球本身旋转一次所需的时间外，还应加上它对太阳视运动周年运转的时间。但是这段附加时间是可变的。由于太阳的视行度在变，自然日与地球绕赤道两极的自转也并不规范，周年运转沿黄道进行，这段视时间不能用于运动的普遍和精确测量。因此，我们需要从这些日子中找出一个可以代表平均和均匀的日子，并可用它精确地测定均匀行度。

□ 托勒密体系被弃于女神脚下

日心说诞生后，怀疑者甚众，第谷就是其中的一位代表人物——并得到了一部分天文学家的支持。雷乔里的《新至大论》的书封面画为：司天女神正手执天秤衡量第谷体系与哥白尼体系——天秤的倾斜表明第谷体系更重，而托勒密体系则已被委弃于女神脚下。作者以此来支持第谷体系。

全年中，地球以两极为轴，一共做了365次完整的自转，且由于太阳的视运动而使时间加长，因此还须增加大约一次完整的自转。这样，自然日比均匀日多出约自转周的$\frac{1}{365}$。那么，我们应当对均匀日运动作出定义，并把它与非均匀的视日区分开来。

赤道的一次完整自转，加上在那段时间内太阳在均匀视行度中经历的一段，可被统称为“均匀日”。而赤道自转的360°加上与太阳视运动一起在地平圈或子午圈上升的一段，叫作“非均匀视日”。虽然二者的差异非常小，几乎无法察觉，但只要把几天合在一起考虑，差值叠加就可以察觉了。

造成这种现象的原因主要有两个：一是太阳的非均匀视行度，这一点我在前面已经阐明。托勒密认为，这个差值在中点为高拱点的半圆上，其度数比黄道上少$4\frac{3}{4}$时度。在包含低拱点的另一个半圆上，却多出$4\frac{3}{4}$时度。可见，一个半圆比另一个半圆的全部超出量应为$9\frac{1}{2}$时度。第二个原因与时差有关，二至点时两个半圆之间的差异，即最短日与最长日之间的差值非常大。每一地区各有其特殊情况。而与中午或午夜有关的差值却始终没有超出四个极限。从金牛座内16°处到狮子座内14°处，共跨越子午圈88°，约为93时度。从狮子座内14°到天蝎座内16°，越过子午圈的92°为87时度。这两种情况相差的数值一样，都是5时度（93°－88°＝92°－87°）。

正因如此，第一时段的日子总计比第二时段多10时度（$\frac{2}{3}$小时）。另一半圆的情况与此相似，但相对的极限正好相反。由于与地平圈有关的不均匀性运动较为复杂，可长达几小时，因此，天文学家并没有取日出或日没作为自然日的起点，而是取的正午或午夜。与此相反，与子午圈有关的不均匀性运动却总是一样，因此较为简单。因为上述两个原因[1]，现在，这个差值减少到从宝瓶座内20°左右到天蝎座内10°，增加到从天蝎座内10°延伸至宝瓶座内20°处，差值已经缩小为7°48′时度。

由于近地点和偏心度是可变的，因此，上述现象也会随时间而变化。如果把二分点岁差的最大变化也考虑在内，则自然日的非均匀度可以在几年内超过10时度。但关于日子非均匀性的第三个原因还一直隐而未现。

对于均匀分点来说，已经发现赤道是均匀自转的，但对于并非完全均匀的二分点，情况却并非如此。较长的日子有时甚至会比较短日子超出十时分的两倍，即1小时。但由于太阳的视年行度和其他行星的较慢的行度，这些在过去似乎可以忽视的误差而今已变得十分明显。因为月亮的行度很快，引起的差异已经可以达到$\frac{5}{6}$°。

我们将以上提及的各种变化联系起来，就可以达到比较均匀时和视非均匀时

[1] 太阳行度的视不均匀性和过子午圈的不均匀性，整个差值可达$8\frac{1}{3}$时度。

的目的。选出任何一段时间，该时段的两个极限（开始和停止）可以由太阳复合均匀行度所产生的平春分点求出，并求得太阳的平均位移和距真春分点的真视位移，测定在正午或午夜赤经经过的时度，或者给出从第一真位置到第二真位置的赤经之间的时度。

如果时度刚好就是两个平位置之间的度数，那么已知的视时间等于平时间。如果时度较多，则应把多余量与已知时间相加。相反，如果时度较少，便可从视时间中减去差值。如此一来，我们可以从和或差得到归化为均匀时的时间。

取每一时度为4分钟或$\frac{1}{60}$日的10秒。

如果均匀时已知，我们就能求得与之相当的视时间长度。第一届奥林匹克会期已求得，是在雅典历元旦的正午，太阳与平春分点的平均距离为90° 59′，与视分点的平均距离在巨蟹宫内0° 36′处。

从基督纪元年代以来，太阳的平均行度为山羊宫内8° 2′，真行度则在同一宫内8° 48′。

因此，在从巨蟹宫内0° 36′到山羊宫内8° 48′的正球上升起了178时度54′，这比平位置之间的距离超过了1时度51′=7分钟。其余部分的计算程序也是一样的。

由此可对月球的运动进行非常精确的检验。下一章我们将讨论月球的运动。

第4章

CHAPTER 4

本章讲的是月球的绕地运动。在前面部分中，哥白尼详细论述了月球运动。他指出，月球不但有自己的轨道，而且运行的速率和位置变化很不均匀——由此提出了“第一种差”和“第二种差”两个概念，并设计出“两个本轮”的图像来解释月球运行的不均匀性。中间部分主要阐释月球视差。哥白尼自制视差仪来测量视差，从结果中得出结论，并随之求出地月距离和月球半径，然后在此基础上算出日、月、地三个天体的相对大小以及一些其他的天文数据。在后面部分中，哥白尼依次论述了日食和月食这两种天象；平合和平冲的时刻确定；真合与真冲的时刻确定；日食、月食的出现与朔望、日月球、黄纬间的关系；最后讨论了食分和食延的问题。

引 言

在前一章中，我竭尽所能地阐述了由地球绕太阳运动所产生的现象。现在我将用同样的方法来剖析行星的运动。我首先需要解决的问题是月球的运动。它的必要性在于，我们只有通过昼夜都可见的月亮才能确定和验证行星的位置。

另外，在所有天体中，和地心关系最为密切的就是月球的运转，虽然它的运转十分不规则。因而除了地球的周日自转外，月球其实并不能表明地球在运动。也是由于这个因素，过去人们都确信地球是宇宙和一切运转的中心。而在阐述月球运动时，我认为古天文学家的月球绕地球运行这个理念并非就是有误的，但我仍将提出与古人观念相悖却更加符合实际情况的观点。因这些观点，我可以很有把握地在可能的范围内了解月球的运动，探求月球的奥秘。

4.1 早期的月球圆周假说

月球运动的性质如下：月球不在黄道的中圆上运动，而在自己的圆周上运动。这个圆周与中圆倾斜且相互平分，它跨越中圆并伸入两个半球。太阳周年运行中的回归线与这种现象类似。那么，年对于太阳来说，就如同月对于月亮。有些天文学家称交接处的平均位置为“黄道点”，另一些人则称其为“交点”。“黄道现象”便是太阳和月亮在这些点上所显示的合和冲。这些点上也会出现日食和月食，而两个圆的公共点除此之外并无其他。当月亮向其他位置运行时，这两个发光体并不会遮挡彼此的光芒。同样，它们通过交点时，彼此也不会阻碍。

更具体地说，这个倾斜的太阳圆周以每天移动约3′的规律同属于它的四个基点一起绕地心均匀运行，19年可转一周。我们肉眼看起来，月亮在这个圆周和它的平面上随时都向东移动。而它的行度有时很大有时很小。当月球运行较慢时，它比较高，当月球运行较快时，它距地球较近。而正是因为地月间距离很近，我们察觉它的各种变化比其他任何天体容易。

古人用一个本轮来解释这一现象。当月亮沿本轮上半周运转时，其速率比平均速率小；相反地，当月亮沿本轮下半周运转时，其速率大于平均速率。用本轮求得的结果，也能用偏心圆求得。因为月亮看来具有两重不均匀性，所以古人选用本轮。当它处在本轮的高或低拱点时，看似它与均匀运动无差别。而当它位于本轮和均轮交点周围时，便能觉察它与均匀运动的较复杂的差异。对上弦月和下弦月来讲，差异比满月或新月大很多，而这种变化的出现方式固定且具有规则。因此以前认为本轮在其上面运动的均轮与地球并不同心。

相反地，古人认可的本轮是偏心圆。月亮在本轮上的运动规则如下：当太阳和月亮位于平均的冲和合时，本轮在偏心圆的远地点；而若太阳和月亮相距一个象限即月亮在冲和合之间时，本轮在偏心圆的近地点。我们得出，在相反方向上有两个绕地心的均匀运动。这便是：一个本轮向东运动，偏心圆中心和两个拱点向西运动，它们之间便是太阳平位置的方向线所在。本轮在这种情况下每个月在偏心圆心上运转两次。

为了清晰地了解这种图像，我们可以做如下证明（见图4.1）。

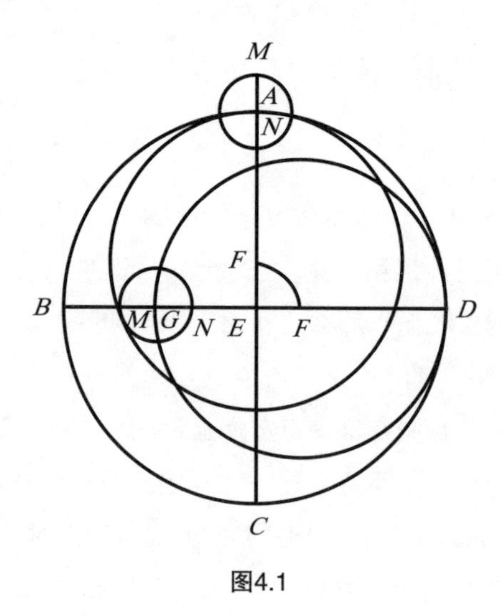

图4.1

令：圆*ABCD*与地球同心，直径*AEC*、*BED*将其四等分。

再令：*E*为地心。日月的平均合点在直线*AC*上，且本轮*MN*的中心和中心为*F*的偏心圆的远地点同时在同一位置。

我们设偏心圆的远地点向西运动，本轮向东，二者有相等的位移量。

用与太阳的平合或对太阳的平冲测量，它们围绕*E*作相等的周月运转。再令太阳的平位置线*AEC*随时处于它们之间，并令月亮也从本轮的远地点向西运动。

这样的情况下，所有的现象都非常有序。半个月内，本轮离开太阳运转半周，从偏心圆的远地点开始运转一周。那么在这段时间的一半，即大约在半月时，本轮和偏心圆的远地点在直径*BD*上相对的两端，偏心圆上的本轮位于近地点*G*。

此处距地球较近，其不均匀性变化较大，而我们看同样的物体时，距离越近物体看起来越大。因此，本轮位于*A*，其变化最小；而本轮在*G*处，其变化最大。本轮直径*MN*和线段*AE*之比为最小值，而与*GE*之比为最大值。而从地心画向偏心圆各点的线段中，最短的是*GE*，最长的是*AE*或与之相当的*DE*。

4.2 月球圆周假说的缺陷

古天文学家以为用这种假设的圆周结合能取得和月球现象一样的结果。但是只要我们认真分析以上假设，便知道它是不合理也不妥当的，我会用推论来证明我的论断。古人认为本轮中心绕地球均匀运动，那么他们也应该认可月球在自己所扫描的偏心圆上进行着不均匀运动。举个例子（见图4.2）：

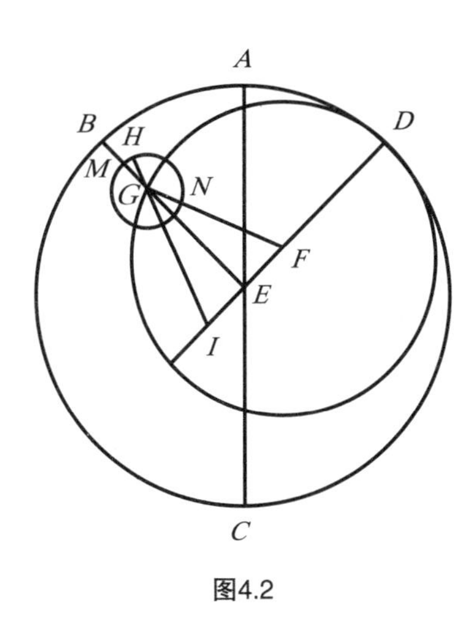

图4.2

设：$\angle AEB=\angle AED=45^{\circ}$，则$\angle BED$为直角。

我们取G为本轮中心，连接GF。外角$\angle GFD$显然大于同它相对的内角$\angle GEF$。

由于DAB是一个象限，而由本轮中心同时扫描出的DG大于一个象限。

因此，相同时间扫描出来的弧段DAB和DG并不相等。

半月时，DAB、DG都为半圆。

可知本轮在它的偏心圆上进行着不均匀运动。可是若情况如此，我们该如何处理天体运动实际均匀，但看似不均匀这种说法呢？若本轮看似均匀运动，但实际上它的运动并不均匀，那么它的出现绝对地抵触了已经确定的原则和假设。我们假设本轮对地心的运动均匀，且能够保证其均匀性，那么对于在外面圆圈上并不存在、而在本轮的偏心圆上却出现的本轮运动来讲，又是一种怎样的均匀性呢?

我对月球在本轮上的均匀运动同样感到困惑。古人认为这种运动和地心无关。按理说用本轮中心量度的均匀运动同地心有关，即和直线EGM有关。但实际上古人是把另外的某一点同月球在本轮上的均匀运动联系起来。该点与偏心圆中点之间便是地球，而直线IGH是月球在本轮上均匀运动的指示器。这足以体现这种运动的非均匀性，它是部分地由这一假设得出的现象所需的结论。我们可知月球在本轮上也进行着非均匀运动。若现在我们要在真正的不均匀运动的基础上建立视不均匀性，便很容易了解我们的论证的实质。

而感觉和经验告诉我们，月亮的视差不同于各个圆的比值所给出的视差。我们称它为“交换视差”。由于月地间距离很近，再加上地球大得不容忽视，便产生了这种视差。从地球表面描出到月球的直线与月球相交成一个可以测定的角度。于是在两条线上看月亮的出现会有所不同。当人们在弯曲的地面上从侧面看月亮，以及在沿地心方向或直接在月球下方看月亮时，月球的位置各不相同。月地距离决定着视差的改变。天文学家们都认为，若令地球半径为1，月地最大距离便为$64\frac{1}{6}^{P}$。用古人的模型可知，最小距离为$33^{P}33'$（此处实际应为$33\frac{33}{60}^{P}$）。这时的月球几乎离我们近到将近一半的位置上。因此得到的比值就应在最远和最近距离处的视差相差约为1：2。

但依我的观测，哪怕是月球在本轮的近地点时，上弦和下弦的视差与在日月食时出现的视差相差甚微或没有区别。我会在后面对此进行强有力的论证。其实月球本身最会产生这样的差错，即月球直径有时看起来大一倍，有时却小一半。而圆面积之比和直径平方之比相等，则在距地球最近即方照时[1]，我们假设月亮的整个圆面发光，它应比同太阳相冲时大三倍。而方照时月亮仅是一半圆面发光，它发出的光应为满月时的两倍。

虽然情况与此相反，但若有人不局限于用一般的目视观测，而要用一架喜帕

〔1〕从地球上看去，外行星和太阳的角距为90°之时。

恰斯的屈光镜或任何别的仪器观测月球的直径，他便会看到月亮的变化仅有无偏心圆本轮那么大。门涅拉斯和提莫恰里斯通过月亮位置研究行星时，随时都取月球直径为$\frac{1}{2}^{\circ}$。在他们看来，月亮总是这么大。

4.3 换一种眼光看月球运动

因此我们可以完全了解，本轮看起来时大时小并非因为偏心圆，而是因为另有一套圆圈。

令：第一本轮和大本轮为AB，它的中心为C，地球的中心为D，由地心画直线DC到本轮的高拱点A。

作出另一个以A为心的小本轮EF。再令全部图形都在和月亮的偏斜圆周相同的平面上，C向东运动，A向西运动。另外，我们让月亮由EF上部的F点向东移动，而下面的图像仍然保持不变：当太阳平位置和DC在一条直线上时，位于E点的月亮离中心C总是最近；而在两弦时，在F点的月亮离C最远（见图4.3）。

如图，这个模型和月亮的现象吻合。由此可知，月亮每个月在小本轮EF上运转两次，这期间C会回到太阳位置一次。

月亮是新月或满月时描出半径为CE的圆看似最小，而月亮在两弦时描出半径为CF的圆最大。因此，在前面的位置时，月亮均匀行度和视差行度之差较小，而在后面的位置时这一差值较大。

以上情况下，月亮绕中心C通过的弧段相似却不等。

第一本轮的中心C总位于地球的一个同心圆上。则可知月亮的视差变化不是很大且只与本轮有关。这样便能解释月亮的大小看似不变的原因。同月球运动相关的一切其他现象，都正好同观测到的情况一样。

我会用我的假设来论证这种一致性。像我论证太阳现象的那样，若能保持所需的比值，则能用偏心圆再次得到相同的现象。同样，我将从均匀运动说起。因为只有弄清楚均匀运动，才能理清非均匀运动。而前面所说的视差，便是比较困难的问题。

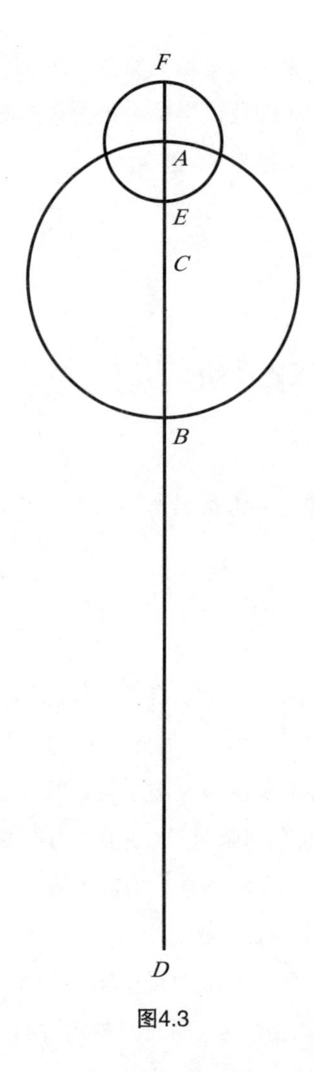

图4.3

因为存在视差，则月球的位置不能用星盘或其他任何仪器来确定。但实际上，神奇的大自然也成全了人类的愿望，即用月食确定月球的位置，不用怀疑，这比用仪器更加精确。当宇宙的其余部分因充满阳光而格外明亮时，黑暗部分仅是地球的阴影。地影呈锥形，它的结尾是一点。当月球同地影相合时，它便陷入暗黑；而此时的它便处在和太阳相对的位置上。而日食即月球位于日地之间，此时却不能确定月球的精确位置。

对地心而言，太阳与月亮相合时出现日食；但是因为视差的存在，我们看到的日食已经过去或还未发生。因此，不同的国家观测到同一次日食的食分和持续时间都不同，其详情也不同。但月食却不存在这样的情况。世界各地观测到的都一样，这是由于阴影的轴线位于从太阳经过地心的方向上。因而用月食便能非常精确地确定月球的运动。

4.4 月球的运转及其行度

最早的天文学家中，雅典人默冬一直努力要将这个课题的数学知识传承下去。约在第87届奥林匹克会期，即在他精力最为旺盛的时期，他宣称在19个太阳年中有235个月。这个19年的长周期称为默冬的 εννεαδεκατερις。它在雅典和其他一些著名城市中展示，很快被流传下来。直至今日，因为相信它是用一个精确的次序确定月份的起点和终点，并使$365\frac{1}{4}$天的太阳年与月份能够通约，所以人们依然普遍接受这个数字。它产生了卡利帕斯的76年周期。这个被称为“卡利帕斯章”的周期中有19个闰日。而喜帕恰斯却发现304年中多出了一天，但能用使每个太阳年缩短$\frac{1}{300}$天纠正过来。这个包含3 760个月的长周期被一些天文学家称为“喜帕恰斯章”。

以上的描述太过简单和粗糙了，但这还是近地点和黄纬周期的问题。于是喜帕恰斯进一步探讨了这些问题。他将巴比伦人流传下来的记录和自己记录下的精确观测的月食进行对比。得出月份与近点角循环同时完成的周期为345埃及年82天1小时。这期间共有4 267个月和4 573次近点角循环。

在这一时期的日数是126 007日1小时，除以月份数等于29日31′50″8‴9⁗20′′′′′。

用这个结果能求得任何时刻的行度。我们用周月运转的360°除以一个月的长度，可得到月亮离开太阳的日行度为12°11′26″41‴20⁗18′′′′′。此数乘以365，得出年行度是12次运转加129°37′21″28‴29⁗。可公约数为4 267月与4 573次近点角循环，17为其公共因子。将其化为最低项，得到比值为251：269。

根据欧几里得《几何原本》，由此求得月亮行度和近点角行度的比。近点角的年行度等于将月亮行度乘以269再除以251，等于13整周加上88°43′8″40‴20⁗，其日行度为13° 3′53″56‴29⁗。

因为黄纬的循环不符合于近点角回归的精确时间，所以其有不同的规律。仅在前后两次月食的各方面相等或相似（如同一边的两个阴暗区相等），即食分和食延时间都如此时，才可确定月亮回到了原来的纬度。它在月球与高、低拱点的距离相等的时候出现。这时月球在相同时间内穿过的阴影相等。喜帕恰斯推出5 458个月内会发生一次这种情况，这相当于5 923次黄纬循环。类似于其他行度，由这一比值便能求得以年和日计量的准确的黄纬行度。

一年内月球的黄纬行度等于月亮离开太阳的行度乘以5 923月再除以5 458，等于13圈加148° 42′46″49‴3⁗，则日行度为13° 13′45″39‴40⁗。在喜帕恰斯之前，没有人用这个方法精确地推算出月球的均匀行度。尽管这样，在以后的几个世纪中也发现算出的结果并非完全正确。托勒密求出的离开太阳的行度和喜帕恰斯的相同。但他求出的近点角年行度比喜帕恰斯少1′11″39‴，而纬度年行度大了53″41‴。

我经过长时间的观察发现，喜帕恰斯的平均年行度低了1″2‴49⁗，他的近点角数值少了24‴49⁗，其纬度行度高了1″1‴42⁗。于是，我得出月球和地球的年平均行度相差129° 37′22″32‴40⁗，近点角行度相差88° 43′9″5‴9⁗，黄纬行度相差148° 42′45″17‴21⁗（见附表P189—191）。

4.5 朔望时月球的第一种行差

我尽最大努力阐明月球的均匀运动，接下来我将用一个本轮来探讨月球非均匀性的理论。首先来谈它和太阳的合与冲时出现的非均匀性。古人用非常精妙的方法，即用每组3次的月食来研究这个差。我会采用他们创立的方法，将托勒密所仔细观测的3次月食和另外3次同样精确的观测进行对比；这样便可检验以上论述的均匀运动是否正确。而在这样短的时间甚至10年内，二分点的不均匀岁差引起的不规则性都不能被觉察。因而我会像古天文学家那样，将太阳和月亮离开春分点的平均行度取为均匀的。

60年周期内逐年的月球行度
基督纪元209° 58′

埃及年	行度 60°	°	′	″	‴	埃及年	行度 60°	°	′	″	‴
1	2	9	37	22	36	31	0	58	18	40	48
2	4	19	14	45	12	32	3	7	56	3	25
3	0	28	52	7	49	33	5	17	33	26	1
4	2	38	29	30	25	34	1	27	10	48	38
5	4	48	6	53	2	35	3	36	48	11	14
6	0	57	44	15	38	36	5	46	25	33	51
7	3	7	21	38	14	37	1	56	2	56	27
8	5	16	59	0	51	38	4	5	40	19	3
9	1	26	36	23	27	39	0	15	17	41	40
10	3	36	13	46	4	40	2	24	55	4	16
11	5	45	51	8	40	41	4	34	32	26	53
12	1	55	28	31	17	42	0	44	9	49	29
13	4	5	5	53	53	43	2	53	47	12	5
14	0	14	43	16	29	44	5	3	24	34	42
15	2	24	20	39	6	45	1	13	1	57	18
16	4	33	58	1	42	46	3	22	39	19	55
17	0	43	35	24	19	47	5	32	16	42	31
18	2	53	12	46	55	48	1	41	54	5	8
19	5	2	50	9	31	49	3	51	31	27	44
20	1	12	27	32	8	50	0	1	8	50	20
21	3	22	4	54	44	51	2	10	46	12	57
22	5	31	42	17	21	52	4	20	23	35	33
23	1	41	19	39	57	53	0	30	0	58	10
24	3	50	57	2	34	54	2	39	38	20	46
25	0	0	34	25	10	55	4	49	15	43	22
26	2	10	11	47	46	56	0	58	53	5	59
27	4	19	49	10	23	57	3	8	30	28	35
28	0	29	26	32	59	58	5	18	7	51	12
29	2	39	3	55	36	59	1	27	45	13	48
30	4	48	41	18	12	60	3	37	22	36	25

60年周期内逐日和日分的月球行度

日	行度 60°	°	′	″	‴	日	行度 60°	°	′	″	‴
1	0	12	11	26	41	31	6	17	54	47	26
2	0	24	22	53	23	32	6	30	6	14	8
3	0	36	34	20	4	33	6	42	17	40	49
4	0	48	45	46	46	34	6	54	29	7	31
5	1	0	57	13	27	35	7	6	40	34	12
6	1	13	8	40	9	36	7	18	52	0	54
7	1	25	20	6	50	37	7	31	3	27	35
8	1	37	31	33	32	38	7	43	14	54	17
9	1	49	43	0	13	39	7	55	26	20	58
10	2	1	54	26	55	40	8	7	37	47	40
11	2	14	5	53	36	41	8	19	49	14	21
12	2	26	17	20	18	42	8	32	0	41	3
13	2	38	28	47	0	43	8	44	12	7	44
14	2	50	40	13	41	44	8	56	23	34	26
15	3	2	51	40	22	45	9	8	35	1	7
16	3	15	3	7	4	46	9	20	46	27	49
17	3	27	14	33	45	47	9	32	57	54	30
18	3	39	26	0	27	48	9	45	9	21	12
19	3	51	37	27	8	49	9	57	20	47	53
20	4	3	48	53	50	50	10	9	32	14	35
21	4	16	0	20	31	51	10	21	43	41	16
22	4	28	11	47	13	52	10	33	55	7	58
23	4	40	23	13	54	53	10	46	6	34	40
24	4	52	34	40	36	54	10	58	18	1	21
25	5	4	46	7	17	55	11	10	29	28	2
26	5	16	57	33	59	56	11	22	40	54	43
27	5	29	9	0	40	57	11	34	52	21	25
28	5	41	20	27	22	58	11	47	3	48	7
29	5	53	31	54	3	59	11	59	15	14	48
30	6	5	43	20	45	60	12	11	26	41	31

60年周期逐年的月球近点角行度

年份	行度 60°	°	′	″	‴	年份	行度 60°	°	′	″	‴
1	1	28	43	9	7	31	3	50	17	42	44
2	2	57	26	18	14	32	5	19	0	51	52
3	4	26	9	27	21	33	0	47	44	0	59
4	5	54	52	36	29	34	2	16	27	10	6
5	1	23	35	45	36	35	3	45	10	19	13
6	2	52	18	54	43	36	5	13	53	28	21
7	4	21	2	3	50	37	0	42	36	37	28
8	5	49	45	12	58	38	2	11	19	46	35
9	1	18	28	22	5	39	3	40	2	55	42
10	2	47	11	31	12	40	5	8	46	4	50
11	4	15	54	40	19	41	0	37	29	13	57
12	5	44	37	49	27	42	2	6	12	23	4
13	1	13	20	58	34	43	3	34	55	32	11
14	2	42	4	7	41	44	5	3	38	41	19
15	4	10	47	16	48	45	0	32	21	50	26
16	5	39	30	25	56	46	2	1	4	59	33
17	1	8	13	35	3	47	3	29	48	8	40
18	2	36	56	44	10	48	4	58	31	17	48
19	4	5	39	53	17	49	0	27	14	26	55
20	5	34	23	2	25	50	1	55	57	36	2
21	1	3	6	11	32	51	3	24	40	45	9
22	2	31	49	20	39	52	4	53	23	54	17
23	4	0	32	29	46	53	0	22	7	3	24
24	5	29	15	38	54	54	1	50	50	12	31
25	0	57	58	48	1	55	3	19	33	21	38
26	2	26	41	57	8	56	4	48	16	30	46
27	3	55	25	6	15	57	0	16	59	39	53
28	5	24	8	15	23	58	1	45	42	49	0
29	0	52	51	24	30	59	3	14	25	58	7
30	2	21	34	33	37	60	4	43	9	7	15

60年周期内逐日和日分的月球近点角行度

日	行度 60°	°	′	″	‴	日	行度 60°	°	′	″	‴
1	0	13	3	53	56	31	6	45	0	52	11
2	0	26	7	47	53	32	6	58	4	46	8
3	0	39	11	41	49	33	7	11	8	40	4
4	0	52	15	35	46	34	7	24	12	34	1
5	1	5	19	29	42	35	7	37	16	27	57
6	1	18	23	23	39	36	7	50	20	21	54
7	1	31	27	17	35	37	8	3	24	15	50
8	1	44	31	11	32	38	8	16	28	9	47
9	1	57	35	5	28	39	8	29	32	3	43
10	2	10	38	59	25	40	8	42	35	57	40
11	2	23	42	53	21	41	8	55	39	51	36
12	2	36	46	47	18	42	9	8	43	45	33
13	2	49	50	41	14	43	9	21	47	39	29
14	3	2	54	35	11	44	9	34	51	33	26
15	3	15	58	29	7	45	9	47	55	27	22
16	3	29	2	23	4	46	10	0	59	21	19
17	3	42	6	17	0	47	10	14	3	15	15
18	3	55	10	10	57	48	10	27	7	9	12
19	4	8	14	4	53	49	10	40	11	3	8
20	4	21	17	58	50	50	10	53	14	57	5
21	4	34	21	52	46	51	11	6	18	51	1
22	4	47	25	46	43	52	11	19	22	44	58
23	5	0	29	40	39	53	11	32	26	38	54
24	5	13	33	34	36	54	11	45	30	32	51
25	5	26	37	28	32	55	11	58	34	26	47
26	5	39	41	22	29	56	12	11	38	20	44
27	5	52	45	16	25	57	12	24	42	14	40
28	6	5	49	10	22	58	12	37	46	8	37
29	6	18	53	4	18	59	12	50	50	2	33
30	6	31	56	58	15	60	13	3	53	56	30

60年周期内逐年的月球黄纬行度
基督元年209° 58′

年份	行度 60°	°	′	″	‴	年份	行度 60°	°	′	″	‴
1	2	28	42	45	17	31	4	50	5	23	57
2	4	57	25	30	34	32	1	18	48	9	14
3	1	26	8	15	52	33	3	47	30	54	32
4	3	54	51	1	9	34	0	16	13	39	48
5	0	23	33	46	26	35	2	44	56	25	6
6	2	52	16	31	44	36	5	13	39	10	24
7	5	20	59	17	1	37	1	42	21	55	41
8	1	49	42	2	18	38	4	11	4	40	58
9	4	18	24	47	36	39	0	39	47	26	16
10	0	47	7	32	53	40	3	8	30	11	33
11	3	15	50	18	10	41	5	37	12	56	50
12	5	44	33	3	28	42	2	5	55	42	8
13	2	13	15	48	45	43	4	34	38	27	25
14	4	41	58	34	2	44	1	3	21	12	42
15	1	10	41	19	20	45	3	32	3	58	0
16	3	39	24	4	37	46	0	0	46	43	17
17	0	8	6	49	54	47	2	29	29	28	34
18	2	36	49	35	12	48	4	58	12	13	52
19	5	5	32	20	29	49	1	26	54	59	8
20	1	34	15	5	46	50	3	55	37	44	26
21	4	2	57	51	4	51	0	24	20	29	44
22	0	31	40	36	21	52	2	53	3	15	1
23	3	0	23	21	38	53	5	21	46	0	18
24	5	29	6	6	56	54	1	50	28	45	36
25	1	57	48	52	13	55	4	19	11	30	53
26	4	26	31	37	30	56	0	47	54	16	10
27	0	55	14	22	48	57	3	16	37	1	28
28	3	23	57	8	5	58	5	45	19	46	45
29	5	52	39	53	22	59	2	14	2	32	2
30	2	21	22	38	40	60	4	42	45	17	21

60日周期内逐日和日分的月球黄纬行度

日	行度 60°	°	′	″	‴	日	行度 60°	°	′	″	‴
1	0	13	13	45	39	31	6	50	6	35	20
2	0	26	27	31	18	32	7	3	20	20	59
3	0	39	41	16	58	33	7	16	34	6	39
4	0	52	55	2	37	34	7	29	47	52	18
5	1	6	8	48	16	35	7	43	1	37	58
6	1	19	22	33	56	36	7	56	15	23	37
7	1	32	36	19	35	37	8	9	29	9	16
8	1	45	50	5	14	38	8	22	42	54	56
9	1	59	3	50	54	39	8	35	56	40	35
10	2	12	17	36	33	40	8	49	10	26	14
11	2	25	31	22	13	41	9	2	24	11	54
12	2	38	45	7	52	42	9	15	37	57	33
13	2	51	58	53	31	43	9	28	51	43	13
14	3	5	12	39	11	44	9	42	5	28	52
15	3	18	26	24	50	45	9	55	19	14	31
16	3	31	40	10	29	46	10	8	33	0	11
17	3	44	53	56	9	47	10	21	46	45	50
18	3	58	7	41	48	48	10	35	0	31	29
19	4	11	21	27	28	49	10	48	14	17	9
20	4	24	35	13	7	50	11	1	28	2	48
21	4	37	48	58	46	51	11	14	41	48	28
22	4	51	2	44	26	52	11	27	55	34	7
23	5	4	16	30	5	53	11	41	9	19	46
24	5	17	30	15	44	54	11	54	23	5	26
25	5	30	44	1	24	55	12	7	36	51	5
26	5	43	57	47	3	56	12	20	50	36	44
27	5	57	11	32	43	57	12	34	4	22	24
28	6	10	25	18	22	58	12	47	18	8	3
29	6	23	39	4	1	59	13	0	31	53	43
30	6	36	52	49	41	60	13	13	45	39	22

在《天文学大成》中，托勒密观测的第一次月食在哈德里安皇帝执政第17年（埃及历）10月20日结束之后发生，这是在公元133年5月6日，即5月7日的前一天。当时的月食为全食。亚历山大城的午夜之前$\frac{3}{4}$均匀小时为它的食甚[1]时刻。但在佛罗蒙波克或克拉科夫，它应该在5月7日前的午夜之前的1$\frac{3}{4}$小时。这时太阳位于金牛宫内13$\frac{1}{4}$°，按其平均行度则在金牛宫内12°21′。

托勒密记录的第二次月食在哈德里安第19年（埃及历）4月2日结束之后，即公元134年10月20日出现。阴影区从北面起扩展到月球直径的$\frac{5}{6}$。在亚历山大，食甚出现在午夜前1均匀小时；在克拉科夫却是2小时。这时太阳位于天秤宫内25$\frac{1}{6}$°，按照平均行度则是在该宫内26°43′。

第三次月食在哈德里安20年（埃及历）8月19日结束之后出现，也就是公元136年3月6日结束后。月亮的阴影再次从北边扩展到直径的一半。在亚历山大，食甚出现在3月7日前午夜之后4个均匀小时，而在克拉科夫为3小时。此时太阳在双鱼宫的14°5′，按平均行度则是在双鱼宫的11°44′。

在第一次到第二次月食期间，月亮移动了和太阳视行度相同的距离，即161°55′（整周已除外）；第二到第三次月食之间为138°55′。按视行度计算，前者为1年166日23$\frac{3}{4}$均匀小时，改正后为23$\frac{5}{8}$小时。后者是1年137日5小时，改正后为5$\frac{1}{4}$小时。在第一段时间中太阳和月亮的联合均匀行度去掉整圈后是169°37′，月球的近地点行度是110°21′。与此相似，第二时段中太阳和月亮联合行度为137°34′，月球的近地点行度为81°36′。我们可知第一段时间中，本轮的110°21′从月球平均行度减去7°42′；而第二时段内本轮的81°36′，在月球平均行度上加上1°21′。

我们既然已经确定这一情况，便画ABC为月球的本轮（见图4.4）。

令：A点出现第一次月食，B点为第二次，最后一次出现在C点。

月亮的行度取在同一方向，即在本轮上部为向西。令$\overset{\frown}{AB}=110°21′$。

上面提到，它从月球在黄道上的平均行度中减去7°42′。

[1] 指在日食或月食的过程中，太阳被月亮遮盖得最多或月亮被地球的阴影遮盖得最多时，太阳与月亮的位置关系。还可以指发生上述位置关系的时刻。

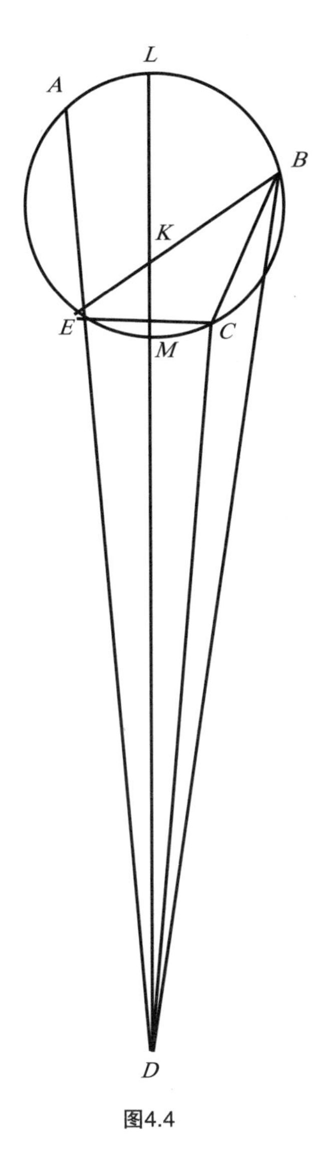

图4.4

再令 $\widehat{BC}$ 为81°36′，它给月球在黄道上的平均行度加上1°21′。余下的圆周 $\widehat{CA}$ = 360° －（110°21′+81°36′）= 168°3′，它使行差的余量6°21′增大7°42′（1°21′+6°21′）。

*BC*和*CA*为附加的，且短于半圆的弧，则本轮的高拱点应在*AB*上。

又令：本轮绕地球中心*D*作均匀运动。

由*D*向月食点绘出*DA*、*DB*、*DC*。连接*BC*、*BE*、*CE*。

取180° =2直角，$\widehat{AB}$ 在黄道上所对角$\angle ADB$为7° 42′，但在360° =2直角时为15° 24′（2×7° 42′）。

用相同分度，$\triangle BDE$的外角$\angle AEB$ = 110° 21′。则$\angle EBD$ = 110° 21′ − 15° 24′ = 94° 57′。已知三角形的各角可求得各边。

取三角形外接圆的直径为200 000^P，则DE = 147 396^P，而BE = 26 798^P。取180° =2直角时，弧 $\widehat{AEC}$ 在黄道上所对角$\angle EDC$ = 6° 21′，取360° =2直角时它为12° 42′。

用相同分度可知$\angle AEC$ = 110° 21′+ 81° 36′ = 191° 57′。$\angle AEC$为$\triangle CDE$的外角，减去$\angle D$后，便求得用同样分度表示的第三角$\angle ECD$ = 191° 57′ − 12° 42′ = 179° 15′。

因此，在外接圆直径为200 000^{P}时，求得边DE = 199 996^P，CE = 22 120^P。

根据DE = 147 396^P，BE = 26 798^P，相应地，CE = 16 302^P。

则$\triangle BEC$中，BE与EC两边再次已知，$\angle E$ = $\widehat{BC}$ = 81° 36′。可求得第三边BC = 17 960^P。

当本轮直径为200 000^{P}时，与81° 36′的弧相对的弦BC = 130 684^P。成已知比率的ED = 1 072 684^P，CE = 118 637^P，而$\widehat{CE}$ = 72° 46′10″。

但如图，$\widehat{CEA}$ = 168° 3′。则余量$\widehat{EA}$ = 168° 3′ − 72° 46′10″ = 95° 16′50″，该弧所对的弦为147 786^P。用相同单位表示，整个直线AED = 147 786^P+1 072 684^P = 1 220 470^P，但因$\widehat{EA}$ 比半圆小，所以本轮中心不在$\widehat{EA}$ 内，而在其余弧段$\widehat{ABCE}$ 内（见图4.5）。

再令：K为本轮中心。

画$DMKL$通过两个拱点。其高拱点为L，低拱点为M。根据欧几里得《几何原本》，矩形$AD \times DE$ = 矩形$LD \times DM$。但直径LM的中点为K，DM为延长的直线。

因此，矩形$LD \times DM + KM^2 = DK^2$。

当我们取LK = 100 000^{P}时，可得DK = 1 148 556^P。以DKL = 100 000^{P}表示，本轮的半径LK = 8 706^P。

完成以上步骤之后，我们画$KNO \perp AD$。

用LK = 100 000^{P}标识KD、DE、EA。相同单位下，$NE = \frac{1}{2}AE$（147 786^P）= 73 893^P。则有直线$DEN = DE + EN$ = 1 072 684^P + 73 893^P = 1 146 577^P。

在$\triangle DKN$中，已知DK和ND，$\angle N$为直角，可求得中心角$\angle NKD$ = 86° $38\frac{1}{2}$′ =

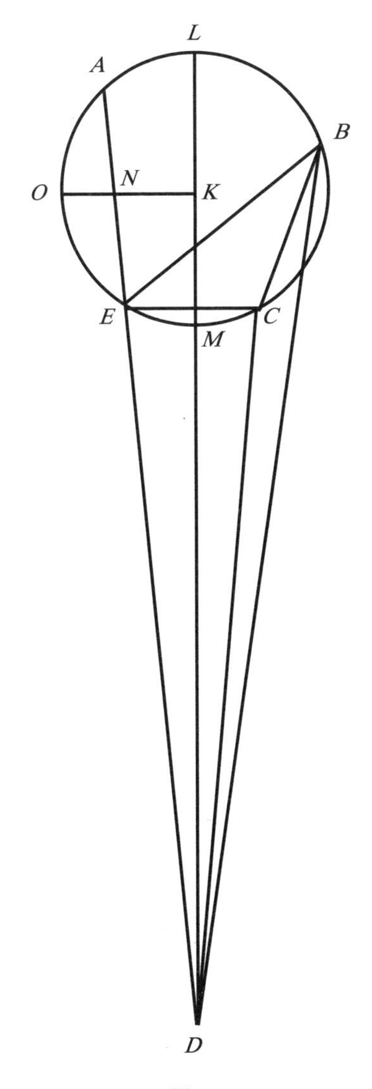

图4.5

$\overset{\frown}{MEO}$。半圆的余下弧 $\overset{\frown}{LAO}=180^\circ-86^\circ 38\frac{1}{2}'=93^\circ 21\frac{1}{2}'$，$\overset{\frown}{LAO}-\overset{\frown}{AO}=\frac{1}{2}\overset{\frown}{AOE}=\frac{1}{2}\times 95^\circ 16'50''=47^\circ 38\frac{1}{2}'$，$\overset{\frown}{LA}=93^\circ 21\frac{1}{2}'-47^\circ 38\frac{1}{2}'=45^\circ 43'$。

LA是在第一次月食时月球的近点角，即它与本轮高拱点的距离。而$AB=110^\circ 21'$。

因此，第二次月食的近点角$LB=110^\circ 21'-45^\circ 43'=64^\circ 38'$。在第三次月食出现处，$\overset{\frown}{LBC}=64^\circ 38'+81^\circ 36'=146^\circ 14'$。

取360° =4直角，则∠DKN=86° 38′。直角减去∠DKN，余角∠KDN=3° 22′。它是在第一次月食中由近点角增加的行差。∠ADB（7° 42′）减去∠KON，余角∠LDB=4° 20′。这是在第二次月食时$\widehat{LB}$从月球均匀行度中减去的量。∠BDC=1° 21′，余角∠CDM=2° 59′，即是在第三次月食时$\widehat{LBC}$所减掉的行差。

因此，在第一次月食时因为月球的视位置是在天蝎宫中13° 15′，所以它的平位置即中心K在天蝎宫内9° 53′（13° 15′−3° 22′）。它与太阳在金牛宫里的位置刚好相对。

用相同方法求得在第二次月食时月球平位置为白羊宫内$29\frac{1}{2}$°（天秤宫$25\frac{1}{6}$° +180° +4° 20′），而第三次月食时在室女宫中17° 4′（双鱼宫14° 5′+180° +2° 59′）。第一次月食时月球与太阳的均匀距离为177° 33′，第二次是182° 47′，第三次是185° 20′。以上是托勒密的推算过程。

我将模仿他研究第二组的三次月食。我也对这些月食进行了认真的观测。

第一次月食在公元1511年10月6日末出现。月亮在午夜前$1\frac{1}{8}$均匀小时开始被掩食，它在午夜后$2\frac{1}{3}$小时复圆。食甚出现在10月7日前的午夜之后的$\frac{7}{12}$小时。这次月全食中，太阳处于天秤宫内22° 25′，但按其均匀行度为天秤宫中24° 13′。

第二次月食发生在公元1522年9月5日末。同样是一次月全食。它于午夜前$\frac{2}{5}$均匀小时开始，其食甚在9月6日前面的午夜之后$1\frac{1}{3}$小时。太阳在室女宫内$22\frac{1}{5}$°，但按其均匀行度位于室女宫中23° 59′处。

第三次月食在公元1523年8月25日末出现。它于午夜后$2\frac{4}{5}$小时开始，也是全食，食甚在8月26日之前午夜之后$4\frac{5}{12}$小时。这时太阳在室女宫中11° 21′，但按平均行度为室女宫内13° 2′处。

于是，在第一次和第二次月食间日月真位置移动了329° 47′（天秤座7° 35′+整个十宫300° +室女座22° 12′），而在第二、三次月食间为349° 9′（7° 48′+330° +11° 21′）。从第一次到第二次月食历时10均匀年337日，按视时间需加$\frac{3}{4}$小时，但按改正均匀时间为$\frac{4}{5}$小时。由第二次至第三次月食历时354日3小时5分钟，但按均匀时应加3小时9分钟。在第一段时间中，去掉整圈后的日月联合平均行度是334° 47′，而月球近点角行度为250° 36′，从均匀行度中约减去5°（334° 47′−329° 47′）。在第二时段中，日月联合平均行度为346° 10′，而月球近点角行度为306° 43′，对平均行度应增加2° 59′（349° 9′−346° 10′）。

我们令本轮为ABC，第一次月食食甚出现在A，第二次在B，第三次在C。本轮应是从C到B，再从B到A运转；即它的上半圈向西运动，而下半圈向东。

令：$\overset{\frown}{ACB}$ 为250°36′。前面已经提到在第一时段它从月球的平均行度减去5°。假设$\overset{\frown}{BAC}$ 为306°43′，它使月球平均行度增加2°59′。则余下$\overset{\frown}{AC}$ =197°19′，减去余下的2°1′。因$\overset{\frown}{AC}$ 比半圆大且是应减去的，则高拱点包含其中。这不会是$\overset{\frown}{BA}$ 或$\overset{\frown}{CBA}$ ，因它们都比半圆小且应增加，而最慢的运动在远地点附近出现（见图4.6）。

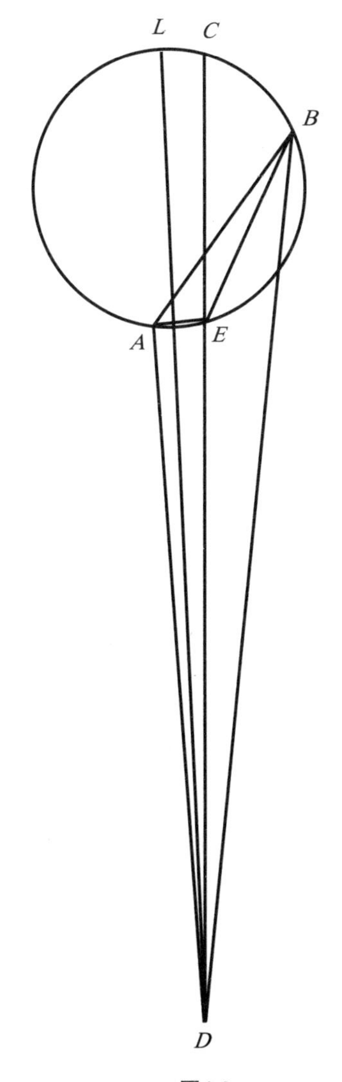

图4.6

证明：我们在它相对处取地球中心为D，连接AD、DB、DEC、AB、AE和EB。

在三角形DBE中，已知从圆周减掉$\widehat{BAC}$后为外角$\angle CEB=\widehat{CB}=53°17'$。在中心的角$\angle BDE=2°59'$，而在圆周上为$5°58'$。

则，剩下的角$\angle EBD=53°17'-5°58'=47°19'$。

若取三角形外接圆的半径为$10\ 000^P$，则边$BE=1\ 042^P$，边$DE=8\ 024^P$。进而求得$\angle AEC=197°19'$，因它截出$\widehat{AC}$。$\angle ADC$在中心为$2°1'$，则在圆周上$\angle ADC=4°2'$。

因此，取$360°=2$直角时，$\triangle ADE$中余下角$\angle DAE=193°17'$。于是便能求得各边。

令$\triangle ADE$的外接圆半径为$10\ 000^P$，$AE=702^P$，$DE=19\ 865^P$。

若$DE=8\ 024^P$，$EB=1\ 042^P$，则$AE=283^P$。

同理，在$\triangle ABE$中，AE和EB已知。取$360°=2$直角时，$\angle AEB=250°36'$。

由平面三角定理可知，取$EB=1\ 042^P$，则$AB=1\ 227^P$，可求得AB、EB及ED这三个线段的比值。

若我们以本轮半径$=10\ 000^P$，并已知$\widehat{AB}$所对弦长为$16\ 323^P$，则由上可得$ED=106\ 751^P$，$EB=13\ 853^P$。还可知$\widehat{EB}=87°41'$。

$\widehat{EBC}=\widehat{EB}+\widehat{BC}$（$53°17'$）$=140°58'$。$\widehat{EBC}$所对弦$CE$为$18\ 851^P$，则$CED=125\ 602^P$（$ED+CE=106\ 751^P+18\ 851^P$）。

接下来讨论本轮中心。因EAC比半圆大，本轮中心则落在该弧段内（见图4.7）。

令：F为中心，I是低拱点，G是高拱点，画直线$DIFG$过两个拱点。

可得，矩形$CD\times DE=$矩形$GD\times DI$，矩形$GD\times DI+FI^2=DF^2$。我们取$FG=10\ 000^P$，则$DIF=116\ 226^P$。再取$DF=100\ 000^P$，则$FG=8\ 604^P$。它同我知道的自托勒密以来在我之前的大多数其他天文学家所报告的结果相符。

从中心F作FL与EC垂直，延长FL为FLM，并于L点将CE等分。

当$ED=106\ 751^P$，$CL=LE=9\ 426^P$。我们取$FG=10\ 000^P$，$DF=116\ 226^P$，则$DEL=116\ 177^P$。

在$\triangle DFL$中，已知DF、DL。还知道$\angle DFL=88°21'$，余下角$\angle FDL=1°39'$。同样我们可得：$\widehat{IEM}=88°21'$。$\widehat{MC}=\frac{1}{2}\widehat{EBC}$（$140°58'$）$=70°29'$。$\widehat{IMC}=88°21'+70°29'=158°50'$。半圆剩余的$GC=180°-158°50'=21°10'$。

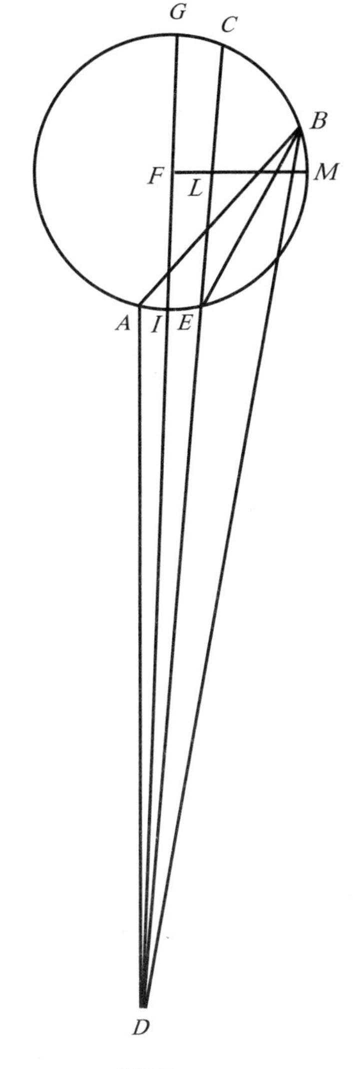

图4.7

这是第三次月食时月球到本轮远地点的距离或近点角的数量。

在第二次月食中，$\widehat{GCB}=\widehat{GC}+\widehat{CB}=21^\circ 10'+53^\circ 17'=74^\circ 27'$。

在第一次月食中，整个$\widehat{GBA}=\widehat{GB}+\widehat{BA}=74^\circ 27'+109^\circ 24'=183^\circ 51'$。在第三次月食时相减行差即中心角$\angle IDE=\angle GDC=1^\circ 39'$。在第二次月食时，相减行差为角$\angle IDB=4^\circ 38'$，所含$\angle GDC=1^\circ 39'$、$\angle CDB=2^\circ 59'$。

则，$\angle ADB=5^\circ-\angle IDB=22'$。

在第一次月食时它被加到均匀行度中。于是第一次月食时，月球的均匀位置在白羊宫中22° 3′，但它的视位置是22° 25′。这时太阳在天秤宫（即相对的黄道宫）内，且度数相同。

由此我们可知：在第二次月食时月球的平位置是在双鱼宫中26° 50′，第三次月食时处在双鱼宫内13° 。月球的平行度可与地球的年行度区分开。在这三次月食时，月球的平行度分别为177° 51′、182° 51′和179° 58′。

4.6 关于月球近地点均匀行度的验证

对月食谈到的内容也可用来检验以上关于月球均匀行度的论述的正确性。我们在第一组月食中已求得，在第二次月食时，月球和太阳的距离是182° 47′，近点角是64° 38′。而我们所观测的这组月食中，在第二次月食时月球离开太阳的行度为182° 51′，近点角为74° 27′。可见中间这段时间共有17 166个月加上大约4分钟，而消除整周后近点角的行度为74° 27′ - 64° 38′ = 9° 49′。

从哈德里安19年（埃及历）4月2日，在4月3日前面的午夜之前2小时，到公元1522年9月5日上午1：20，历时1 388个埃及年302日，加上视时间$3\frac{1}{3}$小时，即均匀时3小时34分。这段时期内除17 165个均匀月的完整运转外，喜帕恰斯和托勒密都认为还有359° 38′。另外喜帕恰斯认为近点角为9° 39′，而托勒密认为是9° 11′。他们都认为月球行度缺少26′（360° 4′－359° 38′）；同时，托勒密的结果中近点角少了38′（9° 49′－9° 11′），而喜帕恰斯的结果中则少10′（9° 49′－9° 39′）。将这些差额补上所得到的结果便同上述的计算吻合。

4.7 月球黄经和近地点的历元

跟前面一样，我需测定下列纪元已确定的开端的月球黄经合近点角的位置：奥林匹克会期、亚历山大大帝、恺撒大帝、基督以及所需的任何其他纪元。对三个古代的月食，我先讨论第二个。它在哈德里安19年（埃及历）4月2日发生，在亚历山大城是在午夜前一个均匀小时，而对我们所在的克拉科夫经度则是午夜前2小时。

从基督纪元开始到这一时刻，共历时133埃及年325日，再加约22小时，其精确数为21小时37分钟。用我的计算结果，这段时间中月球的行度是332°49′，近点角行度为217°32′。在月食时求得的相应数字分别减去以上两个数字，月球与太阳的平距离余数为209°58′，而近点角余数为207°7′。它们都属于基督纪元开始时1月1日前的午夜。

而这个基督历元之前，有193个奥林匹克会期又2年194日，即775埃及年12 $\frac{1}{2}$ 日，其准确时间是12小时11分钟。相似地，从亚历山大大帝之死到基督诞生，历时323埃及年130日外加视时间 $\frac{1}{2}$ 日，其准确时间为12小时16分钟。由恺撒到基督历时45埃及年和12日，此段时间内的均匀时与视时的计算结果吻合。

与这些时间间隔相应的行度，我们可按各自的类型用公元纪年的位置减去。对第一届奥林匹克会期祭月1日正午，可求得月亮和太阳的平均距离是39°48′，近点角为46°20′；对亚历山大纪元1月1日中午，月球与太阳的距离是310°44′，近点角为85°41′；对尤里乌斯·恺撒纪元1月1日前的午夜，月亮离太阳的距离为350°39′，而近点角为17°58′。

以上数值都已归化到克拉科夫的经度线。而我的观测主要都是在吉诺波里斯（现在的佛罗蒙波克）进行的。它位于维斯杜拉河口，在克拉科夫的经度线上。我从这两地同时进行的日月食观测中了解到了这种情况。马其顿的戴尔哈恰姆（古代名为埃皮丹纳斯）也都位于这条经度线上。

4.8 月球的第二种差及其两个本轮的比值

我已在前面的章节阐释了月球的平均行度和第一种差。我现在将探究第一本轮和第二本轮的比值及二者和地心的距离。我提过在高、低拱点之间即两弦点上出现月球的平行度和视行度，此时的上弦或下弦月为半月。托勒密在《天文学大成》中表示，这个差可达7°。古天文学家们测定了半圆最接近本轮平距离的时刻。由以上计算内容可知，这在从地心所画切线附近出现。此时月亮与出或没处相距约黄道90°，他们避免了因视差而产生的黄经行度误差。而此时，黄道与通过地平圈的天顶的圆正交，这不会引起黄经变化，其变化都出现在黄纬上。因而他

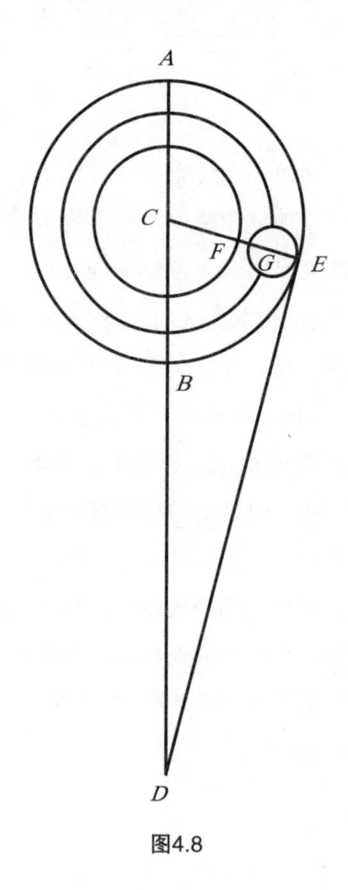

图4.8

们用星盘来测定月球与太阳的距离。而比较之后发现，月亮偏离平均行度的变化正是我所说的$7\frac{2}{3}^{\circ}$，并非5°（见图4.8）。

我们以C为圆心画出本轮AB。画直线$DBCA$过地心D。令本轮上A为远地点，B为近地点。画出本轮的切线DE，连接CE。行差在切线上最大。此种情况下，我们令：$\angle BDE = 7^{\circ}\ 40'$。圆$AB$切点处的$\angle CED$为直角。令半径$CD$为$10\ 000^P$时，$CE$为$1\ 334^P$。而这个距离在朔望时要小得多，约861个相同单位。我们把CE分开，令CF为860^P。F绕同一中心C描出新月和满月所在的圆圈。则有第二本轮的直径，为余量$FE = 474^P$（$1\ 344^P - 860^P$）。FE于中点G处等分。第二本轮中心所描出的圆的直径为线段$CFG = CF + FG = 1\ 097^P$。若以$CD = 10\ 000^P$，$CG : GE = 1\ 097^P : 237^P$。

4.9 月球离开第一本轮高拱点时非均匀运动的余量变化

由上我们还可知月球在第一本轮上如何做不均匀运动，其最大不等量在月亮为新月或凸月以及半月时出现（见图4.9）。

令：由第二本轮中心的平均运动所描出的第一本轮为AB，其中心为C，A为高拱点，而B为低拱点。

取圆周上任一点E，连接CE。令$CE : EF = 1\ 097^P : 237^P$。

以E为圆心、EF为半径作出第二本轮。在两边画它的切线CL与CM。我们令小本轮由A向E运动，即在第一本轮的上半部向西移动。令月球从F向L朝西运行。AE运动是均匀的，第二本轮通过FL的运动使均匀运动增加了$\widehat{FL}$，而它通过MF时则减去$\widehat{FL}$。

在$\triangle CEL$中，$\angle L = 90^{\circ}$。当$CE = 1\ 097^P$时，$EL = 237^P$。

令$CE = 10\ 000^P$时，$EL = 2\ 160^P$。$\triangle ECL$与$\triangle ECM$相似且相等。

则按表，EL所对的$\angle ECL = \angle MCF$为$12^{\circ}\ 28'$。它出现在月球平行度偏离地球平行度线两边各$38^{\circ}\ 46'$时，是月球偏离第一本轮高拱点的最大差。

因此，当月亮与太阳的平距离为$38^{\circ}\ 46'$，且月亮在平冲任一边相同距离处时，便会十分明显地发生最大的行差。

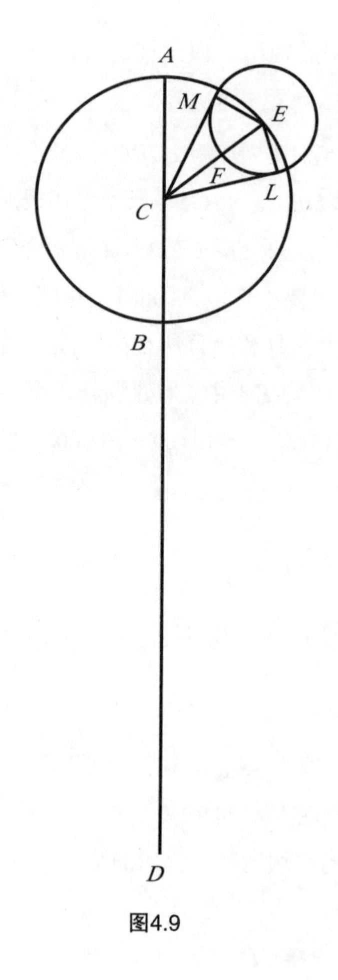

图4.9

4.10 如何利用均匀行度推求月球的视行度

处理好以上课题之后，我打算用图形来表示月球的均匀行度如何产生和已经给定的均匀行度相等的视行度的过程。用喜帕恰斯在观测中的一个例子便能证实，理论是经得起实践考验的。

喜帕恰斯在亚历山大死后第197年（埃及历）10月17日白昼$9\frac{1}{3}$时，于罗德岛用一个星盘观测到太阳和月亮，月亮在太阳之后，它们相距$48\frac{1}{10}°$[1]。而太阳的位置位于巨蟹宫内$10\frac{9}{10}°$，则月亮在狮子宫内29°。此时天蝎宫中29°刚好升起，对罗德岛来说室女宫内10°正在中天，在该地看北天极的高度是36°。

由上可知，当时在黄道上距地平约90°的月球，在经度上没有视差或无法察觉其视差。这次观测是在17日下午，于$3\frac{1}{3}$时，即罗德岛的4均匀小时进行的。因为罗德岛离我们比亚历山大城近$\frac{1}{6}$小时，在克拉科夫则为$3\frac{1}{6}$均匀小时。自亚历山大逝世共196年286日，加上$3\frac{1}{6}$小时，约为$3\frac{1}{3}$相等小时。

此时，太阳的平均行度为巨蟹宫内12° 3′，而其视行度为巨蟹宫中10° 40′处。可知月亮实际上在狮子宫内28° 37′。我计算的结果为当时月球在周月运转中的均匀行度为45° 5′，它离高拱点的近点角为333°。

下面我将举个例子（见图4.10）：

以C为圆心画第一本轮AB。将直径ACB延长为ABD，直至地球中心。在本轮上取$\widehat{ABE}=333°$。连接CE，并在F点把它分开。

令：$EC=1\ 097^P$，则$EF=237^P$。

我们以E为心，EF为半径，作本轮上的小本轮FG。令月球在G点，而$\widehat{FG}$=离开太阳均匀行度（45° 5′）的两倍（90° 10′）。连接CG、EG、DG。

在$\triangle CEG$中，已知$CE=1\ 097^P$，$EG=EF=237^P$，$\angle GEC=90°\ 10'$。

则求得余边$CG=1\ 123^P$，$\angle ECG=12°\ 11'$。同时求出$\widehat{EI}$及近点角的相加行差，即$\widehat{ABEI}=\widehat{ABE}+\widehat{EI}=333°+12°\ 11'=345°\ 11'$。余下$\angle GCA$为月球与本轮$AB$的高拱点之间的真距离。

$\angle GCA=360°-345°\ 11'=14°\ 49'$，则$\angle BCG=180°-14°\ 49'=165°\ 11'$。

同理，$\triangle GDC$中两边已知，我们取$CD=10\ 000^P$时，$GC=1\ 123^P$，还知$\angle GCD=165°\ 11'$。由上求得$\angle CDG=1°\ 29'$及与月球平均行度相加的行差。得到月球离太阳平均行度的真距离为46° 34（45° 5′+1° 29′）。

月球的视位置在狮子宫内28° 37′处，与太阳的真位置相差47° 57′，这一差值比喜帕恰斯观测结果小9′（48° 6′−47° 57′）。

---

[1] 59°=太阳在巨蟹座位置10° 54′+巨蟹座19° 6′+月亮在狮子座29°=日月距离。

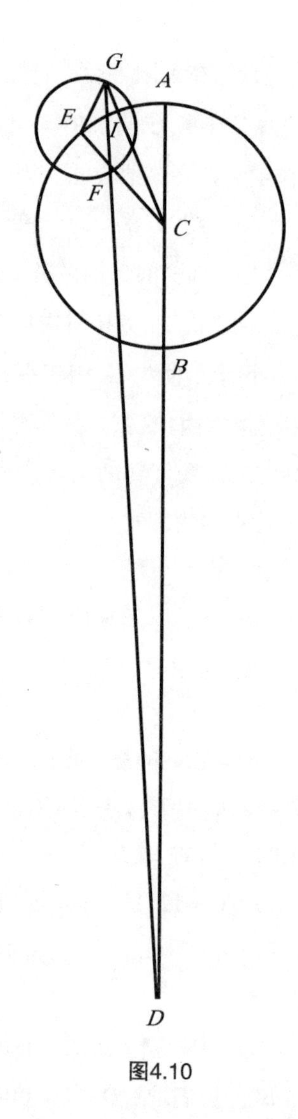

图4.10

但请不要妄下论断，认为不是他的结果错误就是我的计算有误。尽管存在差异，但我在下面会论证我们两个都是正确的，这是事实。需记住，月球运转的圆周是倾斜的。它在黄道上，尤其在南、北两个极限及两个交点的中点附近，产生了某种黄经的不等量。这类似于《天文学大成》中谈到自然日的非均匀性时阐述过的黄赤交角。

托勒密肯定月球轨道倾斜于黄道。若我们也认为月球轨道存在上述关系，就会知道在那些位置上，这些关系在黄道上引起的经度差为7′，在加倍时为14′。它可以是增加量或减少量，二者情况相似。若黄纬的北限或南限位于太阳与月亮的中点，可知它们相距一个象限时，在黄道上截出的弧段比月球轨道上的一个象限大14′。相反地，另一象限上交点为中点，通过黄道两极的圆圈截出的弧段比一个象限少14′。

目前就是这种情况。月球位于南限和它与黄道的升交点（即现代人所称的“天龙之头”）之间的中点附近。而太阳已经通过降交点，即被当代人称为“天龙之尾”处。因此，若在倾斜圆圈上的47° 57′的月球距离对黄道来说至少增加了7′，另外临没的太阳也引起某种相减的视差，这是不足为奇的。在讨论视差时，我会更为细致地讨论这些问题。喜帕恰斯用仪器测出的日、月两个发光体之间的距离为48° 6′，和我现在的计算结果十分相近，它和过去也完全吻合。

4.11 关于月球行差或归一化的表格

我用下面的例子来阐明月球行度的计算方法。

在△*CEG*中，边*GE*、*CE*总是不变，而∠*GEC*已知且经常变化（见图4.11）。

由此，我们可求得余下边*GC*和∠*ECG*的值。

∠*ECG*是令近点角归一化的行差，当确定△*CDG*的*DC*、*CG*边及∠*DCE*的大小，便能用相同方法求得位于地心的∠*D*。

∠*D*是均匀行度和真行度的差。我在下面编出一个《月球行差表》（见第210页）以便于查找。前两栏是均轮的公共数，第三栏为小本轮每月两次自转产生的行差，它使第一近点角的均匀性发生改变。第四栏暂时空着，以便以后填入数字。我会详谈第五栏。它载入在日和月平合与冲时第一本轮（也为较大本轮）的行差。其中最大值是4° 56′。倒数第二栏载入在半月时出现的行差超过第四栏中行差的数值。其中最大值为2° 44′（7° 40′－4° 56′）。为了求得其他超过数值，我用下列比值算出了比例分数。

我取最大的超过数值2° 44′为60′，由此求得在小本轮与从地心所画直线的切点上出现的任何其他余数。

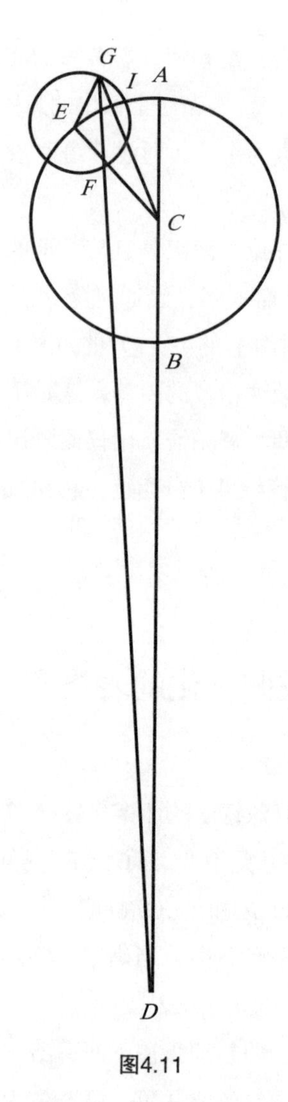

图4.11

同托勒密在《天文学大成》中列举的例子一样。

令：$CD=10\ 000^P$，已经求得线段$CG=1\ 123^P$。它使在小本轮切点的最大行差为6° 29′，超过第一极大1° 33′（6° 29′－4° 56′）。但2° 44′ : 1° 33′＝60′ : 34′。我们便得出此时小本轮在半圆处出现的余数和由给定的90° 10′弧段所引起的余数之比。因此我在表中与90° 相对处写下34′。

用相同方法可求得表中所载同一圆上的每一弧段的比例分数。我将这些数字写在第四栏中。而在最末一栏中我加上南、北黄纬度数，并将在后面进行讨论。

我认为这样的安排是合理的，它使计算程序既方便又包含实际使用情况（见附表P210）。

4.12 如何计算月球行度

由上可知月球行度的计算方法，具体如下。

跟《天文学大成》中对太阳的做法一样，我们先把对求月球位置所提出的时刻化为均匀时。由均匀时可得出月球黄经、近点角及黄纬的平均行度。接下来我会阐释《天文学大成》中相应的内容，以及怎样从基督纪元或任何其他历元求出月球的纬度。

我们需确定特定时刻中每种行度的位置。于是在表中应查出月亮的均匀距角，即它与太阳距离的两倍。然后，把第三栏的近似行差和相应的比例分数记下来。我们开始所用数字在第一栏，即小于180°，此时应将行差和月球近点角相加，其和若大于180°，应在第二栏，从近点角减去行差。从而求得月球的归一化近点角及同第一本轮高拱点的真距离。用这些数值再次查表，从第五栏得出相应的行差及第六栏的余量。此为第二本轮对第一本轮增加的余量。它的比例部分由求得的分数和60弧分的比值算出，且总是与该行差相加。若归一化的近点角比180°（即半圆）小，应用经纬度的平均行度减去由此求得的和；若近点角比180°大，则应与之相加。这样便能求得月球与太阳平位置之间的真距离及月球纬度的归一化行度。

因此，无论是从白羊宫第一星通过太阳

□ 黄赤交角的来历

希腊天文学家认为，天体由黄道、角度、真位置周年组成，中国天文学家则认为，天体是由赤道、时间、平均位置周年组成。双方均不能说服对方。随着中西天文学的交流，黄赤交角已成为一个普遍说法。

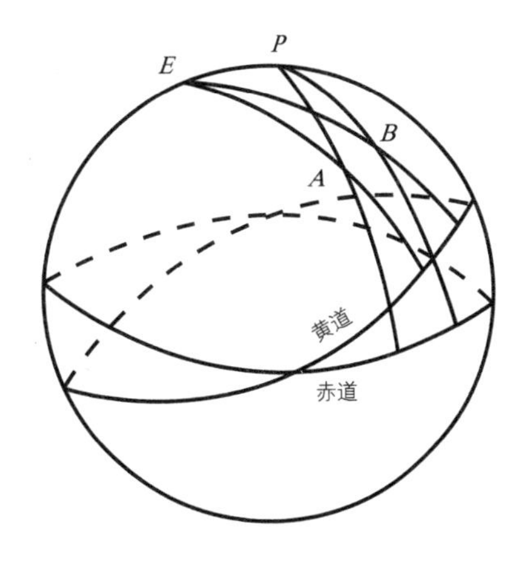

月球行差表

公共数		第二本轮行差		比例分数	第一本轮行差		增加量		北纬		公共数		第二本轮行差		比例分数	第一本轮行差		增加量		北纬	
°	′	°	′		°	′	°	′	°	′	°	′	°	′		°	′	°	′	°	′
3	357	0	51	0	0	14	0	7	4	59	93	267	12	3	35	4	56	2	42	0	16
6	354	1	40	0	0	28	0	14	4	58	96	264	11	53	37	4	56	2	42	0	31
9	351	2	28	1	0	43	0	21	4	56	99	261	11	41	38	4	55	2	43	0	47
12	348	3	15	1	0	57	0	28	4	53	102	258	11	27	39	4	54	2	43	1	2
15	345	4	1	2	1	11	0	35	4	50	105	255	11	10	41	4	51	2	44	1	18
18	342	4	47	3	1	24	0	43	4	45	108	252	10	52	42	4	48	2	44	1	33
21	339	5	31	3	1	38	0	50	4	40	111	249	10	35	43	4	44	2	43	1	47
24	336	6	13	4	1	51	0	56	4	34	114	246	10	17	45	4	39	2	41	2	2
27	333	6	54	5	2	5	1	4	4	27	117	243	9	57	46	4	34	2	38	2	16
30	330	7	34	5	2	17	1	12	4	20	120	240	9	35	47	4	27	2	35	2	30
33	327	8	10	6	2	30	1	18	4	12	123	237	9	13	48	4	20	2	31	2	44
36	324	8	44	7	2	42	1	25	4	3	126	234	8	50	49	4	11	2	27	2	56
39	321	9	16	8	2	54	1	30	3	53	129	231	8	25	50	4	2	2	22	3	9
42	318	9	47	10	3	6	1	37	3	43	132	228	7	59	51	3	53	2	18	3	21
45	315	10	14	11	3	17	1	42	3	32	135	225	7	33	52	3	42	2	13	3	32
48	312	10	30	12	3	27	1	48	3	20	138	222	7	7	53	3	31	2	8	3	43
51	309	11	0	13	3	38	1	52	3	8	141	219	6	38	54	3	19	2	1	3	53
54	306	11	21	15	3	47	1	57	2	56	144	216	6	9	55	3	7	1	53	4	3
57	303	11	38	16	3	56	2	2	2	44	147	213	5	40	56	2	53	1	46	4	12
60	300	11	50	18	4	5	2	6	2	30	150	210	5	11	57	2	40	1	37	4	20
63	297	12	2	19	4	13	2	10	2	16	153	207	4	42	57	2	25	1	28	4	27
66	294	12	12	21	4	20	2	15	2	2	156	204	4	11	58	2	10	1	20	4	34
69	291	12	18	22	4	27	2	18	1	47	159	201	3	41	58	1	55	1	12	4	40
72	288	12	23	24	4	33	2	21	1	33	162	198	3	10	59	1	39	1	4	4	45
75	285	12	27	25	4	39	2	25	1	18	165	195	2	39	59	1	23	0	53	4	50
78	282	12	28	27	4	43	2	28	1	2	168	192	2	7	59	1	7	0	43	4	53
81	279	12	26	28	4	47	2	30	0	47	171	189	1	36	60	0	51	0	33	4	56
84	276	12	23	30	4	51	2	34	0	31	174	186	1	4	60	0	34	0	22	4	58
87	723	12	17	32	4	53	2	37	0	16	177	183	0	32	60	0	17	0	11	4	59
90	270	12	12	34	4	55	2	40	0	0	180	180	0	0	60	0	0	0	0	5	0

的简单行度算起，还是由受岁差影响的春分点通过太阳的复合行度算起，月球的真距离都没有误差。最后，利用表中最后一栏的黄纬的归一化行度，求得月球偏离黄道的黄纬数。在表中第一部分能找到经度行度，即在它小于90°或大于270°时，这个黄纬为北纬。反之则为南纬。因而，月球会从北面下降到180°，然后从它的南限上升，直至它经历完轨道上的其余分度。可以认为月亮绕地心的视运动同地心绕太阳的运动具有同样多的特征。

4.13 如何分析和论证月球的黄纬行度

我将要描述的月球的纬度，因受更多的限制而更难被发现。跟前面我提到的一样，我们假设两次月食的各方面相似或相等，即北面或南面的黑暗区位置相等，月亮处于同一个升交点或降交点周围，且它们同地球或高拱点的距离相等。若两次月食真实情况如此，则月球在真运动中走完了整个纬度圈。而地球的影子为圆锥形。

若一个和圆锥底面平行的平面切开直立圆锥，则截面也为圆形。当圆离底面越近，圆周越大，反之，则越小，在和地球距离相等处，圆周相等。因此，在距离相等处，月亮通过阴影相等的圆周，我们便看到相同的月面。于是我们知道，当月球在同一边和阴影中心相等距离处出现相等部分时，月球纬度相等。由此我们便知道月球已经回到原来的纬度位置，特别是在两个位置吻合时，月球在前后两个时刻与同一交点的距离相等。月球或地球的远近会改变阴影的大小，但其变化几乎无法觉察。因而，跟前面论述太阳时一样，两次月食间历时越久，我们越能精确地算出月球的黄纬行度。但这些方面都吻合的两次月食非常罕见，以至于我至今还未见过。

但我知道，这还能用另外的方法做到。我们假设其他条件均不变，月亮可被掩食于相反的两边和相对的交点附近。于是可知，月球在第二次掩食的位置同第一次相对，且除整圈外它多走了半个圆周。这便能完成这一问题的研究。我找到了两次刚好有这种现象的月食。

□ 拉普拉斯

拉普拉斯是法国著名数学家和天文学家，有“法国的牛顿”之称。他提出了太阳系的星云起源理论，其著作《天体力学》集各家之大成，为18世纪牛顿学派的总汇，书中第一次提出“天体力学”的学科名称。该书是经典天体力学的代表作。他的另一著作《宇宙体系论》解决了月球的长期加速度和大行星摄动这两大难题。

在托勒密《天文学大成》中，第一次月食在托勒密·费洛米特尔7年[1]（埃及历）7月27日之后和28日之前的夜晚发生。而就亚历山大城夜晚季节时来讲，月食从8点初开始，到10点末结束。它在降交点附近发生，在食分最大时，从北面算起掩掉月亮直径的$\frac{7}{12}$。因太阳位于金牛宫内6°，按托勒密的观测结果，食甚发生在午夜之后2季节时即均匀时$2\frac{1}{3}$点钟。在克拉科夫应为均匀时$1\frac{1}{3}$点钟。

第二次月食在克拉科夫相同的经度线上于公元1509年6月2日发生。此时太阳位于双子宫内21°处。食甚在那天午后均匀时$11\frac{3}{4}$点钟发生。月面南部约占直径的$\frac{8}{12}$被食掉。月食在升交点附近出现。

从亚历山大纪元到第一次月食共有149埃及年206日，在亚历山大城再加$14\frac{1}{3}$小时。而在克拉科夫为地方时$13\frac{1}{2}$小时，其均匀时为13小时。而我的计算结果为：当时近点角的均匀位置是163° 33′，它与托勒密的结果（163° 40′）几乎没有差别。此外我还得出行差是1° 23′，月球的真位置比其均匀位置少1° 23′。从亚历山大纪元到第二次月食历时1 832埃及年295日，加上视时间11小时45分，即均匀时间11小时55分。因此我得到月球的均匀行度为182° 18′；近点角位置是159° 55′，归一化得161° 13′；均匀行度小于视行度的差值（即行差）为1° 44′。

两次月食中，月球显然在同地球距离相等处，而太阳处于远地点周围，掩食区域有一个食分之差。我在前面阐述过，月亮的直径约为$\frac{1}{2}$°。一个食分是直径的$\frac{1}{2}=2\frac{1}{2}$′，而这在两个交点附近的月球倾斜圆圈上大约为$\frac{1}{2}$°。月球在第二次食时离开升交点，比在第一次食时离开降交点远$\frac{1}{2}$°。求得除去整圈外月球的纬

〔1〕即亚历山大死后第150年。

度真行度是$179\frac{1}{2}^{\circ}$。而两次月食之间，月球的近点角令均匀行度增加21′，即两个行差之差（1°44′－1°23′）。进而求得除整圈外月球的黄纬均匀行度为179°51′（179°30′+21′）。两次月食相隔1 683年88日，再加视时间22小时25分（同均匀时间一致）。这段时间内，完成22 577次均匀运转外加179°51′，这符合前面提到的数值。

4.14 月球黄纬近点角的位置

我将选取两次月食，对前面采用的历元确定这个行度的位置。它们不在同一交点上出现，也不像《天文学大成》中的例子一样处于相反区域，而是处于在北面或南面的相同区域。用托勒密在《天文学大成》中的做法，他观测到的月食可以让我们毫无误差地解决问题。

在探求月球的其他行度时，我也用到《天文学大成》中的第一次月食。它是前面提到的托勒密所观测到的月食。它出现在哈德里安19年（埃及历）4月2日末，在亚历山大城为3日前午夜之前均匀时1小时。在克拉科夫应为午夜前2小时。在北面食掉直径的$\frac{5}{6}$=10食分，此时太阳位于天秤宫内25°10′。月球近点角的位置是64°38′，其相减行差等于4°21′。月食在降交点附近发生。

在罗马，我认真观测了发生于公元1500年11月6日这一天开始时的午夜后2小时的第二次月食。它在东面5°的克拉科夫，此时当地为午夜之后$2\frac{1}{3}$小时。太阳处于天蝎宫内23°16′。北面10个食分和前面一样被掩食。从亚历山大死后共1 824埃及年84日，加上视时间14小时20分，其均匀时是14小时16分。月球的平均行度为174°14′；月球近点角为294°44′，归一化后为291°35′。相加行差为4°28′。

由上可知，两次月食时太阳都处于其中拱点附近，阴影范围为10食分，且两次月食时月球和高拱点的距离几乎相等。于是得出月球在南纬，因黄纬相等，则月球与交点的距离相等。在前一次月食时交点为降交点，在后一次为升交点。两次月食历时1 366埃及年358日，加上视时间4小时20分，均匀时间是4小时24分。黄纬在这段时期中平均行度为159°55′（见图4.12）。

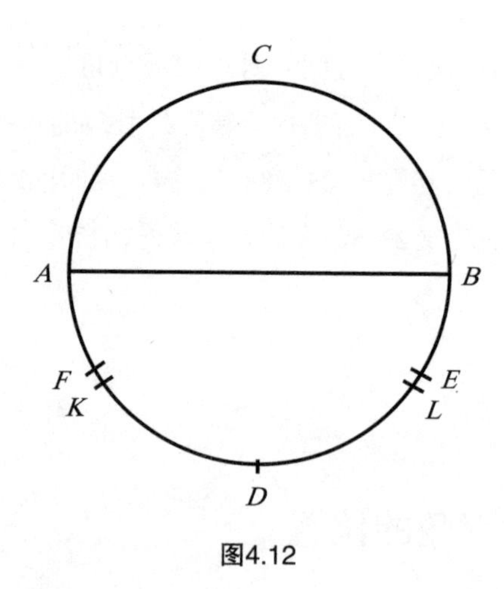

图4.12

证明：在月球的倾斜圆周中令直径AB为与黄道的交线。

令：C为北限，D为南限，A为降交点，B为升交点。

在南面区域截取两个相等弧段$\overset{\frown}{AF}=\overset{\frown}{BE}$，第一次月食发生在$F$点，而第二次在$E$点。令$FK$为第一次月食时的相减行差，$EL$为第二次月食时的相加行差。

$\overset{\frown}{KL}=159°55'$，则整个$\overset{\frown}{FKLE}=\overset{\frown}{KL}+\overset{\frown}{FK}+\overset{\frown}{EL}=159°55'+4°20'+4°28'=168°43'$。而半圆的其余部分为11°17′。它的一半$\overset{\frown}{AF}=\overset{\frown}{BE}=5°39'$，即为月球与交点$A$、$B$之间的真距离。

因此，$\overset{\frown}{AFK}=4°20'+5°39'=9°59'$。

由此可知，$\overset{\frown}{CAFK}$ = 纬度平位置与北限之间的距离 = 99°59′（90°+9°59′）。从亚历山大逝世至托勒密在这一位置进行这次观测，历时457埃及年91日，加上视时间10小时（均匀时间为9小时54分）。在这段时期中，黄纬平均行度为50°59′。从99°59′减去这个数字，余量为49°。这是在克拉科夫经度线上，按亚历山大纪元的埃及历元旦正午。

于是按时间差，可以对一切其他纪元得出从北限（我把它取作行度的起点）算起的月球黄纬行度的位置。从第一届奥运会到亚历山大之死，共经历451埃及年和247日。为了使时间归一化，须从这段时间减去7分钟。在这个时段中，黄纬行度为136°57′。

从第一届奥运会到恺撒纪元共历时730埃及年和12小时。为使时间归一化，还应加上10分钟。在这段时期中，均匀行度为206°53′。从那时到基督纪元为45年又

12日。从49°减去136°57′，再补上一个圆周的360°，余数为272°3′，这是在第一个奥林匹克会期第一年祭月第一天的正午。

再一次给这个数字加上206°53′，其和等于118°56′（272°3′+206°53′−360°），这是尤里乌斯纪元元旦前的午夜。加10°49′，其和为129°45′，此为基督纪元的位置，即元旦前的午夜。

4.15 视差仪

我们取圆周为360°，则月球的最大黄纬，即对应于白道与黄道的交角为5°。因受月球视差的影响，同托勒密一样，上天没有赐予我进行这种观测的机会。在北极高度为30°58′的亚历山大港，托勒密关注着月亮最接近天顶的时刻，此时月亮位于巨蟹宫的起点并在北限处。他预测到这个时刻，便用被他称之为“视差仪”的仪器测定月球的视差，在那个时候他测得月亮到天顶的最短距离为$2\frac{1}{8}°$。哪怕它会受到其他视差的影响，但对这么短的距离来讲影响是微乎其微的。我们用$30°58′-2\frac{1}{8}°=28°50\frac{1}{5}′$。这个值比最大的黄赤交角[1]约大5°。我还发现月球黄纬等其他特征仍跟现在吻合。

视差仪共三个标尺。两个的长度相等，至少为四腕尺，而第三个尺子长于它们。用轴钉或栓分别将长尺和一把短尺与第三尺各一端相连。钉和栓的孔都打得很好；在同一平面内尺子可移动，它不会在连接处摇晃。我们从接口中心画一条直线贯穿整个长尺。尽可能在这条直线上精确地量出与两个接口距离长度相等的线段。将这个线段划分为1 000等份；如果可以，分为更多等份更好。用相同单位继续等分标尺余下部分，直到得到1 414^P。它是半径为1 000^{P}的圆中内接的正方形的边长。我们可以截掉它的其余部分。在另一标尺上也从接口中心画一条长度为1 000^{P}的直线，即等于两个接口中心的距离。我们在标尺的一边装上目镜。这同一

〔1〕黄赤交角当时为23°51′20″。

□ 古代天文学家的计时器

古代天文学家及物理学家借助日圭、日晷、水钟和单摆等，利用观测日影的变化或水位的变化来计时。随着科技的进步，近代科学家发明单摆钟及石英振荡器，利用单摆或石英晶体的振荡周期来计时，图为中国古代日圭计时器。

般的屈光镜相同，视线从目镜穿过。视线在穿过目镜时不会和沿标尺画成的直线偏离，且它同目镜等距。

在这条线向长尺移动的过程中，需让它的端点和刻度线接触。则三根标尺形成了一个等腰三角形，底边为分度线。这样就能立起一个支撑和修饰得很好的、稳固的杆子。用铰链将有两个接口的标尺在杆子上固定。仪器便能像一扇门那样绕铰链旋转。但是通过标尺接口中心的直线总是铅垂的，它指向天顶，好像是地平圈的轴线。我们通过标尺目镜的直线上看一颗星，便能求出它与天顶的距离。取圆周直径等于20 000^P，将带有分度线的标尺放在下面，便可求得视线与地平圈轴线的夹角所对的长度单位数。从圆周弦表，能求出所需的恒星与天顶之间大圆的弧长。

4.16 月球的视差

前面我提到托勒密用仪器测得月亮的最大纬度为5°。后来他又将目光锁定在测定月球的视差上。在《天文学大成》中，他在亚历山大港得出月球视差为1° 7′。这时太阳位于天秤宫内5° 28′处，月球和太阳的平距离为78° 13′，均匀近点角为262° 20′，纬度行度为354° 40′，相加行差等于7° 26′，则可知月球位于摩羯宫中3° 9′处；归一化后，黄纬行度为2° 6′，月球的北纬度为4° 59′，其赤纬为23° 49′，而亚历山大港的纬度是30° 58′。

托勒密用仪器测得月球在子午线附近距天顶50° 55′处，这比计算所需数值多1° 7′。了解这种情况后，他按前人的偏心本轮月球理论，在地球半径为1^{P}的情况下得到当时月球与地心的距离是$39^P45'$。

接着他论证由圆周比值推导出的结果。例如，月亮与地球的最长距离在位于本轮远地点的新月和满月出现，为64^P再加$10'$（1^P的$\frac{1}{6}$）。出现在两弦且半月位于本轮的近地点时的月地间最短距离仅为$33^P33'$。他进而求得在距天顶90°处出现的视差：最小值为53′34″，最大值为1° 43′。从他由此得出的结果中，我们对此有了更具体的认识。然而，对现在思考这个问题的人，情况已经完全发生改变。但我还是会叙述两项观测，它们可以证明我的理论是没有疑虑且与事实吻合的，这可以再次证实古人的月球理论不如我的精确。

我在公元1522年9月27日午后$5\frac{2}{3}$均匀小时，在佛罗蒙波克大约为日落时，用视差仪在子午线上观测到月亮中心，并测得它和天顶的距离为82° 50′。从基督纪元开始到这时，历时1 522埃及年284日再加视时间$17\frac{2}{3}$小时，而其均匀时间为17小时24分钟。于是得出太阳的视位置为天秤宫内13° 29′处。月球与太阳的均匀距离为87° 6′，均匀近点角为357° 39′，真近点角为358° 40′，相加行差为7′。可知月球的真位置位于摩羯宫中12° 33′。从北限算起，纬度的平均行度等于197° 1′，纬度的真行度等于197° 8′（197° 1′+7′），月球的南纬度等于4° 47′，赤纬度等于27° 41′，我的观测地点的纬度为54° 19′。这个数值加上月球赤纬，得到月亮与天顶的真距离为82°（54° 19′+27° 41′）。因而在视天顶距82° 50′中多出50′的视差。以托勒密的说法，它应为1° 17′。

我的另一次观测发生在公元1524年8月7日下午6时的同一地点。

我用相同仪器测得月亮在离天顶81° 55′处。从基督纪元之初至这个时刻共有1 524埃及年234日和视时间18小时，其均匀时间也为18小时。求得太阳位置位于狮子宫内24° 14′，日月间平均距离等于97° 5′，均匀近点角等于242° 10′，改正近点角等于239° 40′，它使平均行度大约增加7°。则月球的真位置是人马宫内9° 39′处，黄纬平均行度是193° 19′，黄纬真行度为200° 17′，月球的南黄纬为4° 41′，而南赤纬为26° 36′。这个数值加上观

□ **真位置的计算**

根据地球的直径，我们通过视位置便可以计算出月球的真位置。

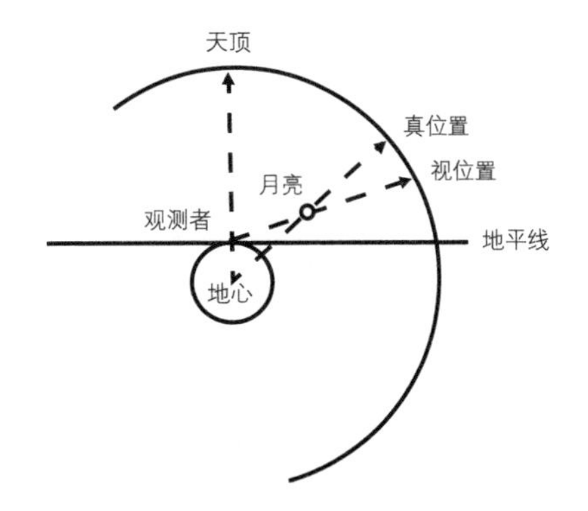

测地的纬度（54°19′）为月球与地平圈极点的距离80°55′（26°36′+54°19′）。而实际为81°55′，多余的1°是月球视差。托勒密及古人认为月球视差应为1°38′，因为这样才符合于他们理论所需的计算结果。

4.17 月地距离的测定及月地距离数值

由上述可知月地间距离，有了这个距离，便能求得视差值，此二者相互关联。月地距离可以如下测定（见图4.13）。

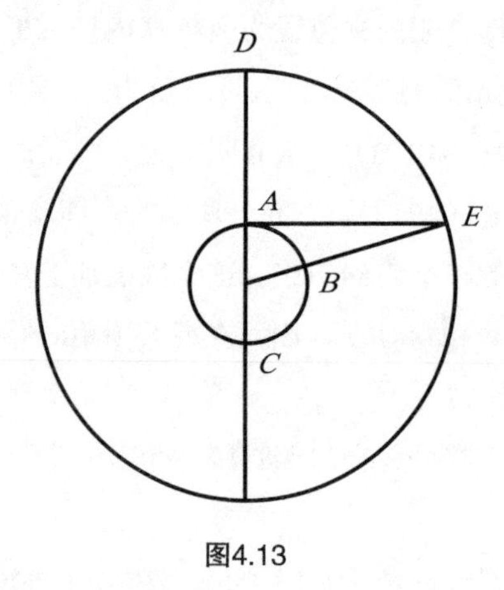

图4.13

令：AB为地球的大圆，C为中心。

以C为中心作另一圆DE，和它相比，地球的圆不会太小。令地平圈的极点为D。E为月球中心，且已知它与天顶的距离DE。

第一项观测中，$\angle DAE = 82^\circ 50'$，由计算求得$\angle ACE = 82^\circ$，而它们之差$\angle AEC =$ 视差 $= 50'$。于是$\triangle ACE$的角均已知，因而各边可知。

$\because \angle CAE = 180^\circ - 82^\circ 50' = 97^\circ 10'$，取$\triangle AEC$外接圆的直径为$100\,000^P$。

则$CE = 99\,219^P$，$AC = 1\,454^P = \frac{1}{68}CE$。取地球半径$AC = 1^P$，$CE \approx 68^P$。这是在第一次观测时月球与地球中心的距离。但是在前面的论述中，第二项观测中测得的$\angle DAE = 81^\circ\ 55'$，算出的$\angle ACE = 88^\circ\ 55'$，差值$\angle AEC = 60'$。

因此，在取三角形外接圆直径 = 100 000^{P}时，边$EC = 99\ 027^P$，而$AC = 1\ 891^P$。于是在取地球半径$AC = 1^P$时，可得月球与地心的距离$CE = 56^P42'$（见图4.14）。

令：ABC为月球的大本轮，D为中心。

以E为地心画直线$EBDA$至与近地点B。按我的第二项观测可求得月球均匀近点角，再推出弧$ABC = 242^\circ\ 10'$。

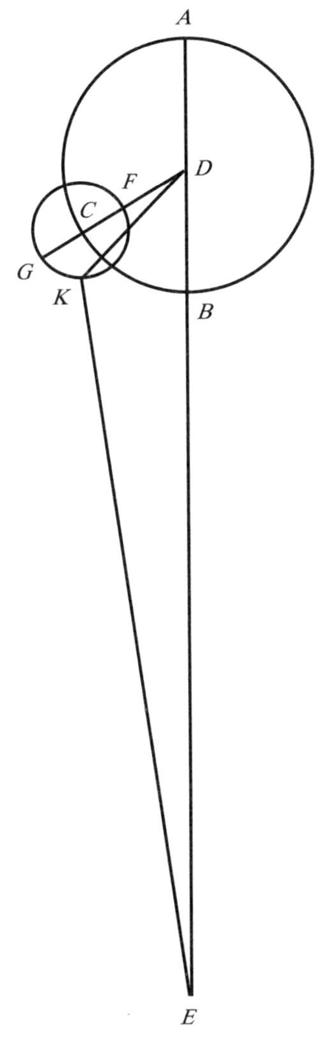

图4.14

又以C为中心，画出第二本轮FGK。在它上面取弧FGK = 月球与太阳距离的两倍（$2\times 97^\circ 5'$）= $194^\circ 10'$。连接DK，它使近点角减少$2^\circ 27'$，并使$\angle KDB$ = 归一化近点角$59^\circ 43'$。整个$\angle CDB = 62^\circ 10'$（$59^\circ 43'+2^\circ 27'$），为超出一个半圆的部分（因$\angle ABC = 242^\circ 10' = 62^\circ 10'+180^\circ$）。

$\because \angle BEK = 7^\circ$。

$\therefore$在$\triangle KDE$中，各角均已知，其度数按180° = 2直角给出。

取$\triangle KDE$外接圆直径为$100\ 000^P$，则各边长度也可知：$DE = 91\ 856^P$，$EK = 86\ 354^P$。但以$DE = 100\ 000^P$时，$KE = 94\ 010^P$[1]。

然而，前面已经证明，$DF = 8\ 600^P$，整条直线$DFG = 13\ 340^P$。按本节前文已经定出的比值，在取地球半径为1^P时，$EK = 56\frac{42}{60}^P$[2]。因此用同样单位可得$DE = 60\frac{18}{60}^P$，$DF = 5\frac{11}{60}^P$，$DFG = 8\frac{2}{60}^P$，并且如果联接为直线则整个$EDG = 68\frac{1}{3}^P$（$60^P 18'+8^P 2'$），即为半月的最大高度。

从ED减去DG，即$61^P 18' - 8^P 2' = 52\frac{17}{60}^P$，此为半月与地球的最小距离。还有整个$EDF$的长度，即满月和新月的高度，在极大时为$65\frac{1}{2}^P$（$60^P 18'+5^\circ 11' \approx 65^\circ 30'$），而在减去$DF$时，其极小值为$55\frac{8}{60}^P$（$60^P 18' - 5^P 11'$）。

可能有人因居住地区而对月球视差不完全了解，认为满月和新月离地球的最大距离应为$64\frac{10}{60}^P$，这显然不对。在靠近地平圈时，月球视差接近其完整值，这使我能更充分地了解它。但我发现，这种差别所引起的视差变化小于$1'$。

4.18 月球的直径及地影直径

因为月球和地影的视直径同样随月地间距离变化而改变，讨论这些问题也非常必要。虽然我们用喜帕恰斯的屈光镜能够确定太阳和月球的直径。但通过特殊

---

[1] $DE : EK = 91\ 856 : 86\ 354 = 100\ 000 : 94\ 010.2$，哥白尼将其近似地写为$94\ 010^P$。

[2] $KE : DE = 94\ 010 : 100\ 000 = 56^P 42' : 60^P 18.8'$，哥白尼将其近似地写为$18'$。

的，月球在其高、低拱点等距的月食，我们能更加精确地测得月球的直径。若在那些时候，太阳处在相似位置，则除了被掩食的区域不同外，月球两次所穿过的影圈相等。我们可知，把阴影区域以及月球宽度相对比，其差异表示月球直径在绕地心的圆周上所对的弧段的大小。若这已知，便能求得阴影的半径，举例如下：

假设：在发生较早的一次月食的食甚时，有三个食分（即月亮直径的$\frac{3}{12}$）被掩食掉，此时月球宽度为47′54″。

在第二次月食时，食分为10，宽度为29′37″。阴影区域之差为7个食分（＝10－3），宽度差为18′17″（47′54″－29′37″）。作为对比，12食分相应于月亮直径所张的角为31′20″。

因此，在第一次月食的食甚时，月心显然是在阴影区之外$\frac{1}{4}$直径处（阴影区为3食分），这对应于宽度7′50″（31′20″÷4）。如果把这个数值从整个宽度的47′54″中减去，余量为40′4″（47′54″－7′50″）＝阴影区的半径。

与此相似，在第二次月食时，阴影区比月球宽度还多出月亮直径的$\frac{1}{3}$〔1〕（≈31′20″÷3）。在这之上加上29′37″，其和仍为40′4″，等于阴影区的半径。托勒密认为，当太阳与月亮相合或冲时，即在距地球最远时，月亮的直径为$31\frac{1}{3}$′。

喜帕恰斯用屈光镜求得的太阳的直径与此相等，但阴影区的直径＝1°$21\frac{1}{3}$′。托勒密认为这两个数值之比为13∶5＝$2\frac{3}{5}$∶1。

4.19 日月直径、轴线与地球的距离

太阳也存在着微小的视差，仅在日和月与地球的距离、它们的直径及在月球通过处地影的直径及其轴线都相互关联时，才能觉察这一视差。所以这些数值可在推求的过程中获得。我将首先阐述托勒密推求这些数值的结论及方法。我会从中选出正确的部分。

〔1〕阴影区为10食分＝$\frac{1}{2}+\frac{4}{12}$＝10′27″。

托勒密固定不变地取太阳的视直径为$31\frac{1}{3}'$，令它等于在远地点的满月和新月的直径。再取地球半径为1^P，他称这时月地距离为$64\frac{10}{60}{}^P$。他用如下方法求出其他数量（见图4.15）。

令：ABC为太阳球体上的一个圆圈，太阳中心为D。

再令：EFG为在离太阳最远处的地球上的一个圆，而地球自身的中心在K，AG和CE为与两个圆都相切的直线，它们延长时相交于S，此即地影的端点。

通过太阳与地球的中心画直线DKS、AK和CK。连接AC和GE，由于距离遥远，它们与直径并无差异。

在DKS线上，在满月和新月的位置上[1]，取$LK=KM$。

又令：QMR为在同样条件下月球通过处地影的直径，NLO为与DK垂直的月球直径，并把它延长为LOP。

第一个问题是要求出DK：KE的比值。

取$360^\circ=4$直角，则$\angle NKO=31\frac{1}{3}'$，它的一半$\angle LKO=15\frac{2}{3}'$。$\angle L=90^\circ$。因此$\triangle LKO$的角均已知，两边的比值$KL$：$LO$也已知。

当$LK=64^P10'$或$KE=1^P$时，长度$LO=17'33''$。因为LO：$MR=5$：13，可用同样单位表示$MR=45'38''$。

$\because LOP$和MR与KE的距离相等，且$LOP /\!/ KE$，$MR=45'38''$，$LO=17'33''$。

$\therefore LOP+MR=2KE$。$2KE-(MR+LO)=OP=56'49''$。

根据欧几里得《几何原本》，EC：$PC=KC$：$OC=KD$：$LD=KE$：$OP=60'$：$56'49''$。

同理，当整个$DLK=1^P$时，可知$LD=56'49''$。

因此，余量$KL=3'11''$（$1^P-56'49''$）。但取$KL=64^P10'$和$FK=1^P$的单位，则整个$KD=1\ 210^P$。已经证明用同样的单位，$MR=45'38''$。由此可以求得比值KE：MR（$60'$：$45'38''$）和KMS：MS。还可求得在整个KMS中，$KM=14'22''$（$60'-45'38''$）。

另一种做法是，令$KM=64^P10'$，整个$KMS=268^P=$地影轴线长度。

[1] 按托勒密的见解，取$EK=1^P$时，在远地点处的月地距离为$64\frac{10}{60}{}^P$。

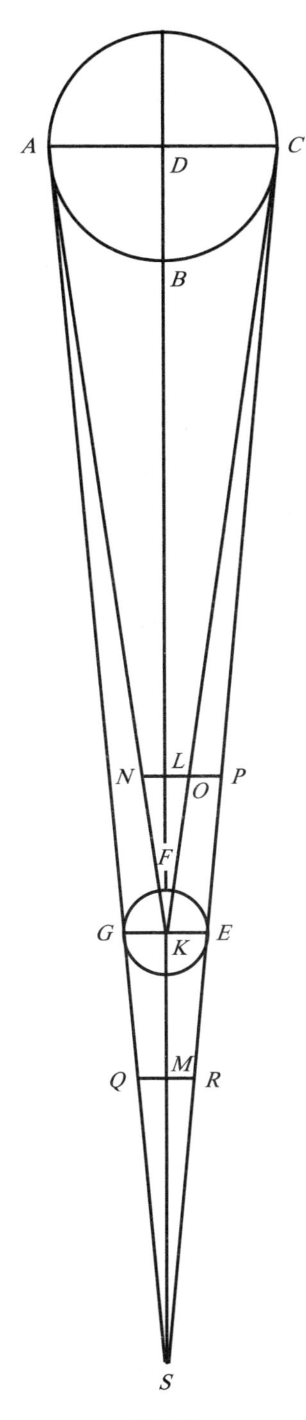

图4.15

以上皆是托勒密的做法。

托勒密之后的天文学家发现上述结论同实际并不完全相符，同时对这一课题另有发现，但他们认同满月和新月与地球的最大距离为$64^P10'$，太阳在远地点的视直径为$31\frac{1}{3}'$。他们也承认，在月球通过处地影直径与月球直径的比值为13：5。但他们不承认月亮在该处的视直径大于$29\frac{1}{2}'$。因此他们取地影直径为$1°\ 16\frac{3}{4}'$左右。由此可知，在远地点处的日地距离为$1\ 146^P$，而地影轴长为254^P（地球半径为1^P）。这些他们认定的数值来自拉喀城的科学家阿耳·巴塔尼。遗憾的是，这些数值怎样都不能协调一致。

为了纠正这些数值，我取在远地点处的太阳视直径为$31'40''$，因为太阳的视直径较以前大一些；在高拱点的满月或新月的视直径为$30'$；在月球通过处的地影直径是$80\frac{3}{5}'$[1]；除非月地距离小于62个地球半径，否则在远地点处的太阳不能整个被月亮掩住。在与太阳相合或冲时，月亮离地球的最大距离$=65\frac{1}{2}$地球半径。在采用这些数值时，看来它们不仅相互之间以及与其他现象正好协调一致，还与观测到的日月食相符。

于是，按以上的论证，可知在取地球半径$KE=1^P$时，以该单位的分数表示有$LO=17'8''$，$MR=46'1''$（$\approx 17'8''\times 2.7$），因此$OP=56'51''$〔$2^P-(17'8''+46'1'')$〕；若取$LK=65\frac{1}{2}{}^P$，则整个$DLK=$太阳在远地点时与地球的距离$=1\ 179^P$，此外，KMS等于地影的轴长，即265^P。

4.20 日月地的大小及其比较

我们知道，$KL=\frac{KD}{18}$，$LO=\frac{DC}{18}$。但取$KE=1^P$时，$18\times LO\approx 5^P27'$。

另外有一种做法：

$\because SK:KE=265^P:1^P$，便可得出整个$SKD:DC=1\ 444^P:5^P27'$，这是因为各

〔1〕现在了解到这两个数字的比值略大于5：13，可取为150：403（$\approx 5:13\frac{2}{5}$）。

边的比值相等。此即为太阳与地球的直径之比。球体体积之比等于其直径的立方之比。

$\therefore (5^P27')^3 = 161\frac{7}{8}$，即太阳大于地球的倍数。

取$KE = 1^P$时，月球半径为17′9″。因此地球直径与月球直径之比$=7:2=3\frac{1}{2}:1$[1]。求出这个比值的三次方，便可知地球为月球的$42\frac{7}{8}$倍。

因此，太阳是月球的6 937倍。

4.21 太阳的视直径和视差

看物体时，离我们越远的看起来越小。因此日、月和地影随着同地球的距离变化而改变，这种情况同视差变化一样。由上，我们对任何距离都能测得这些变化。我们从太阳谈起，显而易见，我在第三章中已阐明，若令周年运转轨道半径为$10\ 000^P$，可得地球与太阳的最长距离为$10\ 322^P$。而周年运转轨道直径的另一部分，在地球离太阳最近时距离为$9\ 678^P$（$10\ 000^P - 322^P$）。

我们取高拱点$=1\ 179^P$，低拱点则为$1\ 105^P$，平拱点为$1\ 142^P$。用$1\ 179^P$除$1\ 000\ 000^P$，可得直角三角形中848^P所对的最小角为2′55′′，这是在地平附近出现的最大视差。

同理，用最短距离$1\ 105^P$除$1\ 000\ 000^P$，得到905^P，低拱点最大视差的所张角为3′7″。而太阳直径等于$5\frac{27}{60}$地球直径，且在高拱点所张角为31′48″。应知$1\ 179:5\frac{27}{60}=2\ 000\ 000^P:9\ 245^P=$轨道直径：31′48″所对边长。

因此，在最短距离处，太阳的视直径为33′54″。太阳视直径与最短距离的差（33′54″－31′48″）为2′6″，而视差之差仅为12″（3′7″－2′55″）。两个差值都很小，托勒密认为1′或2′用感官是很难察觉的，而对弧秒就更难了，因此它们可以忽略不计。

---

〔1〕此为3.498：1的近似值。

若我们每处都取太阳的最大视差为3′，应该不会有任何差错。但是我将像某些天文学家那样，用太阳的平均距离或太阳的小时视行度，求出太阳的平均视直径。他们认为太阳的小时视行度与其直径的比值为$5:66=1:13\frac{1}{5}$。小时视行度与太阳的距离几近成正比。

4.22 月球的可变化视直径和视差

月球作为最近的天体，我们知道其视直径和视差变化较大。当月亮为新月或满月时，它离地球的最大距离为$65\frac{1}{2}$地球半径，根据前面的论证，其最小距离为$55\frac{8}{60}$地球半径。就半月来讲，最大距离为$68\frac{21}{60}$地球半径，最小距离为$52\frac{17}{60}$地球半径。我们用在四个极限处的月地距离除以地球的半径，便可得到出没时月球的视差：当月球最远时，对半月为50′18″，对满月和新月为52′24″；当月球最近时，对满月和新月为62′21″，对半月为65′45″。

由以上视差，可求得月亮的视直径。由于地球直径：月球直径 = 7：2。我们得到地球半径：月球直径 = 7：4，而在同一次月亮经天时，求得较大视差角的直线和求得视直径的直线相同，因此该比值也为视差和月亮视直径之比。角度和它们所对的弦成正比，我们无法觉察它们之间的差异。这个简单的结果告诉我们，在上述视差第一极限处，月亮的视直径是$28\frac{3}{4}$′；第二极限处约为30′；第三极限处为35′38″；最后极限处为37′34″。根据托勒密等前人的理论，最后极限处应为1°，且当时一半表面发光的月亮投射到地球上的光同满月一样多。

4.23 地球可变化的程度

在前面我提过，地影直径：月球直径 = 430：150。因此，当太阳位于远地点时，对满月和新月来说，地影直径的最小值为80′36″，最大值为95′44″，最大差值＝95′44″－80′36″＝15′8″。当月球通过相同位置时，不同的日地距离会使地影发生以下变化（见图4.16）。

证明：我们画出直线DKS通过太阳中心和地球中心及切线CES。连接DC、KE。

已知当距离DK＝1 179地球半径，KM＝62地球半径时，MR＝地影半径＝地球

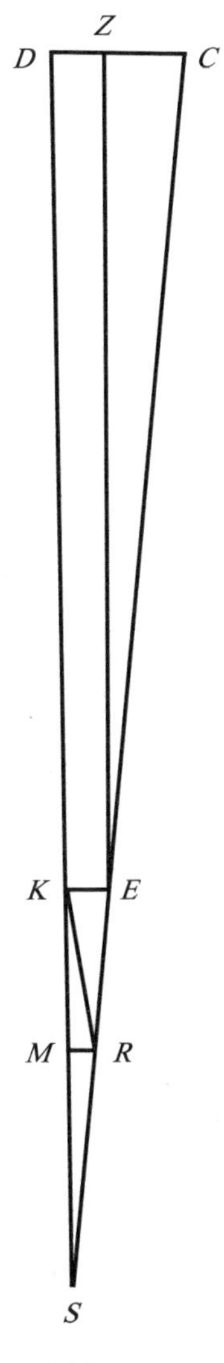

图4.16

半径KE的$46\frac{1}{60}'$，由连接K和R所成的角MKR = 地影视角半径 = 42′32″，KMS则等于地影轴长 = 265地球半径。

但是当地球最接近太阳时，DK = 1 105地球半径，可按以下方法计算在同样的月球通过处的地影。画EZ平行于DK。$CZ:ZE=EK:KS$。但$CZ=4\frac{27}{60}$地球半径，ZE = 1 105地球半径。

因为KZ是平行四边形，ZE与余量DZ（$=CD-CZ=5\frac{27}{60}{}^{P}-4\frac{27}{60}{}^{P}=1^{P}$）各等于$DK$与$KE$（$=1^{P}$）。于是$KS=248\frac{19}{60}$地球半径。但$KM$ = 62地球半径，可得余量$MS=186\frac{19}{60}$地球半径（$248^{P}19'-62^{P}$）。但因$SM:MR=SK:KE$，所以MR = 地球半径的$45\frac{1}{60}''$，并且MKR = 地球视角半径 = 41′35″。

于是出现以下情况：取360° = 4直角，以及$KE=1^{P}$，在相同的月球通过处，由太阳和地球的接近或离去所引起的地影直径的变化至多为$\frac{1}{60}$，这看起来是57″。也就是说，在第一种情况下（46′1″），地影直径与月球直径之比大于13∶5；而在第二种情况下（45′1″）却小于13∶5。因此可以认为13∶5是平均值。我们若为了减少工作量而遵循古人的方法，到处都采用同一数量，就会产生不可忽略的误差。

4.24 在地平经圈上的日月视差值表格

现已处理好太阳和月亮的各个单独的视差时的问题。再画地球圆周上的$\widehat{AB}$，其通过地平圈的极点C为地球中心。同一平面内的白道为$\widehat{DE}$，太阳轨道为$\widehat{FG}$，通过地平圈极点的直线为CDF，太阳和月亮的真位置都在直线CEG上，画出指向这些位置的视线为AG和AE（见图4.17）。

太阳视差用$\angle AGC$表示，月亮视差用$\angle AEC$表示。太阳和月亮视差之差用$\angle GAE$量出，而$\angle GAE=180°-\angle AGC-\angle AEC$。

取$\angle ACG$为可以与以上角对比的角度，如：令$\angle ACG=30°$。

根据平面三角定理，当我们在$AC=1^{P}$时，取直线$CG=1\ 142^{P}$，于是可得$\angle AGC$ =

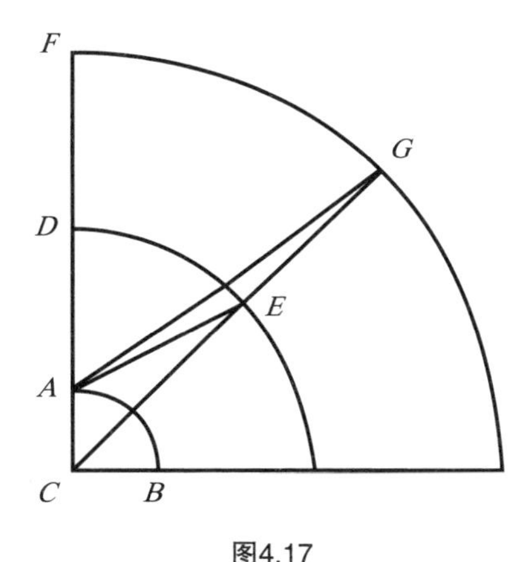

图4.17

太阳真高度与视高度之差 = $1\frac{1}{2}'$。但是当$\angle ACG = 60°$时，$\angle AGC = 2'36''$。

同理，对$\angle ACG$的其他数值，太阳视差也明显可知。

而对月亮来说，可用它的四个极限。

取$360° = 4$直角，令$\angle DCE$或$\overset{\frown}{DE} = 30°$。

当月地距离为极大时，取$CA = 1^P$，我已说过，$CE = 68^P21'$。于是，在$\triangle ACE$中，AC与CE两边以及$\angle ACE$均已知。

从而求得$\angle AEC$ = 视差角 = $25'28''$。

当$CE = 65\frac{1}{2}^P$时，$\angle AEC = 26'36''$。与此相似，在第三极限处，$CE = 55^P8'$，此时视差角$\angle AEC = 31'42''$。

最后，在月球距地球最近处，即当$CE = 52^P17'$时，$\angle AEC = 33'27''$。进一步说，当弧$DE = 60°$时，按同样的次序可得视差为：$43'55''$、$45'51''$、$54\frac{1}{2}'$和$57\frac{1}{2}'$。我将按下列表中的次序写下所有这些数值。

为了和其他表一样便于使用，我将它扩充为一组30行，间距为6°。这些度数可以理解为从天顶算起的度数的两倍，其极大值为90°。我把表分成九栏。第一、二栏载入圆周的公共数。太阳视差则在第三栏。月球视差在第四至九栏。第四栏显示最小视差（即当半月在远地点时出现）小于下一栏中的视差（即在满月和新月时出现）的差值。第六栏是由位于近地点的满月和新月所产生的视差。而后第七栏中出现的分数，是最靠近我们的半月的视差超过其附近视差的差值。最末两栏载入比例分数，它们用于计算四个极限之间的视差。

我还将阐释这些分数，先是在远地点附近的分数，而后是月亮分别位于两弦和朔望的远地点之间的分数。具体如下（见图4.18）。

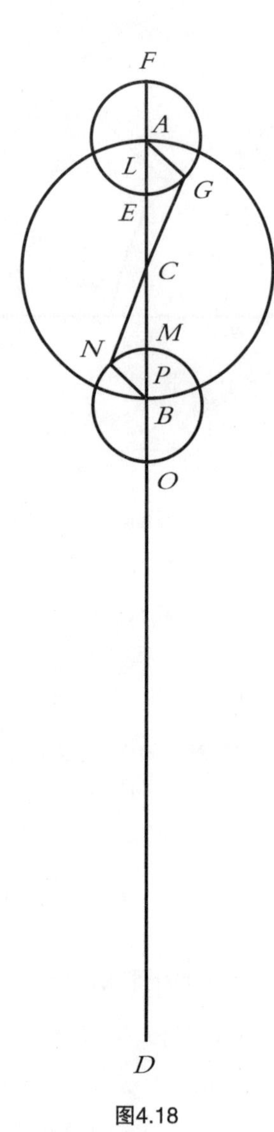

图4.18

令：月球的第一本轮为AB，C为中心。

取地球中心为D，画直线$DBCA$。以远地点A为心，描出第二本轮EFG。截取弧段$\widehat{EG}=60^\circ$。连接AG、CG。

$\because$ 直线$CE=5\frac{11}{60}$地球半径，$DC=60\frac{18}{60}$地球半径，$EF=2\frac{51}{60}$地球半径。

$\therefore$在$\triangle ACG$中，边$GA=1^{P}25'$，边$AC=6^{P}36'$，还有这两边所夹的$\angle CAG$也已知。

按平面三角定理，以同样单位表示，第三边$CG=6^{P}7'$。由此可知，如果换成直线，则整个DCG或与之相当的$DCL=66^{P}25'$（$60^{P}18'+6^{P}7'$），但是$DCE=65\frac{1}{2}^{P}$（$60^{P}18'+5^{P}11'$）。于是，余量（$DCL-DCE$）$=EL\approx 55\frac{1}{2}'$（$\approx 66^{P}25'-65^{P}30'$）。

通过这个已知的比率，当$DCE=60^{P}$时，用同样单位可得$EF=2^{P}37'$，$EL\approx 18'$。我把这个数值放在表中第八栏内，与第一栏的60°相对应。

我将对于近地点B做出类似论证：

以B为心，取$\angle MBN=60^{\circ}$，重画第二本轮MNO，可知$\triangle BCN$的各边和角。

取地球半径为1^{P}时，用同样方法可得多余线段$MP\approx 55\frac{1}{2}'$。取相同单位时，$DBM=55^{P}8'$。

然而，如果$DBM=60^{P}$，则用这样的单位可得$MBO=3^{P}7'$，多余线段$MP=55'$。但$3^{P}7':55'=60:18$。于是求得和前面对远地点的相同结果。而两次所得多余线段只相差几秒。用相同的算法对其他情况做出计算，将得出的结果填进表中第八栏。但如果不用这些数值，而用行差表中比例分数栏所列数值，这两套数值大致相同，且都是很小的量，因而同样不会有差错。

接下来便要求出第二与第三极限之间的比例分数，即中间极限（见图4.19）。

令：满月和新月扫描出第一本轮AB，C为中心。

取地球中心为D，画出直线$DBCA$。从远地点A开始截取一段弧，如：$AE=60^{\circ}$。连接DE与CE。

$\triangle DCE$的两边已知：$CD=60^{\circ}19'$，$CE=5^{\circ}11'$，且$\angle DCE=180^{\circ}-\angle ACE$。

根据三角定理，$DE=63^{\circ}4'$。整个$DBA=65^{\circ}30'$。比ED超出$2^{\circ}27'$（$\approx 65^{\circ}30'-63^{\circ}4'$）。但$AB=2\times AE=10^{\circ}22'$，与$2^{\circ}27'$之比等于$60:14$。

将它列入表中第九栏，与60°相对应。我以此为例，将完成剩下的问题并做成如下表格。另外还加上一个表，即日、月和地影半径表，以便尽可能地用到这些资料（见附表P233—234）。

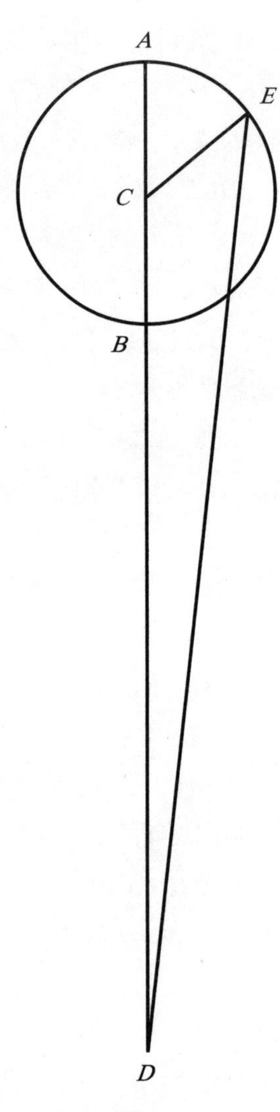

图4.19

日月视差表													
公共数		太阳视差		为求得在第一极限的视差，应从第二极限的月球视差减去的差值		在第二极限的月球视差		在第三极限的月球视差		为求得在第四极限的视差，应给第三极限的月球视差加上的差值		比例分数	
												小本轮	大本轮
6	354	0	10	0	7	2	46	3	18	0	12	0	0
12	348	0	19	0	14	5	33	6	36	0	23	1	0
18	342	0	29	0	21	8	19	9	53	0	34	3	1
24	336	0	38	0	28	11	4	13	10	0	45	4	2
30	330	0	47	0	35	13	49	16	26	0	56	5	3
36	324	0	56	0	42	16	32	19	40	1	6	7	5
42	318	1	5	0	48	19	5	22	47	1	16	10	7
48	312	1	13	0	55	21	39	25	47	1	26	12	9
54	306	1	22	1	1	24	9	28	49	1	35	15	12
60	300	1	31	1	8	26	36	31	42	1	45	18	14
66	294	1	39	1	14	28	57	34	31	1	54	21	17
72	288	1	46	1	19	31	14	37	14	2	3	24	20
78	282	1	53	1	24	33	25	39	50	2	11	27	23
84	276	2	0	1	29	35	31	42	19	2	19	30	26
90	270	2	7	1	34	37	31	44	40	2	26	34	29
96	264	2	13	1	39	39	24	46	54	2	33	37	32
102	258	2	20	1	44	41	10	49	0	2	40	39	35
108	252	2	26	1	48	42	50	50	59	2	46	42	38
114	246	2	31	1	52	44	24	52	49	2	53	45	41
120	240	2	36	1	56	45	51	54	30	3	0	47	44
126	234	2	40	2	0	47	8	56	2	3	6	49	47
132	228	2	44	2	2	48	15	57	23	3	11	51	49
138	222	2	49	2	3	49	15	58	36	3	14	53	52
144	216	2	52	2	4	50	10	59	39	3	17	55	54
150	210	2	54	2	4	50	55	60	31	3	20	57	56
156	204	2	56	2	5	51	29	61	12	3	22	58	57
162	198	2	58	2	5	51	56	61	47	3	23	59	58
168	192	2	59	2	6	52	13	62	9	3	23	59	59
174	186	3	0	2	6	52	22	62	19	3	24	60	60
180	180	3	0	2	6	52	24	62	21	3	24	60	60

日、月和地影半径表

公共数		太阳半径		月球半径		地影半径		地影的变化
°	°	′	″	′	″	′	″	分数
6	354	15	50	15	0	40	18	0
12	348	15	50	15	1	40	21	0
18	342	15	51	15	3	40	26	1
24	336	15	52	15	6	40	34	2
30	330	15	53	15	9	40	42	3
36	324	15	55	15	14	40	56	4
42	318	15	57	15	19	41	10	6
48	312	16	0	15	25	41	26	9
54	306	16	3	15	32	41	44	11
60	300	16	6	15	39	42	2	14
66	294	16	9	15	47	42	24	16
72	288	16	12	15	56	42	40	19
78	282	16	15	16	5	43	13	22
84	276	16	19	16	13	43	34	25
90	270	16	22	16	22	43	58	27
96	264	16	26	16	30	44	20	31
102	258	16	29	16	39	44	44	33
108	252	16	32	16	47	45	6	36
114	246	16	36	16	55	45	20	39
120	240	16	39	17	4	45	52	42
126	234	16	42	17	12	46	13	45
132	228	16	45	17	19	46	32	47
138	222	16	48	17	26	46	51	49
144	216	16	50	17	32	47	7	51
150	210	16	53	17	38	47	23	53
156	204	16	54	17	41	47	31	54
162	198	16	55	17	44	47	39	55
168	192	16	56	17	46	47	44	56
174	186	16	57	17	48	47	49	56
180	180	16	57	17	49	47	52	57

4.25 太阳和月球视差

我将简要介绍怎样用表计算日月视差。用表查出太阳的天顶距或月亮的两倍天顶距。太阳只需查一个数值，而月亮则要查出四个极限的视差。另外，对月亮离太阳的行度或距离的两倍，我们能从比例分数的第一栏，即表中第八栏查出比例分数。用以上分数求得第一和最后一个极限的多余量，并用60的比例部分表示。将系列中的第二极限的视差减去第一个60的比例分数，再将第二个和倒数第二个极限的视差相加。以此求得归化到远地点或近地点的一对月球视差，小本轮让它们增大或变小。而后用月球近点角可在最后一栏查出比例分数。再用这些比例分数求出前面得出的视差之差值的比例部分。将这个60的比例分数同远地点视差相加，其和为对指定地点和时间求得的月球视差。举例如下。

令：月亮的天顶距为54°，月亮的平均行度为15°，而它的近点角归一化行度为100°。我试图用表求得月球视差，使月亮的天顶距度数加倍至108°。

在表中与108°相应的，在第二极限超过第一极限的多余量为1′48″，在第二极限的视差为42′50″，在第三极限的视差为50′59″，第四极限的视差超过第三极限的部分为2′46″。加倍后的月亮行度为30°。对该数值，我从比例分数的第一栏查得5′。我把这个5′取作在第二极限比第一极限多余量的60的比例部分＝9″（$1'48''\times\frac{5}{60}$）。从第二极限处的视差42′50″减去9″，余量为42′41″。与此相似，第二个多余量为2′46″，比例部分为14″（$2'46''\times\frac{1}{12}$）。把这14″与在第三极限的视差（50′59″）相加，其和为51′13″。这些视差的差值为8′32″（51′13″－42′41″）。然后，按归一化近点角的度数，由最后一栏可得比例分数为34。用这个数值，我求得8′32″的差值的比例部分为4′50″（$8'32''\times\frac{34}{60}$）。把这个4′50″与第一改正视差（42′41″）相加后，得47′31″。这便是所求的在地平经圈上的月球视差。但任何月球视差与满月和新月的视差都相差甚少，因此如果我们到处都取中间极限间的数值，便可认为足够精确了。

以上视差是日月食预报所需要的。而对其他的用途，却并不值得做广泛的研究。也可以认为这样的研究并不实用，而只是为了满足大众的好奇心。

4.26 分离黄经和黄纬视差

我们很容易就能把视差分离成黄经和黄纬视差。用相互交叉的黄道和地平经圈上的弧段和角度可以度量日月间的距离。当地平圈同黄道正交，它定然不会产生黄经视差。相反地，因纬度圈和地平经圈一致，则整个视差都处于纬度之上。此外，当黄道同地平圈正交且同地平经圈相合，而此时月球黄纬为零时，则它只在经度上有视差，若它的黄纬不为零，则它在经度上有一定视差（见图4.20）。

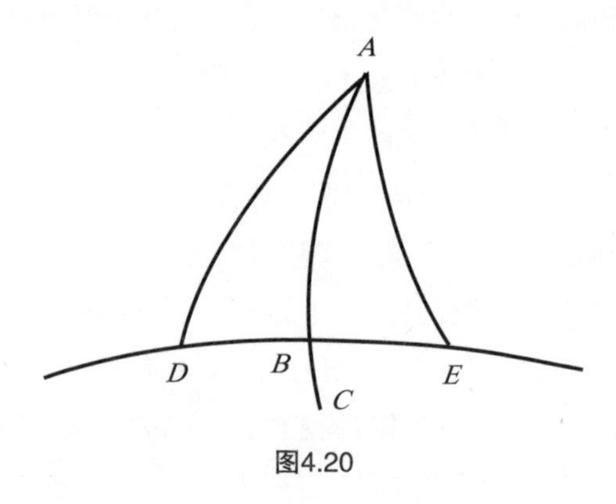

图4.20

令：ABC为与地平圈正交的黄道，A为地平圈的极。

ABC与月球的地平经圈相符，而月球黄纬为零。如果月球的位置为B，它的整个视差BC都在经度方向上。

假设：月球纬度也不为零。

通过黄道两极画圆DBE，并取DB或BE等于月球的纬度。显然，无论AD边还是AE边都不等于AB。

$\because DA$与AE两圆都不通过DBE的极点。

$\therefore \angle D$和$\angle E$都不是直角。

视差和纬度也有一定的关系；月亮越接近天顶，这种关系越明显。

若$\triangle ADE$的底边DE固定不变，则AD与AE两边越短，它们与底边所成的角越锐。月亮离开天顶移动越远，这两个角就越接近直角。

又令：月球的地平经圈DBE与黄道ABC斜交，月球的黄纬为零。当它位于与黄道的交点B时，情况便如此。（见图4.21）

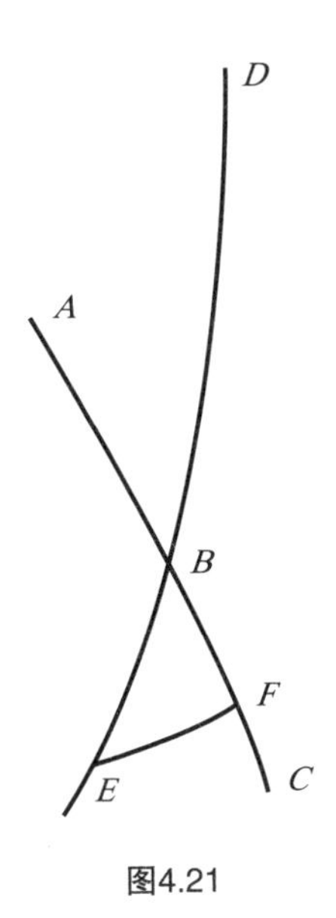

图4.21

再令：BE为在地平经圈上的视差。在通过ABC的两极的圆上画$\widehat{EF}$。

于是，在$\triangle BEF$中，$\angle EBF$已知（前面已证明），$\angle F$为直角，而边BE已知。

根据球面三角定理，其余两边BF和FE均可知。与视差BE相对应，纬度为FE，经度为BF。然而由于它们都很小，BE、EF和FB与直线相差很小，无法察觉。

因此，如果把这个直角三角形当作直线三角形，计算会变得容易，而我们也不会出差错。

当月球黄纬不为零时，计算较为困难。重画黄道ABC，它与通过地平圈两极的圆DB斜交（见图4.22）。

令：B为月球在经度上的位置，且它的纬度在北面为BF，在南面为BE。

从天顶向月球作地平经圈DEK与DFC，视差EK和FG在它们上面。月亮的经度和纬度真位置为E与F两点。但是看起来它们是在K和G。从这两点画垂直于黄道ABC的$\widehat{KM}$及$\widehat{LG}$。月球的黄经、黄纬以及所在区域的纬度均已知。

因此，在$\triangle DEB$中，DB和BE两边以及黄道与地平经圈的交角ABD均可知。把$\angle ABD$与$\angle ABE$相加，可得整个$\angle DBE$。于是剩下的边DE以及$\angle DEB$都可求得。

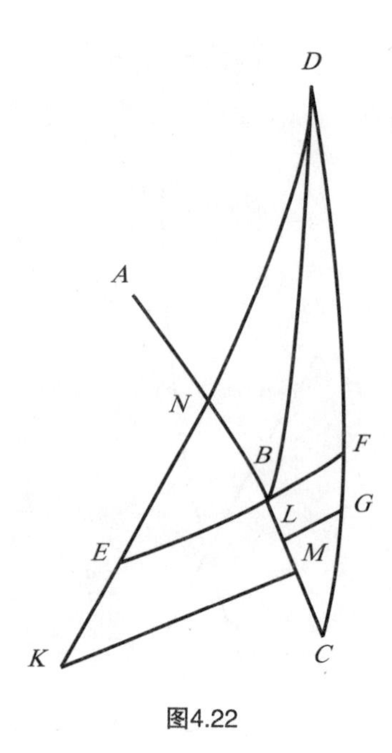

图4.22

同理，在三角形DBF中，DB与BF两边以及从直角ABF中减去$\angle ABD$所剩下的$\angle DBF$均已知。

那么，DF和$\angle DFB$都可知。

因此，由表可以得出DE与DF两段弧上的视差EK和FG。还可求得月亮的真天顶距DE或DF以及视天顶距DEK或DFG。

然而，DE与黄道相交于N点。在$\triangle EBN$中，$\angle NBE=90^\circ$，$\angle NEB$已知，于是底边BE可知。剩下的$\angle BNE$以及剩下的BN与NE两边均可求得。

同理，在整个$\triangle NKM$中，从已知角M与N以及整个KEN边，可求得底边KM。这是月球的视南纬。它超过EB的量为黄纬视差。剩下的边NBM可知。

$NBM-NB=$黄经视差$=BM$。

在北面的$\triangle BFC$中，$\angle B=90^\circ$，而边BF与$\angle BFC$已知。

因此剩下的两边BLC与FGC以及剩下的$\angle C$均可知。

$FGC-FG=GC$，GC为$\triangle GLC$的已知边。在此三角形中，$\angle CLG=90^\circ$，并且$\angle LCG$已知。于是剩下的两边GL与LC可知。从BC减去LC的余量也可求得，这时，黄经视差BL及视黄纬GL亦可知，其视差为真黄纬BF超出GL的量。

然而，这种对极小数量进行的计算，耗费大量劳力而收效甚微。用$\angle ABD$代替$\angle DCB$、$\angle DBF$代替$\angle DEB$，并（像前面那样）忽略月球黄纬而总是用平均弧$\widehat{DB}$取代$\widehat{DE}$与$\widehat{EF}$，这样已足够精确。尤其是在地球的北半球地区，这样做不会有任何明显的误差。

另外，在最南地区，当月球黄纬为最大值5°时，B位于天顶，并当月亮距地球最近时，差值约为6′。但是在食时，月球与太阳相合，其黄纬不超过$1\frac{1}{2}$°，差值仅为$1\frac{3}{4}$′。

由以上论证显然可知，在黄道的东象限，黄经视差应与月球真位置相加；而在另一象限，应从月球真位置减去黄经视差，这样才能得到月亮的视黄经。通过黄纬视差可以得出月亮的视黄纬。如果它们是在黄道的同一侧，则使之相加。但要是它们位于黄道的相反两侧，则从较大量减去较小量，而余量为在与较大量同一侧的视黄纬。

4.27 关于月球视差论述的证实

前面我论述的月球视差，和观测事实相符。除此之外，我还可以根据许多其他的观测来证明，如我在公元1497年3月9日，日没后于波伦亚[1]所做的一次观测。我观测月掩毕星团中的亮星毕宿五。在等待之后，我观测到这颗星与月轮的暗边接触。在夜晚第五小时即午后11点整末尾星光消失于月亮两角之间。它离南面的角近了约月亮宽度或直径的$\frac{1}{3}$。可以得出它位于双子宫内2° 52′和南纬$5\frac{1}{6}$°处。由此看起来月亮中心是在恒星西面半个月亮

□ **视差**

视差就是从有一定距离的两个点上观察同一个目标所产生的方向差异。从目标看两个点之间的夹角，叫作这两个点的视差，而两点之间的距离称作基线。只要知道视差角度和基线长度，就可以计算出目标和观测者之间的距离。

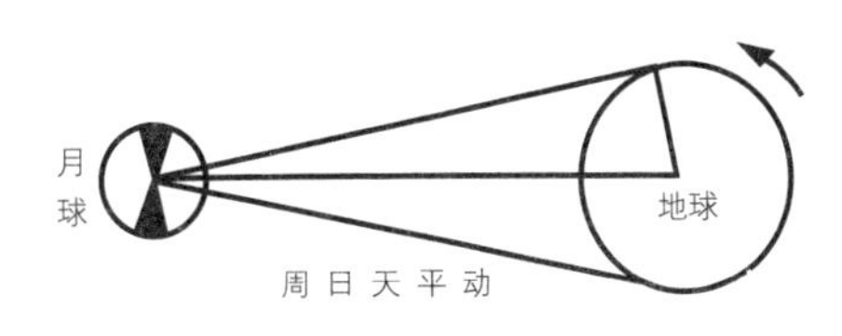

〔1〕意大利的城市。

直径处。从而得出它的视位置为黄经2° 36′（在双子宫内 $=2°\ 52'-\frac{1}{2}\times 32'$）和黄纬约5° 6′。

因此，从基督纪元开始算起共计1 497埃及年76日，在波伦亚再加上23小时。而在更偏东约9° 的克拉科夫，由于太阳是在双鱼宫中$28\frac{1}{2}°$处，则应加上23小时36分，若是均匀时则再加4′。则月亮离太阳的均匀距离为74°，月球的归一化近点角为111° 10′，真位置为双子宫内3° 24′，黄纬为南纬4° 35′，黄纬真行度为203° 41′。值得一提的是，在波伦亚那时天蝎宫内26° 正以$59\frac{1}{2}°$的角度升起，月亮距天顶84°，地平经圈与黄道的交角约为29°，月球的黄经视差为51′，而黄纬视差是30′。这些数值与观测完全吻合，因而可以确信我的假设和论断是完全正确的。

4.28 日月的平合与平冲

由以上论述可建立研究日和月的合与冲的方法。对任何一个我们确定的冲或合将要发生的时刻，均需查出月球的均匀行度。若行度正好为一整圈，便有一次合；若为半圈，月亮在冲便为满月。但因这样的经度很少，需检验两个天体间的距离。用月亮的逐日行度除以此距离，便能按行度有余或不足，分别求得从上次朔望以来或到下次朔望间的确切时间。再查出这个时间的行度和位置，便能求得真的新月和满月，用后面第五章介绍的方法即能将有食发生的合和其他合区分开来。我们确定了这些月相，便能由它们推出其他任何月份，再用一个十二月份表连续推测出今后的年份。这些表中有分布时刻、日月近点角的均匀行度及月球黄纬的均匀行度。这与前面求得的个别均匀值有关联。而对太阳的近点角，为了尽快求得其值，我会用其归一化形式做适当的记录。因其起点即高拱点缓慢移动，则在一年甚至几年内都无法察觉它的不均匀性（见附表P241）。

日月合冲表

月份	分布时间				月球近点角行度				月球黄纬行度			
	日	日一分	日一秒	六十分之日秒	60°	°	′	″	60°	°	′	″
1	29	31	50	9	0	25	49	0	0	30	40	14
2	59	3	40	18	0	51	38	0	1	1	20	28
3	88	35	30	27	1	17	27	1	1	32	0	42
4	118	7	20	36	1	43	16	1	2	2	40	56
5	147	39	10	45	2	9	5	2	2	33	21	10
6	177	11	0	54	2	34	54	2	3	4	1	24
7	206	42	51	3	3	0	43	2	3	34	41	38
8	236	14	41	12	3	26	32	3	4	5	21	52
9	265	46	31	21	3	52	21	3	4	36	2	6
10	295	18	21	30	4	18	10	3	5	6	42	20
11	324	50	11	39	4	43	59	4	5	37	22	34
12	354	22	1	48	5	9	48	4	0	8	2	48
满月与新月之间的半个月												
	14	45	55	$4\frac{1}{2}$	3	12	54	30	3	15	20	7

太阳近点角行度

月份	60°	°	′	″	月份	60°	°	′	″
1	0	29	6	18	7	3	23	44	7
2	0	58	12	36	8	3	52	50	25
3	1	27	18	54	9	4	21	56	43
4	1	56	25	12	10	4	51	3	1
5	2	25	31	31	11	5	20	9	20
6	2	54	37	49	12	5	49	15	38
半个月									
					$\frac{1}{2}$	0	14	33	9

4.29 日月的真合与真冲

如上求得这些天体的平均合与冲的时刻及行度之后，只有知道它们彼此在东面或西面的真距离，才能找出其真朔望点。若在一次平均合或冲时月亮位于太阳的西面，便能出现一次真朔望。若太阳位于月亮的西面，则真朔望已经出现过了。我们可由两个天体的行差理清这些顺序。若它们的行差都为零或相同且同号（同是相加或相减），则有真合或真冲和平均朔望同时出现。若行差同号但不等时，便能由它们的差得出两个天体的距离。相加行差较大的天体位于另一天体的西面，而相减行差较大的天体位于另一天体的东面。但行差反号时，具有相减行差的天体更加偏西，因为可由行差之和得出两天体的距离。我会研究月亮用多少个完整小时才能通过这个距离（对每一度距离取2小时）。

若两天体间距为6°，我们对这个度数取12小时。再在这样定出的时间内求月亮与太阳的真距离。这很容易求得，因为已知在2小时内月球的平均行度为1° 1′，而在满月和新月附近月球近点角每小时的真行度约为50′。在6小时中，均匀行度可达3° 3′（3×1° 1′），而近点角真行度为5°（6×50′）。由以上数字，便能从月球行差表中查出行差的差值。若近点角位于圆周的下半部，其差值与平均行度相加。若在上半部，则减去差值。和或差便是月球在所取时间内的真行度。若这个行度和前面定出的距离相等，则可证明其精确性。不然便是用这一距离与估计的小时数相乘，再除以该行度，或用距离除以已经求得的每小时真行度。商为以小时和分钟计的平均合冲与真合冲之间的真时间差。若月亮在太阳位置或在与太阳刚好相对位置的西面，则把这个时间差加上平均合或冲的时刻。

□ **火星“冲日”**

当火星位于日地连线上，并和地球同位于太阳的一侧时，便会发生火星“冲日”现象，这种现象发生在合后的390天，冲日过后37天，火星便停止逆行。

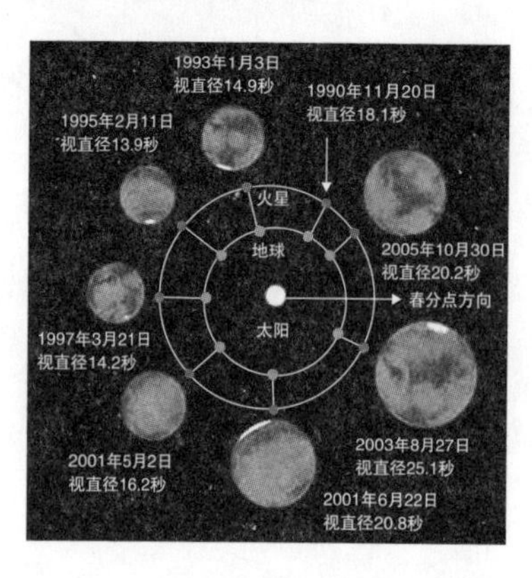

要是月亮位于这些位置东面，则减去这一差值。如此便可得到真合或真冲的时刻。

而我认为，太阳的不均匀性也会导致数量的增减。但我们可以完全将其忽略，因为在所有时间甚至在朔望时，两天体距离极大（超过7°），它也不足1′。用这种方法确定朔望月比较准确。因月亮的行度不固定，甚至每小时都在变化，那些仅靠月球每小时行度即“小时余量”进行计算的人有时会出差错，因此只能重复计算。而为了求得一次真合或真冲的时刻，必须确定黄纬真行度，这样才能得到月球黄纬，另外还要确定太阳与春分点的真距离，即太阳在与月亮位置所在的同一个黄道宫或正好相对的黄道宫中的距离。

□ **火星大冲现象**

太阳落山时，火星从东南方升起；到了子夜，火星呈橙红色，成为星空中一颗耀眼的天体；至次日清晨，太阳从地平线升起时，火星才从西边落下，这就是火星大冲现象。

在克拉科夫经线上的平时或均匀时可用这种方法求得，并且可用前面描述的方法将其归化为视时。如果要测定克拉科夫以外某一地点的这些现象，则要考虑该地的经度。我们对经度的每一度取4分钟，每一分取4秒钟。若该地偏东，则将在克拉科夫的时刻与这些时间相加；若偏西，则减去这些时间。和数或差数就是日月真冲或真合的时刻。

4.30 区分在食时出现的日月合冲

我们很容易确定对月亮来说在朔望时是否有食。若月球黄纬比月亮和地影直径的和的一半小，则月亮会被掩食；若月球黄纬大于和的一半，则不会被掩食。

因太阳和月球的视差通常会使视合和真合不同，因此太阳的情况极为复杂。我们将讨论在真合时太阳和月亮的黄经差。于黄道东面象限内在真合前一小时，或于黄道西面象限内在真合后一小时，能够测到月亮离太阳的视黄经距离，从而求得月亮在这一小时内看起来离开太阳移动的距离。而其真合和视合的时间差便为这一小时的行度除以经度差。在东部，从真合的时间减去这个时间差；在西部则加上。因前者视合早于真合，而后者视合晚于真合。于是便求得视合时刻。而对这一时刻，需在减掉太阳视差后计算月球和太阳的黄纬视距离，或视合时太阳和月亮中心的距离。若这一纬度比日月直径之和的一半大，则太阳不被掩食；若纬度比和的一半小，则会发生日食。由上可知，若真合情况下月球不存在黄经视差，则真合和视合一致。它出现在黄道上从东或从西量约90°处。

4.31 日月食的食分

在我们知道一次日食或月食将要发生之后，很容易确定食分的大小。对太阳而言，可以用在视合时日月纬度的视差值来推算。若用日月直径之和的一半减去这一纬度，便能得到在直径上度量的太阳被掩食的部分。将它乘以12，再除以太阳直径，就得到太阳的食分数。而如果日月之间没有纬度差，则整个太阳被食，或者被月球掩食到最大限度。

我们可用相同的办法处理月食，只是不用视黄纬而取简单黄纬。将它从日月直径之和的一半中减去，若月球黄纬并不比两直径之和的一半小一个月亮直径，差值便是月亮的被食部分。若月球黄纬比该和之半小一个月亮直径，则月面完全被食。也就是说，黄纬较小时，月球在地影中停留的时间更长。黄纬为零时，时间便为极大值。研究这个问题的人应该都了解这一点。而对于月偏食，用被食部分乘以12，再用月亮直径除乘积，便得到食分数。这同讨论太阳时的做法一样。

4.32 预测食延时间

接下来将讨论一次食的时长。首先说明一点，因为日、月和地影间的圆弧都小到与直线并无差异，因此我将它们都当成直线处理（见图4.23）。

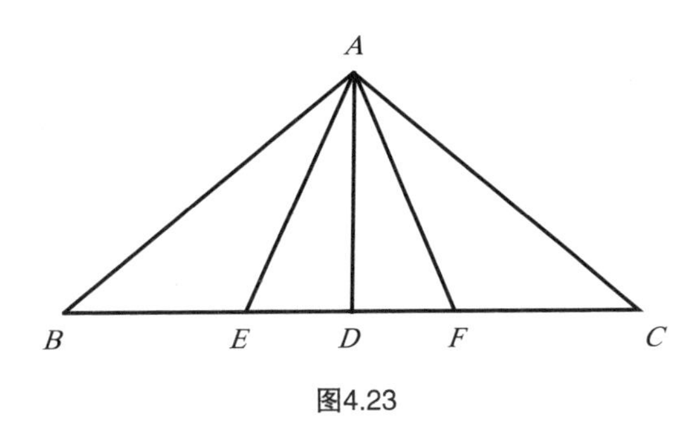

图4.23

取A点为日心或地影中心，月球的途径为直线BC。

令：在初亏即月亮刚与太阳或地影接触时，月亮的中心为B，在复圆时的月心为C。

连接AB、AC。作$AD \perp BC$。

月心在D时，D是食甚点。AD短于其他从A向BC所作的直线。因$AB=AC$，则$BD=DC$。在一次日食时，AB和AC中任何一段线都等于日月直径之和的一半；而在月食时，它们均等于月亮和地影直径之和的一半。

$\because AD$是食甚时月球的真黄纬或视黄纬。

$\therefore AB^2-AD^2=BD^2$

由此可得BD的长度。把这个长度除以月食时月亮的每小时真行度，或除以日食时月亮的每小时视行度，便可求得食延时间长度的一半。

但月亮往往停留在地影中。在前面我提到过，这在月亮和地影直径之和的一半超过月球黄纬的量大于月球直径的时候出现（见图4.24）。

我们令月球完全进入地影，即月球从里面接触地影边界时月亮的中心为E，而月球离开地影时即月球从内侧第二次接触地影边界时月亮的中心为F。

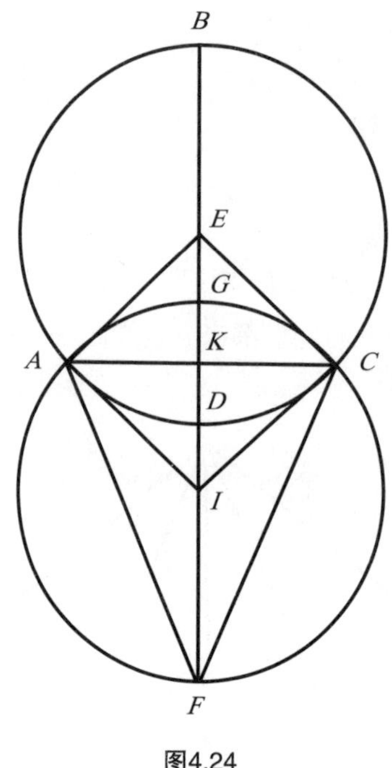

图4.24

连接AE、AF。ED和DF同前面一样代表通过地影时间的一半。而月球纬度为AD，地影半径超过月球半径的量为AE或AF。可求得ED或DF。

用它们中的任一个再次除以月亮每小时的真行度，便得到我们所求的通过地影时间的一半。

月亮在白道上运行时，我们用通过黄道两极的圆圈量出度数，其在黄道上显示的黄经度数并不等于白道上的度数。但差值很小。其与黄道交点的最大距离即12°度处，在接近日月食最外极限处，该两圆上的弧长相差不到$2' = \frac{1}{15}$小时。因此我常用它们代替彼此，它们似乎完全一样。与此相似的，尽管月球纬度随时在增加或减少，但我对一次食的两个极限及中点还是用同一个月球黄纬。因月球黄纬的增减变化，掩始区与掩终区并非总是相等。但它们的差异非常小，因而没有必要把精力花费在研究这种微小的差异上。使用上面的办法，通过日月直径便能求出日月食的时刻、食延时间和食分。

但是很多天文学家认为，掩食的区域是表面而不是直线，因而应当根据表面而不是直径来确定。

令：太阳或地影的圆周为$ABCD$，其中心为E。

又令：月亮圆周为$AFCG$，其中心在I，且两圆相交于A、C两点。

通过两个圆心画直线$BEIF$。连接AE、EC、AI与IC。画AKC垂直于BF。我们希望从这些圆周定出被食表面$ADCG$的大小，或者在偏食的情况下确定它为太阳或月亮整个圆面积的十二分之几。

由上可知两圆半径AE和AI，还可知两个圆心的距离即月球黄纬EI（见图4.25）。

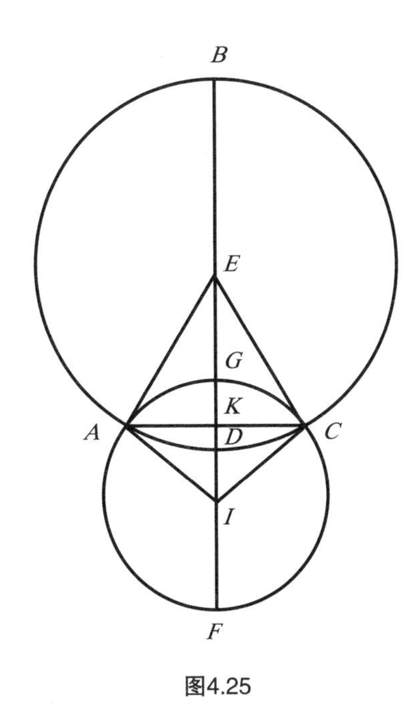

图4.25

因$\triangle AEI$各边已知，则各角已知。

$\angle EIC$与$\angle AEI$全等。于是，在取圆周为$=360^{\circ}$时，可以求得$\widehat{ADC}$与$\widehat{AGC}$的度数。

按阿基米德所著《圆周的度量》，周长与直径之比小于$3\frac{1}{7}^{\circ}:1$，但大于$3\frac{10}{71}^{\circ}:1$。托勒密在这两个数值之间取比值$3^{P}8'30'':1^{P}$。按照这一比值，$\widehat{AGC}$和$\widehat{ADC}$也可用与两个直径或与AE及AI相同的单位表示。

由EA与AD以及由IA与AG包含的面积，各等于扇形AEC和AIC。在等腰$\triangle AEC$与$\triangle AIC$中，公共底边AKC已知，于是两条垂线EK和KI也已知。

因此可得，$AK \times KE$为三角形AEC的面积，同样，$AK \times KI$为三角形ACI的面积。把两个三角形从其所在的扇形减去（扇形$EADC-\triangle AEC$，扇形$AGCI-\triangle ACI$），余量AGC和ACD为两个圆的弓形部分。这两部分之和为所求的整个$ADCG$。并可求得在日食时由BE与BAD，或在月食时由FI与FAG定出的整个圆面积。

因此，无论是太阳还是月亮的整个圆面的十二分之几为被食区域$ADCG$所占有，这个数值都将变得清楚可知。至此，对月球的论证已经够多了，其他的天文学家也更为详尽地阐释了以上问题。接下来我将在后面两章中论证的其他五个天体的运行，也是非常重要的。

第 5 章

CHAPTER 5

本章讲的是行星运动。哥白尼先用偏心圆的均匀运动来解释其非均匀运动，然后阐述了地球运动引起的视非均匀性和行星运动的非均匀性，以及土星运动的三次冲、土星位置的测定、土星视差、土星与地球间的距离等问题。接下来依次对木星、火星和金星进行论述，并重点讨论了水星。哥白尼付出大量的心力观测水星，最终确定了水星位置、水星高拱点和低拱点的位置、偏心距和大小本轮的半径值与其平均行度，以及水星同太阳的距角时大时小的原因。本章的末尾则主要介绍了行星的黄经计算方法、行星视运动中的留、逆行以及确定逆行时间和弧段长度的方法。

引 言

至此，我已尽我所能地阐明了地球绕太阳的运行和月球绕地球的运行，现在我将着重理清五个行星的运动。行星在运动的过程中，显现出高度的一致性和精确的对称性，其排列次序和大小都受地球运动的影响，运行的轨道中心也都是在太阳的周围而非地球附近，这些我在第一章中已经论述过。接下来我要做的就是逐一对其进行证实，并兑现我的承诺。特别强调的是，我将同时使用古代和现代的天象观测，以使这些理论更加令人信服。

在均匀运行的行星两侧，我们极易观测到行星在黄经、黄纬上用不同的方式做变化不均匀的运动。为了更好地说明行星的非均匀变化，我们必须先弄清楚什么是行星的均匀运行。而在此之前，我们还得通过观测行星运行的非均匀性运动来掌握行星的运转周期。五颗行星都是按其特点来命名的。“*Phaenon*”为土星，“灼烁”或“可见”之意，它在太阳的光芒消失后最先出现，可见时间比其他行星长。木星因光亮夺目而被称为“*Phaeton*”。火星则因火红的光芒而被称为“*Pyrois*”。在清晨出现的金星用“*Phosphorus*”表示，即晨星；因其是在黄昏时出现的行星，有时也用“*Hesperus*”表示，即“昏星”。水星名为“*Stilbon*”，因为它的亮光是微弱而闪动的。

这些行星在黄经和黄纬上的运动比月亮更不规则。

□ 伽利略

伽利略（1564—1642年），意大利物理学家、天文学家和哲学家，近代实验科学的先驱者。他发明了用来测量脉搏速率的摆式计时装置；研究了惯性运动和落体运动的规律，为牛顿第一定律和第二定律的研究铺平了道路；他还发现了木星的四颗卫星，为哥白尼学说提供了确凿的证据，促使哥白尼学说走向胜利。

5.1 行星的运行和平均行度

行星在黄经上做两种完全不同的运动，一种是由前文所说的地球运动引起的，另一种是由行星各自的运动引起的。我将第一种运动称为视差运动。这没有任何不妥，它是引起行星的留、顺行和逆行的原因。很明显，这些现象是由地球运动所产生的视差引起，因为行星总是按照自身运动前行着，其自身运动不曾改变。行星运行的圆周轨道的大小决定了视差的大小。

显然，只有在太阳升起的时候，我们才能看到土星、木星、火星的真正位置，它们在逆行的中点附近出现。此时，它们位于通过太阳平位置与地球的直线上，并且不受视差的影响。但是，当它们与太阳相叠时，光芒就会完全被太阳光淹没。金星和水星却会被另一种关系影响，我们只有在太阳两侧大距的位置上才能看见它们。它们也仅有在这种视差的情况下才能被发现。因此，单就地球相对于行星的运动，即这两个天体相互的视差运转而言，每颗行星的视差运转都是专属的。

我认为视差运动就是，地球均匀运动超过行星运动（如土星、木星、火星）或被行星运动超过（如金星、水星）的差值。这些视差运动周期不均匀，且极不规则。古天文学家认为，行星的运行也不均匀，其轨道存在拱点，且行星是从拱点开始出现不均匀现象的。但他们深信拱点在恒星运行轨道上的位置永远不变。这种想法开启了探求行星平均行度及均匀周期的大门。他们先是记录行星在距太阳或一颗恒星某一确切距离处的位置，当有一天该行星到达相似位置处，他们便认为行星已经完成了一整套不均匀性的运动并恢复到了最初与地球的关系。这样他们便可算出在这段时间内行星完成均匀运转的次数，进而求得行星运行的细节。

托勒密在《天文学大成》中声称，用太阳年描述行星运动的资料都来自喜帕恰斯。但是我们现在已经非常清楚，他主张的从一个分点或至点量起的太阳年并非完全均匀。所以我用恒星测量的年份会以更大的精度重新确定五颗行星的行度。我发现这些行度现在存有不足或有余，具体如下。

在我所称的视差运动中，地球需要59个太阳年加上1日6日分和大约48日秒来返回土星方向57次；行星在这段时间内完成了两次自身运动的运转再加上1°6′6″，地球经过木星附近65次，需要71个太阳年减去5日45日分27日秒，在这段时间里行星自身运动共运转6次减去5°41′2$\frac{1}{2}$″。火星在79个太阳年2月27日分3日秒内视差运转共37次；此时行星本身运转为42个周期加上2°24′56″。金星5次接近运动中的地球，需要8太阳年减2日26日分46日秒；而这段时期中它绕太阳转动13次减2°24′40″。水星完成145次视差运转需要46个太阳年加34日分23日秒，这段时间里它运转191次加大约31′23″赶上运动中的地球，并与之同步绕太阳旋转。可知对每颗行星来讲，一次视差运转所需时间为：

土星——378日5日分32日秒11日毫[1]

木星——398日23日分2日秒56日毫

火星——779日56日分19日秒7日毫

金星——583日55日分17日秒24日毫

水星——115日52日分42日秒12日毫

360°为一个圆周，把上面数字换成度数乘以365，得到的乘积除以已知的日数和日子的分数，得到年行度如下：

土星——347°32′2″54‴12⁗

木星——329°25′8″5‴6⁗

火星——168°28′29″13‴12⁗

金星——225°1′48″54‴30⁗

水星——53°56′46″54‴40⁗（在三次运转之后）

我们将以上数值除以365，则有日行度为：

土星——0°57′7″44‴0⁗

木星——0°54′9″3‴49⁗

火星——0°27′41″40‴8⁗

金星——0°36′59″28‴35⁗

水星——3°6′24″7‴43⁗

---

〔1〕“毫”为时间单位，代表$\frac{1}{60}$个日秒。

我依照太阳和月亮的平均行度表列出如下行星行度表。行星自行可用太阳的平均行度减去表中行度，因此我认为没有必要列举行星的自行表。太阳平均行度的一个部分是行星自行。如若有人对此不满意，他可以自己建立起另外的表格。恒星运行的年自行量如下：

土星——12° 12′46″12‴52⁗

木星——30° 19′40″51‴58⁗

火星——191° 16′19″53‴52⁗

但是，金星和水星的年自行量我们根本看不出，因此我们会使用太阳的行度来创建一个测定和表示两颗行星的视位置的办法。（具体表格见P254—258）。

5.2 早期对行星的均匀运动和视运动的认识

在表述完行星的平均行度之后，我将讨论它们的非均匀视行度。包括托勒密在内的古天文学家，假想土星、木星、火星与金星都有一个偏心本轮和一个偏心圆，而地球静止，本轮和所载的行星都对偏心圆做均匀运动（见图5.1）。

令：偏心圆*AB*的圆心为*C*，*ACB*为直径。

假设：地球中心点*D*在*ACB*上。*A*为远地点，*B*为近地点。

同时作*E*平分直线*DC*，并以*E*为中心，绘出与偏心圆*AB*相等的另一偏心圆*FG*。再取*FG*上的任一点*H*为心，绘出本轮*IK*。然后，画直线*IHKC*和*LHME*通过它的中心。尽管考虑到行星所在的黄纬，应该知道偏心圆倾斜于黄道面，且偏心圆同本轮的平面斜交。但是为了方便阐释，我们令所有的圆都在同一个平面内。古天文学家认为这个统一的平面同*E*、*C*一起，都绕黄道中心*D*点旋转，恒星也在同时运转。这种安排能够如他们所愿地使这些点在恒星轨道上固定不变。对直线*IHC*而言，行星在本轮*IK*上也做均匀运转，本轮在圆周*FHG*上向东运动，但我们可由直线*IHC*调节。

结论：我们可认为均轮中心*E*在本轮上进行均匀的运动，且行星的运转相对直线*LME*应为均匀的。古人也承认圆周运动对于除自身以外的其他中心都可以是

木星在60年周期内逐年的视差动
基督纪元98°16′

埃及年	行度					埃及年	行度				
	60°	°	′	″	‴		60°	°	′	″	‴
1	5	47	32	3	9	31	5	33	33	37	59
2	5	35	4	6	19	32	5	21	5	41	9
3	5	22	36	9	29	33	5	8	37	44	19
4	5	10	8	12	38	34	4	56	9	47	28
5	4	57	40	15	48	35	4	43	41	50	38
6	4	45	12	18	58	36	4	31	13	53	48
7	4	32	44	22	7	37	4	18	45	56	57
8	4	20	16	25	17	38	4	6	18	0	7
9	4	7	48	28	27	39	3	53	50	3	17
10	3	55	20	31	36	40	3	41	22	6	26
11	3	42	52	34	46	41	3	28	54	9	36
12	3	30	24	37	56	42	3	16	26	12	46
13	3	17	56	41	5	43	3	3	58	15	55
14	3	5	28	44	15	44	2	51	30	19	5
15	2	53	0	47	25	45	2	39	2	22	15
16	2	40	32	50	34	46	2	26	34	25	24
17	2	28	4	53	44	47	2	14	6	28	34
18	2	15	36	56	54	48	2	1	38	31	44
19	2	3	9	0	3	49	1	49	10	34	53
20	1	50	41	3	13	50	1	36	42	38	3
21	1	38	13	6	23	51	1	24	14	41	13
22	1	25	45	9	32	52	1	11	46	44	22
23	1	13	17	12	42	53	0	59	18	47	32
24	1	0	49	15	52	54	0	46	50	50	42
25	0	48	21	19	1	55	0	34	22	53	51
26	0	35	53	22	11	56	0	21	54	57	1
27	0	23	25	25	21	57	0	9	27	0	11
28	0	10	57	28	30	58	5	56	59	3	20
29	5	58	29	31	40	59	5	44	31	6	30
30	5	46	1	34	50	60	5	32	3	9	40

木星在60日周期内逐日和日分数的视差动

日	行度					日	行度				
	60°	°	′	″	‴		60°	°	′	″	‴
1	0	0	57	7	44	31	0	29	30	59	46
2	0	1	54	15	28	32	0	30	28	7	30
3	0	2	51	23	12	33	0	31	25	15	14
4	0	3	48	30	56	34	0	32	22	22	58
5	0	4	45	38	40	35	0	33	19	30	42
6	0	5	42	46	24	36	0	34	16	38	26
7	0	6	39	54	8	37	0	35	13	46	1
8	0	7	37	1	52	38	0	36	10	53	55
9	0	8	34	9	36	39	0	37	8	1	39
10	0	9	31	17	20	40	0	38	5	9	23
11	0	10	28	25	4	41	0	39	2	17	7
12	0	11	25	32	49	42	0	39	59	24	51
13	0	12	22	40	33	43	0	40	56	32	35
14	0	13	19	48	17	44	0	41	53	40	19
15	0	14	16	56	1	45	0	42	50	48	3
16	0	15	14	3	45	46	0	43	47	55	47
17	0	16	11	11	29	47	0	44	45	3	31
18	0	17	8	19	13	48	0	45	42	11	16
19	0	18	5	26	57	49	0	46	39	19	0
20	0	19	2	34	41	50	0	47	36	26	44
21	0	19	59	42	25	51	0	48	33	34	28
22	0	20	56	50	9	52	0	49	30	42	12
23	0	21	53	57	53	53	0	50	27	49	56
24	0	22	51	5	38	54	0	51	24	57	40
25	0	23	48	13	22	55	0	52	22	5	24
26	0	24	45	21	6	56	0	53	19	13	8
27	0	25	42	28	50	57	0	54	16	20	52
28	0	26	39	36	34	58	0	55	13	28	36
29	0	27	36	44	18	59	0	56	10	36	20
30	0	28	33	52	2	60	0	57	7	44	5

土星在60年周期内逐年的视差动
基督纪元98°16′

埃及年	行度 60°	°	′	″	‴	埃及年	行度 60°	°	′	″	‴
1	5	29	25	8	15	31	2	11	59	15	48
2	4	58	50	16	30	32	1	41	24	24	3
3	4	28	15	24	45	33	1	10	49	32	18
4	3	57	40	33	0	34	0	40	14	40	33
5	3	27	5	41	15	35	0	9	39	48	48
6	2	56	30	49	30	36	5	39	4	57	3
7	2	25	55	57	45	37	5	8	30	5	18
8	1	55	21	6	0	38	4	37	55	13	33
9	1	24	46	14	15	39	4	7	20	21	48
10	0	54	11	22	31	40	3	36	45	30	4
11	0	23	36	30	46	41	3	6	10	38	19
12	5	53	1	39	1	42	2	35	35	46	34
13	5	22	26	47	16	43	2	5	0	54	49
14	4	51	51	55	31	44	1	34	26	3	4
15	4	21	17	3	46	45	1	3	51	11	19
16	3	50	42	12	1	46	0	33	16	19	34
17	3	20	7	20	16	47	0	2	41	27	49
18	2	49	32	28	31	48	5	32	5	36	4
19	2	18	57	36	46	49	5	1	31	44	19
20	1	48	22	45	2	50	4	30	56	52	34
21	1	17	47	53	17	51	4	0	22	0	50
22	0	47	13	1	32	52	3	29	47	9	5
23	0	16	38	9	47	53	2	59	12	17	20
24	5	46	3	18	2	54	2	28	37	25	35
25	5	15	28	26	17	55	1	58	2	33	50
26	4	44	53	34	32	56	1	27	27	42	5
27	4	14	18	42	47	57	0	56	52	50	20
28	3	43	43	51	2	58	0	26	17	58	35
29	3	13	8	59	17	59	5	55	43	6	50
30	2	42	34	7	33	60	5	25	8	15	6

土星在60日周期内逐日和日分数的视差动

日	行度 60°	°	′	″	‴	日	行度 60°	°	′	″	‴
1	0	0	54	9	3	31	0	27	58	40	58
2	0	1	48	18	7	32	0	28	52	50	2
3	0	2	42	27	11	33	0	29	46	59	5
4	0	3	36	36	15	34	0	30	41	8	9
5	0	4	30	45	19	35	0	31	35	17	13
6	0	5	24	54	22	36	0	32	29	26	17
7	0	6	19	3	26	37	0	33	23	35	21
8	0	7	13	12	30	38	0	34	17	44	35
9	0	8	7	21	34	39	0	35	11	53	29
10	0	9	1	30	38	40	0	36	6	2	32
11	0	9	55	39	41	41	0	37	0	11	36
12	0	10	49	48	45	42	0	37	54	20	40
13	0	11	43	57	49	43	0	38	48	29	44
14	0	12	38	6	53	44	0	39	42	38	47
15	0	13	32	15	57	45	0	40	36	47	51
16	0	14	26	25	1	46	0	41	30	56	55
17	0	15	20	34	4	47	0	42	25	5	59
18	0	16	14	43	8	48	0	43	19	15	3
19	0	17	8	52	12	49	0	44	13	24	6
20	0	18	3	1	16	50	0	45	7	33	10
21	0	18	57	10	20	51	0	46	1	42	14
22	0	19	51	19	23	52	0	46	55	51	18
23	0	20	45	28	27	53	0	47	50	0	22
24	0	21	39	37	31	54	0	48	44	9	26
25	0	22	33	46	35	55	0	49	38	18	29
26	0	23	27	55	39	56	0	50	32	27	33
27	0	24	22	4	43	57	0	51	26	36	37
28	0	25	16	13	46	58	0	52	20	45	41
29	0	26	10	22	50	59	0	53	14	54	45
30	0	27	4	31	54	60	0	54	9	3	49

火星在60年周期内逐年的视差动
基督纪元238° 22′

埃及年	行度					埃及年	行度				
	60°	°	′	″	‴		60°	°	′	″	‴
1	2	48	28	30	36	31	3	2	43	48	38
2	5	36	57	1	12	32	5	51	12	19	14
3	2	25	25	31	48	33	2	39	40	49	50
4	5	13	54	2	24	34	5	28	9	20	26
5	2	2	22	33	0	35	2	16	37	51	2
6	4	50	51	3	36	36	5	5	6	21	38
7	1	39	19	34	12	37	1	53	34	52	14
8	4	27	48	4	48	38	4	42	3	22	50
9	1	16	16	35	24	39	1	30	31	53	26
10	4	4	45	6	0	40	4	19	0	24	2
11	0	53	13	36	36	41	1	7	28	54	38
12	3	41	42	7	12	42	3	55	57	55	14
13	0	30	10	37	48	43	0	44	25	55	50
14	3	18	39	8	24	44	3	32	54	26	26
15	0	7	7	39	1	45	0	21	22	57	3
16	2	55	36	9	37	46	3	9	51	27	39
17	5	44	4	40	13	47	5	58	19	58	15
18	2	32	33	10	49	48	2	46	48	28	51
19	5	21	1	41	25	49	5	35	16	59	27
20	2	9	30	12	1	50	2	23	45	30	3
21	4	57	58	42	37	51	5	12	14	0	39
22	1	46	27	13	13	52	2	0	42	31	15
23	4	34	55	43	49	53	4	49	11	1	51
24	1	23	24	14	25	54	1	37	39	32	27
25	4	11	52	45	1	55	4	26	8	3	3
26	1	0	21	15	37	56	1	14	36	33	39
27	3	48	49	46	13	57	4	3	5	4	15
28	0	37	18	16	49	58	0	51	33	34	51
29	3	25	46	47	25	59	3	40	2	5	27
30	0	14	15	18	2	60	0	28	30	36	4

火星在60日周期内逐日和日分数的视差动

日	行度					日	行度				
	60°	°	′	″	‴		60°	°	′	″	‴
1	0	0	27	41	40	31	0	14	18	31	51
2	0	0	55	23	20	32	0	14	46	13	31
3	0	1	23	5	1	33	0	15	14	55	12
4	0	1	50	46	41	34	0	15	41	36	52
5	0	2	18	28	21	35	0	16	9	18	32
6	0	2	46	10	2	36	0	16	37	0	13
7	0	3	13	51	42	37	0	17	4	41	53
8	0	3	41	33	22	38	0	17	32	23	33
9	0	4	9	15	3	39	0	18	0	5	14
10	0	4	36	56	43	40	0	18	27	46	54
11	0	5	4	38	24	41	0	18	55	28	35
12	0	5	32	20	4	42	0	19	23	10	15
13	0	6	0	1	44	43	0	19	50	51	55
14	0	6	27	43	25	44	0	20	18	33	36
15	0	6	55	25	5	45	0	20	46	15	16
16	0	7	23	6	45	46	0	21	13	56	56
17	0	7	50	48	26	47	0	21	41	38	37
18	0	8	18	30	6	48	0	22	9	20	17
19	0	8	46	11	47	49	0	22	37	1	57
20	0	9	13	53	27	50	0	23	4	43	38
21	0	9	41	35	7	51	0	23	32	25	18
22	0	10	9	16	48	52	0	24	0	6	59
23	0	10	36	58	28	53	0	24	27	48	39
24	0	11	4	40	8	54	0	24	55	30	19
25	0	11	32	21	49	55	0	25	23	12	0
26	0	12	0	3	29	56	0	25	50	53	40
27	0	12	27	45	9	57	0	26	18	35	20
28	0	12	55	26	49	58	0	26	46	17	1
29	0	13	23	8	30	59	0	27	13	58	41
30	0	13	50	50	11	60	0	27	41	40	22

金星在60年周期内逐年的视差动

基督纪元126° 45′

埃及年	行度 60°	°	′	″	‴	埃及年	行度 60°	°	′	″	‴
1	3	45	1	45	3	31	2	15	54	16	53
2	1	30	3	30	7	32	0	0	56	1	57
3	5	15	5	15	11	33	3	45	57	47	1
4	3	0	7	0	14	34	1	30	59	32	4
5	0	45	8	45	18	35	5	16	1	17	8
6	4	30	10	30	22	36	3	1	3	2	12
7	2	15	12	15	25	37	0	46	4	47	15
8	0	0	14	0	29	38	4	31	6	32	19
9	3	45	15	45	33	39	2	16	8	17	23
10	1	30	17	30	36	40	0	1	10	2	26
11	5	15	19	15	40	41	3	46	11	47	30
12	3	0	21	0	44	42	1	31	13	32	34
13	0	45	22	45	47	43	5	16	15	17	37
14	4	30	24	30	51	44	3	1	17	2	41
15	2	15	26	15	55	45	0	46	18	47	45
16	0	0	28	0	58	46	4	31	20	32	48
17	3	45	29	46	2	47	2	16	22	17	52
18	1	30	31	31	6	48	0	1	24	2	56
19	5	15	33	16	9	49	3	46	25	47	59
20	3	0	35	1	13	50	1	31	27	33	3
21	0	45	36	46	17	51	5	16	29	18	7
22	4	30	38	31	20	52	3	1	31	3	10
23	2	15	40	16	24	53	0	46	32	48	14
24	0	0	42	1	28	54	4	31	34	33	18
25	3	45	43	46	31	55	2	16	36	18	21
26	1	30	45	31	35	56	0	1	38	3	25
27	5	15	47	16	39	57	3	46	39	48	29
28	3	0	49	1	42	58	1	31	41	33	32
29	0	45	50	46	46	59	5	16	43	18	36
30	4	30	52	31	50	60	3	1	45	3	40

金星在60日周期内逐日和日分数的视差动

日	行度 60°	°	′	″	‴	日	行度 60°	°	′	″	‴
1	0	0	36	59	28	31	0	19	6	43	46
2	0	1	13	58	57	32	0	19	43	43	14
3	0	1	50	58	25	33	0	20	20	42	43
4	0	2	27	57	54	34	0	20	57	42	11
5	0	3	4	57	22	35	0	21	34	41	40
6	0	3	41	56	51	36	0	22	11	41	9
7	0	4	18	56	20	37	0	22	48	40	37
8	0	4	55	55	48	38	0	23	25	40	6
9	0	5	32	55	17	39	0	24	2	39	34
10	0	6	9	54	45	40	0	24	39	39	3
11	0	6	46	54	14	41	0	25	16	38	31
12	0	7	23	53	43	42	0	25	53	38	0
13	0	8	0	53	11	43	0	26	30	37	29
14	0	8	37	52	40	44	0	27	7	36	57
15	0	9	14	52	8	45	0	27	44	36	26
16	0	9	51	51	37	46	0	28	21	35	54
17	0	10	28	51	5	47	0	28	58	35	23
18	0	11	5	50	34	48	0	29	35	34	52
19	0	11	42	50	2	49	0	30	12	34	20
20	0	12	19	49	31	50	0	30	49	33	49
21	0	12	56	48	59	51	0	31	26	33	17
22	0	13	33	48	28	52	0	32	3	32	46
23	0	14	10	47	57	53	0	32	40	32	14
24	0	14	47	47	26	54	0	33	17	31	43
25	0	15	24	46	54	55	0	33	54	31	12
26	0	16	1	46	23	56	0	34	31	30	40
27	0	16	38	45	51	57	0	35	8	30	9
28	0	17	15	45	20	58	0	35	45	29	37
29	0	17	52	44	48	59	0	36	22	29	6
30	0	18	29	44	17	60	0	36	59	28	35

水星在60年周期内逐年的视差动
基督纪元46° 24′

埃及年	行度 60°	°	′	″	‴	埃及年	行度 60°	°	′	″	‴
1	0	53	57	23	6	31	3	52	38	56	21
2	1	47	54	46	13	32	4	46	36	19	28
3	2	41	52	9	19	33	5	40	33	42	34
4	3	35	49	32	26	34	0	34	31	5	41
5	4	29	46	55	32	35	1	28	28	28	47
6	5	23	44	18	39	36	2	22	25	51	54
7	0	17	41	41	45	37	3	16	23	15	0
8	1	11	39	4	52	38	4	10	20	38	7
9	2	5	36	27	58	39	5	4	18	1	13
10	2	59	33	51	5	40	5	58	15	24	20
11	3	53	31	14	11	41	0	52	12	47	26
12	4	47	28	37	18	42	1	46	10	10	33
13	5	41	26	0	24	43	2	40	7	33	39
14	0	35	23	23	31	44	3	34	4	56	46
15	1	29	20	46	37	45	4	28	2	19	52
16	2	23	18	9	44	46	5	21	59	42	59
17	3	17	15	32	50	47	0	15	57	6	5
18	4	11	12	55	57	48	1	9	54	29	12
19	5	5	10	19	3	49	2	3	51	52	18
20	5	59	7	42	10	50	2	57	49	15	25
21	0	53	5	5	16	51	3	51	46	38	31
22	1	47	2	28	23	52	4	45	44	1	38
23	2	40	59	51	29	53	5	39	41	24	44
24	3	34	57	14	36	54	0	33	38	47	51
25	4	28	54	37	42	55	1	27	36	10	57
26	5	22	52	0	49	56	2	21	33	34	4
27	0	16	49	23	55	57	3	15	30	57	10
28	1	10	46	47	2	58	5	9	28	20	17
29	2	4	44	10	8	59	5	3	25	43	23
30	2	58	41	33	15	60	5	57	23	6	30

水星在60日周期内逐日和日分数的视差动

日	行度 60°	°	′	″	‴	日	行度 60°	°	′	″	‴
1	0	3	6	24	13	31	1	36	18	31	3
2	0	6	12	48	27	32	1	39	24	55	17
3	0	9	19	12	41	33	1	42	31	19	31
4	0	12	25	36	54	34	1	45	37	43	44
5	0	15	32	1	8	35	1	48	44	7	58
6	0	18	38	25	22	36	1	51	50	32	12
7	0	21	44	49	35	37	1	54	56	56	25
8	0	24	51	13	49	38	1	58	3	20	39
9	0	27	57	38	3	39	2	1	9	44	53
10	0	31	4	2	16	40	2	4	16	9	6
11	0	34	10	26	30	41	2	7	22	33	20
12	0	37	16	50	44	42	2	10	28	57	34
13	0	40	23	14	57	43	2	13	35	21	47
14	0	43	29	39	11	44	2	16	41	46	1
15	0	46	36	3	25	45	2	19	48	10	15
16	0	49	42	27	38	46	2	22	54	34	28
17	0	52	48	51	52	47	2	26	0	58	42
18	0	55	55	16	6	48	2	29	7	22	56
19	0	59	1	40	19	49	2	32	13	47	9
20	1	2	8	4	33	50	2	35	20	11	23
21	1	5	14	28	47	51	2	38	26	35	37
22	1	8	20	53	0	52	2	41	32	59	50
23	1	11	27	17	14	53	2	44	39	24	4
24	1	14	33	41	28	54	2	47	45	48	18
25	1	17	40	5	41	55	2	50	52	12	31
26	1	20	46	29	55	56	2	53	58	36	45
27	1	23	52	54	9	57	2	57	5	0	59
28	1	26	59	18	22	58	3	0	11	25	12
29	1	30	5	42	36	59	3	3	17	49	26
30	1	33	12	6	50	60	3	6	24	13	40

均匀的——这是西塞罗著作中西比奥不可思议的一个观点。

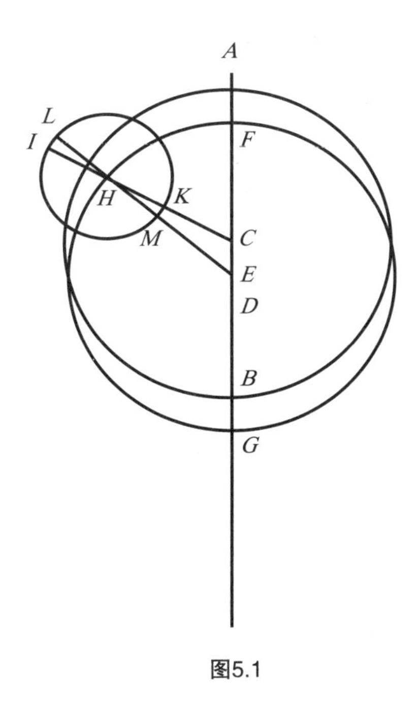

图5.1

这种情况对于水星来讲似乎更是如此。但我在前面已经充分论证了这个概念并不适合月球。因为这些或者类似的情况，我开始充分思考地球的运动，探求关于均匀运动的原理及要领，以使计算视非均匀运动更加准确。

5.3 地球引起的视非均匀性

行星的均匀运动看似不均匀的原因有二：地球运动和行星自身的运动。为了方便区分这两个因素，我将举例来论证每种不均匀性。我会从位于地球轨道之内的金星和水星开始，谈论地球运动影响行星所导致的非均匀性（见图5.2）。

令：地心在前面提到的周年运转中画出太阳的偏心圆AB。C为AB的中心。金星或水星的同心圆为DE。

假设：除此之外行星与AB同心且没有其他不规则性。地球及行星在同一方向上，且行星的向东运动快于地球。

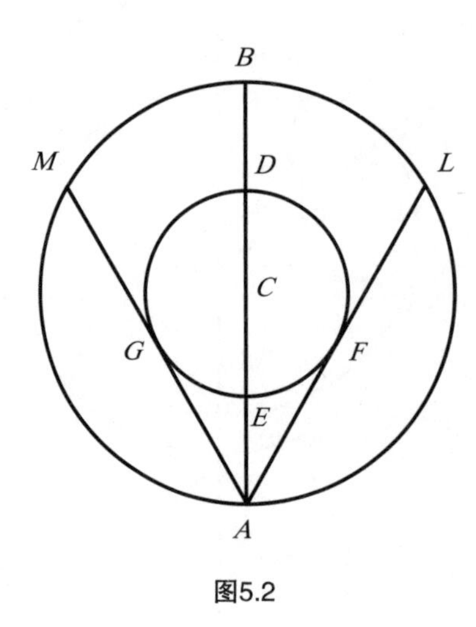

图5.2

因为黄纬的关系，DE会倾斜于AB。为了简化解释，我们令它们在同一平面上。我们设地球处于A点，过A画出的视线AFL和AGM分别与行星轨道相切于F和G点。再令两圆共有的直径为ACB。

则有：对于同A一起行进的观测者来说，C点和直线ACB是用太阳的平均行度运行。同时，在好似本轮的DFG上，行星向西经过$\overset{\frown}{GEF}$的时间比向东经过$\overset{\frown}{FDG}$的时间短。在$\overset{\frown}{GEF}$，它给太阳的平均行度减去$\angle FAG$，而在$\overset{\frown}{FDG}$上则加上这个角度。

可知：对位于A点的观测者来讲，当行星的相减行度超过C的相加行度处，特别是在近地点附近时，行星似乎在逆行，视超过量决定逆行程度。行星的情况便是如此。后面提到在佩尔加的阿波罗尼斯的定理中，对这些行星而言，线段CE：线段$AE > A$的行度：行星的行度。在相加行度等于相减行度但彼此相反的地方，行星看似静止。因此以上特征都与事实吻合。

由此可见，如同阿波罗尼斯认为的那样，这些论述在行星运动没有其他的不规则性的前提下已经足够了。但这些行星与太阳平位置间最大的角（用$\angle FAE$和$\angle GAE$两角表示）在晨昏时并非处处相当。两个最大距角相互不等且它们的和在各处也不同。因此行星在其他圆周上而不在地球的同心圆周上运动时，第二个差也因此产生。

对完全位于地球轨道之外的土星、木星 和火星，也可以证明这一结论（见图5.3）。

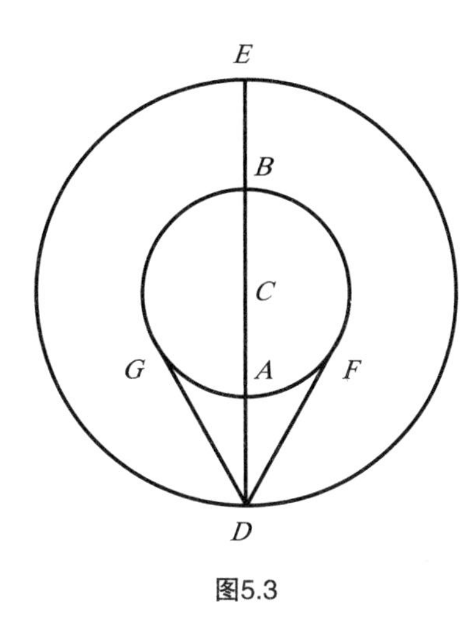

图5.3

我们画出地球轨道，同一平面的同心轨道DE画在它之外。由D点作出直线DF和DG，F和G是地球轨道的两个切点，画出两圆的公共直径$DACBE$。

则有：对于在日落时升起的一颗离地球最近的行星，其在太阳运动的直线DE上的真实位置，只有A处的观测者才能看见。而当地球在B点时，它也同样不可见。太阳在C点附近时光芒会淹没行星，但行星的行度小于地球的行程。因而在较大的$\overset{\frown}{GBF}$上，地球使行星行度增加了$\angle GDF$的大小。

相反，在较小的$\overset{\frown}{FAG}$上，则应减掉这个角。当地球的相减行度超过行星的相加行度的地方（特别是A处附近）时，行星看起来落后于地球并向西移动；而观测者所看到两个相反行度相差最小时，行星好像是静止不动的。

现在可以更清楚地了解到，这一现象是由地球的运动产生的，并非古代天文学家所解释的每颗行星都有一个本轮。我和阿波罗尼斯以及古天文学家们的观点相反，我认为可以从地球相对于行星的不规则运行看出行星运动并不均匀。因此它并不在同心圆上运动而是用其他方式运动。我将在下面对此作出阐释。

5.4 行星自身运动的视非均匀性

除水星外，其他行星用近乎相同的模式在经度上做自身运动，因而我们需要对水星做单独讨论，而将其他四颗行星放在一起进行分析。前面提到，古天文学家认为两个偏心圆形成了一个单独的运动，但我认为两个均匀运动合成了不均匀运动。这可认为是两个偏心圆或两个本轮，也可能是一个混合的偏心本轮。我在前面已经证明太阳和月球都能产生相同的不均匀性（见图5.4）。

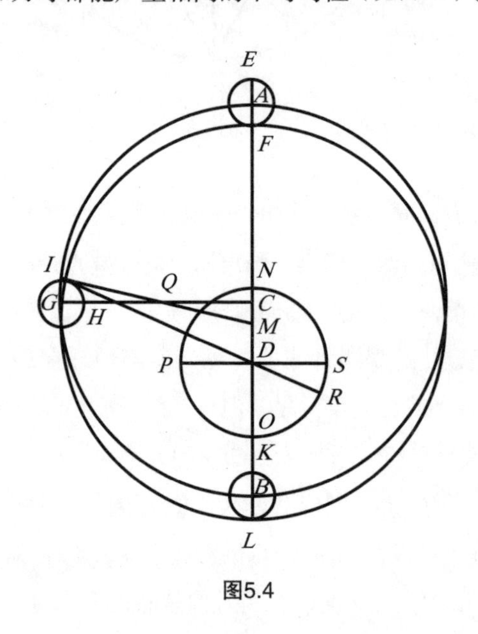

图5.4

令：一个偏心圆为AB，C为AB中心，再令直径ACB即太阳平位置所在的直线通过行星高、低拱点，地球轨道中心D在ACB上。A为高拱点，以它为圆心、CD的$\frac{1}{3}$为半径画小本轮EF。小本轮沿AB向东运动。行星在小本轮的近地点F上，且在它的上部圆周向东运动，而在圆周其余部分则向西运动。再假设小本轮和行星的运转周期相同。

则有：当小本轮在偏心圆高拱点A时，行星位于小本轮近地点F，且它们都已经转了半圈，此刻它们的关系发生了转换。在高、低拱点之间的两个方照点，它们都位于各自的中拱点上。仅在前面高、低拱点的情况下，直线AB在小本轮的直径的下方。而在高、低拱点之间的中点上，小本轮直径与AB垂直。在除此之外的其他地方，它与AB或近或远，摇摆不定。我们很容易用运动的序列来解释这些现象。

由此可以证明，行星在这样的复合运动中描绘出的并不是一个完整的圆周。这样的偏离比较符合古人的想法，但差异微乎其微。

画一个同样的小本轮KL，以B为中心。在AG为偏心圆的象限里，画出小本轮HI，G为中心。再将CD三等分，令$\frac{1}{3}CD=CM=GI$。连接GC、IM交于Q。

$\because \widehat{AG}$与$\widehat{HI}$类似，$\angle ACG$、$\angle HGI$都为直角，且在Q点的对顶角相等。

$\therefore \triangle GIQ$与$\triangle QCM$的对应角均相等。

又：假设底边$GI=$底边CM，可知它们的对应边也相等。

则有：若$QI>GQ$，则$QM>QC$。进而$IQM>GQC$。但有$FM=ML=AC=CG$。

结论：小本轮在偏心圆上的均匀运动及行星在本轮上的均匀运动，使行星绘出一个接近完整的圆周。

我们再以D为心画出地球周年运行的轨道NO，描出直线IDR和平行于CG的直线PDS。则GC为其平均和均匀运动直线，IDR就是行星的真运动直线。

可知：地球在S时与行星相距为平均最大距离，在R时为真的最大距离。因而$\angle RDS$或$\angle IDP$为均匀行度与视行度之间，即为$\angle ACG$与$\angle CDI$之差。

假定不用偏心圆AB，而用以D为圆心的与它相等的同心圆，该同心圆是半径为CD的小本轮的均轮。因而第一小本轮上面有第二小本轮，它的直径为$\frac{1}{2}CD$。

再令：第一本轮向东运动，第二本轮用相同的速率向西运动。

则有：行星在第二本轮上以两倍速率运行，同样可得以上的结果。

这些结果类似于月球现象，且和前面的任何图像得出的结果都相差不大。而我选取了一个偏心本轮。我在前面讨论太阳现象时便已说明，尽管太阳和C之间的距离不会改变，但D却会移动。其他行星并没有等量的飘移。所以它们定会出现这种不规则性。在后面我会对此进行细致的讨论，这种极其微小的不规则性对火星与金星来说是可以察觉的。

接下来我会用观测来证明这些假设是成立的。我从土星、木星和火星开始讨论。就它们而言，求远地点的位置及距离CD是首要的任务，其他数值都容易求得。我会采用前面对月球用过的方法来求得，即比较古代和现代的三次冲相。这些天象被希腊人称为“日落后升起”，我把它称为“随夜而出”。此时，行星和太阳相冲并和太阳平均运动的直线相交。此交点处行星不受由地球运动所引起的全部不规则性的束缚。若要求得这些位置，可用前面所述的星盘进行观测，并对正好与行星相冲时的太阳进行计算。

5.5 土星的运动

我将从土星谈起，并采用托勒密所观测到的三次冲。土星第一次在哈德里安11年（埃及历）9月7日夜间1时出现，归算到距亚历山大港1小时的克拉科夫的子午线上，便是公元127年3月26日午夜后17个均匀小时。我们可以将这些数值都归化到恒星天球上，把它作为均匀运动的标准。行星在恒星天球上位于174°40′处。令白羊宫之角为零点，此时太阳按其简单行度是在与土星相对的174°40′（354°40′－180°）处。

第二次冲在哈德里安17年（埃及历）11月18日出现。即公元133年罗马历6月3日午夜后15个均匀小时。托勒密测定行星位于243°3′[1]处，而当时按其平均行度的太阳在63°3′（243°3′－180°）处。

土星的第三次冲出现于哈德里安20年（埃及历）12月24日，即公元136年7月8日午夜后11小时。此刻行星在277°37′[2]，而太阳按其平均行度是在97°37′（277°37′－180°）处。

因而在第一时段共有6年70日55日分，其间行星的视位移为68°23′（243°3′－174°40′），地球离开行星的平均行度即视差动为352°44′。我们加上一个圆周所

[1] 托勒密取土星在第二次冲时的位置为人马宫内9°40′，即249°40′。哥白尼在这次所取的岁差改正值为精确值为249°40′（6°37′+243°3′）。

[2] 托勒密取土星在第三次冲时位置为摩羯宫内14°14′，即284°14′。哥白尼再次采用准确的岁差改正值为284°14′（6°37′+277°37′）。

缺的7°16′（360°−352°44′），得到行星的平均行度为75°39′（7°16′+68°23′）。在第二时段3埃及年35日50日分[1]中，行星视行度为34°34′（277°37′−243°3′），视差动为356°43′。视行度加上圆周所余的3°17′（360°−356°43′），得其平均行度为37°51′（3°17′+34°34′）。

回顾了以上材料之后，我们画以D为中心、FDG为直径的行星偏心圆ABC，地球大圆的中心在FDG上（见图5.5）。

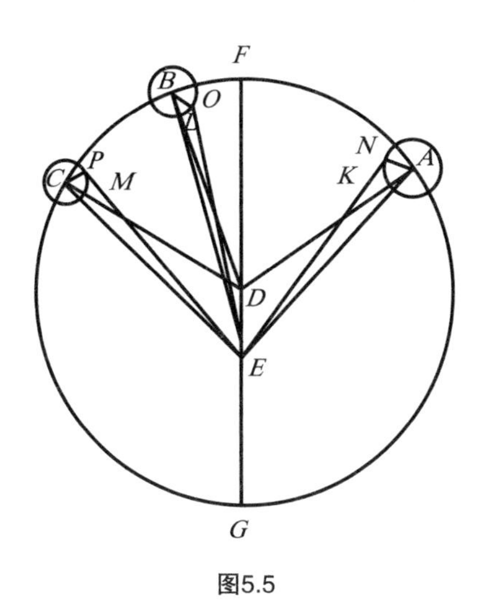

图5.5

令：第一、二、三次冲时小本轮的中心分别为A、B、C。以这些点为心，$\frac{1}{3}DE$为半径，画出小本轮。将A、B、C三个中心与D两点用直线相连，K、L、M为这些直线与小本轮圆周的交点。

再令：$\overset{\frown}{KN}$与$\overset{\frown}{AF}$相似，$\overset{\frown}{LO}$与$\overset{\frown}{BF}$相似，$\overset{\frown}{MP}$与$\overset{\frown}{FBC}$相似。连接EN、EO和EP。求得：$AB=75°39′$，$BC=37°51′$，视行度$\angle NEO=68°23′$，$\angle OEP=34°34′$。

我们首先确定高拱点F和低拱点G的位置，再求出行星偏心圆和地球大圆的距离DE。否则，将无法区分均匀行度和视行度。讨论的难度和托勒密研讨这一问题

〔1〕从133年6月3日至136年7月8日：133年6月的27天9时+7月至12月的184天+134至135年的2个整年+136年1月至6月的181天+7月的7天11时+136年的闰日1天－365天＝3年35天20时。

的困难程度相当。只要能够证明已知$\angle NEO$包含已知弧AB，而$\angle OEP$包含$\widehat{BC}$，我们所需的东西便可以求得。已知$\widehat{AB}$与未知角$\angle AEB$相对，与此相似，已知$\widehat{BC}$与未知角$\angle BEC$也相对。我们需求出$\angle AEB$与$\angle BEC$。但只有确定小本轮上弧段相似的$\widehat{AF}$、$\widehat{FB}$与$\widehat{FBC}$，才能求得$\angle AEN$、$\angle BEO$及$\angle CEP$。它们表示视行度与平均行度之差。因弧与角相关联，所以它们同时已知或未知。而在无法求得它们的情况下，天文学家只有凭借经验性的证据，来回避相关的论证。对许多问题都会采用这种办法。因而在此研究中，托勒密费尽心思设计了一个复杂的处理方法，同时进行了大量的计算。我认为没有必要重复这些繁杂且让人感到沉重的文字和数字，因为我也将在下面的讨论中采用大部分天文学家的做法。

托勒密在《天文学大成》中求得$\widehat{AF}=57^\circ 1'$，$\widehat{FB}=18^\circ 37'$，$\widehat{FBC}=56\frac{1}{2}^\circ$，取$DF$为$60^P$时，得到两中心的距离$DE$为$6^P 50'$。若按我们的数值分度，则$DF$为$10\ 000^P$，$DE=1\ 139^P$。我取$DE$总量的$\frac{3}{4}$为$=854^P$，其余的$\frac{1}{4}$为小本轮的$285^P$。将这些数值用于我的假设，我将证实它们与观测事实吻合（见图5.6）。

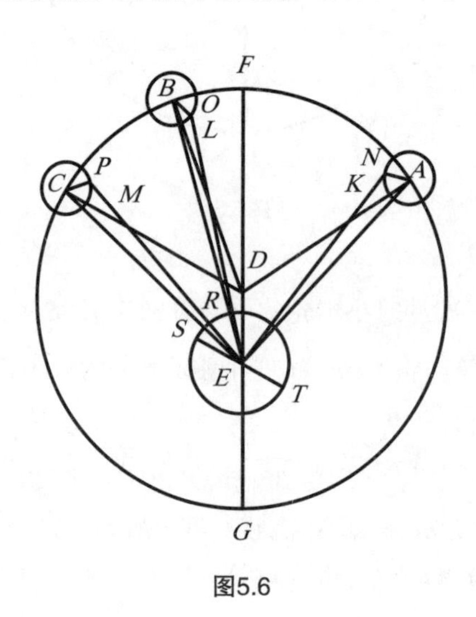

图5.6

第一次冲时：

已知：$\triangle ADE$中AD为$10\ 000^P$，$DE=854^P$及$\angle ADF$（$57^\circ 1'$）的补角$\angle ADE$。

则有：由平面三角定理得出$AE=10\ 489^P$，取4直角$=360^\circ$时，$\angle DEA=53^\circ 6'$，$\angle DAE=3^\circ 55'$，$\angle KAN=\angle ADF=57^\circ 1'$。所以$\angle NAE=60^\circ 56'$（$57^\circ 1'+3^\circ 55'$）。

又：取$AD=10\ 000^P$时，$\triangle NAE$中$AE=10\ 489^P$及$NA=285^P$，$\angle NAE$也可知。

则有：在取$360^\circ=4$直角时，$\angle NED=\angle AED-\angle AEN=53^\circ 6'-1^\circ 22'=51^\circ 44'$。

第二次冲时：

已知：将$\triangle BDE$中BD取为$10\,000^P$，则边$DE=854^P$，而$\angle BDF$的补角$\angle BDE=180^\circ-18^\circ 38'=161^\circ 22'$。

则有：此三角形各角与边均可知。

当$BD=10\,000^P$时，边$BE=10\,812^P$；$\angle DBE=1^\circ 27'$；

$\angle BED=180^\circ-(161^\circ 22'+1^\circ 27')=17^\circ 11'$。

$\because \angle OBL=\angle BDF=18^\circ 38'$。

$\therefore \angle EBO=\angle DBE+\angle OBL=18^\circ 38'+1^\circ 27'=20^\circ 5'$。

而$\triangle EBO$中，已知$\angle EBO=20^\circ 5'$，$BE=10\,812^P$及$BO=285^P$。

则有：$\angle BEO=32'$，$\angle OED=\angle BED-\angle BEO=17^\circ 11'-32^\circ=16^\circ 39'$。

第三次冲时：

已知$\triangle CDE$中两边CD与DE，以及$\angle CDE$为$56^\circ 29'$的补角$=123^\circ 31'$。

若取$CD=10\,000^P$，求得底边$CE=10\,512^P$，$\angle DCE=3^\circ 53'$，$\angle CED=180^\circ-(3^\circ 53'+123^\circ 31')=52^\circ 36'$。

则有：取$360^\circ=4$直角时，$\angle ECP=3^\circ 53'+56^\circ 29'=60^\circ 22'$。在$\triangle ECP$中除$\angle ECP$外有两边已知，$\angle CEP=1^\circ 22'$。

$\therefore \angle PED=\angle CED-\angle CEP=52^\circ 36'-1^\circ 22'=51^\circ 14'$。

得到视行度$\angle OEN=\angle NED+\angle BED-\angle BEO=51^\circ 44'+17^\circ 11'-32'=68^\circ 23'$，即$\angle OEP=\angle PED-\angle OED=51^\circ 14'-16^\circ 39'=34^\circ 35'$，与观测一样。

又：偏心圆高拱点F，距白羊之头$226^\circ 20'$。这个数字需加上当时的春分点岁差$6^\circ 40'$，可知拱点到达天蝎宫内23°，这同托勒密的结论一致。

$\because$前面曾提到在第三次冲时行星的视位置为$277^\circ 37'$。

$\therefore$视行度$\angle PEF=51^\circ 14'$，偏心圆高拱点的位置为$226^\circ 23'$。

我们再画出地球的周年运行轨道RST，直线PE与其交于R点，直径SET与行星平均行度线CD平行。

则有：$\angle SED=\angle CDF$。

视行度与平均行度之差，即行差角为$\angle SER=\angle CDF-\angle PED=56^\circ 30'-51^\circ 14'=5^\circ 16'$。

$\overset{\frown}{RT}=$半圆度数$-\angle SER=180^\circ-5^\circ 16'=174^\circ 44'$。

这便是从假定的起点T（即太阳与行星的平均会合点）到第三次“随夜出没”（即地球与行星的真冲点）之间视差的均匀行度。因此我们现在求得第三次观测的时刻，是哈德里安陛下20年（公元136年）7月8日午夜后11小时。这时土星距其偏心圆高拱点的近点行度为$56\frac{1}{2}°$，其视差的平均行度为174° 44′。下面的内容和这些确定的数值息息相关。

5.6 新观测到的土星的另外三次冲

因托勒密算出的土星行度与现代的数值相差不大，我难以弄清误差因何而来，只好重新测定土星的三次冲。土星在205° 24′时出现第一次冲，是公元1514年5月5日午夜前$1\frac{1}{5}$小时。第二次土星在273° 25′，出现于公元1520年7月13日正午。第三次土星位于白羊角之东7′处，在公元1527年10月10日午夜后$6\frac{2}{5}$小时出现。于是从第一次到第二次冲历时6埃及年70日33日分，这期间土星的视行度为68° 1′（273° 25′－205° 24′）。第二次和第三次冲相隔7埃及年89日46日分，而行星的视行度为86° 42′（360° 7′－273° 25′）。第一段时间中它的平均行度为75° 39′，第二时段为88° 29′。因而在求高拱点与偏心率时，我们应同托勒密的一样，将行星看作是在一个简单的偏心圆上运行。虽然这种办法并不妥当，但却更容易接近真实情况（见图5.7）。

令：ABC为行星在它上面类似均匀运行的圆周，A点上出现第一次冲，第二次在B点，第三次在C点；在ABC范围内地球轨道中心为D。

连接AD、BD和CD，将其中任一直线延长到对面的圆周上，例如CDE。连接AE和BE。

已知：$\angle BDC = 86°\ 42'$。取180° ＝2中心直角时，其补角$\angle BDE = 180° - 86°\ 42' = 93°\ 18'$；但在360° ＝2直角时，它为180° 36′。截出段$\widehat{BC}$的$\angle BED$为88° 29′。

则有：$\triangle BDE$中，余下的$\angle DBE = 360° -（186°\ 36'+88°\ 29'）= 84°\ 55'$。

又：$\triangle BDE$中各角均已知，其圆周弦长可表示出边长：$BE = 19\ 953^P$，$DE = 13\ 501^P$。

取三角形外接圆的直径为$20\ 000^P$。

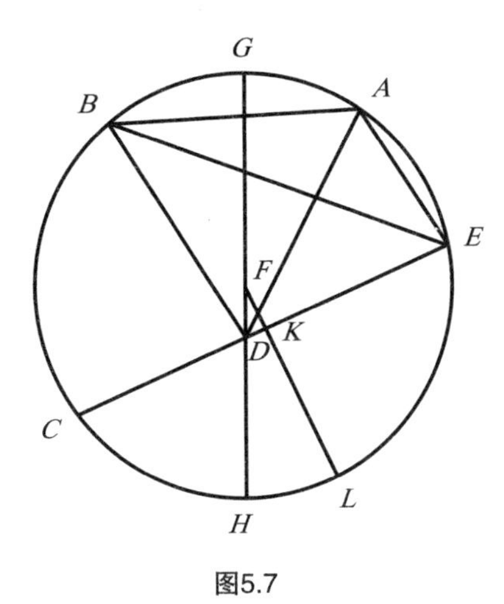

图5.7

则有：$\triangle ADE$中，取$180^\circ=2$直角时，$\angle ADC=68^\circ1'+86^\circ42'=154^\circ43'$，$\angle ADE=180^\circ-154^\circ43'=25^\circ17'$。但在$360^\circ=2$直角时，$\angle ADE=50^\circ34'$。

相同单位下，得出截出$\overset{\frown}{ABC}$的$\angle AED=75^\circ39'+88^\circ29'=164^\circ8'$。

余下的$\angle DAE=360^\circ-（50^\circ34'+164^\circ8'）=145^\circ18'$。

取$\triangle ADE$外接圆直径$=20\ 000^P$时，$DE=19\ 090^P$、$AE=8\ 542^P$。但取$DE=13\ 501^P$和$BE=19\ 953^P$的单位时，AE应为$6\ 041^P$。

$\triangle ABE$中，BE和EA两边可知，还可得到$\overset{\frown}{AB}$的$\angle AEB=75^\circ39'$。

则有：取$BE=19\ 968^P$时，$AB=15\ 647^P$。但在取偏心圆直径为$20\ 000^P$时，与已知弧所对的$AB=12\ 266^P$，此时$EB=15\ 664^P$，$DE=10\ 599^P$。

由弦BE可知$\overset{\frown}{BAE}=103^\circ7'$。因此整个$\overset{\frown}{EABC}=103^\circ7'+88^\circ29'=191^\circ36'$。圆周的其余部分$CE=168^\circ24'$。

$\therefore$它所对的弦$CDE=19\ 898^P$，而$CDE-DE（10\ 599^P）=CD=9\ 299^P$。

我们令CDE是偏心圆的直径，可知高、低拱点的位置都在这条直径上面，且能够求得偏心圆与地球大圆两个中心的距离。但因段$\overset{\frown}{EABC}$大于半圆，偏心圆的中心应落到它里面。

令：F为中心。通过F、D画直径$GFDH$，并画FKL垂直于CDE。

则有：矩形$CD\times DE=$矩形$GD\times DH$。

$\because$矩形$GD\times DH+FD^2=（\frac{1}{2}GDH）^2=FDH^2$。

$\therefore（\frac{1}{2}$直径$）^2-$矩形$GD\times DH$或矩形$CD\times DE=FD^2$。

取半径$GF = 10\ 000^P$时，FD的长度$= 1\ 200^P$。但若取$FG = 60^P$时，$FD = 7^P12'$，这同托勒密的数值（$6 : 6^P50'$）略微不同。

但$CDK = 9\ 949^P =$整个CDE（$19\ 898^P$）的$\frac{1}{2}$。

已知$CD = 9\ 299^P$，则$DK = 9\ 949^P - 9\ 299^P = 650^P$。我们取$GF = 10\ 000^P$，$FD = 1\ 200^P$。

若用$FD = 10\ 000^P$，则$DK = 5\ 411^P =$两倍$\angle FDK$角所对弦的一半。

在4直角$= 360^\circ$时，$\angle DFK = 32^\circ 45'$。这是在圆心所张的角，它所对的$\overset{\frown}{HL}$和这差不多。但是整个$\overset{\frown}{CHL} = \frac{1}{2}\overset{\frown}{CLE}$（$168^\circ 24'$）$\approx 84^\circ 13'$。

$\therefore$由$\overset{\frown}{CHL} = 84^\circ 13'$减去$\overset{\frown}{HL}$（$32^\circ 45'$）$=$第三冲点与近地点的距离$= 51^\circ 28'$。

高拱点与第三次冲点的距离为余弧$\overset{\frown}{CBG}$ =从半圆减掉$\overset{\frown}{CHL} = 128^\circ 32'$。

$\overset{\frown}{BG} = \overset{\frown}{CBG}$（$128^\circ 32'$）$- CB$（$88^\circ 29'$）$= 40^\circ 3'$，即高拱点与第二冲点的距离。

下面一段$\overset{\frown}{BGA} = 75^\circ 39'$提供第一冲点与远地点$G$的距离$\overset{\frown}{AG} = 35^\circ 36'$（$75^\circ 39' - 40^\circ 3'$）。

令：圆周ABC内，$FDEG$为直径，D为中心，远地点为F，近地点为G（见图5.8）。

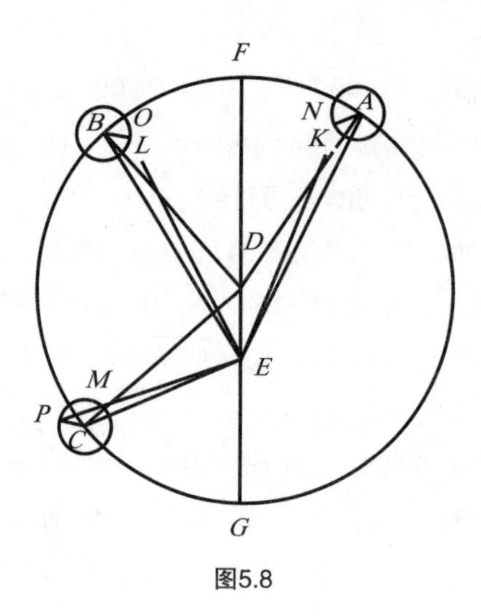

图5.8

已知：$\overset{\frown}{AF} = 35^\circ 36'$，$\overset{\frown}{FB} = 40^\circ 3'$，$\overset{\frown}{FBC} = 128^\circ 32'$。由前面已求得的土星偏心圆与地球大圆中心间的距离$= 1\ 200^P$，取$\frac{3}{4}$为$DE = 900^P$。当土星偏心圆半径$FD = 10\ 000^P$时，以其余的$\frac{1}{4} = 300^P$为半径，绕$A$、$B$和$C$三点为心画小本轮。

若我们试图用以上阐释过的方法，从图像推得土星的观测位置，便会发现一些不吻合之处。

为了让读者能更清楚地了解，我会谈到通过三角形求解，由以上得到$\angle NEO = 67^\circ 35'$，$\angle OEM = 87^\circ 12'$。前者比视角（$68^\circ 1'$）小$26'$，后者比视角（$86^\circ 42'$）大$\frac{1}{2}$。为了彼此吻合，只能将远地点稍微前移$3^\circ 14'$并取$\overset{\frown}{AF}$为$38^\circ 50'$，而不是$35^\circ 36'$，则有$\overset{\frown}{FB} = 36^\circ 49'$（$40^\circ 3' - 3^\circ 14'$）；$\overset{\frown}{FBC} = 125^\circ 18'$（$128^\circ 32' - 3^\circ 14'$）；两个中心之间的距离$DE = 854^P$（而非$900^P$）；并在$FD = 10\ 000^P$时，小本轮的半径$= 285^P$（而非$300^P$）。这与前面托勒密所得结果近乎相同。

□ **土星环**

土星环位于土星的赤道面上，其成分主要是与土星球状本体不相接触的卫星岩屑。

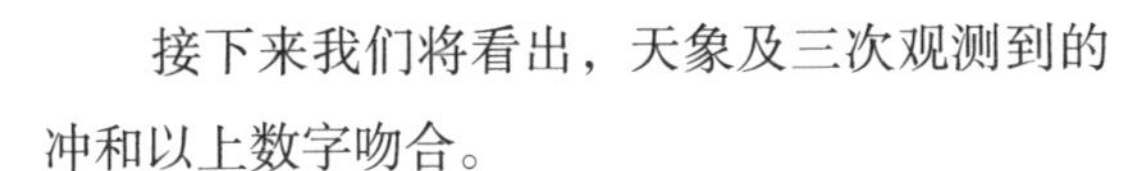

接下来我们将看出，天象及三次观测到的冲和以上数字吻合。

取$AD = 10\ 000^P$，则在第一次冲时：

求得：$\triangle ADE$的边DE为854^P，$\angle ADE = 141^\circ 10'$，其与$\angle ADF$（$38^\circ 50'$）一起在中心合成2直角。

取半径$FD = 10\ 000^P$时：同理可求得剩余的边$AE = 10\ 679^P$。$\angle DAE = 2^\circ 52'$，$\angle DEA = 35^\circ 58'$。

$\triangle AEN$的情况也如此。因为$\angle KAN = \angle ADF = 38^\circ 50'$，则整个$\angle EAN = \angle DAE + \angle KAN = 2^\circ 52' + 38^\circ 50' = 41^\circ 42'$。

已知：$AE = 10\ 679^P$时，$AN = 285^P$。

求得：$\angle AEN = 1^\circ 3'$，$\angle DEA = 35^\circ 58'$。$\angle DEN = \angle DEA - \angle AEN = 35^\circ 58' - 1^\circ 3' = 34^\circ 55'$。

与此相似，在第二次冲时$\triangle BED$也是这种情况。

已知：$\triangle BED$的两边，在$BD = 10\ 000^P$时，$DE = 854^P$。$\angle BDE = 180^\circ - \angle BDF$（$36^\circ 49'$）$= 143^\circ 11'$。

则有：$BE = 10\ 679^P$，$\angle DBE = 2^\circ 45'$，而$\angle BED = 34^\circ 4'$。

又：$\angle LBO = \angle BDF = 36^\circ 9'$。

$\therefore \angle EBO = \angle DBO + \angle DBE = 36^\circ 49' + 2^\circ 45' = 39^\circ 34'$。

它的两夹边为$BO = 285^P$及$BE = 10\ 697^P$。$BEO = 59'$。

$\angle BED$（$34°4'$）$-\angle BEO=\angle OED=33°5'$。

∵对第一次冲已经证明$\angle DEN=34°55'$。

∴整个$\angle OEN=\angle DEN+\angle OED=34°55'+33°5'=68°$。

它给出第一次冲与第二次冲的距离，这与观测值（$68°1'$）相符合。

对第三次冲可做相似的论证。

$\triangle CDE$中，已知$\angle CDE=180°-\angle FDC$（$125°18'$）$=54°42'$，$CD=10\ 000^P$，$DE=854^P$。

则有：第三边$EC=9\ 532^P$，$\angle CED=121°5'$及$\angle DCE=4°13'$。

$\angle PCE=4°13'+125°18'=129°31'$。

同理，在$\triangle EPC$中，$PC=285^P$，$CE=9\ 532^P$，已知$\angle PCE=129°31'$。

∴$\angle PEC=1°18'$。$\angle PED=\angle CED$（$121°5'$）$-\angle PEC=119°47'$，此即由偏心圆高拱点至第三次冲时行星位置的距离。

∵在第二次冲时，从偏心圆高拱点到行星的位置为$33°5'$。

∴在土星的第二、三冲点之间应有$86°42'$（$119°47'-33°5'$）。

我们可以看作这一数值也与观测相符。而由观测求得，当时土星的位置是在取作零点的白羊宫第一星之东$8'$处。我们已经求得由土星位置至偏心圆低拱点的距离为$60°13'$（$180°-119°47'$）。因此低拱点约在$60\frac{1}{3}°$（$\approx 60°13'+8'$）处，而高拱点的位置与此刚好相对，即位于$240\frac{1}{3}°$处（见图5.9）。

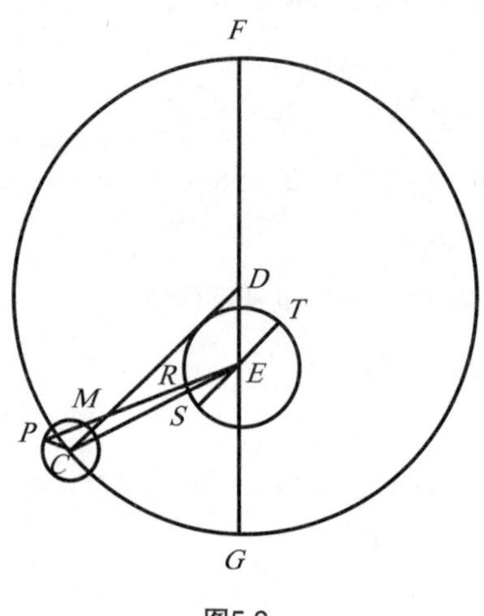

图5.9

我们以E为中心，描出地球的大圆RST；画直径$SET // CD$，CD为行星的平均运动线；取$\angle FDC = \angle DES$。

则有：地球和我们的观测位置应在PE线上（如R点）。$\angle PES = \angle EMD$或$\overset{\frown}{RS} = \angle FDC$与$\angle DEP$之差＝行星的均匀行度与视行度之差，其值＝$\angle CES$（＝$\angle DCE$）＋$\angle PEC = 4°13' + 1°18' = 5°31'$。

$\overset{\frown}{RT} = 180° - 5°31' = 174°29'$＝行星与大圆远地点$T$的距离＝太阳的平位置。

求得在公元1527年10月10日午夜后$6\frac{2}{5}$小时，土星距离偏心圆高拱点的近点角行度为125°18′，视差行度为174°29′，而高拱点位置位于恒星天球上距白羊宫第一星240°21′处。

5.7 土星运动的分析

在前面提到的托勒密三次观测的最后一次，土星的视差行度为174°44′，而土星偏心圆高拱点距离白羊星座起点为226°23′。由此可知，在托勒密的最后一次观测与哥白尼的最后一次观测之间，土星视差均匀运动共完成1 344次运转，相差$\frac{1}{4}$°。从哈德里安20年（埃及历）12月24日午前1小时至公元1527年10月10日6时的后一次观测时，共经历1 392埃及年75日48日分。若我们将这一时段行度用土星视差运动表计算，则得出比1 343次视差运转超过5×60°+59°48′的相似结果。因而前面提到的土星平均运动是正确的。

托勒密还提到，同一时段中太阳的简单行度为82°30′。从这一数字减去359°45′，余数82°45′为土星的平均行度。这个与计算相符的数值现在已经被累计到土星的第47个恒星周中。同时，在恒星天球上偏心圆高拱点的位置也前移了13°58′（240°21′－226°23′）。现在，我们知道拱点在100年内大约移动了1°，这与托勒密认为的拱点和恒星一样是固定的这一观点并不相符。

5.8 土星位置的测定

从基督纪元初始到托勒密于哈德里安20年（埃及历）12月24日午前1小时观测之时，共有135埃及年222日27日分。这期间，土星的视差行度为328° 55′。从174° 44′减去328° 55′，太阳平位置与土星平位置距离的范围就是余数205° 49′，这是公元元年元旦前午夜时土星的视差行度。

从第一届奥林匹克会期到基督纪元开端的这个时刻，在此775埃及年$12\frac{1}{2}$日中的行度，除掉完整运转外余下70° 55′。205° 49′ – 70° 55′ = 134° 54′，此数值表示在祭月第一日正午奥运会的开端。从这个时刻开始的451年247日内，除完整运转外还有13° 7′。将这一数字与前面的134° 54′相加，得出148° 1′，此即埃及历元旦正午亚历山大大帝纪元开始时的位置。对恺撒纪元，在278年$118\frac{1}{2}$日中，行度为247° 20′。进而推算出公元前45年元旦前午夜时的位置。

5.9 土星视差及土星与地球的距离

前面已经描述了土星在黄经上的均匀行度与视行度。我已将地球周年运动所引起的土星的另一种现象命名为视差。地球周年运转的轨道也能引起五颗行星的视差，这就好比地球的大小在与地月距离的对比之下会造成视差。因为轨道的尺度，行星视差要显著得多。但只有测得行星的高度才能确定这些视差。同样的，由任何一次视差观测都可得出高度。

公元1514年2月24日午夜后5个均匀小时，我对土星进行了这样一次观测。看起来土星与天蝎额部的第二和第三恒星是在一条直线上，而这两颗星在恒星运行平面上具有相同的黄经，即209° 。因此能通过它们得知土星位置。从基督纪元开端到这一时刻历时1 514埃及年67日13日分。我们算出太阳的平位置为315° 41′，土星的视差近点角为116° 31′，得到土星的平位置为199° 10′，而偏心圆高拱点在约为$240\frac{1}{3}$°的位置（见图5.10）。

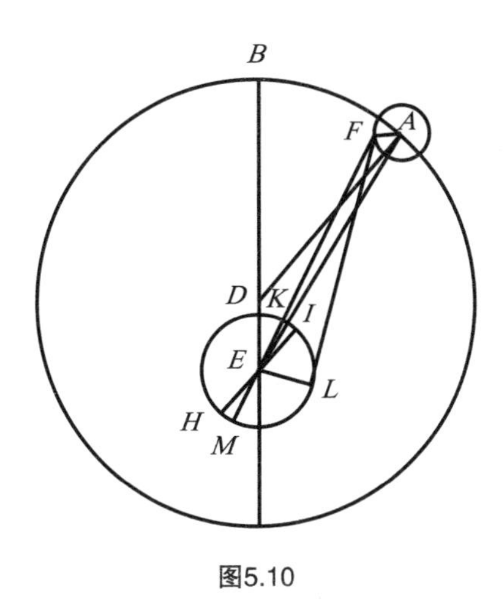

图5.10

令：ABC为偏心圆，D为中心，BDC为直径，再令远地点为B，近地点为C，而地球轨道的中心为E。连接AD与AE。以A为圆心、$\frac{1}{3}DE$为半径画小本轮。行星位于F点，取$\angle DAF = \angle ADB$。

经过地球轨道中心E画HI，设定HI与圆周ABC在同一平面。轨道直径$HI /\!/ AD$。

则有：I是地球轨道上距行星最近的点，H是最远的点。

按照对视差近点角的计算结果，$\widehat{HL} = 116°\ 31'$。连接FL和EL。延长$FKEM$，使与轨道圆周的两边相交。

已知：$\angle ADB = \angle DAF = 41°\ 10'$，$\angle ADE = 138°\ 50'$。我们取$AD = 10\ 000^P$时，$DE = 854^P$。

则有：$\triangle ADE$中第三边$AE = 10\ 667^P$，$\angle DEA = 38°\ 9'$，剩余角$\angle EAD = 3°\ 1'$。因而整个$\angle EAF = \angle EAD + \angle DAF = 3°\ 1' + 41°\ 10' = 44°\ 11'$。

同理，在$\triangle FAE$中，当$AE = 10\ 667^P$，边$FA = 285^P$。

则有：剩余边$FKE = 10\ 465^P$，$\angle AEF = 1°\ 5'$。

行星平位置与真位置的整个差值或行差$= \angle DAE + \angle AEF = 3°\ 1' + 1°\ 5' = 4°\ 6'$。

$\therefore$若地球位于K或M，则看起来土星的位置是在距白羊星座203° 16′处，且像是从中心E对其进行观测。但当地球位于L时，土星看来是在209°处。

$\because \angle KFL$所表示的视差$=209° - 203°16' = 5°44'$。在地球的均匀运动中弧HL = $116°31'$ = 土星的视差近点角。

$\therefore \widehat{ML} = \widehat{HL}$ − 行差 $\widehat{HM} = 116°31' - 4°6' = 112°25'$。半圆的余段$\widehat{LIK}$ = $67°35'$（$180° - 112°25'$）。还可得$\angle KEL$（$67°35'$）。

则有：在$\triangle FEL$中，$\angle EFL = 5°44'$，$\angle FEL = 67°35'$，$\angle ELF = 106°41'$，且以$EF = 10\,465^P$，各边的比值也已知。

取AD或$BD = 10\,000^P$时，得$EL = 1\,090^P$。如果按照古人的做法取$BD = 60^P$，则$EL = 6^P32'$，这同托勒密的结论也相差甚微。

则有：$BDE = 10\,854^P$，直径的其余部分$CE = 20\,000^P - 10\,854^P = 9\,146^P$。而在$B$点的小本轮随时使行星高度减少$285^P$，$C$却增加同一数量，为小本轮直径的$\frac{1}{2}$。

取：$BD = 10\,000^P$时，

可知：土星距中心E的最大距离 $= 10\,854^P - 285^P = 10\,569^P$，最小距离 $= 9\,146^P + 285^P = 9\,431^P$。

以同样的比率，取地球轨道半径为1单位时，土星远地点的高度为$9^P42'$，近地点的高度为$8^P39'$。

按照前面提到的对月球的小视差所解释过的办法，用上面的资料就能求得土星的较大视差。

结论：土星位于远地点时，其最大视差为$5^P55'$；当它位于近地点时，视差为$6^P39'$。两个数值之差为$44'$，它出现在来自土星的两条直线与地球轨道相切的时候。

通过这个例子我们能够找到土星运动中每个个别的变化。后面我将把五个行星合在一起同时描述这些变化。

5.10 木星的运动

我将用谈论土星的方法和顺序来描述木星的运动。它和托勒密所报告和分析过的三个位置相同或相似，因此我准备重复托勒密的结论，最后用前面提到的圆周转换来确定这些位置。

托勒密的三次冲的第一次于哈德里安17年（埃及历）11月1日之后的午夜前1小时出现，托勒密观测到它位于天蝎宫内23°11′（≈223°11′），但是在减掉二分点岁差（6°38′）的226°33′处。第二次冲出现于哈德里安21年（埃及历）2月13日之后的午夜前2小时，位于双鱼宫内7°54′；在恒星天球上是331°16′（≈337°54′－6°38′）。第三次冲出现在安东尼厄斯元年3月20日之后的午夜后5小时，在恒星天球上为7°45′（≈14°23′－6°38′）处。

因而，从第一次到第二次冲经过3埃及年106日23小时，而行星的视行度为104°43′（331°16′－226°33′）。第二次至第三次冲历时1埃及年37日7小时，行星视行度为36°29′（360°+7°45′－331°16′）。第一段时期里行星的平均行度为99°55′，第二段时期为33°26′。他求得在偏心圆上从高拱点到第一冲点的弧长为77°15′；第二冲点至低拱点的下一段弧是2°50′；从此处到第三冲点为30°36′；我们取半径为60^P时，偏心距为$5\frac{1}{2}^P$；取半径为$10\ 000^P$，则偏心度为917^P[1]。以上数值都与观测结果相符（见图5.11）。

令：ABC为一圆周，$\overset{\frown}{AB}$是第一至第二冲点的弧，前面提到其长度是99°55′，$\overset{\frown}{BC}=33°26′$。绘直径$FDG$通过圆心$D$，再使从$F$（高拱点）开始的$\overset{\frown}{FA}$为77°15′，$\overset{\frown}{FAB}=180°-2°50′=177°10′$，$GC=30°36′$。

取地球圆周的中心E，设距离$DE=687^P$=托勒密偏心距$=917^P$的$\frac{3}{4}$。半径为917^P的$\frac{1}{4}$等于229^P，画一小本轮通过A、B、C三点。连接AD、BD、CD、AE、BE和CE。同时连接AK、BL及CM，使$\angle DAK$、$\angle DBL$、$\angle DCM$分别等于$\angle ADF$、$\angle FDB$、$\angle FDC$。最后连接KE、LE和ME。

---

〔1〕$60^P:5^P=10\ 000^P:916^P$，哥白尼近似地写作917^P。

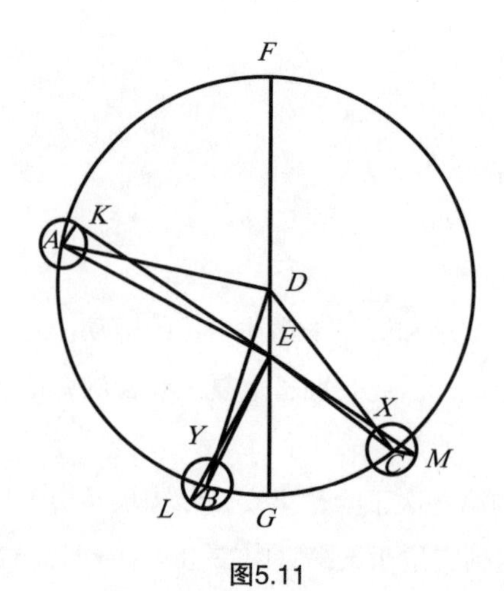

图5.11

已知：$\triangle ADE$中，$\angle ADF = 77^\circ 15'$，其补角$\angle ADE = 102^\circ 45'$；取$AD = 10\,000^P$。

则有：$DE = 687^P$；第三边$AE = 10\,174^P$；$\angle EAD = 3^\circ 48'$；剩余$\angle DEA = 73^\circ 27'$。

可知：$\angle EAK = \angle EAD + \angle CAK$（$= \angle ADF$）$= 3^\circ 48' + 77^\circ 15' = 81^\circ 3'$。

$\triangle AEK$中的情况与此相似。

$\because$ 当$AK = 229^P$时，$EA = 10\,174^P$，所夹角为$\angle EAK$。

$\therefore \angle AEK = 1^\circ 17'$。余下的$\angle KED = \angle DEA - \angle AEK = 73^\circ 27' - 1^\circ 17' = 72^\circ 10'$。

$\triangle BED$也可以这样证明。

已知：BD、DE与前面相应的边相等，$\angle BDE = 180^\circ - \angle FDB$（$177^\circ 10'$）$= 2^\circ 50'$，取$DB = 10\,000^P$。

则有：底边$BE = 9\,314^P$，$\angle DBE = 12'$。

同理，$\triangle ELB$中BE、BL两边已知，整个$\angle EBL = \angle DBL$（$= \angle FDB$）$+ \angle DBE = 177^\circ 10' + 12' = 177^\circ 22'$。

已知$\angle LEB = 4'$，$\angle FDB$（$177^\circ 10'$）$- 16'$（$12' + 4'$）$= 176^\circ 54' = \angle FEL = \angle LEM = \angle GEM + \angle LEG = 33^\circ 23' + 3^\circ 6' = 36^\circ 29'$[1]；则有$\angle LEG = 180^\circ - \angle FEL$

〔1〕哥白尼为简便计算而省略了他在几何推理中的一些步骤：若将DB与EL的交点称为Y，则有：$\angle LEB + \angle DBE = 4' + 12' = \angle DYE = 16'$，$\angle FDB = \angle DYE + \angle FEL = 16' + 176^\circ 54' = 177^\circ 10'$。

（176° 54′）= 3° 6′。∠*KEL* = ∠*FEL* − *KED*（72° 10′）= 104° 44′，这约等于观测到的第一和第二端点之间的视运动角（104° 43′）。

同样的，在第三个位置，即△*CDE*中也是如此。

已知：*CD* = 10 000^P，*DE* = 687^P，∠*CDE* = 30° 36′。

可得：底边*EC* = 9 410^P，∠*DCE* = 2° 8′。则∠*ECM* = 147° 44′[1]，∠*CEM* = 39′。∠*DXE* = ∠*ECX*+ ∠*CEX* = 2° 8′+39′ = 2° 47′ = ∠*FDC* − ∠*DEM*（∠*FDC* = 180° − 30° 36′ = 149° 24′；∠*DEM* = 149° 24′ − 2° 47′ = 146° 37′）。

则有：∠*GEM* = 180° − ∠*DEM* = 33° 23′。

第二次和第三次冲之间的角*LEM* = 36° 29′，这同样与观测相符。而前面证明的位于低拱点东面33° 23′的第三冲点，测出位置在7° 45′。则由半圆的剩余部分可知高拱点位置为恒星天球上154° 22′〔180° –（33° 23′ − 7° 45′）〕处。

我们绕*E*点画出地球的周年运动轨道*RST*，其直径*SET*∥*DC*。由上可知，∠*GDC* = ∠*GES* = 30° 36′。∠*DXE* = ∠*RES* = $\overparen{RS}$ = 2° 47′ = 行星与轨道平近地点之间的距离（见图5.12）。

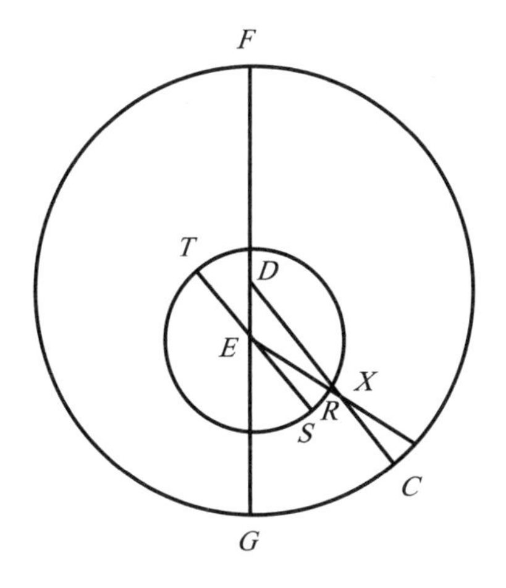

图5.12

〔1〕∠*ECM* = ∠*DCM* + ∠*DCE* = 2° 8′；*DCM* = *FDC*；但是∠*FDC* = 180° − ∠*GDC* = 30° 36′ = 149° 24′。∴ ∠*ECM* = 2° 8′+149° 24′ = 151° 32′，并非哥白尼所设想的为147° 44′。梅斯特林首先公开在其手抄本中把它改为151° 32′。

TSR = 行星与轨道高拱点之间的距离 = 182° 47′。

结论：由此可证实在安东尼厄斯元年（埃及历）3月20日之后的午夜后5小时，木星第三次冲时，该行星视差近点角为182° 47′，经度均匀位置等于7° 45′ − 2° 47′ = 4° 58′，而偏心圆高拱点位置为154° 22′。

以上计算结果均与我的地球运动和均匀运动假说完全吻合。

5.11 新观测到的木星的另外三次冲

我要在之前阐明过的木星的三个位置的基础上增添另外三个，它们是我非常仔细地观测到的木星的冲。第一次冲在1520年4月30日之前的午夜过后11小时出现，位于恒星天球上200° 28′处。第二次冲在48° 34′处，发生于1526年11月28日午夜后3小时。第三次冲在113° 44′处于公元1529年2月1日午夜后19小时出现。从第一次到第二次冲间隔6年212日40日分，在此期间木星的行度为208° 6′（360° +48° 34′ − 200° 28′）。第二次至第三次冲经过2埃及年66日39日1分，而行星的视行度 = 65° 10′（113° 44′ − 48° 34′）。第一段时期中均匀行度为199° 40′，第二时期为66° 10′（见图5.13）。

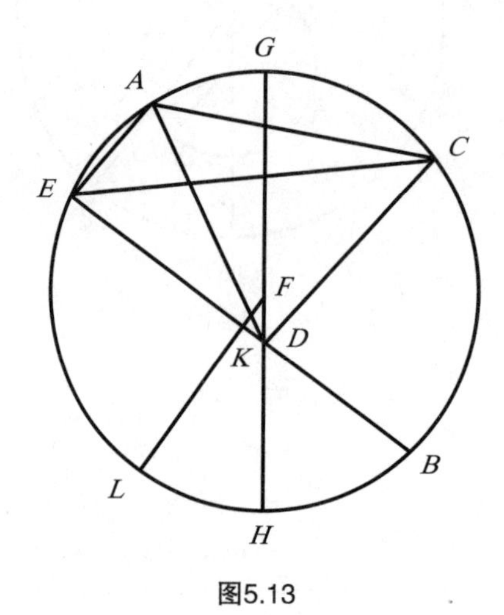

图5.13

我们先画一个偏心圆ABC，并认为行星在上面做简单且均匀的运动。三个观测位置按次序为A、B和C，取$\widehat{AB}$为199° 40′，$\widehat{BC}$为66° 10′，剩余$\widehat{AC}$为94° 10′。

令：D为地球周年运动轨道的中心。连接AD、BD与CD。延长其中任一条线如DB，交于圆周上的E点，连接AC、AE及CE。

若取360° = 中心的4个角，

则有：视运动角$\angle BDC$ = 65° 10′，因而其补角$\angle CDE$ = 180° − $\angle BDE$ = 114° 50′。

若取360° = 2直角，

则有：$\angle CDE$ = 2 × 114° 50′ = 229° 40′。

若$\widehat{BC}$所对的圆周角$\angle CED$为66° 10′，

则有：$\triangle CDE$中余下的$\angle DCE$ = 360° −（229° 40′+66° 10′）= 64° 10′。由此可知，$\triangle CDE$中各角已知，各边也可知。在取三角形外接圆直径 = 20 000^{P}时，CE = 18 150^P，则ED = 10 918^P。

$\triangle ADE$的论证与之相似。

∵ $\angle ADB$ = 在减去从第一次到第二次冲的距离（208° 6′）后圆周的剩余部分151° 54′。

∴ $\angle ADE$ = 180° − 151° 54′ = 中心角 = 28° 6′，但圆周上为56° 12′（2×28° 6′）。

$\widehat{BCA}$（$\widehat{BC}+\widehat{CA}$）的圆周角$\angle AEB$ = $\angle AED$ = 160° 20′（66° 10′+94° 10′）。

于是：$\triangle ADE$中剩下的内接角$\angle EAD$ = 360° −（56° 12′+160° 20′）= 143° 28′。

显然可知，在取$\triangle ADE$的外接圆直径 = 20 000^{P}时，边AE = 9 420^P，ED = 18 992^P。

但当ED = 10 918^{P}时，AE = 5 415^P〔1〕，由此可知CE = 18 150^P。

$\triangle EAC$中也是相同的情况。

已知：EA = 5 415^P，EC = 18 150^P，所夹的、截出$\widehat{AC}$所对的圆周角$\angle AEC$ = 94° 10′。

则有：截出$\widehat{AE}$所对的圆周角$\angle ACE$ = 30° 40′。$\angle AEC$+$\angle ACE$ = 94° 10′+30° 40′ = 124° 50′，即CE所对的弧。

〔1〕ED : AE = 18 992^P : 9 420^P = 10 918^P : 5 415.3^P，哥白尼把后一数字写为5 415^P。

若取偏心圆直径为20 000^{P}时，则有$CE = 17\ 727^P$。按前面所定的比率，用同样单位得到$DE = 10\ 665^P$[1]。整个$\widehat{BCAE} = \widehat{BC} + \widehat{CA} + \widehat{AE} = 66^\circ 10' + 94^\circ 10' + 30^\circ 40' = 191^\circ$。

$\therefore \widehat{EB}$ = 剩余的圆周 $= 360^\circ - \widehat{BCAE}$（$191^\circ$）$= 169^\circ$，即整个$\angle BDE$所对的弧。

当$BDE - DE = 19\ 908^P - 10\ 665^P = 9\ 243^P$时，则有：$BDE = 19\ 908^P$。较大的弧段为$\widehat{BCAE}$，它的范围内包含偏心圆的中心$F$。

现在，画直径$GFDH$。

则有：矩形$ED \times DB$ = 矩形$GD \times DH$。

又：矩形$GD \times DH + FD^2 = FDH^2$。

$\therefore FDH^2 -$ 矩形$GD \times DH = FD^2$。

我们取$FG = 10\ 000^P$时，得到FD的长度 $= 1\ 193^P$；而取$FG = 60^P$时，$FD = 7^P 9'$[2]。

画FKL与BE垂直，等分BE于K。

$\because BDK = \frac{1}{2} BDE$（$19\ 908^P$）$= 9\ 954^P$，$DB = 9\ 243^P$。

则有：$DK = BDK - DB = 9\ 954^P - 9\ 243^P = 711^P$。

直角$\triangle DFK$中，已知$FD = 1\ 193^P$，$DK = 711^P$，$FK^2 = FD^2 - DK^2$，$\angle DFK = 36^\circ 35'$，$\widehat{LH}$也为$36^\circ 35'$。而整个$LHB = 84\frac{1}{2}^\circ = \frac{1}{2} EB$（$169^\circ$）。

则有：第二冲点位置与近地点的距离$\widehat{BH} = \widehat{LHB} - \widehat{LH} = 84^\circ - 36^\circ 35' = 47^\circ 55'$。

而从第二冲点到远地点的距离 = 半圆 $- \widehat{BH} = 180^\circ - 47^\circ 55' = 132^\circ 5'$。

第三冲点到远地点的距离$\widehat{CG} = \widehat{BCG} - \widehat{BC} = 132^\circ 5' - 66^\circ 10' = 65^\circ 55'$。

从远地点至小本轮第一位置的距离$\widehat{GA} = \widehat{CA} - \widehat{BC} = 94^\circ 10' - 66^\circ 10' = 28^\circ 15'$。

因行星并非沿着前面所谈的偏心圆运动，所以上述结果和天象很少会相符。这种建立在错误基础上的研究方法是不能给出可靠结果的。我们可以从很多方面去证明它的谬误，比如这样一例事实：托勒密用这种方法求得土星的偏心距比实

---

[1] $CE : DE = 18\ 150^P : 10\ 918^P = 17\ 727^P : 10\ 663.5^P$，哥白尼原来把后一数字写成$10\ 663^P$，但后来在3后写了一个5。

[2] $FG : FD = 10\ 000 : 1\ 193 = 60^P : 7^P 9.48'$，哥白尼把后一数字写为9′。

际数值大，却比木星小一些，而我求得的木星偏心度却非常大。由此得出：如果对一颗行星取同一圆周上的不同弧段，就能通过不同的方法得出所需结果。倘若我不接受托勒密所宣布的在偏心圆半径等于60^P时整个偏心距等于$5^P30'$，就不能对上述三个端点以及一切位置来比较木星的均匀行度和视行度。如果取半径为$10\ 000^P$，则偏心度为917^P，这时应取由高拱点至第一冲点的弧段为$45°\ 2'$（而不是$28°\ 15'$），从低拱点到第二冲点为$64°\ 42'$（而非$47°\ 55'$），并且由第三冲点至高拱点为$49°\ 8'$（而非$65°\ 55'$）（见图5.14）。

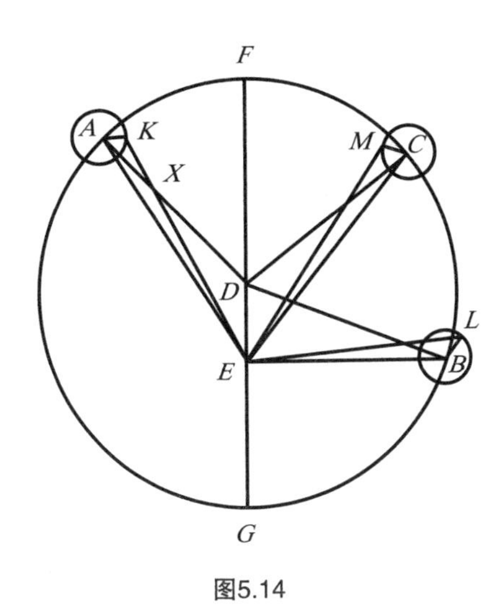

图5.14

为了使它适合这种情况，我要重画前面的偏心本轮图。

假设：圆心之间整个距离为916^P（而非$1\ 193^P$）的$\frac{3}{4}=687^P=DE$，取$FD=10\ 000^P$时，小本轮占有其余的$\frac{1}{4}=229^P$；$\angle ADF=45°\ 2'$。

已知：$\triangle ADE$中，$AD=10\ 000^P$，$DE=687^P$，其所夹角$\angle ADE=180°-\angle ADF$（$45°\ 2'$）$=134°\ 58'$。

由此，当取$AD=10\ 000^P$时，第三边$AE=10\ 496^P$，$\angle DAE=2°\ 39'$。

假设$\angle DAK=\angle ADF=45°\ 2'$。

则$\angle EAK=\angle DAK+\angle DAE=45°\ 2'+2°\ 39'=47°\ 41'$。

在$\triangle AEK$中也是相同的情况。

已知：$AK=229^P$，$AE=10\ 496^P$。

则有：$\angle AEK=57'$。

在第一次冲时余量$\angle KED=\angle ADF-(\angle AEK+\angle DAE)=45^\circ 2'-(57'+2^\circ 39')=41^\circ 26'$[1]。

$\triangle BDE$中的情况也与此相似。

已知$BD=10\,000^P$，$DE=687^P$，其所夹角$\angle BDE=64^\circ 42'$。

取$BD=10\,000^P$时，得到第三边$BE=9\,725^P$，$\angle DBE=3^\circ 40'$。

同理，在$\triangle BEL$中也已知$BE=9\,725^P$，$BL=229^P$。

$\because BE$与BL的夹角$\angle EBL=\angle DBE+\angle DBL$，$\angle DBE=3^\circ 40'$，$\angle DBL=\angle FDB=180^\circ-\angle BDG(64^\circ 42')=115^\circ 18'$。

$\therefore \angle EBL=118^\circ 58'$。

还可知$\angle BEL=1^\circ 10'$，$\angle DEL=110^\circ 28'$。

又$\because \angle KED=41^\circ 26'$。

$\therefore \angle KEL=\angle KED+\angle DEL=110^\circ 28'+41^\circ 26'=151^\circ 54'$。

由$360^\circ=4$直角求得的剩余角为$208^\circ 6'$，此为第一和第二次冲之间的视行度，这符合修正后的观测值为$199^\circ 40'$〔$(180^\circ-45^\circ 2'=134^\circ 58')+64^\circ 42'$〕。

在第三位置，用相同方法可求得$\triangle CDE$中的$DC=10\,000^P$，$DE=687^P$。

已知：$\angle FDC=49^\circ 8'$，$\angle CDE=130^\circ 52'$。

我们取$CD=10\,000^P$时，得到第三边$CE=10\,463^P$，及$\angle DCE=2^\circ 51'$。

则$\angle ECM=\angle DCE+\angle DCM(=\angle FDC)=2^\circ 51'+49^\circ 8'=51^\circ 59'$。

同理，已知$\triangle CEM$中两边$CM=229^P$，$CE=10\,463^P$及其夹角$\angle MCE=51^\circ 59'$和$\angle MEC=1^\circ$。

$\because$均匀行度与视行度$\angle FDC$及$\angle DEM$之差$=\angle MEC+\angle DCE(2^\circ 51')$。

$\therefore$在第三次冲时$\angle DEM=45^\circ 17'$[2]。

---

〔1〕哥白尼在此处省略了几步推理步骤：若令AD与KE的交点为X，则有：$\angle AEK=57'$，$\angle DAE=2^\circ 39'$，$\angle AXE=180^\circ-\angle AEK-\angle DAE=176^\circ 24'$。而$\angle ADE=180^\circ-45^\circ 2'=134^\circ 58'$；$\angle KED=41^\circ 26'$。$\angle AXE=\angle ADE+\angle KED$。

〔2〕哥白尼并没有给DC和EM的交点以任何符号。我们称此交点为X，则有$\angle EXC=180^\circ-\angle XEC-\angle DCE=180^\circ-1^\circ-2^\circ 51'=176^\circ 9'$。$\because \angle EXC=\angle ECX=180^\circ-\angle FDX+\angle DEX=180^\circ-49^\circ 8'+\angle DEM$，$\therefore 176^\circ 9'=130^\circ 52'+\angle DEM$。$\angle DEM=45^\circ 17'$。

又：$\angle DEL = 110^\circ 28'$。

则有：观测到的第二次至第三次冲的角度为$\angle LEM = \angle DEL - \angle DEM = 110^\circ 28' - 45^\circ 17' = 65^\circ 10'$，这也符合观测值。但因木星的第三位置看似在恒星天球上$113^\circ 44'$处，可以求得木星高拱点的位置≈159°（$113^\circ 44'+45^\circ 17'=159^\circ 1'$）。

以E点为圆心画出地球轨道RST，直径RES与DC平行（见图5.15）。

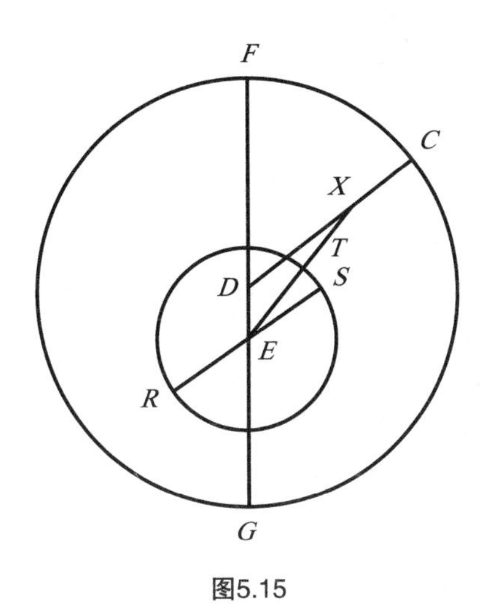

图5.15

则有：在木星第三次冲时，$\angle FDC = \angle DES = 49^\circ 8'$，而$R$为视差均匀运动的远地点。在地球走过一个半圆加上$\widehat{ST}$后，它的位置便与太阳相冲并与木星相合。前面已求得$\angle DCE = 2^\circ 51' + \angle MEC = 1^\circ$，$\widehat{ST} = 3^\circ 51' = \angle SET$。这些数值可以表明在1529年2月1日午夜之后19小时，木星视差的均匀近点角为$183^\circ 51'$[1]，它的真行度为$109^\circ 52'$，而现在偏心圆的远地点约距白羊星座之角159°。此即我们要求的信息。

[1] $RS+ST = 180^\circ + 3^\circ 51' = 183^\circ 51$。

5.12 木星的匀速运动

由前面可知，在托勒密所观测到的三次冲的最后一次，木星的平均行度在4° 58′处，视差近点角为182° 47′。于是在我的最后一次观测和托勒密的最后一次观测中间的时期里，木星的视差行度除整圈运转外还有1° 5′（≈183° 51′－182° 47′）。它自身的行度大致为104° 54′（109° 52′－4° 58′）（见图5.15）。

从安东尼厄斯元年（埃及历）3月20日之后的午夜后5小时至公元1529年2月1日之前的午夜后19小时，共经历了1 392埃及年99日37日分。按上述计算，这段时间里地球在均匀运动中赶上木星1 274次，木星的视差行度为1° 5′（除整圈运转外）。目测得出的结果和计算值相符，则可以证明计算式是可靠的。在这段时间内可以清楚地发现偏心圆的高、低拱点向东飘移了$4\frac{1}{2}$°（≈159°－154° 22′）。按平均分配约为每300年1°。

5.13 木星位置的测定

在安东尼厄斯元年3月20日之后的午夜后5小时，托勒密三次观测的最后一次出现了。此时离基督纪元开始的时间已过去了136埃及年314日10日分。这段时间内视差平均行度＝84° 31′。托勒密的第三次观测时的182° 47′减去84° 31′，余量为98° 16′，它是基督纪元开始时1月1日之前的午夜时的数值。从这时到775埃及年$12\frac{1}{2}$日的第一届奥林匹克会期，可算出除整圆外行度为70° 58′。把这一数字从98° 16′（基督纪元）里减去，余27° 18′，即为奥林匹克会期开始时的数值。而后的451年247日中，行度达110° 52′。这个数值加上奥林匹克会期起点的数值，和为138° 10′，此为在埃及历元旦中午亚历山大纪元开始时的数值。此方法对其他任何历元都适用。

5.14 木星视差及其相对于地球运转轨道的测定

我在公元1520年2月19日[1]中午前6小时认真观测了木星的位置，以便测定它的视差及其他星象。我用观测仪器看见，木星在天蝎前额第一颗较亮恒星（209° 40′）西面4° 31′处，由此可知木星的位置位于恒星天球上205° 9′。这次观测距基督纪元开端1 520均匀年62日15日分。则可得出太阳的平均行度为309° 16′，平均视差近点角为111° 15′。显然可知木星的平位置为198° 1′（309° 16′－111° 15′）。由于已求得偏心圆高拱点位置为159°，此时便可求得木星偏心圆的近点角为39° 1′（198° 1′－159°）。

为了证明以上论点，我们以*ADC*为直径、*D*为圆心，绘出偏心圆*ABC*，*A*为远地点，*C*为近地点（见图5.16）。

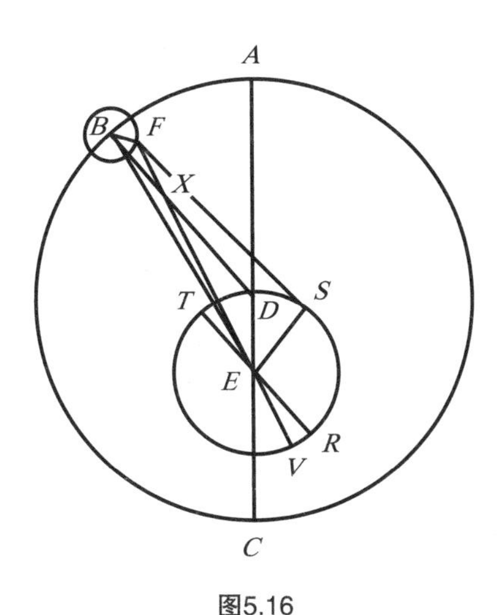

图5.16

〔1〕哥白尼明确为3月1日之前的第12天。他同时声称，自己并没有考虑到1520年为闰年，即有2月29日。

令：地球周年运动轨道的中心E在DC上。取B点，使$\widehat{AB}=39°1'$。以B为心，以$BF=\frac{1}{3}DE=$两个圆心之间的距离为半径描小本轮，$\angle DBF=\angle ADB$。描出直线BD、BE和FE。

取$\triangle BDE$的两边$BD=10\ 000^P$，$DE=687^P$。夹角$\angle BDE=180°-\angle ADB(39°1')=140°59'$。

则有：$BE=10\ 543^P$，而$\angle DBE=\angle ADB-\angle BED=2°21'$。$\angle EBF=\angle DBE+\angle DBF(\angle ADB)=2°21'+39°1'=41°22'$。

同样，$\triangle EBF$中，已知两边EB和BF及其夹角。

由此：当$BD=10\ 000^P$时，$EB=10\ 543^P$，$BF=\frac{1}{3}DE$（为两圆心的距离）$=229^P$。

于是求得：$FE=10\ 373^P$，$\angle BEF=50'$。

直线BD与FE交点为X，交点角$\angle DXE=\angle BDA-\angle FED=$平均行度－真行度。$\angle DXE=\angle DBE+\angle BEF=2°21'+50'=3°11'$。$\angle ADB=\angle FED=39°1'-3°11'=$偏心圆高拱点（$35°50'$）与行星之间的角度。

又：高拱点位置为$159°$。

$\therefore$两角之和为$194°50'$。这就是木星对于中心E的真位置，但看起来该行星是在$205°9'$。因此，视差值为$10°19'$。

再以E为中心画出地球轨道RST，R为视差远地点，其直径RET与BD平行。依据在前面表述的平均视差近点角的测定，取$\widehat{RS}=111°15'$。

穿过地球轨道两边延长直线FEV，行星真实的远地点为V。

$\because$平均远地点与真远地点的角度差为$REV=DXE$。

$\therefore \widehat{VRS}=\widehat{RS}+\widehat{RV}=111°15'+3°11'=114°26'$，$180°-SEV(114°26')=65°34'$。

又：视差$\angle EFS=10°19'$，$\triangle EFS$中，$\angle FSE=104°7'$。

则：由各角的大小得知边长比值为：$FE:ES=9\ 698^P:1\ 791^P$[1]。

我们取$BD=10\ 000^P$，当$FE=10\ 373^P$时，$ES=1\ 916^P$。

托勒密在取偏心圆半径为60^P时，求得ES为$11^P30'$。这几乎与$1\ 916^P:10\ 000^P$的比值相同。我在这个方面与他几乎没有差异。

〔1〕$FE:ES=9\ 698:1\ 791=10\ 373:1\ 915.7$，哥白尼把后一数字写成1 916。

我们求得直径ADC：直径$RET = 5^P13'$：1^P[1]。

与此相似，AD：ES或$RE = 5^P13'9''$：1^P。相同的方法求得$DE = 21'29''$，$BF = 7'10''$。

若取地球轨道半径为1^P，当木星在远地点时，$ADE - BF = 5^P13'9'' + 21'29'' - 7'9'' = 5^P27'29''$；而当该行星在远地点时，余下的$EC + BF = 5^P13'9'' - 21'29'' + 7'9'' = 4^P58'49''$；而此行星位于远地点与近地点中间时，也有对应的数值。以上数值便可得出结论。木星在远地点时的最大视差为10°35′，在近地点为11°35′，两个极端值之差为1°。这样便确定出木星的均匀行度及其视行度。

5.15 火 星

我将用火星在古代的三次冲来剖析它的运行，并将再次把地球在古代的运动同行星冲日相关联。托勒密所观测的三次冲中，第一次在哈德里安15年（埃及历）5月26日之后的午夜后1个均匀小时出现。托勒密认为当时该行星位于双子宫内21°处，而在恒星天球上为74°20′。他在哈德里安19年（埃及历）8月6日之后的午夜前3小时观测到第二次冲，那时行星位于狮子宫内28°50′，而在恒星天球上为142°10′。第三次冲于安东尼厄斯2年（埃及历）11月12日之后的午夜前2均匀小时出现，此时行星在人马宫内2°34′处，而在恒星天球上为235°54′。

从第一次到第二次冲共有4埃及年69日加上20小时50日分，除整圈运转外，行星的视行度为67°50′（142°10′－74°20′）。第二次与第三次冲之间经过4年96日1小时，行星的视行度为93°44′（235°54′－142°10′）。第一时段里，除整圈运转外，平均行度为81°44′，而在第二时段为95°28′。我们取偏心圆半径为60^P时，托勒密求得两个中心的全部距离为12^P；但取半径为$10\ 000^P$时，相应的距离为$2\ 000^P$。而

---

〔1〕RET：$ADC = 3\ 832^P$：$20\ 000^P = 1^P$：$5^P13'9''$。哥白尼所写为后一数字，但他认为取$5^P13'$已足够准确。

第一冲点到高拱点的平均行度是41°33′；而后由高拱点至第二冲点，平均行度为40°11′；最后在第三冲点与低拱点之间，平均行度是44°21′（见图5.17）。

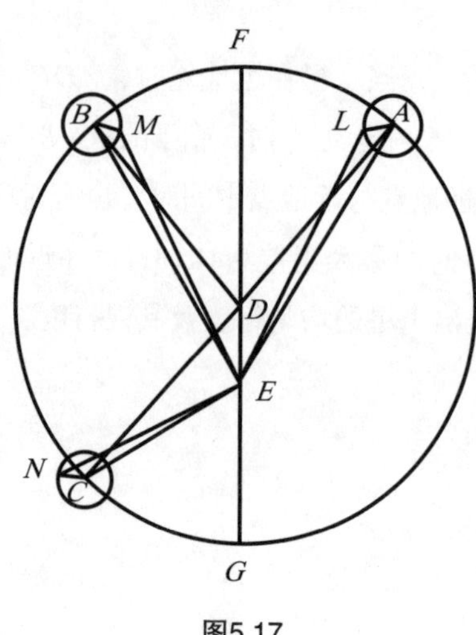

图5.17

按我的均匀运动假设，偏心圆和地球轨道的中心间的距离$\overset{\frown}{DE}$等于托勒密的偏心度（2 000^P）的$\frac{3}{4}=1\ 500^P$，而余下的$\frac{1}{4}=500^P$，为小本轮的半径。我们用这种方法，以D为心画出偏心圆ABC。由两拱点绘出直径FDG，再设此线上E为周年运转圆周的中心。

假设A、B、C依次为观测到的各次冲点的位置。$\overset{\frown}{AF}=41°33'$，$\overset{\frown}{FB}=40°11'$，$\overset{\frown}{CG}=44°21'$。我们绕$A$、$B$、$C$的每一点以半径＝距离$DE$的$\frac{1}{3}$，描出小本轮。连接$AD$、$BD$、$CD$、$AE$、$BE$及$CE$。在这些小本轮中，画$AL$、$BM$和$CN$，使$\angle DAL$、$\angle DBM$和$\angle DCN$分别与$\angle ADF$、$\angle BDF$和$\angle CDF$相等。

已知：$\triangle ADE$中，$\angle FDA=41°33'$，则$\angle ADE=138°27'$。

我们取$AD=10\ 000^P$时，$DE=1\ 500^P$。

则有：以相同的单位，剩下的边$AE=11\ 172^P$，$\angle DAE=5°7'$。

$\angle EAL=\angle DAE+\angle DAL=5°7'+41°33'=46°40'$。

$\triangle EAL$中情况也是如此，即可知$\angle EAL=46°40'$，以及取$AD=10\ 000^P$时，$AE=11\ 172^P$，$AL=500^P$，也知$\angle AEL=1°56'$。

$\angle AEL$与$\angle DAE$相加，其给出$\angle ADF$与$\angle LED$的差值为7°3′，$\angle DEL=34\frac{1}{2}°$。

第二次冲时，$\triangle BDE$的情况与此相似。

已知：$\triangle BDE$中，$\angle BDE=180^\circ-\angle FDB(40^\circ 11')=139^\circ 49'$，取$BD=10\ 000^P$时，$DE=1\ 500^P$。

则有：$BE=11\ 188^P$，$\angle BED=35^\circ 13'$，$\angle DBE=180^\circ-(139^\circ 49'+35^\circ 13')=4^\circ 58'$。

于是：$BE=11\ 188^P$，$BM=500^P$。BE、BM所夹角$\angle EBM=\angle DBE+\angle DBM(\angle BDF)=4^\circ 58'+40^\circ 11'=45^\circ 9'$。

因此$\angle BEM=1^\circ 53'$，而剩下的角$\angle DEM=\angle BED-\angle BEM=35^\circ 13'-1^\circ 53'=33^\circ 20'$。由第一次至第二次冲时行星视运动的角度$\angle MEL=\angle DEM+\angle DEL=33^\circ 20'+34\frac{1}{2}^\circ=67^\circ 50'$，这个数值是符合实测结果（$67^\circ 50'$）的。

用同样的方法计算第三次冲。

已知：$\triangle CDE$的两边$CD=10\ 000^P$，$DE=1\ 500^P$。夹角$\angle CDE=\overset{\frown}{CG}=44^\circ 21'$。

当$CD=10\ 000^P$，$DE=1\ 500^P$时，底边$CE=8\ 988^P$。

则有：$\angle CED=128^\circ 57'$，余下的$\angle DCE=180^\circ-(44^\circ 21'+128^\circ 57')=6^\circ 42'$。

在$\triangle CEN$中：

$\because \angle ECN=\angle DCN+\angle DCE$；$\angle DCN=\angle CDF=180^\circ-44^\circ 21'=135^\circ 39'$，我们得到$\angle CEN=1^\circ 52'$。可知第三次冲时剩余的$\angle NED(\angle CED-\angle CEN=128^\circ 57'-1^\circ 52')=127^\circ 5'$。因求得$\angle DEM=33^\circ 20'$，则剩余$\angle MEN=\angle NED-\angle DEM=127^\circ 5'-33^\circ 20'=93^\circ 45'$，即为第二次与第三次冲之间的视运动角。用$93^\circ 45'$与$93^\circ 44'$相比，求得的数值也与观测值基本符合。前文有提到，在这次最后观测到的火星冲，行星看起来位于$235^\circ 54'$，同偏心圆远地点的距离为$127^\circ 5'$。由此可知火星偏心圆的远地点位于恒星天球上的位置为$108^\circ 49'$（$235^\circ 54'-127^\circ 5'$）。

我们以E为中心画出地球的周年轨道RST，直径RET与DC平行（见图5.18）。再令R为视差远地点，T为近地点。从EX看来，行星是在经度$235^\circ 54'$处。由上可知$\angle DXE=8^\circ 34'=$均匀行度与视行度之和（$\angle DCE+\angle CEN=6^\circ 42'+1^\circ 52'$）。则此平均行度为$244\frac{1}{2}^\circ$（$\approx 235^\circ 54'+8^\circ 34'=244^\circ 28'$）。而$\angle DXE=$中心角$\angle SET=8^\circ 34'$。所以从半圆减去$\overset{\frown}{ST}=8^\circ 34'$，可得行星的平均视差行度$=\overset{\frown}{RS}=171^\circ 26'$。因而除其他结果外，我用地球运动的假设还说明了在安东尼厄斯2年（埃及历）11月12日午后10均匀小时，火星的经度平均行度为$244\frac{1}{2}^\circ$，其视差近点角为$171^\circ 26'$。

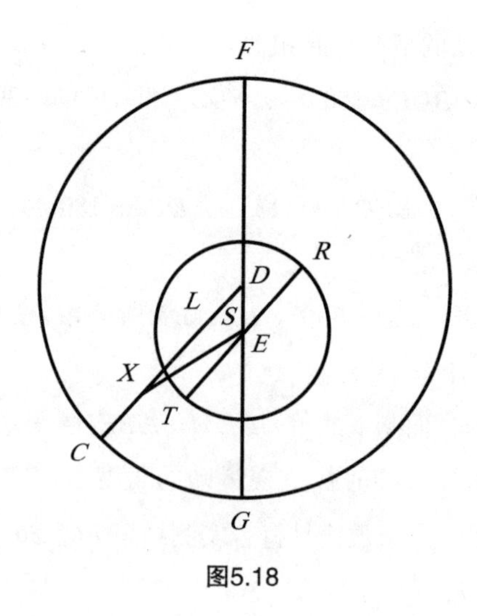

图5.18

5.16 新观测到的火星的另外三次冲

我再次将托勒密对火星的观测和自己较为认真完成的其他三次观测进行比较。第一次出现在公元1512年6月5日午夜1小时，我测到与太阳正好相对的火星位置为235° 33′，太阳恒星天球起点的白羊宫第一星相距55° 33′。第二次是在公元1518年12月12日午后8小时出现，此时该行星位于63° 2′处。第三次观测则在公元1523年2月22日午前7小时，当时行星处在133° 20′处。从第一次到第二次观测历时6埃及年191日45日分；第二次至第三次观测共历时4埃及年72日23日分。第一段时间内，视行度为187° 29′（63° 2′+360° －235° 33′），均匀行度为168° 7′；而在第二时段中，视行度＝133° 20′－63° 2′＝70° 18′，其均匀行度为83°。

我们重绘火星的偏心圆，这次 $\widehat{AB}$ ＝168° 7′，$\widehat{BC}$ ＝83°，与以往有所不同。于是我用对土星和木星用过的方法（且不提其间让人生厌的繁琐论证），得到火星的远地点是在 $\widehat{BC}$ 上，它显然不可能位于 $\widehat{AB}$ 上，因为在该处视行度为19° 22′（187° 29′－168° 7′），超过了平均行度。而远地点也不会在 $\widehat{CA}$ 上面，虽然该处视行度为102° 13′［360° －（187° 29′+70° 18′）］，小于平均行度108° 53′［360° －（168° 7′+83°）］。

而在位于$\overset{\frown}{CA}$之前的BC弧段上，平均行度（83°）超过视行度（70° 181′）的幅度（12° 42′）大于$\overset{\frown}{CA}$［该处平均行度为（108° 53′ − 视行度102° 13′ = 6° 40′）］。但我在第四章已说明，在偏心圆上，较小和缩减的视行度出现在远地点附近。因此，远地点自然是位于$\overset{\frown}{BC}$上。

我们令远地点为F，设FDG为直径，偏心圆中心D和地球轨道的中心E在FDG上。则依次求得$\overset{\frown}{FCA} = 125° 59′$，$\overset{\frown}{BF} = 66° 25′$，$\overset{\frown}{FC} = 16° 36′$。取半径$DF = 10\ 000^P$时，$DE = 1\ 460^P$，同样可得小本轮半径 $= 500^P$。由上可知，视行度与均匀行度完全协调一致，这与观测相符（见图5.19）。

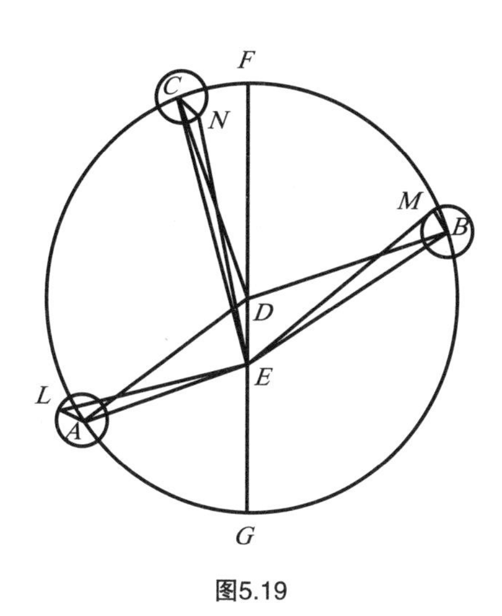

图5.19

我们按上述作图，$\triangle ADE$中，已知边$AD = 10\ 000^P$，$DE = 1\ 460^P$，以及火星的第一冲点到近地点的$\angle ADE = 54° 31′$［$= \overset{\frown}{AG} = 180° -$（$FCA = 125° 29′$）］。则$\angle DAE = 7° 24′$，余下的$\angle AED = 118° 5′$［$= 180° -$（$\angle ADE + \angle DAE = 54° 31′ + 7° 24′$）］，剩余边$AE = 9\ 229^P$。按照假设，$\angle DAL = \angle FDA$，所以$\angle EAL = \angle DAE + \angle DAL = 7° 24′ + 125° 29′ = 132° 53′$。则在$\triangle EAL$中边$EA = 9\ 229^P$，$AL = 500^P$，$EA$和$AL$的夹角$\angle A = 132° 53′$，$\angle AEL = 2° 12′$，余下$\angle LED = 115° 53′$（$\angle AED - \angle AEL = 118° 5′ - 2° 12′$）。

同样，第二次冲时，$\triangle BDE$中已知$DB = 10\ 000^P$，$DE = 1\ 460^P$。DB、DE夹角$\angle BDE$［$= \overset{\frown}{BG} = 180° -$（$BF = 66° 25′$）］$= 113° 35′$。由平面三角定理可得$\angle DBE =$

7°11′，余下∠DEB = 59°14′［180° –（113°35′+7°11′）］，我们取DB = 10 000^P，BM = 500^{P}时，底边BE = 10 668^P，由此可得∠EBM［ = ∠DBE+（∠DBM=BF） = 7°11′+66°25′］ = 73°36′。

我们可知△EBM也是这样，已知BE = 10 668^P，BM = 500^{P}及夹角EBM = 73°36′，可得∠BEM = 2°36′，∠DEB = 59°14′，减去∠BEM，得到∠DEM = 56°38′。由近地点至第二冲点的外角∠MEG = ［（∠DEM = 56°38′）的补角］ = 123°22′。因为已得∠LED = 115°53′。其补角∠LEG为64°7′，∠LEG加上∠GEM（123°22′），取4直角 = 360°时，其和为187°29′。这个数值符合从第一到第二冲点的视距离（187°29′）。

我们用相同的方法对第三次冲做类似的论证。由上∠DCE = 2°6′，我们取CD = 10 000^{P}时，EC为11 407^P，∠ECN = ∠DCE+∠DCN（ = ∠FDC） = 2°6′+16°36′ = 18°42′。△ECN中，已知CE = 11 407^P，CN = 500^P。则有∠CEN = 50′，加上∠DCE = 2°6′，其和为2°56′ = 视行度∠DEN，且小于均匀行度∠FDC（$\overset{\frown}{FC}$ = 16°36′）。求得∠DEN = 13°40′。则有∠DEN+∠DEM = 13°40′+56°38′ = 70°18′，再次与观测到的第二次与第三次冲之间的视行度（70°18′）相符。

在第四章我说过，后一情况下火星出现在距白羊星座头部133°20′处。我们知道∠FEN≈13°40′。则向后推算，从安东尼厄斯时代，托勒密求得的远地点是在108°50′处。到最后一次观测时偏心圆远地点在恒星天球上的位置为119°40′（133°20′ – 13°40′），在此期间，它已向东移动10°50′（119°40′ – 108°50′）。我们取偏心圆半径为10 000^{P}时，求得两圆心间的距离减少40^P（1 500^P – 1 460^P）。当然问题不在托勒密或我身上，只是由此能够证明，地球大圆中心在向火星轨道中心靠近，而太阳却静止不动。这些结论互相高度吻合，在后面我会解释得更加清楚。

如图（见图5.20），我们以E为圆心绘出地球的运行轨道RST，因地球和行星的运转相等，得出轨道的直径SER与CD平行。我们令R为相对于行星的均匀远地点，S为近地点。假设地球在T点。延长行星的视线ET，与CD交于X点。在第四章我已经提到过，行星在后一位置时看起来是在ETX上面，经度为133°20′。另外已知∠DXE为2°56′[1]。∠DXE为均匀行度∠XDF超过视行度∠XED的差值。而

[1] 如图5.19，∠CEN+∠DCE = 50′+2°6′。

$\angle SET$ = 内错$\angle DXE$ = 视差行差。半圆STR减去此角，得到从均匀运动的远地点R算起的均匀视差近点角177° 4′（180° −2° 56′）。最后我们再次确定，在公元1523年2月22日午前7均匀小时，火星的黄经平行行度为136° 16′（2° 56′+133° 20′ = 视位置）；其均匀视差近点角 = 177° 4′（180° −2° 56′），偏心圆高拱点为119° 40′。

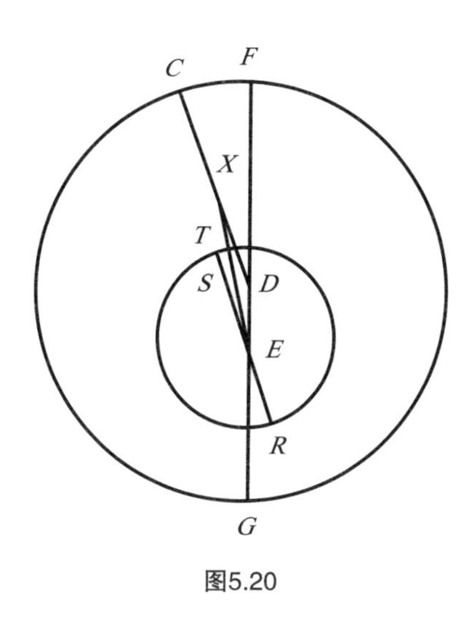

图5.20

5.17 火星的运动

我在前面已阐明，托勒密三次观测中的最后一次中，火星的黄经平均行度为$244\frac{1}{2}°$，它的视差近点角为171° 26′。因此在托勒密的最后一次观测与我的最后一次观测之间，除整圈运转外，累进177° 4′（5° 38′+171° 26′）。从安东尼厄斯2年（埃及历）11月12日午后9小时（对克拉科夫经度而言为午夜前3均匀小时）到公元1523年2月22日午前7小时，历时1 384埃及年251日19日分。由上可知，在这段时间中，除648整圈外，视差近点角为5° 38′。预计的太阳均匀行度为$257\frac{1}{2}°$，减去视差行度5° 38′，则余量为251° 52′，即为火星的经度平均行度。所有的结果都非常符合上面的描述。

5.18 火星位置的测定

从基督纪元开始到安东尼厄斯2年（埃及历）11月12日午夜前3小时，总共是138埃及年180日52日分。这段时间内视差行度为293° 4′。用托勒密最后一次观测的171° 26′加上整个圆周（171° 26′+360° =531° 26′）减去视差行度293° 4′，余量为公元元年元旦午夜的238° 22′。由第一届奥林匹克至这一时刻，历时775埃及年12 $\frac{1}{2}$ 日。其间视差行度为254° 1′。相同地，用238° 22′加上整个圆周（238° 22′+360° =598° 22′）再减去视差行度，则对第一届奥林匹克求得差值为344° 21′。对其他纪元分离出行度也可用相同的方法，则亚历山大纪元的起点为120° 39′，而恺撒纪元的起点为111° 25′。

5.19 火星轨道的大小

我还观测到上面没有提到的天秤座的第一颗亮星，这颗被称为“氐宿一”的恒星被火星遮掩。公元1512年元旦，我观测到，在那天正午之前的6个均匀小时内，火星在冬至日出的方向上（即东北方），距离该恒星 $\frac{1}{4}$°，就当时的经度而言可知火星在恒星之东 $\frac{1}{8}$°，其纬度偏北 $\frac{1}{5}$°。而恒星是在距白羊宫第一星191° 20′的位置，其纬度是北纬40′，则得出火星的位置为191° 28′（≈191° 20′+ $\frac{1}{8}$°），北纬度为51′（≈40′+ $\frac{1}{5}$°）。显然可知此视差近点角为98° 28′，太阳的平位置为262°，火星的平位置为163° 32′，而偏心圆近点角为43° 52′（见图5.21）。

证明：

我们用以上资料绘出偏心圆*ABC*，*D*为中心，*ADC*为直径，*A*为远地点，*C*为近地点。

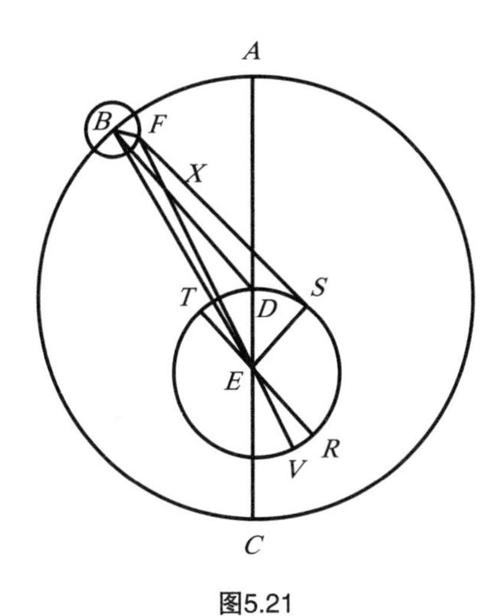

图5.21

当我们取$AD=10\ 000^P$时，偏心度$DE=1\ 460^P$。其中$\overset{\frown}{AB}=43°\ 52'$，以$B$为圆心，$BF$为半径，描出使$\angle DBF=\angle ADB$的小本轮。

当$AD=10\ 000^P$时，$BF=500^P$。再将BD、BE、FE连接，同时以E为中心画地球大圆RST。

直径$RET /\!/ BD$，取直径上R为行星均匀运动的远地点，T为行星均匀运动的近地点。

令：地球在S点，则$\overset{\frown}{RS}=98°\ 28'$便为均匀视差近点角。

延长FE，与BD交于X点，与地球轨道的凸圆周交于视差的真远地点V。

如图，在$\triangle BDE$中，$BD=10\ 000^P$时，$DE=1\ 460^P$。

BD和DE夹角$\angle BDE$是$\angle ADB$的补角。

$\because \angle BDE=136°\ 8'$，则$\angle ADB=43°\ 52'$。

$\therefore BE=11\ 097^P$，$\angle DBE=5°\ 13'$。

但在假设中，$\angle DBF=\angle ADB$。已知$EB=11\ 097^P$，$BF=500^P$，$\angle EBF=\angle DBE+\angle DBF=5°\ 13'+43°\ 52'=49°\ 5'$。

则$\triangle BEF$中，$\angle BEF=2°$。

取$DB=10\ 000^P$时，$FE=10\ 776^P$。

可知$\angle DXE=\angle XBE+\angle XEB=$相对内角$=5°\ 13'+2°=7°\ 13'$。$\angle DXE$是相减行差，是$\angle ADB$超过$\angle XED$（$=36°\ 39'=43°\ 52'-7°\ 13'$）及火星平位置超过其真位

置的量。

已得出火星平位置为163° 32′，而其真位置偏西，位于156° 19′（163° 32′ − 7° 13′）处。但对于S附近的观测者而言，火星出现在191° 28′处，则视差为偏东35° 9′（191° 28′ − 156° 19′）。

由此可知，$\angle EFS = 35^\circ 9'$。$RT // BD$，$\angle DXE = \angle REV$。

相同地，$\widehat{RV} = 7^\circ 13'$。则$\widehat{VRS} = \widehat{RV} + \widehat{RS} = 7^\circ 13' + 98^\circ 28' = 105^\circ 41'$，即为归一化的视差近点角。

$\triangle FES$的补角$\angle VES = 105^\circ 41'$。则求得相对内角$\angle FSE = 70^\circ 32' = \angle VES - \angle EFS = 105^\circ 41' - 35^\circ 9'$。以上角度都能用180° = 2直角的度数来表示。

而若已知三角形各角度数，则可知各边的比值。我们取三角形外接圆的直径为10 000^P，则$FE = 9\ 428^P$[1]，$ES = 5\ 757^P$。

当取$BD = 10\ 000^P$时，$EF = 10\ 776^P$，则$ES \approx 6\ 580^P$[2]。这同托勒密在《天文学大成》中得出的结果几乎相同。

如用同样单位表示，$ADE = 11\ 460^P$（$AD + DE = 10\ 000^P + 1\ 460^P$），则有$EC = 8\ 540^P$。

若A为偏心圆的高拱点，则小本轮减少500^P，如在低拱点增加相同数量，则高拱点为10 960^P（11 460^P − 500^P），低拱点为9 040^P（8 540^P+500^P）。于是取地球轨道半径为1^P，火星远地点及最大距离为$1^P39'57''$，最小距离为$1^P22'26''$，得出平均距离为$1^P31'11''$（$1^P39'57'' - 1^P22'26'' = 17'31''$；$17'31'' \times \frac{1}{2} \approx 8'45''$；$8'45'' + 1^P22'26'' \approx 1^P39'57'' - 8'45''$）。至此，我已经用地球的运动加之可靠的计算解释了火星行度的大小和距离。

---

〔1〕$\angle FSE = 70^\circ 32'$。按弦长表，对70° 40′为94 361^P，对70° 30′为94 264^P。则有：对70° 32′为283.4^P，或在取半径 = 10 000^{P}时为9 428^P。

〔2〕$EF : ES = 9\ 428 : 5\ 757 = 10\ 776 : 6\ 580.1$，哥白尼把后一数字写成“约为6 580”。

5.20 金 星

在阐述了环绕地球的三颗外行星（土星、木星及火星）的运动之后，我接下来将讨论那些被地球围住的行星了。先从金星开始讨论，只要不缺少在某些位置的重要观测资料，讨论金星的运动会比外行星更加容易，思路也更为清晰。若能求得金星晨昏时在太阳平位置两边的最大距角相等，就能肯定金星偏心圆的高、低拱点位于太阳的这两个位置之间。以下事实便可将这些拱点区分。若它们在远地点附近，则会成对地出现较小的最大距角；而在相对的拱点附近，成对的距角较大。在两个拱点之间的所有其他位置，我们用距角的相对大小能够求得金星球体与高、低拱点的距离及金星的偏心度。托勒密在《天文学大成》中对其细致进行了论述。我会按我的地球运动假设，并结合托勒密的观测来逐一论证。

托勒密进行的第一项观测是斯密尔纳天文学家西翁所做的。他于哈德里安16年（埃及历）8月21日之后的夜间第一小时进行观测。他在《天文学大成》中指出，这个时刻是公元132年3月8日黄昏。金星呈现的最大黄昏距角为距太阳平位置$47\frac{1}{4}^{\circ}$，太阳的该平位置位于恒星天球上337°41′处[1]。托勒密把观测结果与在安东尼厄斯4年1月12日破晓时，即公元140年7月30日黎明时进行的另一次观测相比。他再次指出金星的最大清晨距角是47°15′，等于以前与太阳平位置的距离，该平位置≈恒星天球上119°[2]处，而过去曾经为337°41′。我们可知彼此相对的两个拱点在这两个位置之间的中点处，分别为$48\frac{1}{3}^{\circ}$和$228\frac{1}{3}^{\circ}$，且因二分点岁差，两个数目都应加$6\frac{2}{3}^{\circ}$。这与托勒密所说的（《天文学大成》）两个拱点位于金牛宫内25°（$48\frac{1}{3}^{\circ}+6\frac{2}{3}^{\circ}=55^{\circ}$）及天蝎宫内25°（$228\frac{1}{3}^{\circ}+6\frac{2}{3}^{\circ}=235^{\circ}$）处相符。在这两个位置上，金星高、低拱点正好相对。

---

〔1〕托勒密取平太阳在双鱼宫内14°，即344°15′。哥白尼用344°15′减去由岁差引起的6°34′，得到337°41′。

〔2〕托勒密取平太阳在狮子宫内$5\frac{3}{4}^{\circ}$，即125°45′。哥白尼用125°45′减去由岁差引起的6°45′，便得到大约119°。

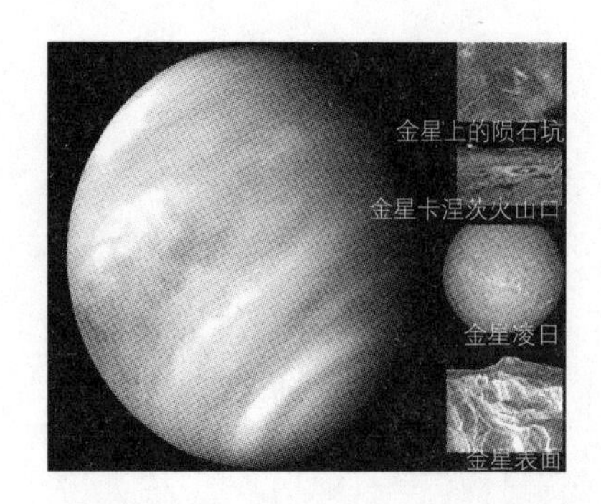

□ 金 星

金星是天空中除了太阳和月亮外最亮的星，我国古代称它为“太白”，民间称黎明时分的金星为启明星，称傍晚时分的金星为长庚星。

为了给这一结果提供更强有力的证据，托勒密采用了西翁的另一次观测。他在哈德里安12年3月20日破晓时，即公元127年10月12日清晨进行观测。他再次发现金星是在其最大距角处，即与太阳平位置相距47° 32′的119° 13′[1]处。另外，托勒密还加上了自己在哈德里安21年，即公元136年做的一次观测，这次观测在埃及历6月9日即罗马历12月25日，在下一个夜晚的第一小时，又一次求得黄昏距角为距平太阳47° 32′的265°[2]处。而西翁的上次观测中太阳的平位置为191° 13′。这些位置的中点又一次全等于48° 20′和228° 20′，这些位置应当为远地点和近地点的位置。从二分点量起，这些点在金牛宫与天蝎宫内25° 处。

按《天文学大成》所述，托勒密区分这两个位置时还用了另外两次观测。一次是西翁在哈德里安13年11月3日，即公元129年5月21日破晓时的观测。当时金星的清晨最大距角为44° 48′[3]，而太阳的平均行度为48 $\frac{5}{6}$°，金星在恒星天球上4°（≈48° 50′－44° 48′）处出现。托勒密也在哈德里安21年（埃及历）5月2日，即罗马历公元136年11月18日进行了另一次观测。在此之后夜晚第一小时，太阳的平均行度为228° 54′[4]，因而金星的黄昏最大距角为47° 16′，而行星出现于276 $\frac{1}{5}$°（228° 54′+47° 16′）。他用这些观测区分两个拱点，得到高拱点为48 $\frac{1}{3}$°，金星在这里的最大距角较小；低拱点为228 $\frac{1}{3}$°，它在这里的最大距角大一些。

---

〔1〕托勒密取太阳的平位置在天秤宫内17° 52′，即为197° 52′处。哥白尼用197° 52′减去由岁差引起的6° 39′，才能得出191° 13′。

〔2〕托勒密取太阳的平位置在摩羯宫内2 $\frac{1}{15}$°，即为272° 4′处。哥白尼用272° 4′减去由岁差引起的7° 4′，便得出265°。

〔3〕托勒密取太阳的平位置在金牛宫内25 $\frac{2}{5}$°，即为55° 24′处。哥白尼用55° 24′减去由岁差引起的6° 34′，才能得出48° 50′。

〔4〕托勒密取太阳的平位置在天蝎宫内25° 30′，即为235° 30′。哥白尼用235° 30′减去由岁差引起的6° 36′，便得到228° 54′。

5.21 地球与金星轨道直径的比值

由上可知地球与金星轨道直径之比（见图5.22）。

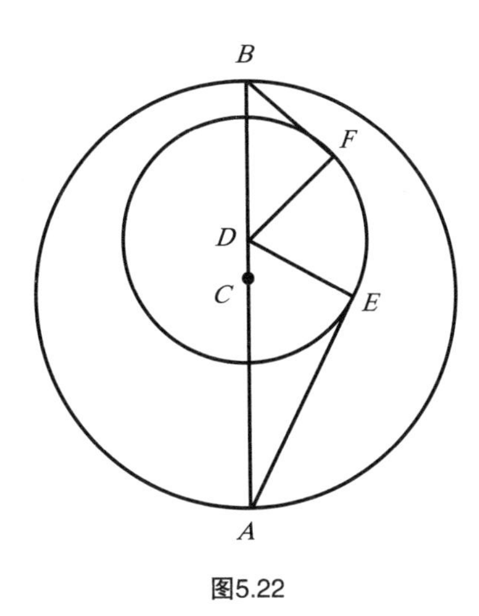

图5.22

证明：我们以C为中心、ACB为直径，绘出地球轨道AB。再取直径上D点为金星轨道中心，金星轨道对圆AB来讲是偏心圆。

设：远日点为A，当地球位于A时，金星轨道中心离地球最远。

太阳的平均行度线AB在$48\frac{1}{3}^\circ$的A点处。则金星近日点B在$228\frac{1}{3}^\circ$。我们描出直线AE和BF，E点和F点为它们与金星轨道的切点。连接DE、DF。

$\angle DAE$在圆心且所对的弧为$44\frac{4}{5}^\circ$（为西翁第三次观测中的最大距角），$\angle AED=90^\circ$，则可知$\triangle DAE$的其他角。

当$AD=10\ 000^P$时，$DE=7\ 046^P$[1]，为两倍DAE所对弦的一半。

[1] 按弦长表，对44° 50′为70 505^P，对44° 40′为70 298^P，因此对44° 48′为70 463.6^P，或在取半径＝10 000^{P}时为7 046^P。

同理，在直角△BDF中，$\angle DBF = 47^\circ 16'$。

取$BD = 10\ 000^P$时，弦$DF = 7\ 346^P$。若取$DF = DE = 7\ 046^P$时，相同单位下$BD = 9\ 582^P$〔1〕。

求得$ACB = 19\ 582^P$（$= BD+AD = 9\ 582^P+10\ 000^P$）；$AC = \frac{1}{2}ACB = 9\ 791^P$，而$CD = BC$（或$AC$）$- BD = 9\ 791^P - 9\ 582^P = 209^P$。

令：$AC = 1^P$时，$DE = 43\frac{1}{6}'$，$CD \approx 1\frac{1}{4}'$〔2〕。

在$AC = 10\ 000^P$时，$DE = DF = 7\ 193^P$，则$CD \approx 208^P$〔3〕。

5.22 金星的双重运动

托勒密的两次观测证明，金星绕D点并非做的是简单的均匀运动。他在哈德里安18年（埃及历）8月2日，即罗马历公元134年2月18日进行第一次观测，这时太阳的平均行度为$318\frac{5}{6}$〔4〕，金星在清晨于黄道上$275\frac{1}{4}^\circ$〔5〕处出现。其距角已达最大极限$43^\circ 35'$（$+275\frac{1}{4}^\circ = 318^\circ 50'$）。第二次观测发生于安东尼厄斯3年（埃及历）8月4日，即罗马历公元140年2月19日的清晨，太阳的平位置同样为$318\frac{5}{6}^\circ$，金星离它的黄昏最大距角为$48\frac{1}{3}^\circ$，处于经度$7\frac{5}{6}^\circ$（$48^\circ 20'+318^\circ 50'-360^\circ$）处（见图5.23）。

---

〔1〕$DF : BD = 7\ 346^P : 10\ 000^P = 7\ 046^P : 9\ 591.6^P$。哥白尼把后一数值误写为$9\ 582^P$，而由此数会得出$DF = 7\ 353^P$。

〔2〕$AC : DE = 9\ 791^P : 7\ 046^P = 1^P : 43\frac{1}{6}'$；$AC : CD = 9\ 791 : 209 = 1^P : 1'16''51'''$，哥白尼把后一数字写成“约为$1\frac{1}{4}$”。

〔3〕$AC : DE = 1^P : 43\frac{1}{6}' = 10\ 000^P : 7\ 194\frac{1}{3}^P$。哥白尼把后一数值写为$7\ 193^P$，但原来此数后面有某一分数，被他擦去了。$AC : CD = 1^P : 1\frac{1}{4}' = 10\ 000^P : 208\frac{1}{3}^P$，哥白尼把后一数值写成“约为$208^P$”。

〔4〕托勒密取平太阳在宝瓶宫内$25\frac{1}{2}^\circ$，即为$325^\circ 30'$。哥白尼用$325^\circ 30'$减去由岁差引起的$6^\circ 40'$，便得到$318\frac{5}{6}^\circ$。

〔5〕托勒密取金星位于摩羯宫内$11^\circ 55'$，即为$281^\circ 55'$。哥白尼用$281^\circ 55'$减去由岁差引起的$6^\circ 40'$，便得出$275\frac{1}{4}^\circ$。

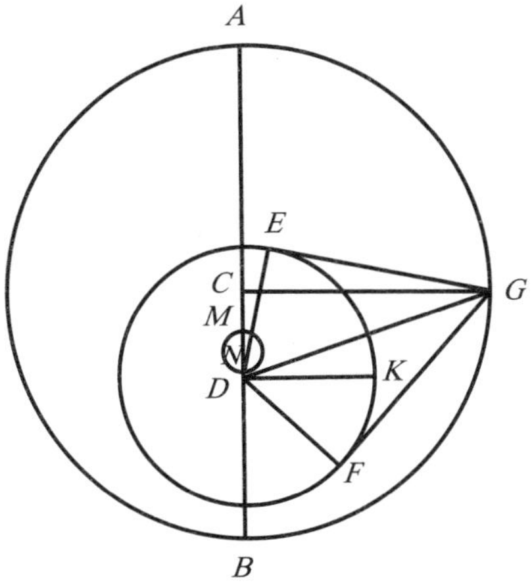

图5.23

因以上的情况，我们取地球在同一轨道上的G点，使得AG为圆周的一个象限。从两次观测时来看，太阳的平均运动各在圆周的相对一面，则太阳在金星偏心圆远地点西面的距离是$\widehat{AG}$（$=48\frac{1}{3}^{\circ}+360^{\circ}-90^{\circ}=318^{\circ}20'=318\frac{1}{3}^{\circ}$）。连接$GC$，作$DK$平行于$GC$。画$GE$和$GF$与金星轨道相切，连接$DE$、$DF$、$DG$。

第一次观测中，清晨距角$\angle EGC$为$43^{\circ}35'$。

在第二次观测时，黄昏距角$\angle CGF$为$48\frac{1}{3}^{\circ}$。$\angle EGF=\angle EGC+\angle EGF=91\frac{11}{12}^{\circ}$。则$\angle DGF=\frac{1}{2}\angle EGF=45^{\circ}57\frac{1}{2}'$，$\angle CGF-\angle DGF=\angle CGD=2^{\circ}22\frac{1}{2}'\approx 2^{\circ}23'$。

而$\angle DCG=90^{\circ}$，则$\triangle CGD$中各角已知，便可知各边比值。

当$CG=10\ 000^{P}$时，$CD=416^{P}$。前面已求得同样单位中两圆心距离为208^{P}，CD是它的两倍。

令：M为CD中点，便得$DM=208^{P}$，即为整个这一进退变化。若这个变化再等分于N，便为这个运动的中点和归一化点。

由此可知金星的运动与三个外行星一样，也由两个均匀运动合成。偏心本轮和上面表述的任何其他方式情况都是如此。

金星在运动方式和度量方面与其他行星有略微不同，因而我认为用一个外偏心圆能更为明晰地阐释出来。

我们以N为中心、DN为半径画一小圆，金星的圆周中心按如下规律在此小圆上运行：当地球接触含偏心圆高、低拱点的直径ACB时，金星圆周中心位于距地球轨道中心C最近的M点。而地球位于中间拱点（如G）时，圆周中心抵达D点，这时CD距地球轨道中心C最远。

由上可知，地球在其自身轨道上运行一周时，金星圆周中心便在与地球运动相同的方向上（即向东）绕中点N旋转两次。我们看到，通过对金星的假设，它的均匀行度和视行度与每一种情况都吻合，求得的每一数值都与现代数值相符。而偏心距略减少了$\frac{1}{6}$。托勒密观测时为416^p，但现在的多次观测结果为350^p。

5.23 金星的位置

我在《天文学大成》中采用了两次最精确的观测。

（在该书草稿中，此处还有一段话。）

一次是托勒密在安东尼厄斯2年5月29日破晓前的观测。托勒密在月亮与天蝎前额最北面三颗星的第一颗亮星之间的直线上发现，金星和月球的距离为金星与恒星距离的1.5倍。恒星的位置为黄经209°40′和北纬$1\frac{1}{3}$°。只要知道月亮被观测到的地点，就能确定金星的位置。

从基督诞生到这次观测（在亚历山大城午夜后$4\frac{3}{4}$小时），共138埃及年18日，此时在克拉科夫为地方时$3\frac{3}{4}$小时或均匀时3小时41分＝9日分23日秒。太阳按其平均均匀行度位于$255\frac{1}{2}$°，按视行度位于人马宫内23°（263°）处。可得出月亮距太阳的均匀距离为319°18′，其平均近点角为87°37′，而它距其北限的平均黄纬近点角为12°19′。我们得出月球真位置为209°4′和北纬4°58′。再加上当时的两分点岁差6°41′，可知月亮位于天蝎宫内5°45′（215°45′＝209°4′+6°41′）。用仪器测出在亚历山大城室女宫内2°位于中天，而天蝎宫内25°正在升起。因而依以上结果可知月球的黄经视差为51′，黄纬视差为16′。因此，对在亚历山大城观测到并经改正的数值而言，月亮的位置为209°55′（209°4′+51′）及北纬4°42′（4°58′－16′）。推出金星的位置为209°46′，其北纬2°40′（见图5.24）。

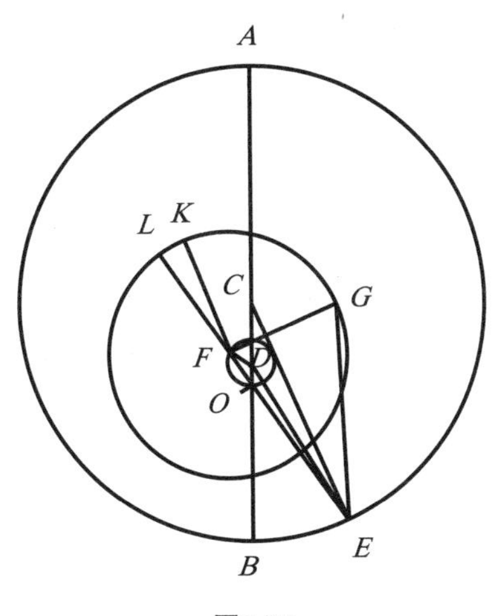

图5.24

令：AB为地球轨道，C为中心，直径ACB通过两拱点。

设从A点望去，金星在其远地点$48\frac{1}{3}^{\circ}$处，则B为相对处的$228\frac{1}{3}^{\circ}$处。取AC为$10\,000^P$，在ACB上取D使$CD = 312^P$。

以D为心，$DF = \frac{1}{3}CD$（104^P）为半径，画出小圆。

由太阳的平均位置$255\frac{1}{2}^{\circ}$得出地球与金星低拱点的距离为$27^{\circ}\ 10'$（$+228\frac{1}{3}^{\circ} = 255\frac{1}{2}^{\circ}$）。

设$\widehat{BE}$为$27^{\circ}\ 10'$。连接EC、ED、DF，使$\angle CDF = 2\angle BCE$。再以F点为心画金星的轨道。直径AB与EF相交于O点。

再令EF的延长线交金星的凹面圆周于L点。对这段圆周画CE平行于FK。假使G为行星所在点。连接GE、GF。

绘图完成后，我们需要求得KG，即行星与其轨道平均远地点K的距离和$\angle CEO$。

在$\triangle CDE$中，已知$\angle DCE = 27^{\circ}\ 10'$，当$CE = 10\ 000^P$时，$CD = 312^P$。则余下边$DE = 9\ 724^P$，$\angle CED = 50'$。

同理，在$\triangle DEF$中，当$CE = 10\ 000^P$，$DF = 104^P$时，则$DE = 9\ 724^P$。ED与DF的夹角EDF已知，而$\angle CDF = 2\angle BCE$（$27^{\circ}\ 10'$）$= 54^{\circ}\ 20'$，$\angle FDB = 180^{\circ} - \angle CDF$（$54^{\circ}\ 20'$）$= 125^{\circ}\ 40'$。

因此，$\angle FDE = 153^{\circ}\ 40'$。则有$EF = 9\ 817^P$，$\angle DEF = 16'$。

由上，平均行度与绕中心F的视行度之差为$\angle CEF=\angle DEF+\angle CED=16'+50'=1^\circ 6'$，即为$\angle BCE$与$\angle EOB$之差。因而求得$\angle EOB=28^\circ 16'=27^\circ 10'+1^\circ 6'$，我们便完成了首要的任务。

然后，行星与太阳平位置之间的距离为$\angle CEG=255\frac{1}{2}^\circ-209^\circ 46'=45^\circ 44'$。则有$\angle FEG=\angle CEG+\angle FEC=45^\circ 44'+1^\circ 6'=46^\circ 50'$。

当我们取$AC=10\ 000^P$时，已知$EF=9\ 817^P$，由上可得$FG=1\ 193^P$。$\triangle EFG$中，$EF:FG=9\,817:7\,193$，$\angle FEG=46^\circ 50'$，得$\angle EFG=84^\circ 19'$。

另外，$\angle LFG=131^\circ 6'=\widehat{LKG}$ = 行星与其轨道的视远地点的距离。如前所说，$\angle KFL=\angle CEF$ = 平拱点与真拱点之差 $=1^\circ 6'$。$131^\circ 6'-1^\circ 6'=130^\circ$ = 由行星到平拱点的$\widehat{KG}$。圆周的其余部分为230°，即是从K点量起的均匀近点角。因此对安东尼厄斯2年，即公元138年12月16日午夜后3小时45分，可求出在克拉科夫的金星均匀近点角为230°，这便是我们要求得的数值。

提莫恰里斯于托勒密·费拉德法斯13年，即亚历山大死后52年（埃及历）12月18日破晓时进行了一次观测。据称，他在观测时看见金星掩食室女左翼四颗恒星中最偏西的一颗。依照对该星座的描述，应为第六颗星，其经度为$151\frac{1}{2}^\circ$，纬度为北$1\frac{1}{6}^\circ$，而星等为3。于是可知金星的位置为$151\frac{1}{2}^\circ$，太阳的平位置为$194^\circ 23'$（见图5.25）。

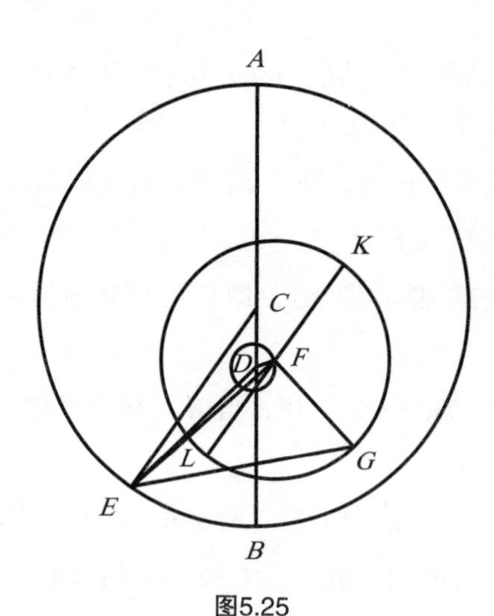

图5.25

如图所示，A点位于48° 20′处，$\widehat{AE}$ = 194° 23′ − 48° 20′ = 146° 3′。BE = 180° − $\widehat{AE}$ = 33° 57′。而∠CEG为行星与太阳平位置的距离 = 194° 23′ − 151$\frac{1}{2}$° = 42° 53′。

我们取CE = 10 000^{P}时，可知CD = 208^P+104^P = 312^P。∠BCE = $\widehat{BE}$ = 33° 57′。

则△CDE余下角∠CED = 1° 1′，∠CDE = 145° 2′，且DE = 9 743^P。半圆减去∠CDF［ = 2∠BCE（33° 57′） = 67° 54′］，∠BDF = 112° 6′，则∠BDE = ∠CED+∠DCE（或∠BCE） = 1° 1′+33° 57′ = 34° 58′。

可知∠EDF = ∠BDE+∠BDF = 34° 58′+112° 6′ = 147° 4′。

取DE = 9 743^{P}时，已知DF = 104^P。而△DEF中，∠DEF = 20′，∠CEF = ∠CED+∠DEF = 1° 1′+20′ = 1° 21′。

已知EF = 9 831^P，∠CEG为42° 53′。∠CEG − ∠CEF = 42° 53′ − 1° 21′ = ∠FEG = 41° 32′。而EF = 9 831^{P}时，金星轨道半径为FG = 7 193^P。

△EFG中，已知各边比值和∠FEG，求得∠EFG = 72° 5′。半圆加上∠EFG = 252° 5′ = $\widehat{KLG}$（即从金星轨道高拱点量起）。最后我们再一次确定，托勒密13年12月18日破晓时，金星的视差近点角为252° 5′。

在公元1529年3月12日午后第8小时之初，即日落后1小时，我观测到金星的另一位置。此时金星正被月亮两角间的阴影边缘所掩盖，直到这一小时末尾甚至更迟的时间，当时我观察到行星从月球的另一面，在两角之间阴暗边缘的中点从西边出现。这是我在佛罗蒙波克观测到的景象。由此可知，在该小时的当中或前后，月亮和金星的中心重叠。而金星的黄昏距角依然在增加，但仍未与其轨道相切。从基督纪元开始历时1 529埃及年87日加视时间7$\frac{1}{2}$小时，等同于均匀时间7小时34分钟。太阳在其简单行度中的平位置为332° 11′，其二分点岁差为27° 24′，月球离开太阳的均匀行度为33° 57′，其均匀近点角为205° 1′，而其黄纬（行度）又为71° 59′。由此推算出月亮的真位置在10° 处，而对于分点而言处于金牛宫内7° 24′（≈37° 24′ = 10° +27° 24′），黄纬为北1° 13′。又因在天秤宫内15° 正在升起，月球的黄经视差为48′，黄纬视差为32′。我们得到它的视位置是金牛宫内6° 36′（≈7° 24′ − 48′）。可知它在恒星天球上的经度为9° 12′（10° − 48′），北纬度为41′（1° 13′ − 32′）。金星在黄昏时的视位置与此相同。那时，金星距太阳的平位置为37° 1′（≈332° 11′+37° 1′ = 369° 12′ = 9° 12′），金星高拱点距地球等于西面

$76°9'$（$+332°11'=408°20'-360°=48°20'$）。

我们按以上模板再次画图，不同的是弧EA或$\angle ECA=76°9'$。$\angle CDF=2\angle ECA=152°18'$（见图5.26）。

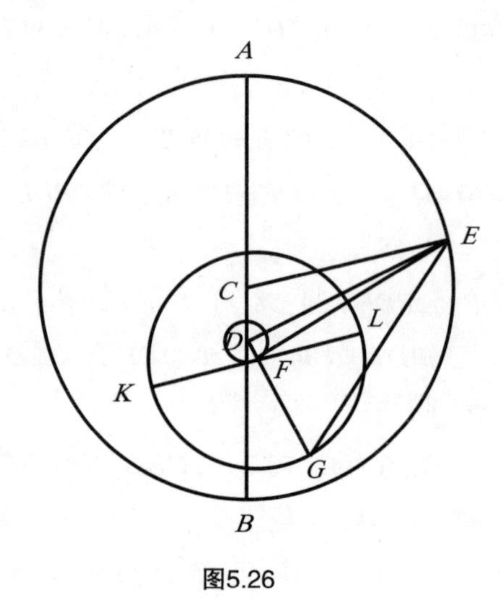

图5.26

令：当$CE=10\ 000^P$时，求得偏心度$CD=246^P$，$DF=104^P$。则$\triangle CDE$中，$\angle DCE=180°-\angle ECA$（$76°9'$）$=103°51'$，此为边$CD$（$246^P$）和$CE$（$10\ 000^P$）的夹角。

由此求得$\angle CED=1°15'$，$DE=10\ 056^P$，$\angle CDE=180°-\angle DCE$（$103°51'$）$-\angle CED$（$1°15'$）$=74°54'$。

而$\angle CDF=2\angle ACE$（$76°9'$）$=152°18'$。$\angle CDF$（$152°18'$）$-\angle CDE$（$74°54'$）$=\angle EDF=77°24'$。

同样，在$\triangle DEF$中，我们取$DE=10\ 056^P$时，$DF=104^P$，且两边夹角$EDF=77°24'$。还知$\angle DEF=35°$，边$EF=10\ 034^P$。

则$\angle CEF=\angle CED+\angle DEF=1°15'+35'=1°50'$。又知$\angle CEG$为行星离太阳平位置的视距离$=37°1'$。$\angle CEG$（$37°1'$）$-\angle CEF$（$1°50'$）$=\angle FEG=35°11'$。

$\triangle EFG$也一样。已知$\angle FEG$为$35°11'$，取$FG=7\ 193^P$时，$EF=10\ 034^P$。则$\angle EGF=53\frac{1}{2}$的$EFG=91°19'$，即行星与其轨道真近地点间的距离。

作直径$KFL/\!/CE$，则行星均匀运动的远地点为K，近地点为L。

$\angle EFG$（$91°19'$）$-\angle EFL=\angle CEF=1°50'=\angle LFG=\widehat{LG}=89°29'$。

从其轨道均匀高拱点量起的行星视差近点角为$\widehat{KG}=180^\circ-\widehat{LG}=90^\circ31'$。这便是我观测时要求的数值。

在提莫恰里斯的观测中，其相应的数值为252°5′。于是这段时期中除1 115整圈外还有198°26′（90°31′+360°－252°5′）。

托勒密·费拉德法斯13年12月18日破晓至公元1529年3月12日午后$7\frac{1}{2}$小时，共有1 800埃及年236日加上大约40日分。行度（1 115周期+198°26′）乘以365，再除以1 800年236日40日分。得到：年行度＝$3\times60^\circ+45^\circ1'45''3'''40''''$。日行度＝年行度除以365日＝$36'59''28'''$。这便能作为前面表格的依据。

（在该书草稿中，此处还有一段话。）

托勒密的前次观测的数值为230°。因而此期间除整圈外还有220°31′（90°31′+360°－230°）。从安东尼厄斯2年5月20日克拉科夫时间午前$8\frac{1}{4}$小时至公元1529年3月12日午后$7\frac{1}{2}$小时，历时1 391埃及年69日39日分23日秒。同样能算出此时段内除整圈外有220°31′。而根据平均行度表，整圈数为859，由此证明其正确性。还可知偏心圆两拱点仍在$48\frac{1}{3}^\circ$和228°20′处。

5.24 金星的近点角

（在该书草稿中，此处还有一段话。）

以金星近点角的起始点，很容易求得视差近点角的起始点。从基督诞生到托勒密的观测历时138埃及年18日$9\frac{1}{2}$日分。这段时间内的行度为105°25′。托勒密的观测值为230°，减去105°25′，得到金星在公元1年元旦前午夜时的近点角为124°35′。则我们用常用的行度与时间计量方法求得其他的位置。对第一届奥林匹克为318°9′，对亚历山大为79°14′，对恺撒为70°48′。

由第一届奥林匹克到托勒密·费拉德法斯13年12月18日破晓，历时503埃及年228日40日分。则得此期间行度为290° 39′。252° 5′加一整圈再减掉这个数目，余321° 26′，即为第一届奥林匹克的起点。计算这一位置行度和时间则可求得其他的位置。因此，通常提到的时间纪元有：亚历山大纪元为81° 52′，恺撒纪元为70° 26′，基督纪元为126° 45′。

5.25 水 星

前面已经详细阐述了金星与地球运动的关系，以及各圆周运动的比值低于哪一数值时我们不能观测到它的均匀运动。接下来将讨论水星。尽管它的运转比前面论述的任何行星都复杂，但它同样也遵循上面的基本假设。由古代天文学家的观测结果可知，水星和太阳的最大距角在天秤宫为极小，理所应当地，在与之相对的白羊宫较大一些，但其极大值并不在白羊宫，而在白羊宫两侧的双子宫与宝瓶宫中。在托勒密的论证中，这种情况在安东尼厄斯时代最为显著，而其他的行星都没有这种位移。

□ 水 星

水星主要由石质和铁质构成，密度较高，是太阳系中最接近太阳的行星。水星朝向太阳的一面，温度可达到400℃以上。水星背向太阳的一面，长期不见阳光，温度非常低，低至-173℃。水星是太阳系中仅次于地球的、密度第二大的天体。其自转周期为58.65天，平均速度为47.89千米，是太阳系中运动最快的行星。

古代天文学家相信水星在一个偏心圆所载的大本轮上运动，而地球是不动的。同时他们认识到，这些现象用单独一个简单的偏心圆不能说明。哪怕他们让偏心圆不绕其本身的中心而绕另一中心旋转，情况也不会改变。他们只好假定，负载本轮的同一偏心圆在另一个小圆上运动，这跟前面他们对月球偏心圆所承认的情况一样。因而就有了三个中心：第一个是运载本轮的偏心圆中心，第二个是小圆的中心，第三个是晚近天文学家称之为“载轮”的圆周中心。古观测者令本轮绕载轮中心均匀运转，而忽视了前两个中心。这与本轮运动的真正中

心、其相对距离及两圆周的原中心不相符。但他们深信，只有托勒密的《天文学大成》中阐明的论点才能解释水星的现象。

我认为古人曲解了这一现象，因为水星的均匀运动和前面的行星一样都能用地球运动来表示，它的偏心圆上所负载的圆周不是古人认为的本轮，而是一个偏心圆。这个图像和金星不同，有一个小本轮在外偏心圆上作运动。而行星并不沿小本轮的圆周运转，它沿着小本轮的直径起伏运动。沿直线的运动可能也是由均匀的圆周运动合成，这点在表述二分点岁差时已经阐明。普罗克拉斯在其著作《欧几里得几何原本评论》中也曾表示，一条直线也可由多重运动形成，因而可用这些设想来论证水星的现象（见图5.27）。

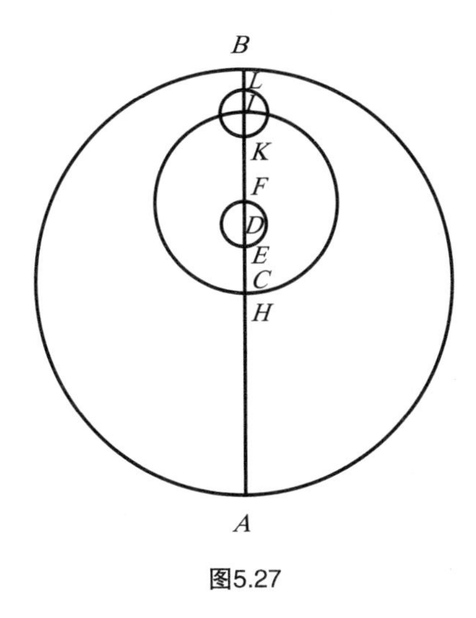

图5.27

下面我将证实我的假设：

令：AB为地球的大圆，C为中心。

在直径ACB上，取B、C两点之间的D点，以D为中心，$\frac{1}{3}CD$为直径，画小圆EF，使F离E最近，离C最远。

再画出以F为中心的水星外偏心圆HI。令高拱点I为心，画出KL为行星所在的小本轮。使外偏心圆HI具有在偏心圆上的本轮的作用。

绘图之后，我们令所有的点在直线$AHCEDFKILB$上依次出现。

令：K点为行星所在处，即KF为负载小本轮的圆周中心的最短距离处。

再令：K为水星运转的起点。

设在地球运行一次时圆心F在同一方向上，即向东运转两次。行星在直径上对圆周HI的中心作起伏运动，且它在KL上运动的速度与此相同。

如图，当地球在A或B时，水星外偏心圆的中心为F，且F在与C点相距最远处。而当地球在A与B之间的中点且同它们相距一个象限时，水星外偏心圆的中心在它最接近C的E处。

由此得出的图像与金星相反。也就是说，遵循这个规律，当水星穿过小本轮的直径KL时，它最靠近负载小本轮的圆周的中心。即当地球越过直径AB时，水星处于K。而若地球在A、B间任一边的中点，则水星到达L（为水星与负载小本轮的圆周的中心）的距离为极大处。于是就出现与地球周年运动周期一样大的、两个相等的双重运转。二者之一是行星沿直径LK的运转，另一个为外偏心圆的中心在小圆EF上的运动。

同时，小本轮或直线FL绕圆周HI及其中心做均匀运动，运行一周需要88天，且与恒星天球无关。然而，在这种被我称为“视差的运动”的运动（它超过地球的运动）中，小本轮在116日内赶上地球。可从平均行度表查出更准确的数值。因此可知水星的自身运动中并非总是遵循相同的圆周。相反地，按它与均轮中心的距离，扫描出变化极大的途程，即最小在K，最大在L，而居中在I。这与第4章在月球的小本轮中的变化大致相同。而月球在圆周上的变化，之于水星则是表现在沿直径的由均匀运动叠加而成的往返运动上。我在前面论述二分点岁差时已经解释了它的成因，在后面讨论黄纬时，我会为其补上一些别的论述。上面的假设已经阐明了水星的一切观测现象，而托勒密及其他人所作的观测也恰好能佐证我的假设。

5.26 水星的高、低拱点的位置

在安东尼厄斯元年11月20日日落后，托勒密开始观测水星，此时的它位于距太阳平位置的黄昏距角为最大处。这是公元138年188日克拉科夫时间42 $\frac{1}{2}$ 日分。我依此计算出太阳的平位置为63° 50′，并用仪器观测到水星在巨蟹宫内7°（97°）处，这与托勒密所说的一样。减去春分点岁差（当时为6° 40′）后，水星的位置为在恒星天球上从白羊宫起点量起的90°20′（97°−6°40′），同时可算出它离太阳平位置的最大距角为26 $\frac{1}{2}$°（90°20′−63°50′）。

托勒密在安东尼厄斯4年7月19日黎明进行第二次观测，也就是从基督纪元开端算起的140年67日，加上大约12日分，这时太阳平位置处于303°19′处〔1〕。用仪器观测到水星在摩羯宫内13 $\frac{1}{2}$°（≈283 $\frac{1}{2}$°）处，若从白羊宫为起点算约为276°49′（≈283 $\frac{1}{2}$°−6°40′）。能得知它的最大清晨距角为26 $\frac{1}{2}$°（303°9′−276°49′）。它距太阳平位置距角的极限在两边相等，则水星的两个拱点在276°49′〔2〕与90°20′两个位置中间，以及3°34′和与之相对的183°34′［276°49′−90°20′=186°29′，186°29′÷2≈93°15′，276°49′−93°15′=183°34′，183°34′−180°=3°34′］。这些便为水星高、低拱点的位置。

与前面提到的金星一样，我用两次观测区分开这些拱点。第一次是托勒密在哈德里安19年3月15日破晓时进行的，当时太阳的平位置为182°38′〔3〕。水星离它的最大清晨距角是19°3′，这是由于水星的视位置为163°35′（+19°3′=182°38′）〔4〕。同样的，于哈德里安19年即公元135年，在埃及历9月19日的黄昏，托勒密用仪器观测到水星位于恒星天球上27°43′处〔5〕，按平均行度，此时太阳平位置在4°28′〔6〕处。和金星一样再次出现这种情况，这时行星的最大黄昏距角为23°15′，大于在此之前的清晨距角19°3′。于是完全清楚了，当时水星的远地点约在183 $\frac{1}{3}$°（≈183°34′）处。

---

〔1〕托勒密取平太阳为在宝瓶宫内10°，即310°。哥白尼用310°减去由岁差引起的6°41′，得到平太阳的位置为303°19′。

〔2〕哥白尼不用第二次观测时的水星位置＝276°49′，而取第一次观测时的太阳位置＝63°50′。然而他在下面的计算中用的是正确值276°49′。

〔3〕托勒密取平太阳在天秤宫内9°15′，即为189°15′。哥白尼用189°15′减去由岁差引起的6°37′，得到他自己的平太阳位置182°38′。

〔4〕托勒密取水星在室女宫内20°12′，即为170°12′。哥白尼用170°12′减去由岁差引起的6°37′，于是他应得他自己的水星位置为163°35′。然而他由于一项笔误把度数*clxiij*写成*cxliij*。梅斯特林的抄本改正了这个错误。

〔5〕托勒密取水星位于金牛宫内4°20′，即等于34°20′。哥白尼用34°20′减去与岁差有关的6°37′，于是求得自己对水星所取位置27°43′。

〔6〕托勒密取平太阳位于白羊宫内11°5′处。哥白尼考虑到岁差，用11°5′减去6°37′，得到自己对平太阳所取位置4°28′。

5.27 水星偏心距的大小及其圆周的比值

从以上观测可求得圆心之间的距离以及各圆的大小。我们令直线AB通过水星的两个拱点，高拱点为A，低拱点为B，再令地球大圆的直径为AB，C为AB中点。我们以D为圆心，绘出行星的轨道。然后绘出直线AE和BF与该轨道相切，再连接DE及DF。

上面两次观测中的第一次，观测到最大清晨距角为19° 3′，则$\angle CAE = 19° 3'$。从而得到另一次的最大黄昏距角 = $23\frac{1}{4}°$。则有直角$\triangle AED$与$\triangle BFD$中各角均已知，由此各边之比可知。证明如下（见图5.28）：

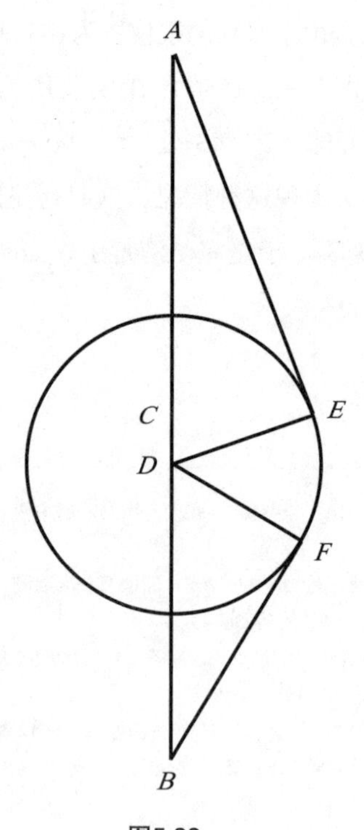

图5.28

令：$AD=100\ 000^P$，轨道半径$ED=32\ 639^P$[1]。

取$BD=100\ 000^P$，得到$FD=39\ 474^P$[2]。当$AD=100\ 000^P$时，轨道的一个半径$FD=ED=32\ 639^P$。

相同情况下，$AB-AD=DB=82\ 685^P$，得到$AC=91\ 342^P=\frac{1}{2}$（$AD+DB=100\ 000^P+82\ 685^P=182\ 685^P$），地球轨道与水星轨道圆心间的距离$CD=8\ 658^P$（$AD-AC=100\ 000^P-91\ 342^P$）。

若取$AC=1^P$或60′，水星轨道半径便为21′26″，可知$CD=5'41''$[3]。取$AC=10\ 000^P$时，$D=35\ 733^P$，而$CD=9\ 479^P$。

而这些长度并不总是一致的，它们与出现在平均拱点附近时更是大相径庭。西翁和托勒密所观测到的晨、昏距角就能证实这一点。西翁在哈德里安14年12月18日日没后，即公元129年216日45日分时观测水星的最大黄昏距角，此时太阳平位置为$93\frac{1}{2}°$[4]，即在水星平拱点附近的93° 34′。我们观测到该行星位于狮子宫第一星之东$3\frac{5}{6}°$处。所以它的位置为$119\frac{3}{4}°$（≈3° 50′+115° 50′），其最大黄昏距角为$26\frac{1}{4}°$（$119\frac{3}{4}°-93\frac{1}{2}°$）。托勒密在安东尼厄斯2年12月21日破晓即公元138年219日12日分观测到了另一个最大距角。可知太阳的平位置为93° 39′[5]。因为观测到水星在恒星天球上$73\frac{2}{5}°$（73° 24′+20° 15′=93° 39′）处[6]，他因此求得水星的最大清晨距角为$20\frac{1}{4}°$。

我们再描出$ACDB$为地球大圆直径（见图5.29）。

---

〔1〕按弦长表，对19° 10′为$32\ 832^P$，对19° 0′为$32\ 557^P$，则对19° 3′为$32\ 639.5^P$。哥白尼把后一数字写为$32\ 639^P$。

〔2〕按弦长表，在取$\angle DBF=23°\ 15'$时，对23° 20′为$39\ 608^P$，对23° 10′为$39\ 341^P$，因此对23° 15′为$39\ 474.5^P$。哥白尼把后一数字写为$39\ 474^P$。

〔3〕$AC:DE=91\ 342:32\ 639=60':21'26''$，$AC:CD=91\ 342:8\ 658=60':5'41''$。

〔4〕托勒密取平太阳位于巨蟹宫内10° 5′，即为100° 5′。哥白尼为改正岁差，由100° 5′减去6° 35′，便得到自己为平太阳所定位置93° 30′。

〔5〕托勒密取平太阳位置为巨蟹宫内10° 20′处，即为100° 20′。哥白尼为改正岁差，从此数减去6° 41′，以便求得自己为平太阳所定位置93° 39′。

〔6〕托勒密取水星为双子宫内20° 5′处，这等于80° 5′。哥白尼为改正岁差，从此数减去6° 41′，以便求得自己对水星所定位置$73\frac{2}{5}°$。

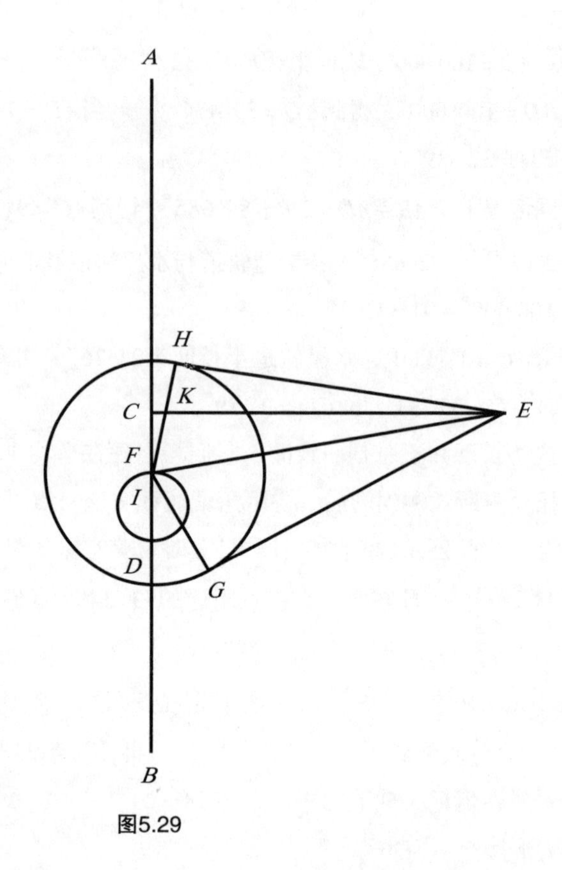

图5.29

令：大圆直径通过水星的两个拱点。画CE为太阳的平均行度线并垂直于直径，绕C、D间一点F绘出水星轨道，直线EH、EG与轨道相切，连接FG、FH和EF。

我们需确定F点及半径FG与AC的比值。

因$\angle CEG$为$26\frac{1}{4}°$，$\angle CEH = 20\frac{1}{4}°$，则有$\angle HEG = \angle CEH + \angle CEG = 20°15' + 26°15' = 46\frac{1}{2}°$。$\angle HEF = \frac{1}{2}\angle HEG$（$46\frac{1}{2}°$）$= 23\frac{1}{4}°$。$\angle CEF = \angle HEF - \angle CEH = 23\frac{1}{4}° - 20\frac{1}{4}° = 3°$。

则直角$\triangle CEF$中，若令$CE = AC = 10\ 000^P$，可知$CF = 524^P$[1]，斜边$FE =$

[1] 按弦长表，对$3°0'$为$5\ 234^P$。哥白尼在取半径$= 10\ 000^P$时，把后一数字写为524^P。

$10\ 014^P$。若地球处在水星的高、低拱点处，则求得$CD = 948^P$。

水星轨道中心所扫出小圆的直径$DF = CD$（948^P）$- CF$（524^P）$= 424^P$，半径$IF = DF = 212^P$。则有$CFI = CF+FI = 524^P+212^P \approx 736\frac{1}{2}^P$。

同理，直角$\triangle HEF$中，$\angle HEF = 23\frac{1}{4}^\circ$。当我们令$EF = 10\ 000^P$时，求得$FH = 3\ 947^P$。当取$CE = 10\ 000^P$时，$EF = 10\ 014^P$，$FH = 3\ 953^P$[1]。

前面已求得$FH = 3\ 573^P$。设FK为$3\ 573^P$，则行星与F的距离的最大变化$HK = FH - FK = 3\ 953^P - 3\ 573^P = 380^P$，行星轨道中心为$F$。行星运动时，轨道便从高、低拱点延伸到平拱点。

因上面的距离及其变化，行星可绕轨道中心F描出不相等的圆。距离改变导致这些圆的变化，其中最短距离为$FK = 3\ 573^P$，最长距离为$FH = 3\ 953^P$。平均值即为$3\ 763^P$（$380^P \times \frac{1}{2} = 190^P$，$190^P+3\ 573^P = 3\ 763^P$，$3\ 953^P - 190^P = 3\ 763^P$）。

5.28 为什么水星视位置大于在近地点的距角

在一个六角形的边与一个外接圆的交点附近，水星的距角大于在近地点处并不奇怪。这些距角在离近地点60°处甚至超过在第3章末尾我所求得的距角。所以古天文学家深信，水星轨道在地球运转一周的时段里有两次最靠近地球（见图5.30）。

作$\angle BCE = 60^\circ$。

设：F在E（为地球）运转一周时转了两周，则$\angle BIF = 120^\circ$，连接EF、EI。

令：EC为$10\ 000^P$时，已知$CI = 736\frac{1}{2}^P$，$\angle ECI = 60^\circ$。

则$\triangle ECI$中，第三边$EI = 9\ 655^P$，而$\angle CEI \approx 3^\circ 47'$。$\angle CEI = \angle ACE - \angle CIE$。

已知$\angle BCE$（60°）的补角$\angle ACE$为120°。

---

[1] $EF : FH = 10\ 000^P : 3\ 947^P = 10\ 014^P : 3\ 952.53^P$。哥白尼把后一数字写成$3\ 953^P$。

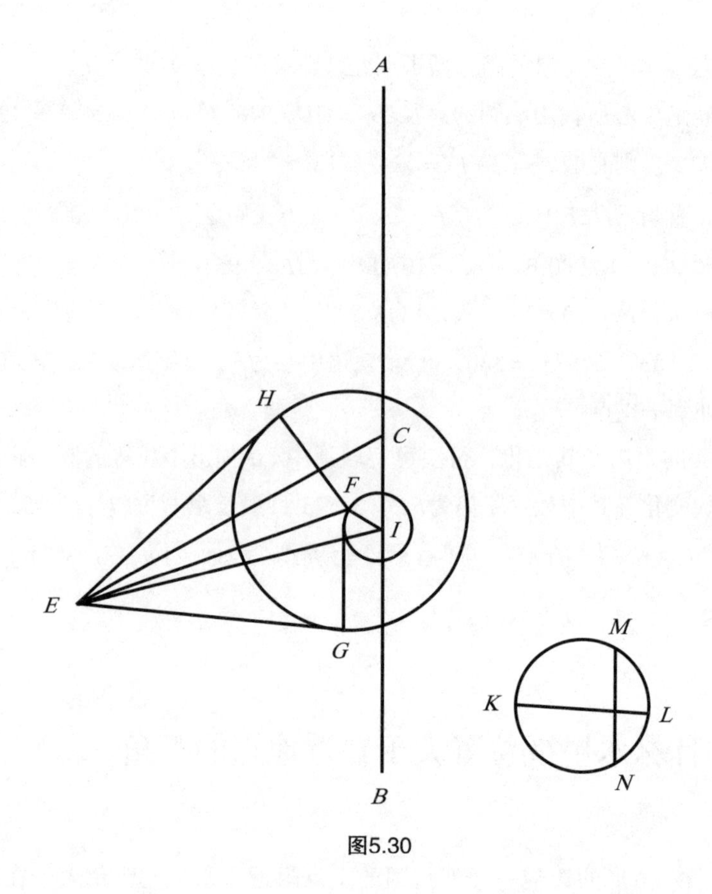

图5.30

求得$\angle CIE = \angle ACE - \angle CEI = 120^\circ - 3^\circ 47' = 116^\circ 13'$。

由图形同样求得：$\angle FIB = 2\angle ECI$（60°）$= 120^\circ$。$\angle CIF =$ 半圆 $- \angle FIB = 60^\circ$。$\angle EIF = \angle CIE - \angle CIF = 116^\circ 13' - 60^\circ = 56^\circ 13'$。

而$EI = 9\ 655^P$时，$IF = 212^P$。EI、IF的夹角为$56^\circ 13'$。

则$\angle FEI = 1^\circ 4'$。

行星轨道中心与太阳平位置的差值为$\angle CEF = \angle CEI - \angle FEI = 3^\circ 47' - 1^\circ 4' = 2^\circ 43'$。$\triangle EFI$中余下的边$EF = 9\ 540^P$。

我们以F为中心绘出水星轨道$\widehat{GH}$，由E点画出EG、EH与轨道相切，连接FG、FH。先确定此时半径FG（或FH）的大小。如下：

我们取$AC = 10\ 000^P$时，作直径KL为380^P的小圆。沿此或与之相当的直径，假定行星在直线FG或FH上接近或离开圆心F，这与上述二分点岁差相似。而BCE截出的弧段为60°，$\widehat{KM}$为同样分度的120°。

作$MN \perp KL$。MN等于$2KM$（或$2ML$的所对之弦）。欧几里得《几何原本》中证明，MN所截出的$LN = \frac{1}{4}$直径（380^P）$= 95^P$。则$KN = 380^P - 95^P = 285^P$。

行星的最短距离 $= 3\ 573^P + KN = FG$（或FH）$= 3\ 573^P + 285^P = 3\ 858^P$。

同理，当$AC = 10\ 000^P$时，求得$EF = 9\ 540^P$。

则直角$\triangle FEG$或$\triangle FEH$中，EF、FG（或FH）已知，$\angle FEG$或$\angle FEH$也已知。

令：$EF = 10\ 000^P$，得到FG（或FH）$= 4\ 044^P$，其所张的角为$23^\circ\ 52\frac{1}{2}'$。因此，$\angle GEH = \angle FEG + \angle FEH = 2 \times 23^\circ\ 52\frac{1}{2}' = 47^\circ\ 45'$。可是在低拱点只看到$46\frac{1}{2}^\circ$；在平拱点与此相差无几，为$46\frac{1}{2}^\circ$。

由上可知，在此处角度比其余两种情况都大$1^\circ\ 14'$（$\approx 47^\circ\ 45' - 46^\circ\ 30'$）。这是因为此处行星描出比在该处更大的圆周，而不是行星轨道比在近地点时离地球更近，这些结果都是均匀运动产生的，且都与观测结果相吻合。

5.29 水星的平均行度

在《天文学大成》更早的观测中曾有一次水星出现的记录。那是托勒密·费拉德法斯21年（埃及历）1月19日破晓时，水星位于穿过天蝎前额第一和第二颗星直线东面两个月亮直径和第一星北面一个月亮直径处。我们知道第一颗星位于黄经$209^\circ\ 40'$，北纬$1\frac{1}{3}^\circ$处；第二颗星在黄经209°，南纬$1\frac{5}{6}^\circ$。由此可得水星在经度$210^\circ\ 40'$［$209^\circ\ 40' + (2 \times \frac{1}{2}^\circ)$］，$\approx$北纬$1\frac{5}{6}^\circ$（$1\frac{1}{3}^\circ + \frac{1}{2}^\circ$），自亚历山大死后，经过59年17日45日分；我计算出太阳的平位置为$228^\circ\ 8'$；行星的清晨距角为$17^\circ\ 28'$。距角在而后的四天中仍在增加[1]。则可确定行星在靠近地球的低弧段上运行，并没达到其最大清晨距角，也还没有到其轨道的切点。其高拱点为$183^\circ\ 20'$，它与太阳平位置的距离是$44^\circ\ 48'$（$228^\circ\ 8' - 183^\circ\ 20'$）。

---

〔1〕哥白尼由于误解而说成“在之后的4天中”，但托勒密的意思为“在此之后的第4天”。

跟第3章一样，我们令大圆的直径为ACB。从大圆中心C描出太阳的平均运动线CE，使$\angle ACE$为$44°48'$（见图5.31）。

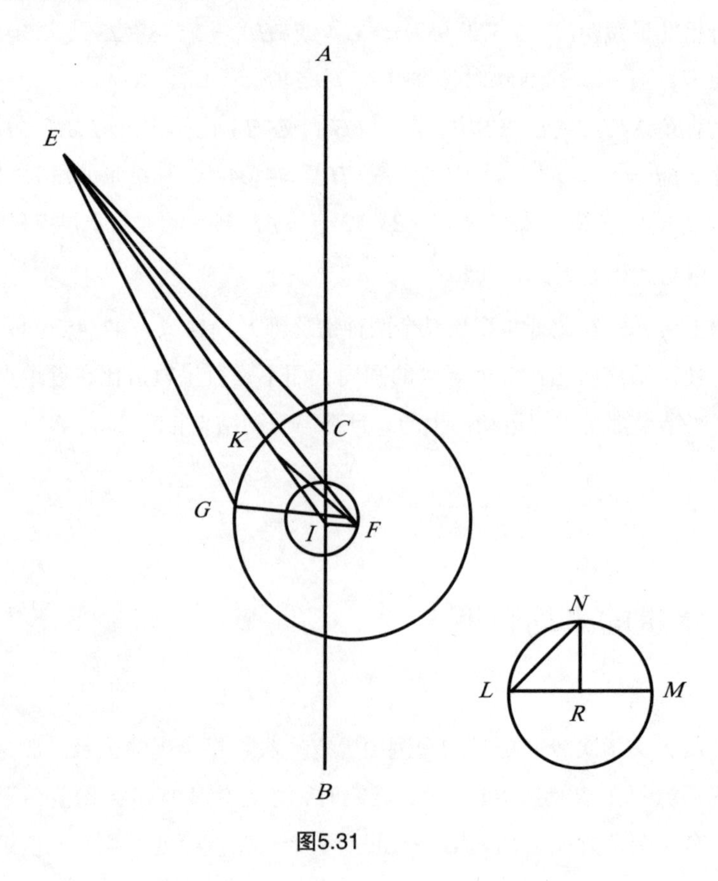

图5.31

再以I为圆心，绘负载偏心圆中心F的小圆。取$\angle BIF = 2\angle ACE$（$2\times 44°48'$）$= 89°36'$，再连接EF与EI。

在$\triangle ECI$中，令$CE = 10\ 000^P$时，$CI = 736\frac{1}{2}^P$。CE与CI的夹角为$\angle ACE$（$44°48'$）的补角，$\angle ECI = 135°12'$。

剩余边$EI = 10\ 534^P$，求得$\angle CEI = \angle ACE - \angle EIC = 2°49'$。推出$\angle CIE = 44°48' - 2°49' = 41°59'$。而$\angle CIF$为$\angle BIF$（$89°36'$）的补角为$90°24'$。则$\angle EIF = \angle CIF + \angle EIC = 90°24' + 41°59' = 132°23'$。

$\triangle EFI$中，$\angle EIF$的两边已知。我们取$AC = 10\ 000^P$时，$EI = 10\ 534^P$和$IF = 211\frac{1}{2}^P$。

则$\angle FEI = 50'$，剩余边$EF = 10\ 678^P$。$\angle CEF = \angle CEI - \angle FEI = 2^\circ\ 49' - 50' = 1^\circ\ 59'$。

我们再画小圆LM。假设$AC = 10\ 000^P$时，直径$LM = 380^P$。

令：$LN = 89^\circ\ 36'$，绘出弦LN及垂直于LM的NR，则$LN^2 = LM \times LR$。

由此得其比值。若取直径$LM = 380^P$时，可知LR的长度$\approx 189^P$。行星在沿此LR或与之相当的直线上运动时，已经偏离了轨道中心F，此刻直线EC扫出$\angle ACE$。

则当这段长度（189^P）与$3\ 573^P$（最短距离）相加时，其和为$3\ 762^P$。

我们以F为圆心、以$3\ 762^P$为半径画一个圆。绘出直线EG，交水星轨道的凸圆周于G，得出行星离太阳平位置的视距角$CEG = 228^\circ\ 8' - 210^\circ\ 40' = 17^\circ\ 28'$。再连接$FG$和平行于$CE$的$FK$。

$\angle CEG - \angle CEF = \angle FEG = 17^\circ\ 28' - 1^\circ\ 59' = 15^\circ\ 29'$。

已知：在$\triangle EFG$中，$EF = 10\ 678^P$，$FG = 3\ 762^P$，$\angle FEG = 15^\circ\ 29'$。

求得$\angle EFG = 33^\circ\ 46'$。$\angle EFG - \angle EFK$（等于内错角$CEF$）$= \angle KFG = KG = 31^\circ\ 47'$（$33^\circ\ 46' - 1^\circ\ 59'$）。这便是行星与其轨道平均近地点$K$的距离。在这次观测中，视差近点角的平均行度为$KG$与一个半圆相加的和，即$211^\circ\ 47'$（$180^\circ + 31^\circ\ 47'$）。

5.30 新观测到的水星的运动

以上水星运动的方法都是古天文学家遗留下来的，当时尼罗河流域的天空没有维斯杜那河的浓雾，极有利于观测。而我们如今居住的地方，天空已经没有那么晴朗，浓雾密布加上天球倾角很大，因而很少能观测到水星，即使在它与太阳的距角最大时也是如此。特别是在白羊宫和双鱼宫升起时，以及另一端，即室女宫及天秤宫沉没时，都不能看见它。此外，即使在晨昏时刻，它也不会在巨蟹宫或双子宫的任何一处被看见。它仅在太阳已进入狮子宫时可见，且不会出现在夜晚。在研究水星的运行时，往往因为存有太多困惑而需要耗费更多精力。

因此我从在纽伦堡精细的观测位置中借用了三个。第一个是瑞几蒙塔纳斯的学生贝恩哈德·瓦耳脱在公元1491年9月9日午夜后5个均匀小时测定的。他用环形

□ 水 星

水星是太阳系距离太阳最近、体积最小的行星，直径约4 828千米。

星盘指向毕宿五观测。这时水星处于室女宫内$13\frac{1}{2}°$（≈$163\frac{1}{2}°$）、北纬1° 50′处。当时水星开始晨没，而在此之前的若干日内，它在清晨出现的次数正逐渐减少。从基督纪元开始历时1 491埃及年258日$12\frac{1}{2}$日分，太阳的平位置为149° 48′。而从春分点算起为在室女宫内26° 47′（≈176° 47′）。则水星的距角约等于$13\frac{1}{4}°$（176° 47′－163° 50′＝13° 17′）。

公元1504年1月9日午夜后$6\frac{1}{2}$小时，约翰·熊奈尔测定了第二个位置，当时天蝎座内10° 正位于纽伦堡上空的中天位置。他观测到行星在摩羯宫内$3\frac{1}{3}°$、北纬0° 45′处。进而求得从春分点量起的太阳平位置为摩羯宫内27° 7′处，水星在清晨时位于西面23° 47′处。

第三次观测是约翰·熊奈尔在1504年3月18日进行的。当时的水星在白羊宫内26° 55′，北纬约3′处，而巨蟹宫里25° 正在过纽伦堡的中天。他的浑仪于午后$7\frac{1}{2}$小时指向毕宿五。而太阳相对于春分点的平位置为白羊宫内5° 39′，水星于黄昏离太阳的距角为21° 17′（≈26° 55′－5° 39′）。

从第一至第二位置的测定经过12埃及年125日3日分45日秒，这期间内太阳的简单行度为120° 14′，水星的视差近点角为316° 1′。第二段时期有69日31日分45日秒，其间太阳的平均简单行度为68° 32′，水星的平均视差近点角为216° 。

我将要用这三次观测来探究目前水星的运动。因并未发现早期天文学家对其他行星在这方面的错误，所以我认为在这些观测中，从托勒密到现在测定的各圆周的大小仍然正确。如能在这些观测外还能确定偏心圆拱点的位置，则探究水星运行的任务就圆满完成了。我之前已经假定其高拱点的位置为$211\frac{1}{2}°$，即位于天蝎宫内$18\frac{1}{2}°$。我无法让它变小一些而便于观测。由此可得到第一次测定时偏心圆的近点角，即太阳平位置与远地点的距离为298° 15′；第二次为58° 29′。

我们按前面的模板作图（见图5.32）。

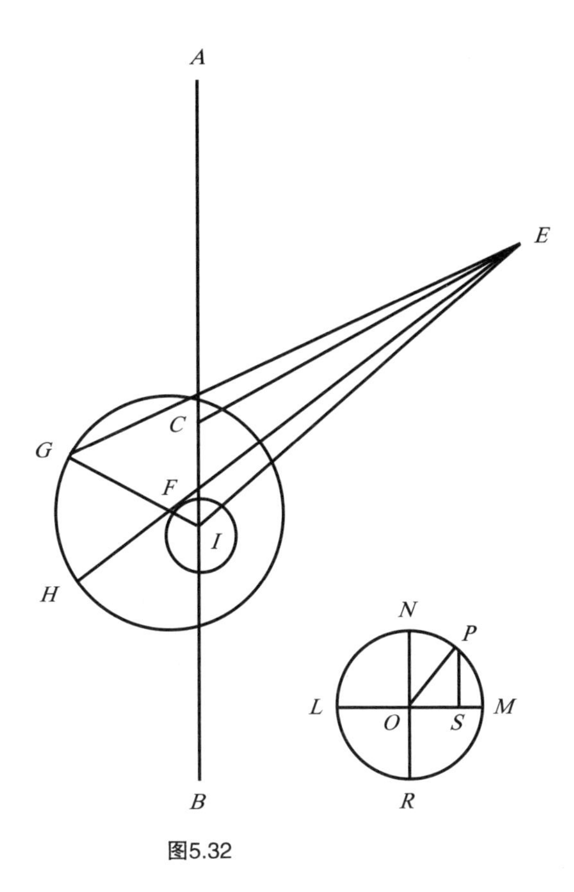

图5.32

取$\angle ACE=61°45'$（$360°-298°15'$），即在第一次观测时平太阳线在远地点西面的距离。

令：由此出现的一切都符合假设。

再令：$AC=10\ 000^P$。

已知$IC=736\frac{1}{2}^P$。在$\triangle ECI$中，还可知$\angle ECI=118°15'=180°-\angle ACE$（$61°45'$）。于是求得$\angle CEI=3°35'$，而当$EC=10\ 000^P$时，边$IE=10\ 369^P$，$IF=211\frac{1}{2}^P$。

同理，$\triangle EFI$中也是如此。已知$IE:IF=10\ 369^P:211\frac{1}{2}^P$。

如图，$\angle BIF=123\frac{1}{2}°=2\angle ACE$（$61°45'$）。$\angle BIF$（$123\frac{1}{2}$）$°$的补角$\angle CIF=56\frac{1}{2}°$。则可知$\angle EIF=\angle CIF$（$56°30'$）$+\angle EIC$（$\angle ACE-\angle CEI=61°45'-3°35'=58°10'$）$=114°40'$。$\angle IEF=1°5'$，边$EF=10\ 371^P$。$\angle CEF=2\frac{1}{2}°$（$\angle CEI-$

$\angle IEF = 3^\circ 35' - 1^\circ 5'$）。

为了确定进退运动可使以F为心的圆同远地点或近地点的距离增加多少，我们画一个小圆，直径LM和NR在圆心O将其四等分。

令：$\angle POL = 2\angle ACE$（$61^\circ 45'$）$= 123\frac{1}{2}^\circ$，从P点作PS与LM垂直。

由已知比值，OP（或与之相等的LO）：$OS = 10\,000^P : 5\,519^P = 190 : 150$。

取$AC = 10\ 000^P$时，这些数目相加可得行星距中心F更远的限度$LS = 295^P$。把295^P加上最短距离$3\ 573^P$得现在的数值$3\ 868^P$。

我们以此为半径，以F为圆心绘出圆HG。再连接EG，延长直线EF为EFH（见图5.33）。

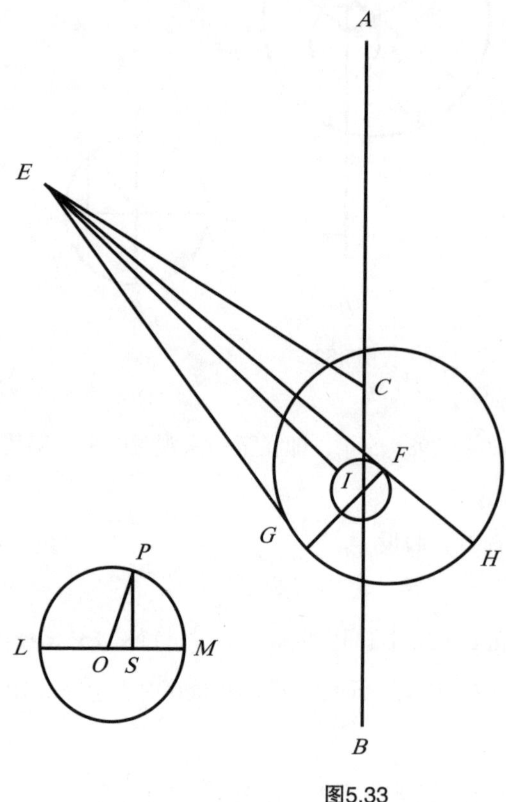

图5.33

已知：$\angle CEF = 2\frac{1}{2}^\circ$。瓦尔脱在清晨观测到行星与平太阳的距离$GEC$为$13\frac{1}{4}^\circ$。得到$\angle FEG = \angle GEC + \angle CEF = 13^\circ 15' + 2^\circ 30' = 15\frac{3}{4}^\circ$。

在$\triangle EFG$中，$EF:FG=10\ 371^P:3\ 868^P$，已知$\angle CEG$为$15°\ 45'$，可知$\angle EGF$为$49°\ 8'$。

则余下外角$\angle GFH=\angle EGF+\angle GEF=49°\ 8'+15°\ 45'=64°\ 53'$。用$360°-\angle GFH$=真视差近点角$=295°\ 7'$。此角加上$\angle CEF$（$2°\ 30'$）=均匀视差近点角$=297°\ 37'$，这便是我们要求的。再加上$316°\ 1'$（第一次与第二次观测之间的视差近点角），于是可得第二次观测的均匀视差近点角为$253°\ 38'$（$297°\ 37'+316°\ 1'=613°\ 38'-360°$）。

下面我将证实它的正确性，以及它与观测相吻合。

图5.34中取第二次观测时偏心圆的近点角$\angle ACE=58°\ 29'$。

在$\triangle CEI$中，两边已知。当取$EC=10\ 000^P$时，$IC=736^P$（以前和今后为$736\frac{1}{2}^P$），还知道$\angle ACE$（$58°\ 29'$）的补角$\angle ECI=121°\ 31'$。

则相同单位下，第三边$EI=10\ 404^P$，$\angle CEI=3°\ 28'$。

同理，$\triangle EIF$中，$\angle EIF=118°\ 3'$，取$IE=10\ 404^P$时，$IF=211\frac{1}{2}^P$。则相同单位下第三边$EF=10\ 505^P$，$\angle IEF=61'$。余量$\angle FEC=\angle CEI-\angle IEF=3°\ 28'-1°\ 1'=2°\ 27'$=偏心圆的行差。

真视差行度=偏心圆的行差+均匀视差行度$=2°\ 27'+253°\ 38'=256°\ 5'$。

接着在引起进退运动的小本轮上取$\overset{\frown}{LP}=2\angle ACE$（$58°\ 29'$）$=116°\ 58'$。

同理，在$\triangle OPS$中，$OP:OS=1\ 000^P:4\ 535^P$，当OP或LO为190^P时，$OS=86^P$。

则$LOS=LO+OS=190^P+86^P=276^P$。此值加上最短距离（$3\ 573^P$），和为$3\ 849^P$。

以此为半径、F为中心画圆HG，H为视差的远地点（见图5.34）。

令：$\overset{\frown}{HG}$即行星与H点的距离向西延伸$103°\ 55'$。这是一次完整运转与经过改正的视差行度［（平均行度+相加行差）=真行度=（$256°\ 5'+103°\ 55'=360°$］的差额。

则$\angle HFG$（$103°\ 55'$）的补角$\angle EFG=76°\ 5'$。

同样，在$\triangle EFG$中，已知$FG=3\ 849^P$，我们取$EF=10\ 505^P$。得到$\angle FEG=21°\ 19'$，再加上$\angle CEF$（$2°\ 27'$），可得$\angle CEG=23°\ 46'$=大圆中心F与行星G之间的距离，这个距离与观测到的距角（$23°\ 47'$）仅略微不同。

若取$\angle ACE=127°\ 1'$或其补角$\angle BCE$为$52°\ 59'$，便可第三次证实这种相符。

在两边已知的$\triangle ECI$中，当$EC=10\ 000^P$时，$CI=736\frac{1}{2}^P$。EC和CI的夹角$\angle ECI=52°\ 59'$。求得$\angle CEI=3°\ 31'$，而在取$EC=10\ 000^P$时，得$IE=9\ 575^P$。

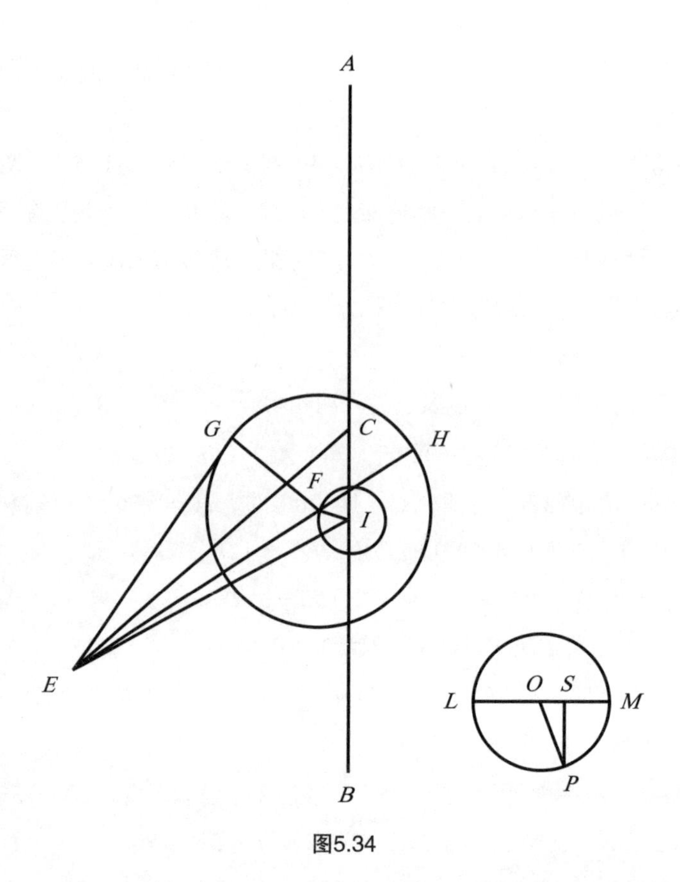

图5.34

如图，已知$\angle EIF = 49°28'$，也可知求出它的两边，即当$EI = 9\ 575^P$时，$FI = 211\frac{1}{2}^P$。则$\triangle EIF$中用相同单位表示第三边EF为$9\ 440^P$，偏心圆近点角的相减行差角为$\angle IEC$（$3°31'$）－$\angle EIF$（$59'$）＝$\angle FEC = 2°32'$。

我还曾把第二时段的平均视差近点角$216°$加上第二次观测时的均匀视差近点角$253°38'$，得出平均视差近点角为$216° + 253°38' = 469°38' - 360° = 109°38'$。此平均视差近点角（$109°38'$）$+2°32'$＝真视差近点角的值$= 112°10'$。

我们在小本轮上取$\angle LOP = 2\angle ECI$（$52°59'$）$= 105°58'$。

同上，根据$PO:OS$比值，可知$OS = 52^P$，则$LOS = LO + OS = 190^P + 52^P = 242^P$。把此数加上最短距离（$3\ 573^P$），求得距离的改正值为$3\ 815^P$。

以此为半径、以F为中心画圆，H为圆上的视差高拱点，H在EF的延长线上。我们取真视差近点角为$\widehat{HG} = 112°10'$，连接GF。

则补角$\angle GFE = 67°50'$。此角夹边$EF = 9\ 440^P$时，$GF = 3\ 815^P$。因而$\angle FEG =$

23° 50′。∠FEG－行差∠CEF（2° 32′），余下∠CEG＝21° 18′＝昏星（G）与大圆中心（C）之间的距离。观测求得的距离（21° 17′）与此大致相同。

因此，观测结果与这三个位置吻合，这便证实了我的假设的正确性，即偏心圆高拱点目前位于恒星天球上$211\frac{1}{2}$°处，并证明了由此产生的推论的正确性，即在第一位置的均匀视差近点角为297° 37′，第二位置为253° 38′，而在第三位置为109° 38′。这与我们求得的结果吻合。

在托勒密·费拉德法斯21年（埃及历）1月19日破晓的那次观测中，托勒密认为偏心圆高拱点在恒星天球上183° 20′处，而平均视差近点角为211° 47′。从那次观测至最近的一次观测之间，历时1 768埃及年200日33日分。这期间偏心圆高拱点在恒星天球上移动了28° 10′（211° 30′－183° 20′），而除5 570整圈外，视差行度＝257° 51′＝469° 38′－211° 47′；469° 38′+360°＝第三次观测的位置＝109° 38′。20年中大约有63个周期，则在1 760（20×88）年内有5 544（88×63）个周期。而其余的8年200日中有26个周期。

由上推出，在1 768年200日33日分中，有5 570（5 544+26）圈和257° 51′的余量。它为第一次古代观测与我们的观测所定出的位置之差。这个差值也与我的表中所列数字相符。若我将这一时段与偏心圆远地点的移动量28° 10′相比，可知相同均匀条件下63年（$1\,768\frac{1}{2}$年÷$28\frac{1}{6}$＝63年）中偏心圆远地点的行度为1°。

5.31 水星的位置

由基督纪元的起点到最近一次观测历时1 504埃及年87日48日分。在这段时间中，不计整圈，水星近点角的视差行度为63° 14′。在第三次近代观测时的近点角＝109° 38′－63° 14′＝在基督纪元开始时水星视差近点角的位置46° 24′。而从那个时候回溯到第一届奥林匹克会期的起点，共有775埃及年$12\frac{1}{2}$日。这段时间内，除整圈外计算值为95° 3′。从基督纪元的起点减去95° 3′（再借用一整圈），余量为第一奥林匹克会期的起点为311° 21′（≈46° 24′+360°＝406° 24′－95° 3′）。另外计算从这一时刻至亚历山大之死的451年247日，可得起点为213° 3′。

5.32 进退运动的另一种解释

我决定用另一种方法讨论水星，它同前述方法一样正确，我将用它来解决和阐释进退运动（见图5.35）。

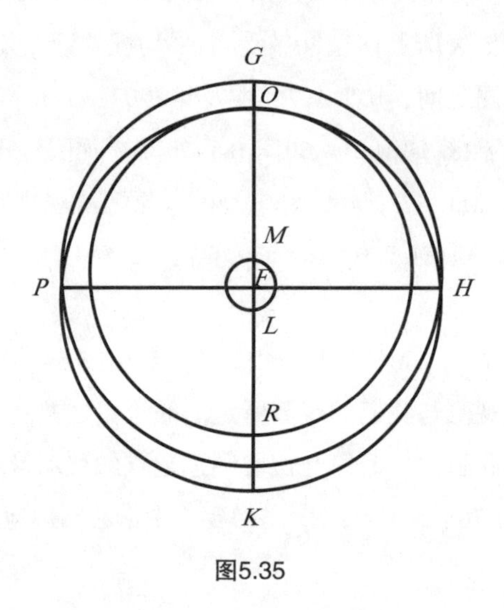

图5.35

令：圆*GHKP*于中心*F*处四等分，作它的同心小圆*LM*。

以*L*为心、以半径*LFO*＝*FG*或*FH*绘出圆周*OR*。假定所有圆周和交线*GFR*及*HFP*一起向东移动，它们绕中心*F*逐渐远离偏心圆的远地点，每天大约2°7′，这便是行星视差行度超过地球黄道行度的数值。

行星从自身圆圈*OR*上离开*G*点的视差行度，几乎等于地球的行度，其余部分则来自行星。我们假设同一个周年运转中，负载行星的圆周*OR*的中心来回运动，它是沿直径*LFM*的天平动，其直径比以前的值大一倍。

做了以上安排后，我们令地球在平均运动中处于与行星偏心圆的远地点相对的地方。

再令：负载行星的圆圈的中心为*L*，行星处于*O*点。

此刻行星离*F*最近，则在整个系统运动时，行星描出最小的圆圈，*FO*为半径。紧接着，当地球处在中拱点附近时，行星行至离*F*最远的*H*点，并描出以*F*为圆心的圆周最长的弧段。

它们的中心在*F*汇合，于是均轮*OR*与圆周*GH*重合。

地球从此位置向行星偏心圆的近地点运行，且*OR*圆的中心向另一极限*M*摆动时，圆周本身便升到*GK*之上，因而在*R*的行星将又一次到达其离*F*最近的位置，并扫出开始时为它确定的途径。

三个相等的运转重合于此，它们是地球返回水星偏心圆的远地点、圆心沿直径*LM*的天平动，以及行星从*FG*线到同一条线的巡回。我在前面谈过，这些运转中唯一的偏离是*G*、*H*、*K*和*P*这四个交点离开偏心圆拱点的行度（≈每日2°7′）。

这颗行星奇特的变化，如同大自然独特的游戏，而这种变化也被行星永恒的、精确的和不变的秩序证实。我在此特别指出，如果经度不偏离，行星便不会通过*GH*与*KP*两象限的中间区域。若两个中心发生变化，则会产生行差。而中心的非永久性设置了一道障碍。

举个例子，当中心留在*L*，行星从*O*开始运行。在*H*附近，偏心距*FL*表明它的偏离达到最大。由上可知，当行星离开*O*运动时，它使由中心间的距离*FL*所产生的偏离开始出现且不断增加。而当可动中心接近其在*F*的平均位置时，预期的偏离越来越小，直至完全消失于中间交点*H*和*P*附近，我预计这些地方的偏离最大。可我知道在偏离变小时，它被太阳的光芒吞噬，所以当行星在晨昏出没时根本不能察觉它在圆周上。我不会忽视这种假设，它的合理性都被证实，且非常适合研究黄纬的变化。

5.33 五大行星的行差表

上面已经求得水星和其他行星的均匀行度与视行度，并通过计算详细地加以说明。以计算为例，能够了解如何算出其他任何位置的这两种行度之差。为了方便计算，我针对每颗行星列出详尽的表，所做的每个表有6栏、30行，行的间距为3°。前两栏是偏心圆近点角及视差的公共数。第三栏是各圆周均匀行度与非均匀行度之间出现的偏心圆集合差值，即总差值。

由于地球的距离大小不定，视差按比例分数或增或减，因此按六十分之几算出的比例分数载于第四栏。第五栏是行差本身，行差是在行星偏心圆高拱点处对于大圆的视差。最后一栏（即第六栏）可查到偏心圆低拱点的视差大于高拱点视差的量。（具体见《水星行差表》《木星行差表》《金星行差表》《火星行差表》《土星行差表》，P331—335。）

5.34 五大行星的黄经位置

通过以上这些表，可以轻易求得五颗行星的黄经位置。它们几乎能用相同的计算方法求得，不过三颗外行星在这方面与金星、水星略有不同。

我会先谈三颗外行星，即土星、木星和火星，用如下方法对其进行计算：任一指定时刻，按第三卷所述方法求得平均行度，即太阳的简单行度和行星的视差行度。接着从太阳的简单位置减去行星偏心圆高拱点的位置，其差减去视差行度＝行星偏心圆的近点角。这个数目可在前两栏表中的某一栏的公共数中查找。而第三栏可得出与此数相应的偏心圆归一化数量，从下一栏查出比例分数。若查表所用数字位于第一栏，便将改正量加上视差行度，再用偏心圆近点角减去它。而若查表所用数字在第二栏中，便用视差近点角减掉它，将它加上偏心圆近点角。得到的和或差便是视差和偏心圆的归一化近点角。而为了阐明下面的一个问题，我将留下比例分数以供使用。

接着在前面两栏的公共数中查此归一化的视差近点角，再由第五栏求得与之相应的视差行差，以及最后一栏所载的其超出量。依比例分数求得超出量的比例部分。任何时候行星的真视差都为此比例部分加上行差。若半圆大于近点角，则用归一化视差近点角减去此和；相反，若近点角大于半圆，则用近点角加上此和。这便是求得行星在太阳平位置两面的真距离与视距离的方法。行星在恒星天球上的位置则为太阳的平位置减去此距离。而行星与春分点的距离等于二分点岁差加行星位置。

水星行差表

公共数		偏心圆改正量		比例分数		〔在高拱点的〕大圆视差		〔在低拱点的〕视差超出量		公共数		偏心圆改正量		比例分数		〔在高拱点的〕大圆视差		〔在低拱点的〕视差超出量	
°	°	′	″	分	秒	°	′	°	′	°	°	′	″	分	秒	°	′	°	′
3	357	8	21	0	3	0	44	0	8	93	267	3	0	53	43	18	23	4	3
6	354	17	41	0	12	1	28	0	15	96	264	3	1	55	4	18	37	4	11
9	351	26	2	0	24	2	12	0	23	99	261	3	0	56	14	18	48	4	19
12	348	34	23	0	50	2	56	0	34	102	258	2	59	57	14	18	56	4	27
15	345	43	44	1	43	3	41	0	38	105	255	2	58	58	1	19	2	4	34
18	342	51	5	2	42	4	25	0	45	108	252	2	56	58	40	19	3	4	42
21	339	59	25	3	51	5	8	0	53	111	249	2	55	59	14	19	3	4	49
24	336	8	46	5	10	5	51	0	1	114	246	2	53	59	40	18	59	4	54
27	333	16	5	6	41	6	34	1	8	117	243	2	49	59	57	18	53	4	58
30	330	24	24	8	29	7	15	1	16	120	240	2	44	60	0	18	42	5	2
33	327	32	43	10	35	7	27	1	24	123	237	2	39	59	49	18	27	5	4
36	324	39	2	12	50	8	38	1	32	126	234	2	34	59	35	18	8	5	6
39	321	46	20	15	7	9	18	1	40	129	231	2	28	59	19	17	44	5	9
42	318	53	37	17	26	9	59	1	47	132	228	2	22	58	59	17	17	5	9
45	315	0	53	19	47	10	38	1	55	135	225	2	16	58	32	16	44	5	6
48	312	6	8	22	8	11	17	2	2	138	222	2	10	57	56	16	7	5	3
51	309	12	23	24	31	11	54	2	10	141	219	2	3	56	41	15	25	4	59
54	306	18	36	26	17	12	31	2	18	144	216	1	55	55	27	14	38	4	52
57	303	24	50	29	17	13	7	2	26	147	213	1	47	54	55	13	47	4	41
60	300	29	3	31	39	13	41	2	34	150	210	1	38	54	25	12	52	4	26
63	297	34	15	33	59	14	14	2	42	153	207	1	29	53	54	11	51	4	10
66	294	38	27	36	12	14	46	2	51	156	204	1	19	53	23	10	44	3	53
69	291	43	37	38	29	15	17	2	59	159	201	1	10	52	54	9	34	3	33
72	288	47	46	40	45	15	46	3	8	162	198	1	0	52	33	8	20	3	10
75	285	50	53	42	58	16	14	3	16	165	195	0	51	52	18	7	4	2	43
78	282	53	1	45	6	16	40	3	24	168	192	0	41	52	8	5	43	2	14
81	279	56	8	46	59	17	4	3	32	171	189	0	31	52	3	4	19	1	43
84	276	58	14	48	50	17	27	3	40	174	186	0	21	52	2	2	54	1	9
87	273	59	20	50	36	17	48	3	48	177	183	0	10	52	2	1	27	0	35
90	270	0	25	52	2	18	6	3	56	180	180	0	0	52	2	0	0	0	0

木星行差表																			
公共数		偏心圆改正量		比例分数		〔在高拱点的〕大圆视差		〔在低拱点的〕视差超出量		公共数		偏心圆改正量		比例分数		〔在高拱点的〕大圆视差		〔在低拱点的〕视差超出量	
°	°	′	″	分	秒	°	′	°	′	°	°	′	″	分	秒	°	′	°	′
3	357	0	16	0	3	0	28	0	2	93	267	5	15	28	33	10	25	0	59
6	354	0	31	0	12	0	56	0	4	96	264	5	15	30	12	10	33	1	0
9	351	0	47	0	18	1	25	0	6	99	261	5	14	31	43	10	34	1	1
12	348	1	2	0	30	1	53	0	8	102	258	5	12	33	17	10	34	1	1
15	345	1	18	0	45	2	19	0	10	105	255	5	10	34	50	10	33	1	2
18	342	1	33	1	3	2	46	0	13	108	252	5	6	36	21	10	29	1	3
21	339	1	48	1	23	3	13	0	15	111	249	5	1	37	47	10	23	1	3
24	336	2	2	1	48	3	40	0	17	114	246	4	55	39	0	10	15	1	3
27	333	2	17	2	18	4	6	0	19	117	243	4	49	40	25	10	5	1	3
30	330	2	31	2	50	4	32	0	21	120	240	4	41	41	50	9	54	1	2
33	327	2	44	3	26	4	57	0	23	123	237	4	32	43	18	9	41	1	1
36	324	2	58	4	10	5	22	0	25	126	234	4	23	44	46	9	25	1	0
39	321	3	11	5	40	5	47	0	27	129	231	4	13	46	11	9	8	0	59
42	318	3	23	6	43	6	11	0	29	132	228	4	2	47	37	8	56	0	58
45	315	3	35	7	48	6	34	0	31	135	225	3	50	49	2	8	27	0	57
48	312	3	47	8	50	6	56	0	34	138	222	3	38	50	22	8	5	0	55
51	309	3	58	9	53	7	18	0	36	141	219	3	25	51	46	7	39	0	53
54	306	4	8	10	57	7	39	0	38	144	216	3	13	53	6	7	12	0	50
57	303	4	17	12	0	7	58	0	40	147	213	2	59	54	10	6	43	0	47
60	300	4	26	13	10	8	17	0	42	150	210	2	45	55	15	6	13	0	43
63	297	4	35	14	20	8	35	0	44	153	207	2	30	56	12	5	41	0	39
66	294	4	42	15	30	8	52	0	46	156	204	2	15	57	0	5	7	0	35
69	291	4	50	16	50	9	8	0	48	159	201	1	59	57	37	4	32	0	31
72	288	4	56	18	10	9	22	0	50	162	198	1	43	58	6	3	56	0	27
75	285	5	1	19	17	9	35	0	52	165	195	1	27	58	34	3	18	0	23
78	282	5	5	20	40	9	47	0	54	168	192	1	11	59	3	2	40	0	19
81	279	5	9	22	20	9	59	0	55	171	189	0	53	59	36	2	0	0	15
84	276	5	12	23	50	10	8	0	56	174	186	0	35	59	58	1	20	0	11
87	273	5	14	25	23	10	17	0	57	177	183	0	17	60	0	0	40	0	6
90	270	5	15	26	57	10	24	0	58	180	180	0	0	60	0	0	0	0	0

金星行差表

公共数		偏心圆改正量		比例分数		〔在高拱点的〕大圆视差		〔在低拱点的〕视差超出量		公共数		偏心圆改正量		比例分数		〔在高拱点的〕大圆视差		〔在低拱点的〕视差超出量	
°	°	′	″	分	秒	°	′	°	′	°	°	°	′	分	秒	°	′	°	′
3	357	0	6	0	0	1	15	0	1	93	267	2	0	29	58	36	20	0	50
6	354	0	13	0	0	2	30	0	2	96	264	2	0	31	28	37	17	0	53
9	351	0	19	0	10	3	45	0	3	99	261	1	59	32	57	38	13	0	55
12	348	0	25	0	39	4	59	0	5	102	258	1	58	34	26	39	7	0	58
15	345	0	31	0	58	6	13	0	6	105	255	1	57	35	55	40	0	1	0
18	342	0	36	1	20	7	28	0	7	108	252	1	55	37	23	40	49	1	4
21	339	0	42	1	39	8	42	0	9	111	249	1	53	38	52	41	36	1	8
24	336	0	48	2	23	9	56	0	11	114	246	1	51	40	19	42	18	1	11
27	333	0	53	2	59	11	10	0	12	117	243	1	48	41	45	42	59	1	14
30	330	0	59	3	38	12	24	0	13	120	240	1	45	43	10	43	35	1	18
33	327	1	4	4	18	13	37	0	14	123	237	1	42	44	37	44	7	1	22
36	324	1	10	5	3	14	50	0	16	126	234	1	39	46	6	44	32	1	26
39	321	1	15	5	45	16	3	0	17	129	231	1	35	47	36	44	49	1	30
42	318	1	20	6	32	17	16	0	18	132	228	1	31	49	6	45	4	1	36
45	315	1	25	7	22	18	28	0	20	135	225	1	27	50	12	45	10	1	41
48	312	1	29	8	18	19	40	0	21	138	222	1	22	51	17	45	5	1	47
51	309	1	33	9	31	20	52	0	22	141	219	1	17	52	33	44	51	1	53
54	306	1	36	10	48	22	3	0	24	144	216	1	12	53	48	44	22	2	0
57	303	1	40	12	8	23	14	0	26	147	213	1	7	54	28	43	36	2	6
60	300	1	43	13	32	24	24	0	27	150	210	1	1	55	0	42	34	2	13
63	297	1	46	15	8	25	34	0	28	153	207	0	55	55	57	41	12	2	19
66	294	1	49	16	35	26	43	0	30	156	204	0	49	56	47	39	20	2	34
69	291	1	52	18	0	27	52	0	32	159	201	0	43	57	33	36	58	2	27
72	288	1	54	19	33	28	57	0	34	162	198	0	37	58	16	33	58	2	27
75	285	1	56	21	8	30	4	0	36	165	195	0	31	58	59	30	14	2	27
78	282	1	58	22	32	31	9	0	38	168	192	0	25	59	39	25	42	2	16
81	279	1	59	24	7	32	13	0	41	171	189	0	19	59	48	20	20	1	56
84	276	2	0	25	30	33	17	0	43	174	186	0	13	59	54	14	7	1	26
87	273	2	0	27	5	34	20	0	45	177	183	0	7	59	58	7	16	0	46
90	270	2	0	28	28	35	21	0	47	180	180	0	0	60	0	0	16	0	0

土星行差表																	
公共数		偏心圆改正量		比例分数	〔在高拱点的〕大圆视差		〔在低拱点的〕视差超出量		公共数		偏心圆改正量		比例分数	〔在高拱点的〕大圆视差		〔在低拱点的〕视差超出量	
°	°	°	′		°	′	°	′	°	°	°	′		°	′	°	′
3	357	0	20	0	0	17	0	2	93	267	6	31	25	5	52	0	43
6	354	0	40	0	0	34	0	4	96	264	6	30	27	5	53	0	44
9	351	0	58	0	0	51	0	6	99	261	6	28	29	5	53	0	45
12	348	1	17	0	1	7	0	8	102	258	6	26	31	5	51	0	46
15	345	1	36	1	1	23	0	10	105	255	6	22	32	5	48	0	46
18	342	1	55	1	1	40	0	12	108	252	6	17	34	5	45	0	45
21	339	2	13	1	1	56	0	14	111	249	6	12	35	5	40	0	45
24	336	2	31	2	2	11	0	16	114	246	6	6	36	5	36	0	44
27	333	2	49	2	2	26	0	18	117	243	5	58	38	5	29	0	43
30	330	3	6	3	2	42	0	19	120	240	5	49	39	5	22	0	42
33	327	3	23	3	2	56	0	21	123	237	5	40	41	5	13	0	41
36	324	3	39	4	3	10	0	23	126	234	5	28	42	5	3	0	40
39	321	3	55	4	3	25	0	24	129	231	5	16	44	4	52	0	39
42	318	4	10	5	3	38	0	26	132	228	5	3	46	4	41	0	37
45	315	4	25	6	3	52	0	27	135	225	4	48	47	4	29	0	35
48	312	4	39	7	4	5	0	29	138	222	4	33	48	4	15	0	34
51	309	4	52	8	4	17	0	31	141	219	4	17	50	4	1	0	32
54	306	5	5	9	4	28	0	33	144	216	4	0	51	3	46	0	30
57	303	5	17	10	4	38	0	34	147	213	3	42	52	3	30	0	28
60	300	5	29	11	4	49	0	35	150	210	3	24	53	3	13	0	26
63	297	5	41	12	4	59	0	36	153	207	3	6	54	2	56	0	24
66	294	5	50	13	5	8	0	37	156	204	2	46	55	2	38	0	22
69	291	5	59	14	5	17	0	38	159	201	2	27	56	2	21	0	19
72	288	6	7	16	5	24	0	38	162	198	2	7	57	2	2	0	17
75	285	6	14	17	5	31	0	39	165	195	1	46	58	1	42	0	14
78	282	6	19	18	5	37	0	39	168	192	1	25	59	1	22	0	12
81	279	6	23	19	5	42	0	40	171	189	1	4	59	1	2	0	9
84	276	6	27	21	5	46	0	41	174	186	0	43	60	0	42	0	7
87	273	6	29	22	5	50	0	42	177	183	0	22	60	0	21	0	4
90	270	6	31	23	5	52	0	42	180	180	0	0	60	0	0	0	0

火星行差表

公共数		偏心圆改正量		比例分数		〔在高拱点的〕大圆视差		〔在低拱点的〕视差超出量		公共数		偏心圆改正量		比例分数		〔在高拱点的〕大圆视差		〔在低拱点的〕视差超出量	
°	°	°	′	分	秒	°	′	°	′	°	°	°	′	分	秒	°	′	°	′
3	357	0	32	0	0	1	8	0	8	93	267	11	7	21	32	31	45	5	20
6	354	1	5	0	2	2	16	0	17	96	264	11	8	22	58	32	30	5	35
9	351	1	37	0	7	3	24	0	25	99	261	11	7	24	32	33	13	5	51
12	348	2	8	0	15	4	31	0	33	102	258	11	5	26	7	33	53	6	7
15	345	2	39	0	28	5	38	0	41	105	255	11	1	27	43	34	30	6	25
18	342	3	10	0	42	6	45	0	50	108	252	10	56	29	21	35	3	6	45
21	339	3	41	0	57	7	52	0	59	111	249	10	45	31	2	35	34	7	4
24	336	4	11	1	13	8	58	1	8	114	246	10	33	32	46	35	59	7	25
27	333	4	41	1	34	10	5	1	16	117	243	10	11	34	31	36	21	7	46
30	330	5	10	2	1	11	11	1	25	120	240	10	7	36	16	36	37	8	11
33	327	5	38	2	31	12	16	1	34	123	237	9	51	38	1	36	49	8	34
36	324	6	6	3	2	13	22	1	43	126	234	9	33	39	46	36	54	8	59
39	321	6	32	3	32	14	26	1	52	129	231	9	13	41	30	36	53	9	24
42	318	6	58	4	3	15	31	2	2	132	228	8	50	43	12	36	45	9	49
45	315	7	23	4	37	16	35	2	11	135	225	8	27	44	50	36	25	10	17
48	312	7	47	5	16	17	39	2	20	138	222	8	2	46	26	35	59	10	47
51	309	8	10	6	2	18	42	2	30	141	219	7	36	48	1	35	25	11	15
54	306	8	32	6	50	19	45	2	40	144	216	7	7	49	35	34	30	11	45
57	303	8	53	7	39	20	47	2	50	147	213	6	37	51	2	33	24	12	12
60	300	9	12	8	30	21	49	3	0	150	210	6	7	52	22	32	3	12	35
63	297	9	30	9	27	22	50	3	11	153	207	5	34	53	38	30	26	12	54
66	294	9	47	10	25	23	48	3	22	156	204	5	0	54	50	28	5	13	28
69	291	10	3	11	28	24	47	3	34	159	201	4	25	56	0	26	8	13	7
72	288	10	19	12	33	25	44	3	46	162	198	3	49	57	6	23	28	12	47
75	285	10	32	13	38	26	40	3	59	165	195	3	12	57	54	20	21	12	12
78	282	10	42	14	46	27	35	4	11	168	192	2	35	58	22	16	51	10	59
81	279	10	50	16	4	28	29	4	24	171	189	1	57	58	50	13	1	9	1
84	276	10	56	17	24	29	21	4	36	174	186	1	18	59	11	8	51	6	40
87	273	11	1	18	45	30	12	4	50	177	183	0	39	59	44	4	32	3	28
90	270	11	5	20	8	31	0	5	5	180	180	0	0	60	0	0	0	0	0

至于金星和水星的计算，则不用偏心圆的近点角而用高拱点与太阳平位置的距离。由上述可知，用此近点角可使视差行度和偏心圆近点角归一化。但若偏心圆行差及归一化视差是在同一方向上或为同一类，则把它们与太阳平位置同时相加或相减。若它们并非同一类，便用较大量减去较小量。要求行星视位置，则用先前对较大量的相加或相减性质的说明，然后用余量进行运算，即可求得。

5.35 五大行星的运行

如何阐明行星的经度运动，解释行星的留、回归和逆行以及这些现象出现的位置、时间和限度，在这两者之间有着显然联系。以佩尔加的阿波罗尼斯为代表的天文学家们对以上问题进行了大量的探究。他们认为，行星运动时仅有一种对太阳出现的不均匀性，我将之称为由地球大圆运动所产生的视差。

我们令地球的大圆和各行星的圆周为同心圆，所有行星在自己的轨道上沿同一方向以互不相等的速率向东运行。设大圆内的金星与水星在自己的圆周上运行快于地球。从地球画一条直线与行星轨道相交，且将轨道内的线段二等分。其中一半线段与从我们的观测点地球到相交轨道的下凸圆弧的距离之比，同地球与行星的速度之比相等。直线和行星轨道近地点弧段的交点区分了逆行与顺行，因此人们看到行星位于该处时会认为行星静止不动。

三颗外行星情况与此类似，其运行慢于地球。通过我们观测点的一条直线与大圆相交，而该圆内的一半线段与从行星到位于大圆上较近凸弧上人眼的距离之比，和行星与地球的速率之比相等。于是我们肉眼观察得到的印象是行星在该时刻和该位置静止不动。

当行星向东前进，则上述（内）圆里的一半线段与剩余的外面线段之比，将超过地球与金星或水星速率之比，或超过三颗外行星中任何一个与地球速率之比；而若它向西逆行，则是前者小于后者。

阿波罗尼斯用辅助定理证实以上论点。尽管它与地球静止的假设相符，可这与我的地球可动原则并不矛盾，所以我将采用它。我将用下列方式具体阐述（见

图5.36）。

假设：在一个三角形中，将一条长边分为两段，其中某一段大于或等于邻边。该段与另一段之比会大于被分割一边的两角之比的数值。

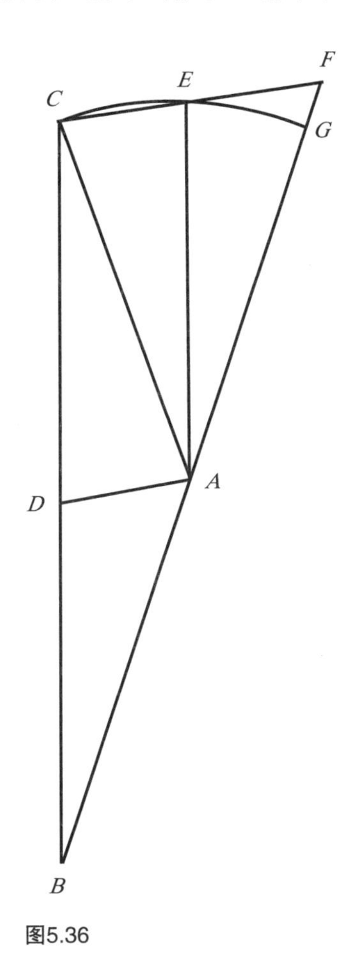

图5.36

△ABC中，我们取BC为较长边。取BC上一点D，使$CD \geqslant AC$，即$CD : BD > \angle ABC : \angle BCA$。

接下来就证实以上假设。

我们作平行四边形$ADCE$。BA和CE延长线于F点相交。再以A为心画圆，半径为AE。因$AE = CD \geqslant AC$，可知圆会通过或超过C点。

令：该圆为GEC并通过C。

可知$\triangle AEF >$扇形AEG，而$\triangle AEC <$扇形AEC。

则有$\triangle AEF : \triangle AEC >$扇形$AEG$：扇形$AEC$，$\triangle AEF : \triangle AEC =$底边$FE$：底边$EC$。求得$FE : EC > \angle FAE : \angle EAC$。

由$\angle FAE = \angle ABC$，$\angle EAC = \angle BCA$，得出$FE : EC = CD : DB$。可知$CD : DB > \angle ABC : \angle ACB$。而如果我们假定$CD$（即$AE$）不等于$AC$，取$AE > AC$时，则上述比值会大得多。

令：金星或水星的圆周为以D为中心的ABC。

再令：地球E在ABC外绕同一中心D运转（见图5.37）。

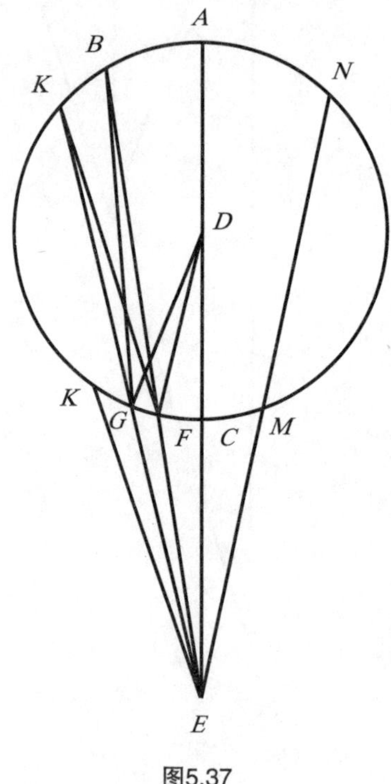

图5.37

画直线$ECDA$通过观测点E和圆周中心。

令：距地球最远点为A，最近点为C。

假设$DC : CE$比观测者与行星运动速率的比值大，由此可找到一条直线EFB，使$\frac{1}{2}BF : FE =$观测者的运动：行星的速率。

当EFB离开中心D时，它沿FB不断收缩，沿EF段则伸长，直到满足所需条件为止。其中行星在F点时，人眼看上去它是静止的。而无论我们在F任一边所取弧段多么短，它在远地点方向上都是顺行的，在近地点方向上则为逆行。

我们首先取伸向远地点的弧为$\overset{\frown}{FG}$，并延长EGK，同时连接BG、DG、DF。

在$\triangle BGE$中，较长边BE的线段BF大于BG。

则$BF:EF>\angle FEG:\angle GBF$。

由此，$\frac{1}{2}BF:FE>\angle FEG:2\times\angle GBF$（$=\angle GDF$）。而$\frac{1}{2}BF:FE=$地球速率：行星速率。

则$\angle FEG:\angle GDF<$地球速率：行星速率。由上可知，若有一角与$\angle FDG$的比值等于地球速率与行星速率之比，可知该角大于$\angle FEG$。

我们假设这个较大角为$\angle FEL$。

于是当行星在圆周上通过$\overset{\frown}{GF}$时，可知我们的视线扫过了在直线EF、EL之间的一段相反的距离。显而易见，当行星走过$\overset{\frown}{GF}$，即就我们看来它向西扫过较小角度FEG时，地球在同一时期内的运行把行星拉回来，使它向东扫出较大角度FEL。

结果是行星仍然后退了$\angle GEL$，但看上去是前进了，也并非静止不动。

同理，我们可论证相反的命题。

如图，假设取$\frac{1}{2}GK:GE=$地球速率：行星速率，我们设$\overset{\frown}{GF}$由EK延伸到近地点。

连接KF，则有$\triangle KEF$中$GE>EF$。$KG:GE<\angle FEG:\angle FKG$。还有$\frac{1}{2}KG:GE<\angle FEG:2\angle FKG=\angle GDF$。此命题为上述命题的逆命题。

我们用相同方法便能证明$\angle GDF:\angle FEG<$行星速率：视向速率。则可得知当$\angle GDF$增大时，两比值相等，则行星向西运行大于顺行所需要的量。

由前文所述，我们还可知，若我们令$\overset{\frown}{FC}=\overset{\frown}{CM}$，则$M$会出现第二次留。再绘直线$EMN$。与$\frac{1}{2}BF:FE$一样，$\frac{1}{2}MN:ME$也等于地球速率：行星速率。可知留点为$F$、$M$，以它们为端点的$\overset{\frown}{FCM}$为逆行段，而除此之外的圆周弧线为顺行。我们还可知在任一距离处，$DC:CE\leqslant$地球速率：行星速率，而任一条直线上的比值都$\neq$地球速率：行星速率，因此在我们看来，行星既不是逆行也不是静止的。

在$\triangle DGE$中，令$EG\leqslant DC$，则$\angle CEG:\angle CDG<DC:CE$。而$DC:CE\leqslant$地球速率：行星速率。因而$\angle CEG:\angle CDG<$地球速率：行星速率。出现这些情况

时，行星向东运动，且在它的运行轨道上，任何弧段看起来都不会逆行。以上论证适合大圆之内的金星与水星。

以上方法和图形同样适合三颗外行星，只是符号需要改变。令地球大圆和我们的观测点的轨道为ABC，E为行星位置。我们的观测点在大圆上的运动比行星在自身轨道上的运动快。而其他方面我们只需用前述的方法进行论证即可。

5.36 测定逆行的时间、位置和弧段

因为行星速率和观测点速率的比值不会改变，所以如果负载行星的圆周和大圆皆为同心圆，以上论证结果就容易证实。视运动的不均匀，是以上的圆都为偏心圆所造成，因而我们应采用互不相干的，按其速度变化进行简化的行度。我们在论证过程中使用的正是以上这样的行度，而并非简单的均匀行度，除非只有行星在其中间经度附近出现，即行星几乎按一种平均行度运行时在其轨道上的位置。

以上观点我会用火星为例来证明，用火星同样可以解释其他行星的逆行。我们令观测点在大圆ABC上，E点为行星所在处，再由E点画出直线$ECDA$过大圆中心（见图5.38）。画出EFB及垂直于它的DG。$GF=\frac{1}{2}BF$。则$GF:EF=$行星的瞬时速率：观测点的速率，且观测点的速率超过行星速率。

为了了解行星静止不动时与A的最大角距离及$\angle FEC$的数值，我们需要求出逆行弧段的一半即$\widehat{FC}$，或$\widehat{ABF}$（$=180^\circ-\widehat{FC}$）。由此便可预测行星出现这一现象的时间和位置。我们令行星处在偏心圆中拱点附近，而此处行星的经度和近点角行度与均匀行度相差很少。

就火星而言，当平均行度＝直线$GF=1^P8'7''$时，我们的视线的运动（即视差行度）为行星的平均行度$=1^P=$直线EF。则求得$EB=3^P16'14''$（$2\times1^P8'7''+1^P$），同样，矩形$BE\times EF$也为$3^P16'14''$。而前面已求得，取DE为10 000^{P}时，半径$DA=$ 6 580^P。

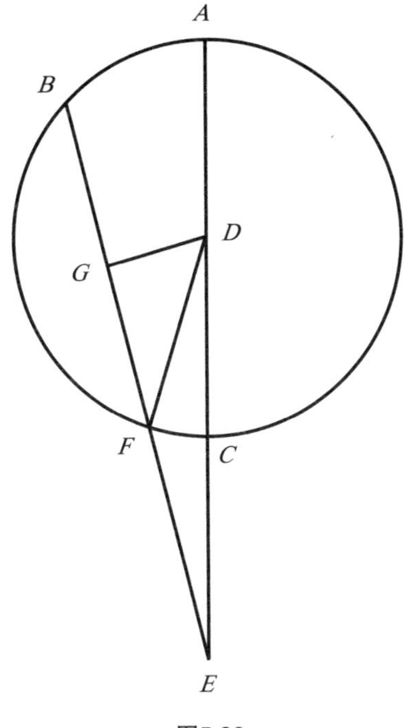

图5.38

（在该书草稿中，此处还有一段话。）

$EA=16\ 580^P$（$6\ 580^P+10\ 000^P$），而EA（$16\ 580^P$）减去$2DA$（$13\ 160^P$）$=EC=3\ 420^P$。则矩形$AE\times EC=56\ 703\ 600^P$，这同$BE\times EF$形成的矩形相等。

又已知$BE:EF$，则可求得矩形$EB\times EF$（相等矩形$AE\times EC$为$56\ 703\ 600^P$）与EF^2之比。我们令DE为$10\ 000^P$时，可求得$EF=4\ 164^P$，$DF=6\ 580^P$，还可求得另一条线$EB=13\ 618^P$和余量$GF=\dfrac{1}{2}BF$（$13\ 618^P-4\ 164^P=9\ 454^P$）$=4\ 727^P$。

在$\triangle DFG$中，已知$DF=6\ 580^P$，$FG=4\ 727^P$，$\angle DGF$为直角。则求得$\angle FDG=39°\ 15'$。

在$\triangle DEF$中，已知$DE=10\ 000^P$，$DF=6\ 580^P$，$EF=4\ 164^P$，$\angle FED=17°\ 3'$，$\angle FDE=17°\ 2'$。则第一留点的近点角$\widehat{ABF}$为$162°\ 58'$（$180°-17°\ 2'$）。因此，从A量起的第二弧段等于$2\widehat{FC}$（$34°\ 4'$）加上$\widehat{ABF}$（$162°\ 58'$）$=197°\ 2'$。根据FG可得，从第一留点到冲点C的耗时量，逆行的时间为这段时间加倍。

偏心圆的中间经度区会出现上面的情况。但是按照计算最大距离所用的方法，约为1°的行差使行星的异常行度与视线或视差近点角的异常行度之比可得，即有线段$GF:EF=1\,000:8\,917$，且BE［$(2\times GF)+EF$］$:EF=28\,917:8\,917$。我们取AD为$6\,580^P$时，由第三章可知$DE=10\,960^P$。则$DE=10\,000^P$时，$AD=6\,004^P$。求得$AE=AD+DE=6\,004^P+10\,000^P=16\,004^P$。而$EC=DE-DC$（或$AD$）$=10\,000^P-6\,004^P=3\,996^P$。内含的矩形$AE\times EC=16\,004^P\times 3\,996^P=63\,951^P$，$984^P<EF^2$，且$BE:EF$同它成正比。所以我们取$DE$为$10\,000^P$或$DF$为$6\,004^P$时，则有$EF$为$4\,441^P$。因而$\triangle DEF$中各边同样已知。

令：$DE=60^P$。

在此情况下，$AD=39^P29'$。$DE+AD=60^P+39^P29'=AE:EC=99^P29':20^P31'$（$60^P-39^P29'=DE-DC$）。

则有矩形$AE\times EC=2\,041^P4'$，它与$BE\times EF$相等。比较的结果即$2\,041^P4'$除以$3^P16'14''$的商值$=624^P4'$，而它的一边$EF=24^P58'52''$。

令：$DE=10\,000^P$时，$EF=4\,163^P5'$，$DF=6\,580^P$。

$\triangle DEF$各边已知，求得行星逆行角DEF为$27^\circ15'$，以及视差近点角$\angle CDF=16^\circ50'$。在第一次留时行星在EF上，而在冲时是在直线EC上。若行星不曾向东运动，可知$\overset{\frown}{CF}=16^\circ50'$（包含由$\angle AEF$求得的逆行量$27^\circ15'$）。

依照已知的行星速率与观测点速率比值，与$16^\circ50'$的视差近点角相应的行星经度约为$19^\circ6'39''$。从第二留点至冲点的距离为$27^\circ15'-19^\circ6'39''=8^\circ8'$，且约为$36\frac{1}{2}$日。

这期间行星经过的经度距离为$19^\circ6'39''$，则完成整个$16^\circ16'$（$2\times8^\circ8'$）的逆行需要73日（$2\times36\frac{1}{2}$日）。

以上分析是为偏心圆的中间经度进行的。

（在该书草稿中，此处还有一段话。）

如果按照当时最大距离做出的计算，由使均匀行度减少的行差可得行星异常行度与视线异常行度或视差近点角之比，即为直线GF：直线$EF=46'20''6''':1^P$。

$2\times GF=46'20''=1^P32'40''$，$BE:EF=2^P32'40'':1^P$，而矩形$BE\times EF=2^P32'40''$。取$DA$为$6\,580^P$时，$DE$为$10\,960^P$。

令：$DE=60^P$，得到$DA=36^P1'20''$。

则$AE=DE+DA=60^P+36^P1'20''=96^P1'20''$。$AE-2DA=EC=23^P58'40''$。而$AE\times EC=2\ 302^P23'58''$。此乘积除以$BE=2^P32'40''$，商数为$904^P51'12''$（应为$52'23''$）。此数的一边（平方根）$=30^P4'51''$，这是当$DE$为$60^P$时$EF$的长度。

而若$DE=100\ 000^P$，则$EF=50\ 135^P$，而在相同单位下，$DF=60\ 037^P$。因此$\triangle DEF$各边已知，以下两角也可知：行星逆行的行度为$\angle DEF=27°18'40''$，视线的视差近点角$\angle EDF=22°9'50''$。

用远地点比值得到异常黄经为$17°19'3''$，则均匀行度为$20°59'3''$。而大约40日内逆行量为$9°59'37''$，80日内整个逆行量为$19°59'14''$（$2\times 9°59'37''$）。

而对近地点也能这样解释，可知行星异常行度与视线异常行度的比值$=1^P50'40''：1^P=GF：FE$。

则矩形$BE\times EF=4^P41'21''$［$2\times GF$（$1^P50'40''$）］$=3^P41'20''$，$3^P41'20''+1^P=4^P41'20''$。在此单位中$AD=6\ 580^P$时，求得$DE=9\ 040^P$。

若DE为60^P，在相同单位下$AD=43^P40'21''$，$AE=AD+DE=43^P40'21''+60^P=103^P40'21''$，余下的$CE=AE-2AD=103^P40'21''-87^P20'42''=16^P19'39''$。

则矩形$AE\times EC=103^P40'21''\times 16^P19'39''=1\ 672^P42'52''$（应为$1\ 692^P$）。用它除以$4^P41'21''$（$BE\times EF$），得到$360^P59'1''$。

若取$DE=60^P$，此数的一边$=EF=18^P59'58''$。而若$DE=100\ 000^P$，相同单位下$EF=31\,665^P$，$DF=72\,787^P$。

由此得知$\triangle DEF$各边，进而求得角行星的逆行视差为$\angle DEF=25°45'16''$，可知视线与冲时逆行中点的角距$\angle EDF=10°53'13''$。

在视线通过弧FC为$10°53'13''$的时间内，行星按其异常行度扫过$19°44'58''$，而其均匀行度为$16°17'21''$时，则$31\frac{1}{2}$日内越过逆行量之半$\approx 6°$，在大约$62\frac{1}{2}$日中整个逆行量为$12°1'$。

计算其他位置也大致如此。

所以，若我们把观测点放在行星位置上并置行星于观测点处，则与金星和水星一样，可用相同的方法来分析土星、木星及火星。而在被地球所围住的轨道上出现的情况，则与环绕地球的轨道情况相反。我认为上面的论述已经足够了，因此没有必要重复。

然而，行星行度随视线而变，对留产生极大的困扰和不确定性。阿波罗尼斯的假设也不能使我们解决问题。我想，或许用简单方法更适合研究最近位置的留。与此相似，行星的冲可用行星与太阳平均运动线相接触求得，也可用行星运动的已知量确定任一行星的合。我将留下这个问题给我的读者，便于你们继续钻研，直到得到自己满意的答案。

第 6 章

CHAPTER 6

本章作为前一章（行星“经度行度”的研究）的延续，主要对“纬度行度”进行研究，重点讨论了地球运动引起的行星黄纬偏离。哥白尼首先对行星的黄纬和地球运动引起的黄纬偏离做概略的描述，对托勒密推求轨道面倾角的方法和结果进行讲解，并对黄纬值作出解释。随后分别论述了金星和水星的黄纬；金星和水星的二级黄纬偏离角、倾角数值和第三种黄纬；章末对五颗行星的黄纬计算方法进行了总结。

引 言

我尽力阐释了假定的地球运动怎样影响行星在黄经上的视运动，以及它如何使这些现象遵照一种精确且必要的规律性。接下来我将探究引起行星黄纬偏离的这些运动，解释地球运动怎样支配这些现象，并确定在这些现象下它们的规律。行星的黄纬偏离会使行星的出没、初现、掩星和之前所述的一切现象需要进一步修正，因而对它的探究显得非常必要。我们只有确定了行星的黄经和黄纬的偏离，才能确定行星的真位置。而古人假设地球静止时所论证的相关事宜，我都可以通过对地球运动的假设来完成。我相信自己的论断可能更加精确、简练。

6.1 关于五大行星的黄纬偏离的一般解释

古天文学家们发现五颗行星的双重黄经不均匀导致了它们双重的黄纬偏离。他们认为这是由偏心圆和本轮造成的。我不使用本轮，而用曾在文中多次提到的地球大圆加以阐述。大圆与黄道面并不存在什么高低不同，它们实际上是等同的，且永远结合在一起。而我之所以使用大圆的另一个原因，是因为行星轨道倾斜于黄道平面，且倾角是变化的，其变化同地球大圆的运动及在行星轨道上的运转密切相关。

三颗外行星（土星、木星和火星）在经度上的运动规律不同于金星和水星。另一方面，外行星的黄纬运动的差异也比较大。因而古天文学家便先确定了它们的北黄纬极限的位置和数量。托勒密则发现土星和木星的北黄纬极限在天秤宫起点周围，火星的北黄纬极限位于巨蟹宫中点附近靠近偏心圆的远地点处。

而今，依我的观测可求得土星的北限位于天蝎座内7°处，木星在天秤座内27°，火星在狮子座内27°。从当时到现在这一漫长的时间内，倾角和黄纬基点随着行星轨道一起运动，远地点也随之移动。那时的地球无论在哪里，它和这些极限相距一个归一化或视象限处，这些行星在纬度上几乎没有偏离。因而，行星在那些中经度区，便处于它们的轨道和黄道的交点处，这同月球与黄道交点处一样。这些相交处被托勒密称为“交点”。自升交点开始，行星进入北天区；至降交点处，它便跨入南天区。地球大圆于黄道面内地位永远不变，因而以上出现的偏离并非是大圆使行星存在任何黄纬偏移。相反地，黄纬因交点产生偏离，且在两交点的中间位置偏离最大。当观测到行星于午夜过中天且与太阳相冲时，行星在地球接近时呈现的偏离大于地球在其他

□ **黄纬偏离**

五颗行星的双重黄经不均匀导致了它们双重的黄纬偏离。

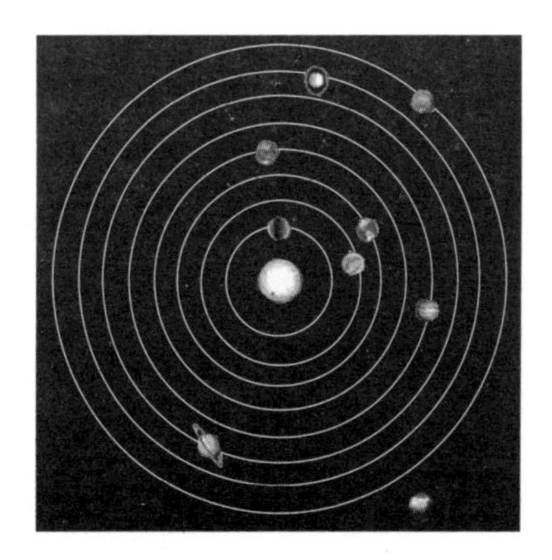

位置时。其在南天区向南移动，在北天区向北移动。这种偏离大于地球在进退运动时实际所需要的位移。由此可知，行星轨道的倾角并非固定，而是在与地球大圆运转相应的某种天平动中移动。我将在下面对此进行详细阐释。

金星和水星的偏离情况略有不同，虽然它们遵照一种与其中、高、低拱点相关的精确规律运行。它们的中经度区，也就是太阳的平均运动线同它们的高拱点或低拱点相距一个象限时，也是当行星本身在晨昏和同一条太阳平均运动线的距离为行星轨道的一个象限时，古天文学家观测到行星和黄道没有偏离。他们因此认为，此时行星处于自身轨道和黄道的交点处。因为交点分别通过远地点和近地点时，行星距地球较远或较近，这时行星出现明显的偏离。在黄昏初现或晨没时，行星距地球最远，这时观测到的偏离最大，即金星最偏北，水星最偏南。

另外，当处于离地球较近的一个位置，行星在黄昏沉没或在清晨升起时，金星看起来在南而水星在北。相反，地球处于与此相对的另一中拱点时，即偏心圆的近点角为270°时，金星在南且距地球较远，而水星在北。若处于距地球较近处，则金星在北，水星在南。

但是托勒密得出，当地球靠近这些行星的远地点时，金星的黄纬早晨偏北，黄昏偏南。而水星同它相反，其黄纬为早晨偏南，黄昏偏北。而当地球靠近这些行星的近地点时，这些方向便反过来，即金星早晨在南，黄昏在北；水星早上在北，黄昏在南。古天文学家发现，当地球处于这些行星的远地点或近地点时，金星的偏离在北面大于南面，于水星则是南大于北。

根据以上情况，古天文学家假设出一种双重纬度，事实上，它在大多数情况下为三重纬度。第一种被称为“赤纬”，它出现于中间经度区。第二种被称为“倾角”，它于高、低拱点出现。第三种被称为“偏离”，它与第二种纬度相关联。对金星而言，它总是偏北，对水星则总是在南。而在高拱点、低拱点和两个中拱点这四个极限点之间，各种纬度掺杂于此，交替增减，彼此进退。我会在下面适当的地方对这些现象进行阐释。

6.2 五大行星在黄纬上运动的圆周理论

通过以上讨论，理当认为五颗行星的轨道都与黄道面斜交，倾角的变化有规律，黄道直径为轨道面和黄道面的交线。就土星、木星和火星来讲，同我论证的二分点岁差的情况类似，其倾角以交线为轴出现了某种振动，这种振动是简单的，且以一定周期随视差动一起增减。当地球与行星距离最近时，即行星午夜过中天时，其轨道倾角为极大值；当它在相反位置时，其轨道倾角为极小值。由此，当行星的南或北纬度为极限值，可知行星黄纬在临近地球时远大于距地球最远时。但依照物体近大远小的原理，我们可知这种变化主要是由于与地球距离不同造成的。仅由地球距离引起的变化小于这些行星黄纬的增减变化。当它们的轨道的倾角也起伏振动时，这种情况就会出现。前面我已提到，振荡运动的计算应采用两个极值之间的平均值（见图6.1）。

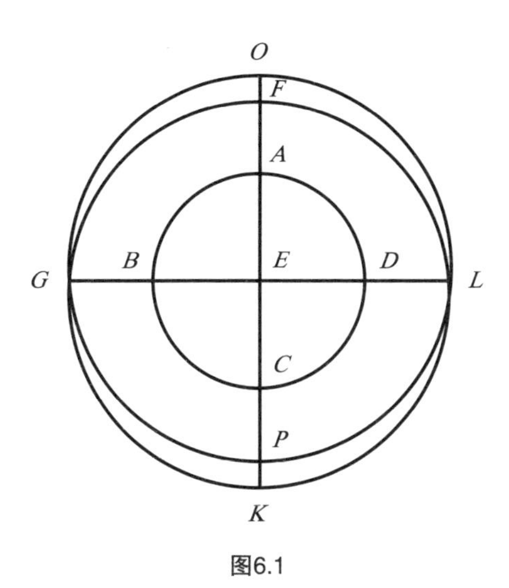

图6.1

令：$ABCD$为在黄道面上的大圆，E为圆心，行星轨道与大圆倾斜。$FGKL$为轨道的平均和永久赤纬，纬度的北面极限处为F，南限为K。交线的降交点是G，升交点为L。同时，BED为行星轨道与地球大圆的交线。将BED沿直线GB和DL延长。除对拱点的运动外，这四个极限点不会移动。

由此，行星的经度运动出现在与*FG*同心并与之倾斜的另一个圆*OP*上面，而非圆*FG*的平面上。

再令：所有圆周相交于同一条直线*GBDL*。

可知：行星在*OP*圆上运行时，*OP*偶尔与平面*FK*重合。

由于天平动穿过了两个方向，因此纬度看起来在变化。

令：行星位于其黄纬为最大北纬处的*O*点，且离位于*A*的地球最近。

已知：行星的运动是一种进退运动，它与视差运动相适应。其黄纬会按$\angle OGF$ = 轨道*OGP*的最大倾角的关系而增加。

那么，当地球于*B*、*O*同*F*相合，观测到行星的黄纬似乎小于以前在同一位置时的黄纬。当地球处于*C*处，看起来它会小得多。*O*跨越到它振动的最外相对位置，它的纬度为超过北纬减去天平动的部分，即$\angle OGF$。而剩下的半圆*CDA*内，*F*附近的行星的北黄纬增加，直到地球回到它的出发点*A*点为止。

再假设行星处于南面*K*点周围时，地球从*C*点开始运动，可知行星的情况和改变是一致的。

令：行星位于交点*G*或*L*时同太阳冲或合。

则有：此刻*FK*、*OP*两圆的倾角最大。

行星位于两圆的一个交点处。

因此，我们仍然观测不出行星的黄纬，但能判定其北黄纬是如何从*F*到*G*减少，而从*G*至*K*增加，并于穿过*L*往北时完全消失的。

上述为三颗外行星的情况。它们与内行星不仅在经度上存在差异，在纬度上也一样，因为内行星轨道和大圆相交于远地点和近地点。同时，它们在中拱点的最大倾角同外行星一样因振动而改变，但振动方式并不相同。此二者跟随地球运转但变化情况相异。第一种振动在地球回归内行星的某一拱点时，通过远地点和近地点的固定交线为轴运转两次而产生。此振动导致每当太阳的平均运动线位于行星远地点或近地点时，倾角达到极大值；位于中间经度区时倾角极小。

另外，与第一种振动不同的是，叠加在第一种振动上的第二种振动的轴线可动。当地球在金星或水星的中经度位置时，行星总在振动的交线（即轴线）上。当地球和行星的远地点或近地点、随时向北倾斜的金星及向南倾斜的水星连成一条直线时，行星与第二振动轴的偏离最大。此时，内行星就不应有由单纯赤纬形成的纬度。

举个例子，假设太阳的平均运动和金星都处于金星的远地点，而行星也在相同的位置上。则此刻金星处于其轨道同黄道面的交点处，它的纬度不会因单纯赤纬或是第一振动而产生。在交线或轴线上，即在偏心圆横向直径上的第二振动，金星却会同通过高、低拱点的直径相交成直角，从而使行星具有最大程度的偏离。另外，我们假设行星处于（与它远地点）的距离为一象限中的任一点，且在它的中拱点附近。由此可知第二振动的轴同太阳的平均运动线相合。金星向北偏离与最大偏离相加，而向南偏离因减去了最大偏离而变小。因而偏离的振动和地球的运动变得协调一致。

（在该书草稿中，此处还有一段话。）

我们知道，太阳的平均运动先通过行星远地点或近地点时，无论行星在其轨道的什么位置，其偏离都最大；而当太阳平均运动线在行星中拱点附近时，它没有偏离。

为了阐述得更加清楚，我们重画大圆*ABCD*（见图6.2）。

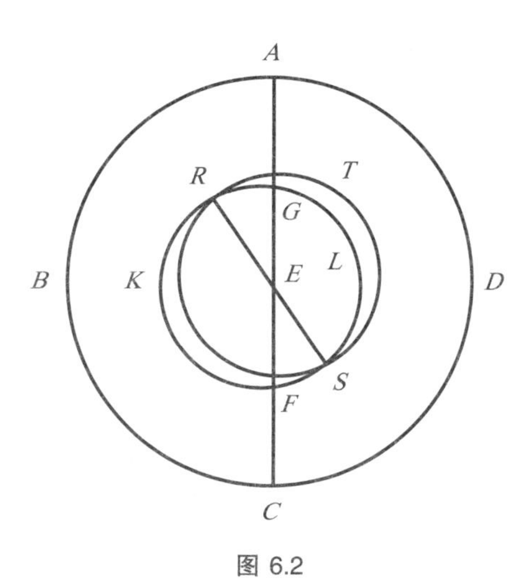

图 6.2

令：金星或水星的轨道*FLGK*为*ABC*的偏心圆，它以一个平均倾角同*ABC*斜交，*FG*为交线。其中*F*为轨道的远地点，*G*为近地点。轨道*GKF*的倾角不变，或在极大值和极小值间移动（交线FG会随远、近地点的运动而移动，这属于例外的情况）。

已知：当地球和行星都在交线的A处或C处时，行星没有纬度，整个纬度在半圆GKF和FLG的两侧。

因此，行星在这里因圆FKG与黄道面的倾角不同而向南或向北偏离。（这种行星的偏离被一些天文学家称为“倾角”，被另一些人称为“反射角”。）另外，当地球在行星中拱点B或D处，被称作“赤纬”的FKG和GLF分别为在上面或下面的相等的纬度。它们与前者的区别是在名称而非实质，而当位于中间位置时，连名称也互换了。就倾角而言，这些圆周的倾斜度大于“赤纬”。因而我们知道这种差异是由以交线FG为轴的振动产生的。由于两边的交角已知，通过其差值便可求得从极小到极大的振动量。

再令：倾斜于$GKFL$的另一个偏离圆为金星的同心圆，前面已经提到其对水星来讲为偏心圆。它们的交线RS为振动轴线，它按以下规则在一个圆周内运动：当地球位于A点或B点时，行星处于偏离的任一极限处（如T点）。而地球离开A点前进时，行星可被认为离开T点移动了相应的距离。同时，偏离圆的倾角逐渐减少。

那么，当地球扫过AB象限时，我们认为行星已经到达该纬度的交点R。这时两平面各自往相反方向运动，并重合于振动中点。可知在南面的偏离半圆向北转移。而金星处于这个半圆时，这个振动使金星不再转向南面，并背离南面向北移动。

同理：水星在相反方向上运动，且留在南面。另外，水星不是在偏心圆的同心圆上振动，而是在另一个偏心圆上。前面我使用一个小本轮说明它的黄经行度的不均匀性，该处考虑它的经度时不考虑纬度；而现在却是不顾它的经度而考虑纬度。它们都包含在同一运转中，并同时变化。由此可知，这两种变化都由一个简单的运动和相同的振动产生，此运动是偏心且倾斜的。在我刚才所描述的情况里，只有这种图像，再无别的图像。这点我会在后面进行详细的描述。

6.3 土星、木星和火星轨道的倾斜角

在阐明五颗行星纬度的理论之后，我将用观测到的事实和分析来加以论证。我首先从求得各个圆周的倾斜度开始，通过倾斜圆两极且和黄道正交的大圆，求出倾斜度。我们可在大圆上测得纬度偏差值，并根据这个值确定每颗行星的黄纬。

我们还是先从三颗外行星开始。托勒密的表中，行星在冲点而其纬度为最南极限时，土星偏离3° 5′，木星偏离2° 7′，火星偏离7° 7′。而在其相反位置，即与太阳相合时，土星偏离2° 2′，木星偏离1° 5′，火星几乎掠过黄道，仅为5′。以上数值都可由托勒密在行星消失和初现时刻前后所测纬度求出。

（在该书草稿中，此处还有一段话。）

由于火星的黄纬大于其他一切行星的黄纬，因此我以它为例。则当火星位于冲点D，地球在G点[1]，$\angle AFC=7°7'$为已知。而C为火星的远地点，由前文可知其圆周大小。我们令FG（为FE之误）为1^P时，CE为$1^P22°20'$。则在$\triangle CEF$中，已知边CE与EF的比值和$\angle CFE$，则求得偏心圆的最大倾角$\angle CEF=5°11'$。而地球位于相反位置G（应改为F），行星仍在C时，视纬度角$CGF=4°$（见图6.3）。

令：一个通过黄道中心的平面与黄道垂直，并与它相交于AB。该平面与三颗外行星中任一颗的偏心圆交于CD，交线CD通过最南和最北的极限。黄道中心为E，地球大圆直径为FEG，D为南纬，C为北纬，连接CF、CG、DF、DG。

设：已知地球大圆半径EG与行星偏心圆半径ED之比。且由观测得出最大黄纬的位置，最大南纬角$\angle BGD$即$\triangle EGD$的外角也可知。

根据平面三角定理，可求得$\angle BGD$的内角GED为偏心圆对黄道面的最大南面

〔1〕哥白尼著作中为F，实际应为G。

倾角。（用最小南黄纬如$\angle EFD$，同样能求得最小倾角。）

在$\triangle EFD$中，已知两边之比$EF:ED$及$\angle EFD$。

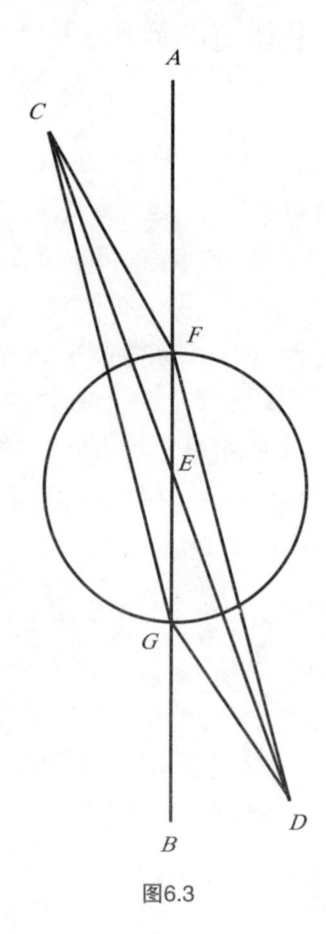

图6.3

则能求得最小南面倾角即外角$\angle GED$。再由两个倾角之差求出偏心圆相对于黄道的整个振动量。

由上可得出相对的北纬度，如AFC和EGC。若证实结果与观测吻合，则表示我们的假设是正确的。

我们以火星为例，因为其纬度超过其他任何行星。

已知：托勒密求得火星在近地点时的最大南黄纬约为7°，在远地点的最大北黄纬为4° 20′，测出$\angle BGD=6°\ 50′$。

则有：$\angle AFC\approx 4°\ 30′$。

又：已知$\angle BGD$，$EG : ED = 1^P : 1^P22'26''$。

则求得最大南面倾角$\angle DEG \approx 1°51'$。

同理，$EF : CE = 1^P : 1^P39°57'$及$\angle CEF = \angle DEG = 1°51'$，于是行星位于冲点时上面提到的外角$CFA = 4\frac{1}{2}°$。

火星在相反位置且与太阳相合时，情况与此相同。

令：$\angle DFE = 5'$，已知DE、EF边及$\angle EFD$。

则能求得$\angle EDF$和代表最小倾斜度的外角$\angle DEG \approx 9'$，以及北纬度角$CGE \approx 6'$。进而最大倾角－最小倾角＝$1°51' - 9' = 1°42'$，即为倾角的振动量，则振动量的一半为$50\frac{1}{2}'$。

用同种方法可以确定木星与土星的倾角和纬度。求得木星的最大倾角为1°42′，最小倾角为1°18′；其整个振动量不超过24′。而土星的最大倾角为2°44′，最小倾角为2°16′，其振动量为28′。由此，当行星与太阳相合时，最小倾角在相反位置出现，因而可知土星对于黄道的纬度偏差值为2°3′，木星为1°6′[1]。这些数字可用于编制后面的表。

6.4 土星、木星和火星轨道的黄纬值

由上可知，我们也能推导三颗行星的特定纬度（见图6.4）。

假设：AB垂直于黄道，且为通过行星最远偏离极限的平面的交线，A为北极限点。同时令行星轨道与黄道的交线为直线CD，CD与AB相交于D。我们以D为圆心绘出地球大圆EF。行星与地球在冲时连成一线，且地球位于E。从此点截取任一段已知弧$\widehat{EF}$。从F以及从行星所在位置C作CA、FG垂直于AB。连接FA与FC。

已知：地球位于E时ADC为极大。

---

〔1〕土星：$2°16' - (\frac{1}{2} \times 28' = 14') \approx 2°3'$；木星：$1°18' - (\frac{1}{2} \times 24' \approx 12') \approx 1°6'$。

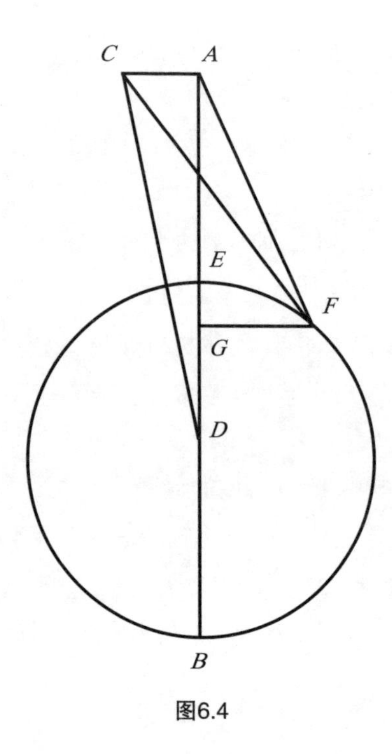

图6.4

可知振动性质所要求的它的总的振动量与地球在EF圆上所做的运动相适应，直径BE决定圆EF，且$\overset{\frown}{EF}$为已知。

ED：EG为总的振动量与由∠ADC分离出的振动之比。进而求得∠ADC，△ADC中各角和各边均可知。

根据CD：ED的比值可知CD：DG（ED−EG）之比，及AD：GD的比值，还可求得AD减GD的余量AG。

FG为两倍$\overset{\frown}{EF}$所对弦的一半。

因此，FG的大小随之可得。则直角△AGF中已知边AG与FG，斜边AF及AF：AC的比值均可知。

同理，直角△AGF中，AF和AC两边已知，则求得视纬度角∠AFC。

接下来再次把火星作为例子来论述。

令：火星在低拱点旁边出现的南纬最大极限为在A附近，C为行星所在处，当地球位于E点处，倾角∠ADC达到其极大值1° 50′。

又令：地球在F点，则沿$\overset{\frown}{EF}$的视差行度为45°。

取ED为$10\ 000^P$时，可知FG为$7\ 071^P$，半径ED（$10\ 000^P$）$-GD$（$=FG=7\ 071^P$）$=2\ 929^P$。

已知：振动角$\frac{1}{2}\angle ADC=0°\ 51\frac{1}{2}'$。

则：振动角的增减量之比为DE：$GE\approx 50\frac{1}{2}'$：$15'$。用$1°\ 50'$减去后一数量，得到此情况下的倾角ADC为$1°\ 35'$。则$\triangle ADC$的各角与边均可知。

当令$ED=6\ 580^P$时，前面已经求得$CD=9\ 040^P$。

则：$FG=4\ 653^P$[1]，$AD=9\ 036^P$，AD（$9\ 036^P$）$-GD$（$=FG=4\ 653^P$）$=AEG$（$4\ 383^P$），及$AC=249\frac{1}{2}^P$。直角$\triangle AFG$中，垂边$AG=4\ 383^P$，底边$FG=4\ 653^P$，得到斜边$AF=6\ 392^P$。

又：$\triangle ACF$中，$\angle CAF$为直角，$AC=249\frac{1}{2}^P$，$AF=6\ 392^P$。

则求得当地球位于F时的视纬度为$\angle AFC=2°\ 15'$。

后面将用同样的方法分析土星和木星。

6.5 金星和水星的黄纬值

余下的便是金星和水星。前面我已提到，可用三种相互联系的纬度飘移合在一起，计算它们的纬度的偏差值。为了将它们分离开来，而被称为“赤纬”的飘移最容易论述，它极少脱离其他飘移而出现，我首先从它开始说起。若分离出现在中间经度附近和两个交点旁，我们计算时就用改正的经度行度，而此时地球在与行星远地点和近地点相距一个象限的地方。古天文学家求得当地球在行星周围时，金星的南黄纬或北黄纬为$6°\ 22'$，而水星为$4°\ 5'$；而当地球与行星距离最大时，则金星为$1°\ 2'$，水星为$1°\ 45'$。我们用后面已经编制的黄纬表可查出行星在这些情况下的倾角。而金星距地球最远的纬度为$1°\ 2'$和距地球最近其纬度为$6°\ 22'$

---

〔1〕ED：$FG=100\ 000^P$：$7\ 071^P=6\ 580^P$：$4\ 652.7^P$。哥白尼把后一数字写为$4\ 653^P$。

时，我们都可取轨道倾角弧长为$2\frac{1}{2}^{\circ}$。水星距地球最远时，其纬度为1°45′；距地球最近时，其纬度为4°5′，此时我们都取轨道倾角弧长约为$6\frac{1}{4}^{\circ}$。则当取360°＝4直角时，金星轨道倾角为2°30′，水星为$6\frac{1}{4}^{\circ}$。我将会在这些情况下将它们的赤纬的每一个特定数值一一阐明。下面我从金星开始谈起（见图6.5）。

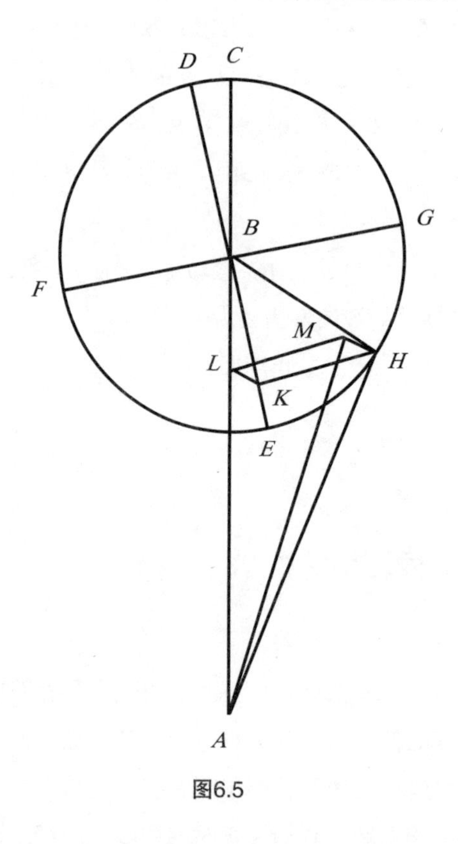

图6.5

令：取黄道为参考平面，并通过它中心的平面与其相交于*ABC*，黄道与金星轨道面的交线是*DBE*。*A*为地球中心，*B*为行星轨道中心，轨道对黄道的倾角为∠*ABE*。我们以*B*为心中，画出轨道*DFEG*和垂直于直径*DE*的直径*FBG*。

假设：轨道面与所取垂直面之间有关系，我们使在垂直面上所画的垂直于*DE*的直线互相平行且和黄道面平行，*FBG*为唯一的这样的垂线。

已知直线*AB*和*BC*及倾角∠*ABE*，便可求得行星在纬度上的偏离数值。

再令：行星与最靠近地球的*E*相距45°。按托勒密的做法，我们选取此点，便可更清楚地了解轨道倾斜是否会引起金星与水星的经度的变化。

当行星在这四个基点时，它的经度同没有任何“赤纬”时是一样的。

因此，在基点D、F、E与G之间约一半距离处，将出现这些变化的极大值。

同上，我们取$\widehat{EH}=45^{\circ}$，作$BE\perp HK$。描出垂直于作为参考面的黄道的KL和HM，连接HB、LM、AM、AH。

$\because HK$与黄道面平行，而KL与HM均垂直于黄道。

$\therefore LKHM$为有4个直角的平行四边形。而平行四边形的边长LM被经度行差角LAM封闭。HM也与同一黄道面垂直，则$\angle HAM$包含了纬度偏离。

又：$\angle HBE=45^{\circ}$，则我们取$EB=10\ 000^{P}$时，两倍HE所对弦的一半为$HK=7\ 071^{P}$。

同理：$\triangle BKL$中，$\angle KBL=2\frac{1}{2}^{\circ}$，$\angle BLK$为直角，我们令$BE=10\ 000^{P}$时，斜边$BK=7\ 071^{P}$。相同单位下$KL=308^{P}$，$BL=7\ 064^{P}$。

前面提到$AB:BE\approx 10\ 000^{P}:7\ 193^{P}$。

则有：余下边$HK=5\ 086^{P}$；$HM=KL=221^{P}$[1]，$BL=5\ 081^{P}$。则AB（$10\ 000^{P}$）$-BL$（$5\ 081^{P}$）$=LA$（$4\ 919^{P}$）。

同上，$\triangle ALM$中，已知$AL=4\ 919^{P}$，$LM=HK=5\ 086^{P}$，$\angle ALM$为直角。求得斜边$AM=7\ 075^{P}$，则金星的行差或大视差为角$\angle MAL=45^{\circ}57'$。

这和计算结果吻合。

$\triangle MAH$也是同样的情况。已知边$AM=7\ 075^{P}$，边$MH=KL=221^{P}$，而赤纬为角$\angle MAH=1^{\circ}47'$。（但需确定金星的赤纬能引起多大的经度变化。）

取$\triangle ALH$，且平行四边形$LKHM$的一条对角线是LH。

则有：$AL=4\ 919^{P}$时，$LH=5\ 091^{P}$。$\angle ALH$为直角。则求得斜边$AH=7\ 079^{P}$。进而确定两边比值及$\angle HAL$为$45^{\circ}59'$，前面已有$\angle MAL$为$45^{\circ}57'$，因此余量仅为$2'$。

水星的赤纬度数将用与上面相似的图形推求出来。

图中的$\widehat{EH}=45^{\circ}$，取斜边$HB=10\ 000^{P}$时，同上可得$HK=KB=7\ 071^{P}$。因上述情况加之前面求得的经度差，推出半径$BH=3\ 953^{P}$，$AB=9\ 964^{P}$，相同单位下可知$BK=KH=2\ 795^{P}$。

---

〔1〕$BE:KL=10\ 000^{P}:308^{P}=7\ 139^{P}:221.5^{P}$，哥白尼把后一数字写为$221^{P}$。

取$360^\circ=4$直角，前面已求得倾角$\angle ABE=6^\circ\ 15'$，则直角$\triangle BKL$中各角已知。则有相同单位下底边$KL=304^P$，垂边$BL=2\ 778^P$。因而AB（$9\ 964^P$）$-BL$（$2\ 778^P$）$=AL$（$7\ 186^P$）。而$LM=HK=2\ 795^P$。则有$\triangle ALM$中，$\angle ALM$为直角，而$AL=7\ 186^P$，$LM=2\ 795^P$。求得斜边$AM=7\ 710^P$，并算出行差为$\angle LAM=21^\circ\ 16'$。

同理：$\triangle AMH$中，已知AM（$7\ 710^P$）及$MH=KL$（304^P），AM、MH夹出直角$\angle AMH$。

则有：所求的纬度为$\angle MAH=2^\circ\ 16'$。

我们有必要讨论，这个纬度有多少是由真行差和视行差引起的。

则绘出平行四边形的对角线LH。由边长推出$LH=2\ 811^P$，$AL=7\ 186^P$。则有视行差即$\angle LAH=21^\circ\ 23'$。原来的计算结果（$\angle LAH=21^\circ\ 16'$）比它小7′。

6.6 金星和水星的二级黄纬偏离角

至此，被我称为“赤纬”的是在轨道中间经度区出现的行星的纬度偏差角，这已在前面的章节中论述清楚。接下来我会探讨在近地点和远地点附近出现的黄纬。这些纬度和偏离（或第三种纬度偏离角）混合在一起。三颗外行星没有这种偏离，但内行星用以下计算方法比较容易区分开来。

托勒密观测到，近地点和远地点的黄纬的极大值出现在行星处于由地球中心向其轨道所画的切线上时。前面我提到，以上情况在行星位于晨昏且距太阳最远时发生。《天文学大成》中，托勒密还得出金星的南纬比北纬小$\frac{1}{3}^\circ$，水星的南纬则比北纬大，即$1\frac{1}{2}^\circ$。但为了使计算更为简便，他采用了黄纬可变数值的一个平均值$2\frac{1}{2}^\circ$。他认为这么做产生的误差并不会被察觉，我在第4章中也证明了这一点。这些度数是在环绕地球且与黄道正交的圆周上的纬度，而在此圆周上的度量也正是纬度。若我们暂时不考虑偏离，且将黄道的每一边都取为相等的偏离角$2\frac{1}{2}^\circ$，这样我们便能轻易地在求得倾角纬度之前进行论证。首先应当阐明，在偏心圆切点附近，这个纬度的偏离角为极大值且经度行差也在切点出现峰值（见图6.6）。

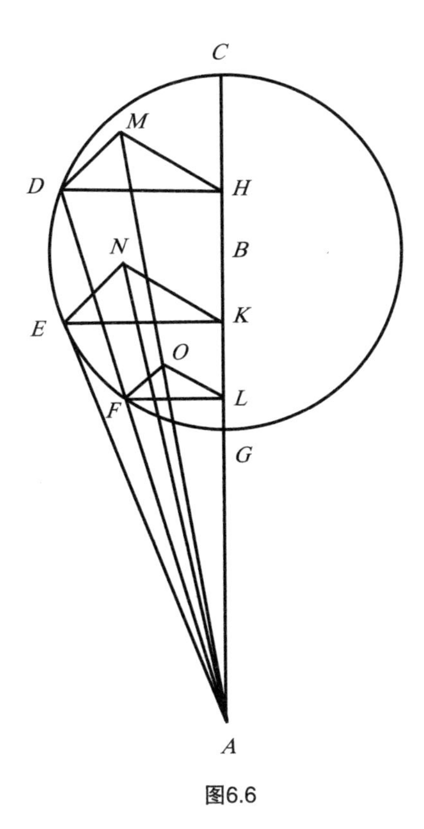

图6.6

令：通过行星远地点和近地点的直线为黄道面同金星（或水星）的偏心圆平面的交线。地球在交线上的A点，倾斜于黄道的偏心圆$CDEFG$的中心为B。因此，在偏心圆上画出的任何与CG垂直的直线所成角度，都是偏心圆对黄道的倾角。

绘出偏心圆切线为AE，AFD为一条任意的割线。由D、E、F作出DH、EK、FL均垂直于CG，画DM、EN、FO垂直于黄道水平面。再连接MH、NK、OL、AN和AOM。直线AOM的三个点在黄道面和与黄道面垂直的ADM平面上，因此对取得的倾角来说，两行星的经度行差分别包含于$\angle HAM$和$\angle KAN$中，而$\angle DAM$和$\angle EAN$决定了它们的纬度偏离角。

已知：其中$\angle EAN$为在切点形成的最大纬度角，且经度行差在切点也几乎为极大值。最大的经度角为$\angle EAK$。

则有：$KE : EA > HD : DA$和$LF : FA$。但$EK : EN = HD : DM = LF : FO$，前面提到过，这些比率的第二项所张的角相等，且$\angle HMD$、$\angle KNE$和$\angle LOF$均为直角。

得出：$NE:EA>MD:DA$及$OF:FA$。$\angle DMA$、$\angle ENA$与$\angle FOA$都为直角。可知$\angle EAN>\angle DAM$以及按这个方式形成的所有其他角。

则有：在靠近E点的最大距角处出现由这一倾角所引起的经度行差的极大值。

$\because$两个相似三角形角度相等，$HD:HM=KE:KN=LF:LO$。

$\therefore HD-HM$，$KE-KN$，$LF-LO$的比值也相等。$EK-KN$的差值与EA的比值比其他差值与AD等边长的比值大。

因此，最大经度行差与极大纬度偏离的比值，和偏心圆分段的经度行差与纬度偏离的比值相等。$KE:EN$等于和LF及HD相似的所有边与和FO及DM相似的所有边之比。

6.7 金星和水星的倾角值

经过前述的初步论证之后，我们来看看这两颗行星的平面倾斜度的角的大小。前面已经提到过，当行星中的每一颗都在它与太阳的最大和最小距离的中间时，行星最多偏南或偏北5°，相反的方向取决于它在轨道上的位置。不论在偏心圆的远地点或近地点，金星的偏离与5°相差甚微，而水星却与之相差了$\frac{1}{2}^{\circ}$左右（见图6.7）。

同上，令黄道和偏心圆的交线为ABC。画出行星轨道，B为圆心，前面已经阐述了它倾斜于黄道面。从地球中心画出直线AD，AD与行星轨道的切点为D。作$DF\perp CBE$，DG垂直于黄道的水平面，连接BD、FG、AG。

取$360^{\circ}=4$直角时，假设$\angle DAG$是上述纬度差的一半，为$2\frac{1}{2}^{\circ}$。我们需求出两颗行星的平面倾角$\angle DFG$。

以金星为例，取轨道半径为7 193^{P}，已知出现在远地点处的行星同地球的最大距离为10 208^{P}，而在近地点的最小距离为9 792^{P}。我在论证中将采用两个数值的平均值为10 000^{P}。托勒密考虑到计算的繁杂，希望能用简单的方法处理。我认为在两个极端值不会引起明显差异的地方，用平均值计算是最理想的。

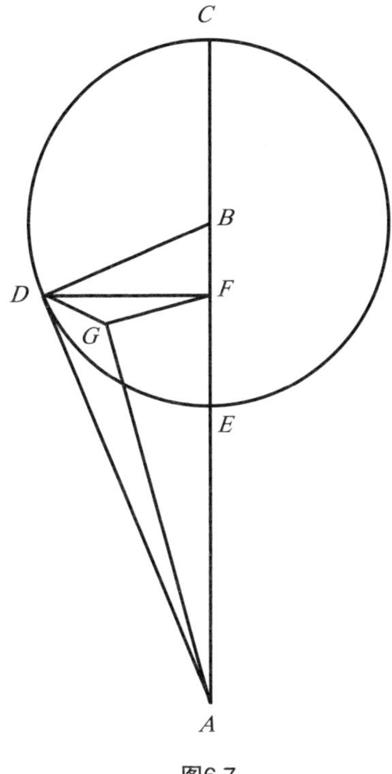

图6.7

$AB:BD = 10\ 000^P : 7\ 193^P$，$\angle ADB$是直角。便可求得$AD = 6\ 947^P$。与此相似，$BA:AD = BD:DF$，$DF = 4\ 997^P$[1]。我们令$\angle DAG = 2\frac{1}{2}^{\circ}$，且$\angle AGD$为直角。

于是：$\triangle ADG$中，各角已知，令$AD = 6\ 947^P$时，$DG = 303^P$。而$\triangle DFG$中，$DF = 4\ 997^P$，$DG = 303^P$，$\angle DGF$为直角，倾角$\angle DFG = 3^{\circ}\ 29'$。于是我们便能用目前已知的数字推导出经度视差之差为$\angle DAF - \angle FAG$。

取$DG = 303^P$，求得斜边$AD = 6\ 947^P$，$DF = 4\ 997^P$，且$AD^2 - DG^2 = AG^2$，以及$FD^2 - DG^2 = GF^2$。

[1] $BA:AD = BD:DF$，$10\ 000^P : 6\ 947^P = 7\ 193^P : 4\ 996.97^P$。哥白尼把后一数字写为4 997。

则有：边长$AG=6\ 940^P$，$FG=4\ 988^P$。而当取$AG=10\ 000^P$，则有$FG=7187^P$[1]，求得$\angle FAG=45^\circ 57'$。在$AD=10\ 000^P$时，$DF=7\ 193^P$，则$\angle DAF\approx 46^\circ$。可知在倾角为最大时，视差行差减少约3′（46°－45° 57′）。而在中拱点，两圆之间的倾角为$2\frac{1}{2}^\circ$。但是它在此处为3° 29′，因此第一天平运动在此处几乎增加了一整度。

可用同样的方法来论证水星。

取半径为$3\ 573^P$时，轨道和地球的最大距离为$10\ 948^P$，最小距离为$9\ 052^P$，求得平均值为$10\ 000^P$。$AB:BD=10\ 000^P:3\ 573^P$。

则有：$\triangle ABD$中，第三边$AD=9\ 340^P$。$AB:AD=BD:DF$，DF为$3\ 337^P$[2]。我们令纬度角$\angle DAG=2\frac{1}{2}^\circ$，取$DF=3\ 337^P$时，$DG=407^P$。

则有：在直角$\triangle DFG$中，两边之比已知，且求得水星轨道对黄道面的倾角$\angle DFG\approx 7^\circ$。但前面求得，在与远地点和近地点的距离为一个象限的中间经度区，倾角为6° 15′。可知由第一天平运动增加了45′（7°－6° 15′）。

同理：确定行差角及其差值，需要用到$AD=9\ 340^P$和$DF=3\ 337^P$时，已知$DG=407^P$。

$\because AD^2-DG^2=AG^2$，$DF^2-DG^2=FG^2$。

$\therefore AG=9\ 331^P$，$FG=3\ 314^P$。其行差角$\angle GAF=20^\circ 18'$，而$\angle DAF=20^\circ 56'$。则$\angle DAF$比与倾角有关的$\angle GAF$约大8′（见图6.8）。

接下来我们需要求出与轨道（距地球）的极大和极小距离有关的倾角以及黄纬，且确定它们是否与观测得出的数值吻合。

为此，我们在同一图形中的第一位置，即金星轨道与地球的最大距离处，再次假设：

$AB:BD=10\ 208^P:7\ 193^P$。$\angle ADB$为直角，相同单位下$AD=7\ 238^P$。$AB:AD=BD:DF$。则有$DF=5\ 102^P$。我们在第四章中已求得倾角$\angle DFG=3^\circ 29'$。取$AD=7\ 283^P$时，余下的$DG=309^P$。

---

〔1〕$AG:FG=6\ 940^P:4\ 988^P=10\ 000^P:7\ 187.3^P$。哥白尼把后一数字写为$7\ 187^P$。若按照弦长表，对46° 0′为$71\ 934^P$，对45° 50′为$71\ 732^P$，因此对45° 57′为$71\ 873.4^P$，或在取半径为$10\ 000^P$时为$7\ 187^P$。

〔2〕$AB:AD=BD:DF$，$10\ 000^P:9\ 340^P=3\ 573^P:3\ 337.2^P$。哥白尼把后一数字写为$3\ 337^P$。

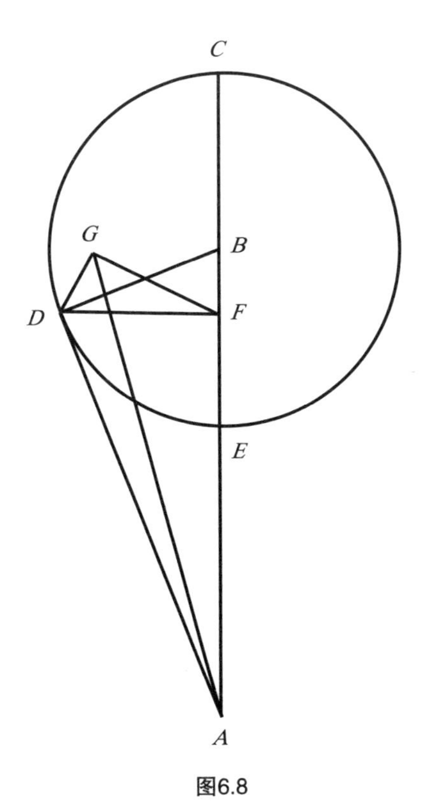

图6.8

若取$AD = 10\ 000^P$，则$DG = 427^P$[1]。

由此，在行星与地球的最大距离处，$\angle DAG = 2°27'$。而在其最小距离处，轨道半径$BD = 7\ 193^P$的单位中，$AB = 10\ 000^P - 208^P = 9\ 792^P$。垂直于$BD$的$AD = 6\ 644^P$。$AB : AD = BD : DF$。

但无论3′还是4′（$= 2°30' = 3' + 2°27' = 2°34' - 4'$），用星盘这样的仪器来测量都不够大。则前面对金星所取的最大纬度偏离角值依然有效。

相同地，我们令水星轨道离地球的最大距离与水星轨道半径之比为$AB : BD = 10\ 948^P : 3\ 573^P$。

则有：$AD = 9\ 452^P$，$DF = 3\ 085^P$。我们再次得到水星轨道与黄道面的倾角

〔1〕$AD : DG = 7\ 238^P : 309^P = 10\ 000^P : 426.9^P$。哥白尼把后一数字写为$427^P$。

为7°，取$DF = 3\ 085^P$或$DA = 9\ 452^P$时，直线$DG = 376^P$。则有在各边已知的直角$\triangle DAG$中，求得最大纬度偏离角$\angle DAG \approx 2°\ 17'$。而在轨道离地球的最小距离处，我们取$AB : BD = 9\ 052^P : 3\ 573^P$。相同单位下$AD = 8\ 317^P$，$DF = 3\ 283^P$。由于倾角同为7°，则$AD = 8\ 317^P$时，取$DF : DG = 3\ 283^P : 400^P$，$DAG = 2°\ 45'$。

我们取和水星轨道与地球距离的平均值有关的纬度偏离角为$2\frac{1}{2}°$。它比在远地点为极小的纬度偏离角大13′（2° 30′ − 2° 17′），比在近地点为极大的纬度偏离角小15′（2° 45′ − 2° 30′）。为了使观测中的差异微小，我在计算中不使用这些远地点与近地点的差值，而使用在平均值上下的$\frac{1}{4}°$。

由以上论证，最大经度行差与最大纬度偏离角之比等于在轨道其余部分的局部行差与几个纬度偏离角之比，我们求得由金星和水星轨道相互倾斜所引起的所有黄纬数量。但是我在前面提到，我们只能求得在远地点与近地点中间的黄纬。这些纬度的极大值为$2\frac{1}{2}°$，而金星的最大行差为46°，水星的最大行差≈22°。用前面的非均匀行度表，可以分别查出对轨道的个别部分的行差。若需考虑最大值比每个行差值大多少，可对每颗行星取$2\frac{1}{2}°$的相应部分。我会在6.8末尾的表中列出这个部分的数值。依此，便能求得地球在行星的高、低拱点时每个倾角纬度的精确度数。我用相似的方法记录了当地球处在行星的远地点与近地点之间距离为一个象限处而行星位于中经度区时行星的赤纬。至于在高、低拱点及两个中拱点之间出现的情况，可按所取坐标系运用数学技巧推导出来，但计算过程非常复杂。而托勒密总是力求用非常简单的方法处理每一个问题。他认为对赤纬和倾角来讲，都同月球纬度相似。其在整体和各部分上成比例地增减。已知它们的最大纬度为$\frac{1}{12} \times 60° = 5°$，他把每一部分乘以12，并将乘积当作比例分数。他认为这些比例分数对两颗内行星和三颗外行星都可用，对此我会在本章第九节进行阐释。

6.8 金星和水星的第三种黄纬值

在阐明以上内容之后，我将讨论偏离，即第三纬度运动。古天文学家认为地球是宇宙的中心，且认为是偏心圆的振动产生了偏离，其位相与绕地心的本轮的振动相同，并在本轮位于偏心圆的远地点或近地点时出现极大值。我前面提到金星为偏北$\frac{1}{6}^{\circ}$，而水星为偏南$\frac{3}{4}^{\circ}$。

然而，我不能确定古天文学家是否认为圆周的这个倾角永远不变。他们总是将金星的偏离取为$\frac{1}{6}^{\circ}$，将水星的偏离取为$\frac{3}{4}^{\circ}$，这表明了其不变性。仅有在倾角永远不变的情况下这些分数值才是真实的，且这是以此角为依据的比例分数的分布所需要的。而即使倾角永远不变，我们也无法解释为何行星的这个纬度会突然从交点恢复它原来的数值。或许你认为这种恢复就如同光学中光的反射那样。然而我们所讨论的并非瞬时运动，其实质是求一个能够测定的时刻。

因而应该相信，这些行星具有我在前面提到的天平动。它可让圆周的各部分的纬度变成相反的纬度。它是行星数值变化的一个重要结果，对水星来讲是$\frac{1}{5}^{\circ}$。所以依我的假设，这个纬度并不固定，即非绝对常数，这不该令人感到奇怪。而它引起的不规则性不可觉察，且能在黄纬的各种变化中分离开来（见图6.9）。

令：水平面与黄道面垂直，两平面交线为$AEBC$，其中A为地球中心。在距地球的最大或最小距离处的B为实际上通过倾斜轨道两极的圆周CDF的中心。

可知：当轨道中心在AB上，即位于远地点或近地点时，行星无论位于与轨道平行的圆周上的哪一位置，其偏离为最大。直径DF所在圆周平行于轨道，且DF平行于轨道的直径CBE。

这两个平行圆周与平面CDF垂直，我们取其与平面CDF的交线为直径DF和CBE。G为DF平分点，也是与轨道平行的圆周的中心，再连接BG、AG、AD与AF。

取：金星最大偏离时，$\angle BAG = \frac{1}{6}^{\circ}$。

因此在$\triangle ABG$中，$\angle B$为直角，则有$AB : BG = 10\ 000^{P} : 29^{P}$。

因为：$CB = CA - BA = 17\ 193^{P} - 10\ 000^{P} = 7\ 193^{P}$，$CE = 2 \times 7\ 193^{P} = 14\ 386^{P}$。

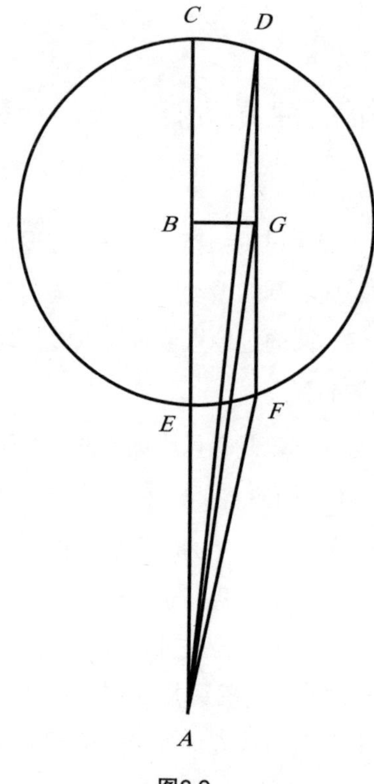

图6.9

所以：相同单位下$ABC = 17\ 193^P$，而$AE = AC$（$17\ 193^P$）$- CE$（$14\ 386^P$）$= 2\ 807^P$。BG = 两倍 $\widehat{CD}$ 或 $\widehat{EF}$ 所对弦之半。

可知：$\angle CAD = 6'$，而$\angle EAF \approx 15'$。

$\angle CAD$与$\angle BAG$相差为4′，$\angle EAF$与$\angle BAG$相差为5′。（因这些数值很小，我们可以将此忽略）

则有当地球在远地点或近地点时，无论行星位于它的轨道上哪个位置，金星的视偏离度都只是略大于或略小于10′。

对水星而言，令$\angle BAG = \frac{3}{4}^\circ$。

已知$AB : BG = 10\ 000^P : 131^P$，$ABC = 13\ 573^P$，而$AE = AB - BE = 10\ 000^P - 3\ 573^P = 6\ 427^P$。

则有：$\angle CAD = 33'$，而$\angle EAF \approx 70'$。则$\angle CAD$少了12′（45′−33′），而$\angle EAF$多了25′（70′−45′）。

但在我们看见水星之前，太阳的光芒会淹没这些差值。所以古天文学家曾研究水星可以观察的偏差，但它几乎从未改变。

（在该书草稿中，此处还有一段话。）

若还是有人想研究淹没在太阳光芒中的水星的偏离，他将花费比前面提到的任何纬度更多的时间和精力。因此我放弃了这一研究而采用古天文学家的与真实情况相差甚微的计算结果。不然我在这件小事上便像傻瓜与影子作斗争。我认为对五颗行星的纬度偏离来讲，上面的论证已经足够了，为此我制作了一个同第三章中相似的30行的表。

但如果有人不畏辛苦要对太阳所淹没的偏离求得全面的认识，我将在以下对其进行详细的阐述（见图6.10）。

因水星的偏差大于金星，我将以它为例。

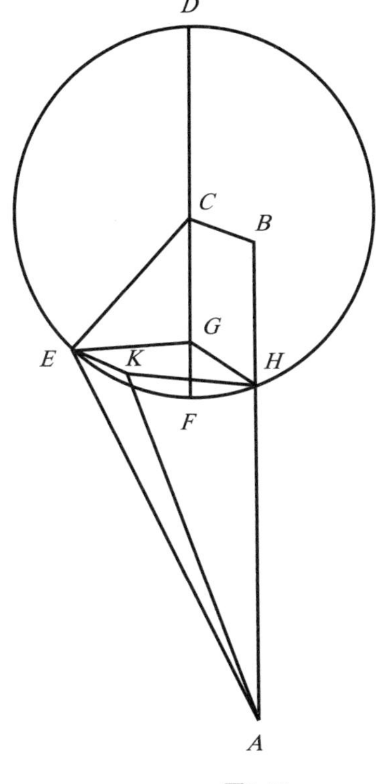

图6.10

令AB在行星轨道和黄道的交线上。A为地球所在处，即行星轨道的远地点或近地点。$AB=10\ 000^P$，此为极大值与极小值之间没有任何变化的长度。

以C为中心绘圆DEF，它在距离CB处平行于偏心轨道。

假设，此时行星在此平行圆周上呈现出其最大偏离。直径为DCF，它也平行于AB，且两条线都在与行星轨道垂直的同一平面上。我们令$\widehat{EF}=45^\circ$，研究行星在此弧段的偏离。作$EG\perp CF$，并作EK、GH垂直于轨道的水平面。连接HK，便完成矩形。再连接AE、AK及EC。

按照水星的最大偏离，取$AB=10\ 000^P$，$CE=3\ 573^P$时，$BC=131^P$。

已知：直角$\triangle CEG$中各角，边$EG=KH=2\ 526^P$。

则有：AB（$10\ 000^P$）$-BH$（$=EG=CG=2\ 526^P$）$=7\ 474^P=AH$。

同理：$\triangle AHK$中，夹出直角的两边已知（分别为$7\ 474^P$和$2\ 526^P$），所以斜边$AK=7\ 889^P$。而$KE=CB=GH=131^P$。

$\triangle AKE$中，已知形成直角K的两边AK和KE，可求得$\angle KAE$。这便是对我们所采用$\widehat{EF}$所要求的偏离，它与观测值符合。我把对水星的其他偏离以及对金星的计算结果列入附表。

阐述完以上内容后，我用六十分之几或比例分数来表示金星和水星在这些极限之间的偏离（见图6.11）。

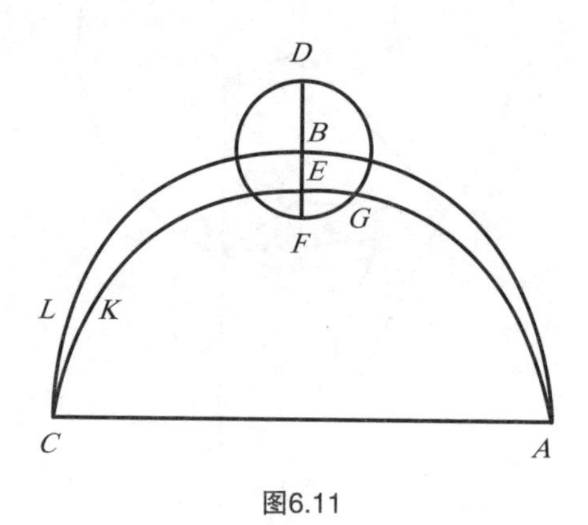

图6.11

令圆ABC为金星或水星的偏心轨道，A、C为该纬度上的交点，偏离的最大极限为B。

然后作小圆DFG，圆心为B，DBF为其横向直径，偏离的天平动沿DBF出现。

假设：当地球位于行星偏心轨道的远地点或近地点时，行星的最大偏离出现在F，而行星的均轮与小圆也相切于F。地球在离行星偏心圆的远地点或近地点任何距离处。

根据这一行度，我们取小圆上的相似弧段为$\widehat{FG}$。描出行星均轮AGC。AGC与小圆相交，且与直径DF相交于E。令行星在AGC上面的K点，由假设可知弧$\widehat{EK}$与$\widehat{FG}$相似。作KL垂直于圆周ABC。

我们由$\widehat{FG}$、$\widehat{EK}$和BE便可知行星与圆ABC的距离KL。从$\widehat{FG}$便可求得$\widehat{EG}$，它几乎是一条与圆弧或凸线一样的直线。进而求得用与整个BF或BE（$BF-EF$）相同的单位来表示的EF的长度。

则：$BF:BE=$两倍$\widehat{CE}$象限所对的弦：两倍$\widehat{CK}$所对的弦$=BE:KL$。因而，若把BF和半径CE都与60相比，便求得BE。BE的平方除以60，即求得$\widehat{EK}$的比例分数为KL。

我将在下表第五栏（最后一栏）中列出这些分数（见《土星、木星和火星的黄纬表》及《金星和水星的黄纬表》，P372—373）。

6.9 五大行星黄纬值的计算

我们用P372—373的表计算五颗行星的方法如下：对土星、木星与火星，先用改正后或归一化的偏心圆近点角求得其公共数。对木星的近点角先减去20°，对土星加上50°，而对火星则保持不变，将结果用比例分数如六十分之几列入最后一栏。

与此相似，我们由改正有视差近点角可得每颗行星的数字为其相应的黄纬。如果取第一纬度，即北黄纬，则比例分数会由高变低，这时的偏心圆近点角小于90°或大于270°。而如果取第二纬度，即南黄纬，比例分数便由低变高，此时表中偏心圆近点角大于90°或小于270°。若我们取其中一个纬度乘以其六十分之几的分数，乘积便是与黄道的距离，所取数字的类型决定此距离在黄道的南或北。

而对于金星和水星，应由改正的视差近点角需先取赤纬、倾角与偏离这三种

土星、木星和火星的黄纬

公共数		土星黄纬				木星黄纬				火星黄纬				比例分数	
		北		南		北		南		北		南			
°	°	°	′	°	′	°	′	°	′	°	′	°	′	分	秒
3	357	2	3	2	2	1	6	1	5	0	6	0	5	59	48
6	354	2	4	2	2	1	7	1	5	0	7	0	5	59	36
9	351	2	4	2	3	1	7	1	5	0	9	0	6	59	6
12	348	2	5	2	3	1	8	1	6	0	9	0	6	58	36
15	345	2	5	2	3	1	8	1	6	0	10	0	8	57	48
18	342	2	6	2	3	1	8	1	6	0	11	0	8	57	0
21	339	2	6	2	4	1	9	1	7	0	12	0	9	55	48
24	336	2	7	2	4	1	9	1	7	0	13	0	9	54	36
27	333	2	8	2	5	1	10	1	8	0	14	0	10	53	18
30	330	2	8	2	5	1	10	1	8	0	14	0	11	52	0
33	327	2	9	2	6	1	11	1	9	0	15	0	11	50	12
36	324	2	10	2	7	1	11	1	9	0	16	0	12	48	24
39	321	2	10	2	7	1	12	1	10	0	17	0	12	46	24
42	318	2	11	2	8	1	12	1	10	0	18	0	13	44	24
45	315	2	11	2	9	1	13	1	11	0	19	0	15	42	12
48	312	2	12	2	10	1	13	1	11	0	20	0	16	40	0
51	309	2	13	2	11	1	14	1	12	0	22	0	18	37	36
54	306	2	14	2	12	1	14	1	13	0	23	0	20	35	12
57	303	2	15	2	13	1	15	1	14	0	25	0	22	32	36
60	300	2	16	2	15	1	16	1	16	0	27	0	24	30	0
63	297	2	17	2	16	1	17	1	17	0	29	0	25	27	12
66	294	2	18	2	18	1	18	1	18	0	31	0	27	24	24
69	291	2	20	2	19	1	19	1	19	0	33	0	29	21	21
72	288	2	21	2	21	1	21	1	21	0	35	0	31	18	18
75	285	2	22	2	22	1	22	1	22	0	37	0	34	15	15
78	282	2	24	2	24	1	24	1	24	0	40	0	37	12	12
81	279	2	25	2	26	1	25	1	25	0	42	0	39	9	9
84	276	2	27	2	27	1	27	1	27	0	45	0	41	6	24
87	273	2	28	2	28	1	28	1	28	0	48	0	45	3	12
90	270	2	30	2	30	1	30	1	30	0	51	0	49	0	0

公共数		土星黄纬				木星黄纬				火星黄纬				比例分数	
		北		南		北		南		北		南			
°	°	°	′	°	′	°	′	°	′	°	′	°	′	分	秒
93	267	2	31	2	31	1	31	1	31	0	55	0	52	3	12
96	264	2	33	2	33	1	33	1	33	0	59	0	56	6	24
99	261	2	34	2	34	1	34	1	34	1	2	1	0	9	9
102	258	2	36	2	36	1	36	1	36	1	6	1	4	12	12
105	255	2	37	2	37	1	37	1	37	1	11	1	8	15	15
108	252	2	39	2	39	1	39	1	39	1	15	1	12	18	18
111	249	2	40	2	40	1	40	1	40	1	19	1	17	21	21
114	246	2	42	2	42	1	42	1	42	1	25	1	22	24	24
117	243	2	43	2	43	1	43	1	43	1	34	1	28	27	12
120	240	2	45	2	45	1	45	1	44	1	36	1	34	30	0
123	237	2	46	2	46	1	46	1	46	1	41	1	40	32	36
126	234	2	47	2	48	1	48	1	47	1	47	1	47	35	12
129	231	2	49	2	49	1	49	1	49	1	54	1	55	37	36
132	228	2	50	2	51	1	50	1	51	2	2	2	5	40	0
135	225	2	52	2	53	1	51	1	53	2	10	2	15	42	12
138	222	2	53	2	54	1	52	1	54	2	19	2	26	44	24
141	219	2	54	2	55	1	53	1	55	2	29	2	38	46	24
144	216	2	55	2	56	1	55	1	57	2	37	2	48	48	24
147	213	2	56	2	57	1	56	1	58	2	47	3	4	50	12
150	210	2	57	2	58	1	58	1	59	2	51	3	20	52	0
153	207	2	58	2	59	1	59	2	1	3	12	3	32	53	18
156	204	2	59	3	0	2	0	2	2	3	23	3	52	54	36
159	201	2	59	3	1	2	1	2	3	3	34	4	13	55	48
162	198	3	0	3	2	2	2	2	4	3	46	4	36	57	0
165	195	3	0	3	2	2	2	2	5	3	57	5	0	57	48
168	192	3	1	3	3	2	3	2	5	4	9	5	23	58	36
171	189	3	1	3	3	2	3	2	6	4	17	5	48	59	6
174	186	3	2	3	4	2	4	2	6	4	23	6	15	59	36
177	183	3	2	3	4	2	4	2	7	4	27	6	35	59	48
180	180	3	2	3	5	2	4	2	7	4	30	6	50	60	0

金星和水星的黄纬

公共数		金星赤纬		金星倾角		水星赤纬		水星倾角		金星偏离		水星偏离		偏离的比例分数	
°	°	°	′	°	′	°	′	°	′	°	′	°	′	分	秒
3	357	1	2	0	4	1	45	0	5	0	7	0	33	59	36
6	354	1	2	0	8	1	45	0	11	0	7	0	33	59	12
9	351	1	1	0	12	1	45	0	16	0	7	0	33	58	25
12	348	1	1	0	16	1	44	0	22	0	7	0	33	57	14
15	345	1	0	0	21	1	44	0	27	0	7	0	33	55	41
18	342	1	0	0	25	1	43	0	33	0	7	0	33	54	9
21	339	0	59	0	29	1	42	0	38	0	7	0	33	52	12
24	336	0	59	0	33	1	40	0	44	0	7	0	34	49	43
27	333	0	58	0	37	1	38	0	49	0	7	0	34	47	21
30	330	0	57	0	41	1	36	0	55	0	8	0	34	45	4
33	327	0	56	0	45	1	34	1	0	0	8	0	34	42	0
36	324	0	55	0	49	1	30	1	6	0	8	0	34	39	15
39	321	0	53	0	53	1	27	1	11	0	8	0	35	35	53
42	318	0	51	0	57	1	23	1	16	0	8	0	35	32	51
45	315	0	49	1	1	1	19	1	21	0	8	0	35	29	41
48	312	0	46	1	5	1	15	1	26	0	8	0	36	26	40
51	309	0	44	1	9	1	11	1	31	0	8	0	36	23	34
54	306	0	41	1	13	1	8	1	35	0	8	0	36	20	39
57	303	0	38	1	17	1	4	1	40	0	8	0	37	17	40
60	300	0	35	1	20	0	59	1	44	0	8	0	38	15	0
63	297	0	32	1	24	0	54	1	48	0	8	0	38	12	20
66	294	0	29	1	28	0	49	1	52	0	9	0	39	9	55
69	291	0	26	1	32	0	44	1	56	0	9	0	39	7	38
72	288	0	23	1	35	0	38	2	0	0	9	0	40	5	39
75	285	0	20	1	38	0	32	2	3	0	9	0	41	3	57
78	282	0	16	1	42	0	26	2	7	0	9	0	42	2	34
81	279	0	12	1	46	0	21	2	10	0	9	0	42	1	28
84	276	0	8	1	50	0	16	2	14	0	10	0	43	0	40
87	273	0	4	1	54	0	8	2	17	0	10	0	44	0	10
90	270	0	0	1	57	0	0	2	20	0	10	0	45	0	0

公共数		金星赤纬		金星倾角		水星赤纬		水星倾角		金星偏离		水星偏离		偏离的比例分数	
°	°	°	′	°	′	°	′	°	′	°	′	°	′	分	秒
93	267	0	5	2	0	0	8	2	23	0	10	0	45	0	10
96	264	0	10	2	3	0	15	2	25	0	10	0	46	0	40
99	261	0	15	2	6	0	23	2	27	0	10	0	47	1	28
102	258	0	20	2	9	0	31	2	28	0	11	0	48	2	34
105	255	0	26	2	12	0	40	2	29	0	11	0	48	3	57
108	252	0	32	2	15	0	48	2	29	0	11	0	49	5	39
111	249	0	38	2	17	0	57	2	30	0	11	0	50	7	38
114	246	0	44	2	20	1	6	2	30	0	11	0	51	9	55
117	243	0	50	2	22	1	16	2	30	0	11	0	52	12	20
120	240	0	59	2	24	1	25	2	29	0	12	0	52	15	0
123	237	1	8	2	26	1	35	2	28	0	12	0	53	17	40
126	234	1	18	2	27	1	45	2	26	0	12	0	54	20	39
129	231	1	28	2	29	1	55	2	23	0	12	0	55	23	34
132	228	1	38	2	30	2	6	2	20	0	12	0	56	26	40
135	225	1	48	2	30	2	16	2	16	0	13	0	57	29	41
138	222	1	59	2	30	2	27	2	11	0	13	0	57	32	51
141	219	2	11	2	29	2	37	2	6	0	13	0	58	35	53
144	216	2	25	2	28	2	47	2	0	0	13	0	59	39	15
147	213	2	43	2	26	2	57	1	53	0	13	1	0	42	0
150	210	3	3	2	22	3	7	1	46	0	13	1	1	45	4
153	207	3	23	2	18	3	17	1	38	0	13	1	2	47	21
156	204	3	44	2	12	3	26	1	29	0	14	1	3	49	43
159	201	4	5	2	4	3	34	1	20	0	14	1	4	52	12
162	198	4	26	1	55	3	42	1	10	0	14	1	5	54	9
165	195	4	49	1	42	3	48	0	59	0	14	1	6	55	41
168	192	5	13	1	27	3	54	0	48	0	14	1	7	57	14
171	189	5	36	1	9	3	58	0	36	0	14	1	7	58	25
174	186	5	52	0	48	4	2	0	24	0	14	1	8	59	12
177	183	6	7	0	25	4	4	0	12	0	14	1	9	59	36
180	180	6	22	0	0	4	5	0	0	0	14	1	10	60	0

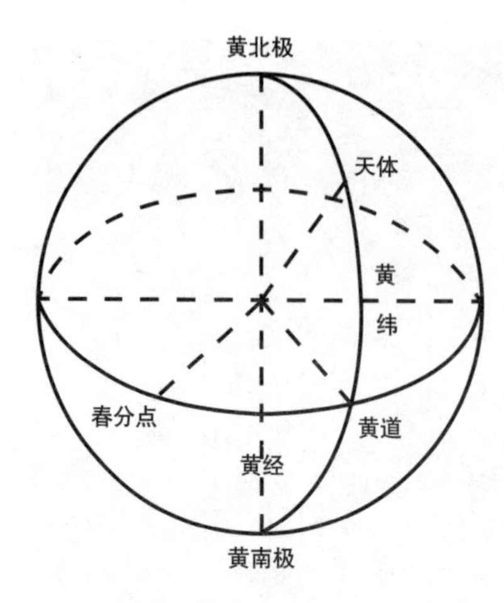

□ 天体的黄经与黄纬

黄经和黄纬是指太阳经度或天球经度，它们是在黄道坐标系统中用来确定天体在天球上位置的两个坐标值。在这个系统中，天球被黄道平面分割为南北两个半球，太阳移至黄经315°时为立春。

纬度，并将它们分别记录下来。就作为例外的水星而言，如若偏心圆近点角及其数字在表的下部，则须加上倾角的$\frac{1}{10}$；但若其在表的上部，则应减去相同分数。这些运算求得的差或和应保留下来。

我还应阐明南、北黄纬的区别。假定改正的视差近点角小于90°或大于270°，则它在远地点所在的半圆内，同时假设偏心圆近点角小于半圆。若它在近地点圆弧中，则它的值在90°～270°之间，而偏心圆的近点角大于半圆。因此水星的赤纬在南而金星在北。另一方面，假设视差近点角位于远地点区域，而偏心圆近点角大于半圆；又或者假设视差近点角是在近地点弧上，而偏心圆近点角小于半圆。这同上述情况不同，即有金星赤纬在南而水星在北。再者，若谈到倾角，当视差近点角比半圆大且偏心圆近点角为近地时，或视差近点角比半圆小且偏心圆近点角是远地，可知水星倾角在南而金星在北。相反的情况也如此。但我们必须记住，金星的偏离总在北面，水星的偏离总在南面。

取对五颗行星通用的比例分数，用改正的偏心圆近角点即可。而尽管是属于三颗外行星的比例分数，它们同样适用于倾角，其余的比例分数都可用于偏离。只需对同样的偏心圆近点角加上90°。对赤纬也可用与此和数有关的比例分数。

把所有这些数量都按次序排列好，再将已有记载的三个分离纬度分别与各自的比例分数相乘。我们求得其时间和位置改正后的数值，则拥有两颗行星的三种纬度的全部信息。若这三种纬度属于同一种则可相加，若不是同一类，便将属于同类的两个纬度相加。由此可知，我们所求的黄纬为两个相同纬度之和减去（或被减）属于相反类型的第三纬度[1]。

[1] 被减数为两者之和与第三纬度中的较小者。

附：天文学大事年表

年　份	大事记
公元前687年	中国出现关于天琴座流星群的最早记录。
公元前611年	中国出现关于哈雷彗星的最早记录。
公元前7世纪	巴比伦人发现日月食循环的沙罗周期。
公元前6世纪	中国采用十九年七闰月法协调阴历和阳历。
公元前350年	中国战国时代甘德、石申合编了第一个星表，后称“甘石星表”。
公元前4世纪	古希腊哲学家亚里士多德《天论》一书发表，提出地球中心说。
公元前4世纪	古希腊的德谟克利特提出宇宙的原子旋动说，认为宇宙是虚无的，由无数个旋动着的、看不见的、不可分的原子组成。
公元前3世纪	古希腊的埃拉托色尼第一次用天文观测推算出地球的大小。
公元前3世纪	古希腊人亚里斯塔克第一次测算太阳和月球对地球距离的比例，以及太阳、月球和地球大小之比，又提出太阳是宇宙中心和地球绕太阳运转的主张。
公元前2世纪	古希腊希帕克编制了第一个太阳与月亮的运行表和西方第一个星表；发现了岁差，并将恒星的亮度划分为六个等级。
公元前2世纪	中国汉朝采用农事二十四节气。
公元前104年	中国的落下闳、邓平等人编造了《太初历》，记录了节气、朔望、月食及五星的精确会合周期。
公元前1世纪	中国的落下闳发明浑天仪，用以测量天体的赤道坐标。
1世纪	中国贾逵创制黄道铜仪，发现月球运行有快慢，并测定了近点月。
1至2世纪	中国的张衡创制水运浑天仪（又叫浑象仪或天球仪），测出太阳和月球的角直径都是0.5°，黄赤交角为24°。

续表

2世纪	古希腊的托勒密编制了当时较完备的星表，并首先发现大气折射星光现象。
230年	中国杨伟发现日、月食发生的食限，并推算月食分数和初亏的方位角。
330年	中国虞喜发现岁差，测定冬至点西移为每五十年1°，比西方准确。
725年	中国的南宫说进行了世界上第一次子午线长度实测。
814年	阿拉伯人在巴格达哈利发阿尔·马蒙组织下，在美索不达米亚实测了子午线的长度。
10世纪	阿拉伯的阿耳·巴塔尼精确测量了黄赤交角，改进了岁差常数，编制成更为精确的日月运行表。
10世纪	阿拉伯的伊本·尤尼斯编制了哈卡米特天文表。
1088年	中国的苏颂制造了水运仪象台，是现代钟表的先驱。
13世纪	伊朗的纳西莱汀·图西编制了伊儿汗星表。
1252年	西班牙的阿耳方梭十世编制了“阿耳方梭星行表”。
1420年	蒙古的兀鲁·伯根据实测编制了恒星表和行星运行表。
1542年	波兰的哥白尼提出太阳中心说。
1543年	波兰天文学家哥白尼的《天体运行论》出版，宣扬了太阳中心说。
1572年	丹麦的第谷·布拉赫发现仙后座超新星，该星是银河系里第二颗新星。
1582年	西欧国家开始实行格里历，即现行公历的前身。
1584年	意大利的布鲁诺发表《论无限性、宇宙和世界》，捍卫和发展了哥白尼的太阳中心学说。
1600年	布鲁诺由于拥护哥白尼的地动说，被罗马教会烧死。
1604年	德国的刻卜勒发现蛇夫座超新星，该星是银河系第三颗超新星。
1609—1619年	德国的开普勒根据第谷·布拉赫观测行星位置的数据，发现了行星运动的三个定律。

续表

1609—1610年	意大利的伽利略第一次用望远镜观测天象，发现了月亮上的山谷、木星最大的四颗卫星、金星的盈亏，及太阳黑子和太阳的自转。
1627年	德国的刻卜勒编制了卢多耳夫星行表。
1631年	法国的加桑迪首次观察到水星凌日现象。
1632年	意大利的伽利略出版《关于托勒密和哥白尼两大世界体系的对话》，论证了哥白尼的“太阳中心说”。
1639年	英国的霍罗克斯首次观测到了金星凌日现象。
17世纪	中国的徐光启第一次使用望远镜观测天象。
1659年	荷兰的惠更斯发现了土星的光环。
1666年	法国的卡西尼发现了火星和木星的自转。
1675年	英国建立格林威治天文台。
1678年	英国的哈雷编成第一个南天星表。
1692年	英国的牛顿从机械力学体系出发，提出“经典宇宙学说”。
1705年	英国的哈雷发现第一颗周期彗星，并预言其周期为76年左右，后得证实。
1712年	英国的弗兰斯提德编制了大型星表。
1716年	英国的哈雷提出观测金星凌日测定太阳视差(或距离)的方法。
1745年	法国的布丰提出了太阳系是由彗星碰撞而产生的“灾变学说”。
1747年	英国的布拉德雷发现地轴的章动现象。
1749年	法国的达朗贝尔建立了岁差和章动的力学理论。
1752年	法国人的拉·卡伊、拉朗德首次用三角方法测量月球和地球间距离。
1753—1772年	瑞士的欧拉编制详细的月球运行表，首次创立月球绕地球运动的精确理论。
1754年	德国的康德提出潮汐摩擦使地球自转变慢和太阳系毁灭的假说。

续表

1755年	德国的约・迈耶尔发明用观察月亮和恒星的角距来测定海上经度的方法。
1755年	德国康德的《宇宙发展史概论》问世，提出了星云的凝聚形成太阳和行星的假说。
1760年	法国的布盖提出光度学的基本原则，“光度学”开始诞生。
1772年	德国的波德发表《行星排列距离的定则》。
1781年	英国的弗・赫歇尔发现天王星。
1781年	法国的梅西耶刊布第一个星云表。
1782年	英国的弗・赫歇尔编制第一个双星表。
1782年	英国的古德利克测定了大陵五变星的光变周期，同时还发现了两颗新变星。
1783年	英国的弗・赫歇尔发现太阳系整体在空间的运动，并首次定出向点和速度，证实太阳也有自转。
1785年	英国的弗・赫歇尔用统计方法研究恒星的空间分布和运动等，得到第一个银河系结构的图形，并由此产生了恒星天文学。
1796年	法国的拉普拉斯出版《宇宙体系解说》一书，提出有力学和物理学依据的太阳系起源的“星云假说”。
1797年	德国的奥耳勃斯提出了计算彗星轨道的新方法。
1799年	法国的拉普拉斯出版《天体力学》一书，建立了行星运动的摄动理论和行星的形状理论。
1800年	英国的弗・赫歇尔首次发现太阳光谱中不可见的红外辐射。
1801年	意大利的皮亚齐发现第一个小行星“谷神星”。
1802年	英国的弗・赫歇尔发现双星有互相绕转的周期运动。
1809年	德国人高斯的《天体按照圆锥曲线运动理论》一书出版，书中提出了行星轨道的计算方法。
1815年	德国的夫琅和费创制并使用了直光管、三棱镜、望远镜组成的分光镜，从此产生“天文分光学”，并发现太阳光谱中的黑吸收线。

续表

1823年	德国人奥尔勃斯提出了经典宇宙学的“光度佯谬”。
1837年	法国的普耶和英国的约·赫歇尔首次测量了太阳的辐射热量。
1838—1839年	德国人贝塞尔、俄国人瓦·斯特鲁维和英国人亨德森共同测定了恒星的周年视差，为地球公转提供了有力的证据。
1843年	德国的施瓦布发现了太阳黑子数以约11年为周期的变化。
1847—1877年	法国的勒维烈重编大行星运动表，并发现水星近日点进动超差现象。
1852年	德国的阿格兰德尔编制了波恩星表。
1859年	德国的泽尔纳发明光度计，经改进使用至今。
1863年	德国的奥魏尔斯主持编制了第一个基本星表AGK。
1871年	德国沃格耳通过太阳东西两边光谱线的位移测定太阳的自转速度。
1879—1882年	美国的爱·皮克林使用偏振光度计，编制成4 260颗恒星的实测星等大光度星表。
1885—1886年	美国的爱·皮克林和安·莫里建立了恒星的光谱分类法。
1891年	美国人赫耳和法国人德朗达尔发明太阳分光照相仪，并获得太阳光谱图。
1900年	英国科学家吉尔和荷兰科学家卡普坦刊布了第一个载有45万颗恒星方位的南方照相星表——“好望角照相星表”。

文化伟人代表作图释书系全系列

第二辑

《源氏物语》
〔日〕紫式部 / 著

《国富论》
〔英〕亚当・斯密 / 著

《自然哲学的数学原理》
〔英〕艾萨克・牛顿 / 著

《九章算术》
〔汉〕张苍 等 / 辑撰

《美学》
〔德〕弗里德里希・黑格尔 / 著

《西方哲学史》
〔英〕伯特兰・罗素 / 著

第三辑

《金枝》
〔英〕J. G. 弗雷泽 / 著

《名人传》
〔法〕罗曼・罗兰 / 著

《天演论》
〔英〕托马斯・赫胥黎 / 著

《艺术哲学》
〔法〕丹纳 / 著

《性心理学》
〔英〕哈夫洛克・霭理士 / 著

《战争论》
〔德〕卡尔・冯・克劳塞维茨 / 著

第四辑

《天体运行论》
〔波兰〕尼古拉・哥白尼 / 著

《远大前程》
〔英〕查尔斯・狄更斯 / 著

《形而上学》
〔古希腊〕亚里士多德 / 著

《工具论》
〔古希腊〕亚里士多德 / 著

《柏拉图对话录》
〔古希腊〕柏拉图 / 著

《算术研究》
〔德〕卡尔・弗里德里希・高斯 / 著

第五辑

《菊与刀》
〔美〕鲁思・本尼迪克特 / 著

《沙乡年鉴》
〔美〕奥尔多・利奥波德 / 著

《东方的文明》
〔法〕勒内・格鲁塞 / 著

《悲剧的诞生》
〔德〕弗里德里希・尼采 / 著

《政府论》
〔英〕约翰・洛克 / 著

《货币论》
〔英〕凯恩斯 / 著

第六辑

《数书九章》
〔宋〕秦九韶 / 著

《利维坦》
〔英〕霍布斯 / 著

《动物志》
〔古希腊〕亚里士多德 / 著

《柳如是别传》
陈寅恪 / 著

《基因论》
〔美〕托马斯・亨特・摩尔根 / 著

《笛卡尔几何》
〔法〕勒内・笛卡尔 / 著

第七辑

《蜜蜂的寓言》
〔荷〕伯纳德・曼德维尔 / 著

《宇宙体系》
〔英〕艾萨克・牛顿 / 著

《周髀算经》
〔汉〕佚 名 / 著　赵 爽 / 注

《化学基础论》
〔法〕拉瓦锡 / 著

《控制论》
〔美〕诺伯特・维纳 / 著

《福利经济学》
〔英〕A. C. 庇古 / 著

中国古代物质文化丛书

《长物志》
〔明〕文震亨 / 撰

《园冶》
〔明〕计 成 / 撰

《香典》
〔明〕周嘉胄 / 撰
〔宋〕洪 刍　陈 敬 / 撰

《雪宧绣谱》
〔清〕沈 寿 / 口述
〔清〕张 謇 / 整理

《营造法式》
〔宋〕李 诫 / 撰

《海错图》
〔清〕聂 璜 / 著

《天工开物》
〔明〕宋应星 / 著

《工程做法则例》
〔清〕工 部 / 颁布

《髹饰录》
〔明〕黄 成 / 著　扬 明 / 注

《鲁班经》
〔明〕午 荣 / 编

“锦瑟”书系

《浮生六记》
刘太亨 / 译注

《老残游记》
李海洲 / 注

《影梅庵忆语》
龚静染 / 译注

《生命是什么？》
何 滟 / 译

《对称》
曾 怡 / 译

《智慧树》
乌 蒙 / 译

《蒙田随笔》
霍文智 / 译

《叔本华随笔》
衣巫虞 / 译

《尼采随笔》
梵 君 / 译